Prüfungsbuch Industriemechaniker

Teil 1

Vorbereitung zur Abschlussprüfung Teil 1

Reiner Haffer
Robert Hönmann

AF638711

Handwerk und Technik – Hamburg

ISBN 978-3-582-30067-6 Best.-Nr. 3060

Die Normblattangaben werden wiedergegeben mit Erlaubnis des DIN Deutsches Institut für Normung e.V. Maßgebend für das Anwenden der Norm ist deren Fassung mit dem neuesten Ausgabedatum, die bei der Beuth Verlag GmbH, Burggrafenstraße 6, 10787 Berlin, erhältlich ist.

Das Werk und seine Teile sind urheberrechtlich geschützt. Jede Nutzung in anderen als den gesetzlich oder durch bundesweite Vereinbarungen zugelassenen Fällen bedarf der vorherigen schriftlichen Einwilligung des Verlages.

Die Verweise auf Internetadressen und -dateien beziehen sich auf deren Zustand und Inhalt zum Zeitpunkt der Drucklegung des Werks. Der Verlag übernimmt keinerlei Gewähr und Haftung für deren Aktualität oder Inhalt noch für den Inhalt von mit ihnen verlinkten weiteren Internetseiten.

Verlag Handwerk und Technik GmbH,
Lademannbogen 135, 22339 Hamburg; Postfach 63 05 00, 22331 Hamburg – 2022
E-Mail: info@handwerk-technik.de – Internet: www.handwerk-technik.de

Umschlagmotive: Planungs- und Ing.-Büro Manfred Appel, 24568 Kattendorf (1); Shutterstock Images LLC, New York, USA (2©Pixel B, 4©Dovzhykov Andriy); stock.adobe.com (3©ehrenberg-bilder)
Satz und Layout: FOXDESiGNER Wahner GbR, 35085 Ebsdorfergrund
Zeichnungen: Future Mindset 2050 GmbH, 30989 Gehrden;
Planungs- und Ing.-Büro Manfred Appel, 24568 Kattendorf;
Ingenieurteam Harald Kontny, 21109 Hamburg
Druck: UAB Standart Impressa, 02189 Vilnius, Litauen

VORWORT

Das vorliegende Buch wendet sich an Industriemechanikerinnen und Industriemechaniker, die sich während der Ausbildung gezielt und systematisch auf ihre Abschlussprüfung Teil 1 vorbereiten wollen.
Das Buch ist nach den Lernfeldern des Rahmenlehrplans für Industriemechaniker und Industriemechanikerinnen gegliedert. Dabei ist es innerhalb der Lernfelder fachsystematisch gegliedert, sodass sich gezielt einzelne Themen bearbeiten lassen. Gebundene bzw. Multiple-Choice-Aufgaben runden jedes Lernfeld ab, damit sich die zukünftigen Prüflinge auch mit dieser Art der Aufgabenstellung aktiv auseinandersetzen können.

Die **Abschlussprüfung Teil 1,** die nach den ersten 18 Monaten der Ausbildung stattfindet und 40 % der Facharbeiterprüfung bestimmt, bezieht sich auf die Lernfelder eins bis sechs des Rahmenlehrplans für Industriemechanikerinnen und Industriemechaniker.

Die **Abschlussprüfung Teil 2** findet am Ende der Ausbildung statt und legt 60 % der Facharbeiterprüfung fest.

Mithilfe der ungebundenen Fragen und den dazugehörenden Antworten können Lerninhalte wiederholt und erarbeitet werden. Als Nachschlagewerke eignen sich dafür Tabellen- und Fachbücher wie z. B. **Grundkenntnisse Industrielle Metallberufe** (Lernfelder 1 bis 4) und **Fachkenntnisse Industriemechaniker** (Lernfelder 5 bis 15).

Am Ende des Buches sind Aufgabenstellungen zusammengestellt, wie sie in der Abschlussprüfung 1 vorkommen können. Anhand einer Baugruppe mit steuerungstechnischer Funktion wird beispielhaft die Struktur einer Abschlussprüfung 1 dargestellt. Die Aufgaben beziehen sich auf die Analyse, Planung, Fertigung, Montage, Inbetriebnahme und Überprüfung der Baugruppe. Im **Teil A** der Prüfung liegen 23 gebundene Aufgaben vor. Von den 23 Aufgaben können drei abgewählt werden, um eine volle Punktzahl zu erreichen. Im **Teil B** sind 8 ungebundene Aufgaben schriftlich zu lösen. Das Projekt zeigt so die Struktur der PAL-Prüfungen auf und ermöglicht das Üben der Prüfungssituation.
Das handliche Format erleichtert den Gebrauch des Buches. Es enthält zudem QR-Codes mit denen Zeichnungen und Pläne in größeren Formaten sowie Vorlagen für Fertigungs- und Montagepläne per Download genutzt werden können.

Für Anregungen und kritische Hinweise sei im Voraus herzlich gedankt.

Autoren und Verlag
Sommer 2022

Übersicht der Zeichnungen und Bearbeitungspläne zum Download

LF 02, Seite 71: 03060_02_03_01_001a_Lochplatte_A4.pdf

LF 02, Seite 72: 03060_02_03_01_002a_Zentrierplatte_A4.pdf

LF 02, Seite 74: 03060_02_03_01_003a_Gewindebuchse_A4.pdf

LF 02, Seite 75: 03060_02_03_02_001_Spannvorrichtung_A4.pdf

LF 02, Seite 76: 03060_02_03_02_002a_Grundplatte_A4.pdf

LF 02, Seite 78: 03060_02_03_02_007a_Aufnahme_A4.pdf

LF 02, Seite 92: 03060_02_04_05_004_Bearbeitungsplan_Halteplatte.docx

LF 02, Seite 101: 03060_02_04_06_025_Bearbeitungsplan_Gewindebuchse.docx

LF 02, Seite 109: 03060_02_04_07_014_Kreuzschieber_A4.pdf

LF 02, Seite 110: 03060_02_04_07_014_Bearbeitungsplan_Kreuzschieber.docx

LF 05, Seite 274: 03060_05_02_00_000_Antriebswelle_A4.pdf

LF 05, Seite 281: 03060_05_02_00_026_Bearbeitungsplan_Antriebswelle.docx

LF 05, Seite 285: 03060_05_03_00_000_Schraegfuehrung_A4.pdf

LF 05, Seite 293: 03060_05_04_00_001_Nutenstein_A4.pdf

LF 05, Seite 311: 03060_05_07_03_000_Sinuslineal_A4.pdf

AP1, Seite 418: 03060_AP1_DL_001_Technologieschema_A4.pdf

AP1, Seite 419: 03060_AP1_DL_002a_Spannvorrichtung_A4.pdf

AP1, Seite 420: 03060_AP1_DL_002b_Stueckliste_ Spannvorrichtung.pdf

AP1, Seite 421: 03060_AP1_DL_003_Grundplatte_A4.pdf

AP1, Seite 421: 03060_AP1_DL_004_Gegenlager_A4.pdf

AP1, Seite 422: 03060_AP1_DL_005_Schieber_A4.pdf

AP1, Seite 422: 03060_AP1_DL_006_Rueckhalter_A4.pdf

AP1, Seite 423: 03060_AP1_DL_007_Anschlag_A4.pdf

AP1, Seite 423: 03060_AP1_DL_008_Fuehrungsleiste_A4.pdf

AP1, Seite 424: 03060_AP1_DL_009_Halterung_A4.pdf

AP1, Seite 424: 03060_AP1_DL_010_Zufuehrung_A4.pdf

AP1, Seite 425: 03060_AP1_DL_011_Schieberanschlag_A4.pdf

AP1, Seite 425: 03060_AP1_DL_012_Zylinderbefestigung _A4.pdf

AP1, Seite 426: 03060_AP1_DL_012b_Pneumatikplan_manuell_A4.pdf

AP1, Seite 427: 03060_AP1_DL_013_Pneumatikplan_elektropneumatisch_A4.pdf

Inhaltsverzeichnis

1 Arbeitssicherheit

1 Nennen Sie zwei Maßnahmen, die Ihnen helfen, Unfälle und Berufserkrankungen im Betrieb zu vermeiden.

- persönliche Schutzausrüstungen nutzen
- die Vorschriften zur Unfallverhütung beachten

2 Wie sollen die betrieblichen Arbeitsplätze gestaltet sein?

Die betrieblichen Arbeitsplätze sollen sicher und möglichst wenig gesundheitsschädlich sein.

3 Welche Informationen sollten Sie bekommen, wenn Sie eine neue Tätigkeit aufnehmen oder einen neuen Arbeitsplatz übernehmen?

Ich bin über die Sicherheit und den Gesundheitsschutz bei meiner Arbeit zu informieren. Eine Unterweisung in die Unfallverhütungsvorschriften (UVV) für den jeweiligen Arbeitsplatz bzw. die Maschinenbedienung und die damit verbundenen Gefährdungen ist vor Beginn der Tätigkeit gesetzlich vorgeschrieben. Die Unterweisung muss dokumentiert und unterschieben werden.

4 Sicherheitszeichen sind international genormt. Nennen Sie die fünf Kategorien der Sicherheitszeichen und geben Sie deren Form und Farbe an.

- Rettungszeichen: rechteckig und grün
- Brandschutzzeichen: rechteckig und rot
- Gebotszeichen: kreisförmig und blau
- Verbotszeichen: kreisförmig mit Querbalken und rot
- Warnzeichen: dreieckig in Gelb mit schwarzem Rand

5 Interpretieren Sie die folgenden Zeichen:

Verbotszeichen:
Zutritt für Unbefugte verboten

Gebotszeichen:
Augenschutz benutzen

Warnzeichen:
Warnung vor schwebender Last

Rettungszeichen:
Augenspüleinrichtung

Brandschutzzeichen:
Feuerlöscher

6 Welche Sofortmaßnahmen müssen Sie nach einem Unfall einleiten?

- Eigenschutz beachten
- Unfallstelle sichern
- Maschinen und Geräte im Gefahrenbereich abschalten
- verunglückte Person aus dem Gefahrenbereich bergen
- verunglückte Person sicher lagern
- Soweit wie möglich erste Hilfe leisten
- Hilfe herbeiholen
- Unfall melden
- Verunglücken möglichst nicht alleine lassen

7 Wer erlässt die Unfallverhütungsvorschriften?

die deutschen Berufsgenossenschaften

8 Welche Aufgaben erfüllen Betriebsanweisungen? Nennen Sie Beispiele, auf welche Themen sie sich beziehen können.

Sie erläutern detailliert das Ausführen von bestimmten Tätigkeiten. Dabei können sie beispielsweise folgende Themen ansprechen, die für die Tätigkeit relevant sind:

- mögliche Gefahren für Mensch und Umwelt
- Schutzmaßnahmen und Verhaltensregeln
- Durchführen von Instandhaltungs- und Wartungsarbeiten
- Verhalten bei Störungen
- Verhalten bei Unfällen

9 Erläutern Sie die Bedeutung der Arbeitsplatzgrenzwerte für Sie als Mitarbeiter im Betrieb.

Die Arbeitsplatzgrenzwerte (AGW) geben an, bis zu welcher Konzentration eines Stoffes in der Luft keine schädlichen Auswirkungen auf die Gesundheit des Menschen zu erwarten sind. Die Arbeitsplatzgrenzwerte werden in „Technische Regeln für Gefahrstoffe“ vom Bundesministerium für Arbeit und Sozialordnung, aufgrund der wissenschaftlichen Erkenntnis, fortlaufend aktualisiert. Dabei wird davon ausgegangen, dass die Mitarbeiter während ihres Erwerbslebens täglich acht Stunden an fünf Tagen pro Woche den Bedingungen ausgesetzt sind.

10 Beschreiben Sie anhand von drei Beispielen, wie Sie durch persönliche Schutzausrüstung die Arbeitssicherheit erhöhen können.

- Gehörschutz tragen, um langfristige Gehörschäden zu vermeiden
- Sicherheitsschuhe tragen, um Fußverletzungen zu vermeiden
- Sicherheitsbrille verhindert Augenverletzungen

2 Manuelle Zerspantechnik

2.1 Meißeln

1 Benennen Sie die Winkel an der Schneide des Meißels und geben Sie jeweils dazu die griechischen Buchstaben an.

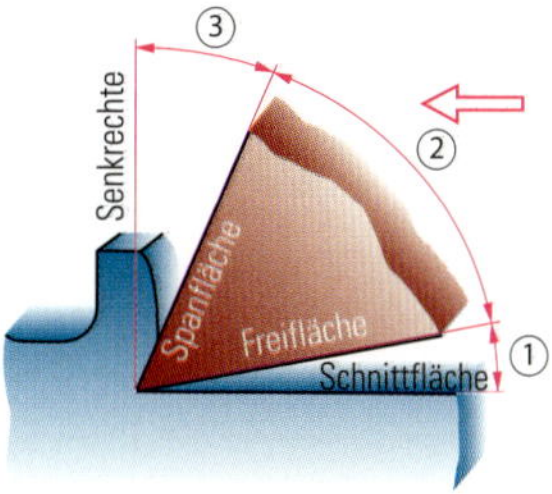

①: Spanwinkel α
②: Keilwinkel β
③: Spanwinkel γ

2 Welchen Einfluss hat die Größe des Keilwinkels β auf die Normalkräfte F_{N1} und F_{N2} an der Werkzeugschneide?

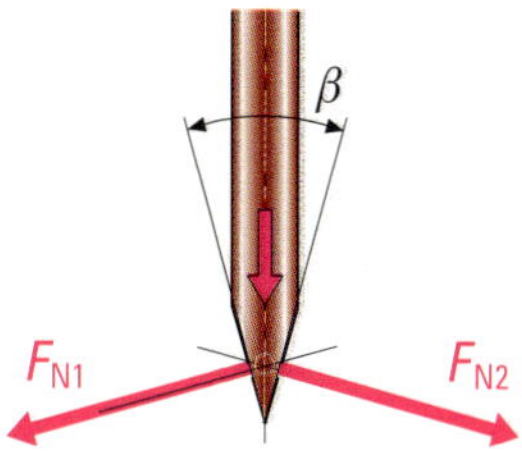

Mit kleiner werdendem Keilwinkel β nehmen die Normalkräfte F_{N1} und F_{N2} zu.

3 Wie wirkt sich die Größe des Keilwinkels auf die Stabilität der Werkzeugschneide aus?

Je größer der Keilwinkel, desto größer ist die Stabilität der Werkzeugschneide.

4 Durch welche Flächen bzw. Elemente werden Frei-, Keil- und Spanwinkel begrenzt?

Der Freiwinkel wird durch Schnitt- und Freifläche begrenzt.
Der Keilwinkel wird von Frei- und Spanfläche eingeschlossen.
Der Spanwinkel wird durch Spanfläche und Senkrechte zur Schnittfläche begrenzt.

5 Wie wirkt sich die Festigkeit und Härte des zu bearbeitenden Werkstoffs auf die Wahl der Keilwinkelgröße aus?

Bei weichen Werkstoffen mit niedriger Festigkeit kann ein kleiner Keilwinkel genutzt werden. Bei harten Werkstoffen mit hoher Festigkeit ist ein großer Keilwinkel erforderlich.

6 Wie unterscheiden sich die Spanwinkel in den beiden Abbildungen und welche Wirkungen haben sie auf die Spanabnahme?

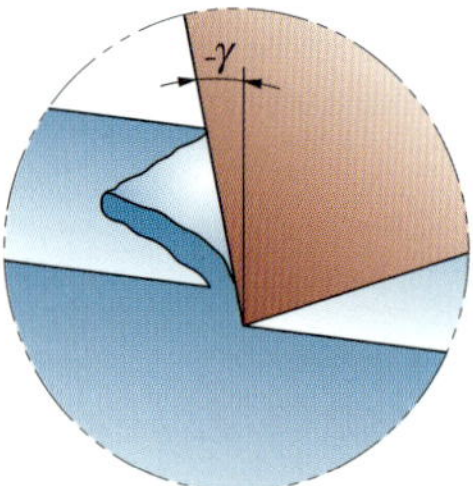

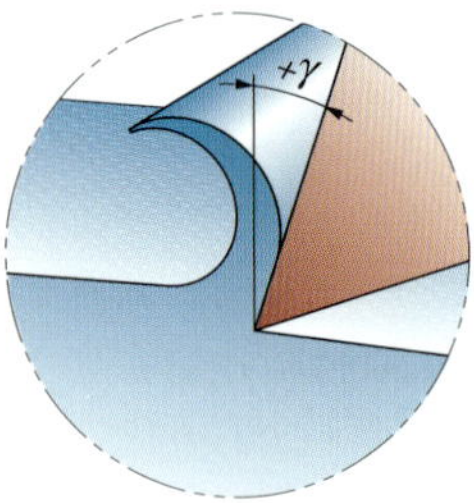

Abbildung oben:
Ein negativer Spanwinkel erzeugt eine schabende Wirkung bei der Spanabnahme es entstehen kleinere Späne.

Abbildung unten:
Ein positiver Spanwinkel erzeugt eine schneidende Wirkung und größere Späne.

7 Welchen Einfluss hat die Größe des Spanwinkels auf die Spanbildung und Spanform bei der Bearbeitung von Stahl?

- Bei einem kleinen Spanwinkel wird der Werkstoff stärker umgeformt, sodass der Span reist. Es bildet sich ein Reißspan.
- Bei großen Spanwinkeln kann der Span so fließen, dass sich ein zusammenhängender Fließspan ergibt.
- Bei mittleren Spanwinkeln sind einzelne Spanteile mehr oder weniger stark miteinander verschweißt. Es bildet sich ein Scherspan.

8 Aus welchen Gründen ist beim Spanen ein Freiwinkel nötig?

Nach der Spanabnahme federt der Werkstoff an der Werkstückoberfläche (Schnittfläche) aufgrund seines elastischen Verhaltens etwas zurück. Es besteht die Gefahr, dass die Freifläche des Schneidkeils auf der Schnittfläche reibt. Das würde zum erhöhten Verschleiß der Freifläche und zu einer schlechten Oberflächenqualität der Schnittfläche führen. Der Freiwinkel ist so groß zu wählen, dass die Reibung zwischen Frei- und Schnittfläche möglichst gering wird.

9 Begründen Sie, ob Sie bei zähen zu bearbeitenden Werkstoffen einen größeren oder kleineren Freiwinkel wählen als bei spröden.

Zähere Werkstoffe sind meist elastischer als spröde. Daher federt die Schnittfläche mehr unter der Freifläche zurück. Aus diesem Grunde muss bei zähen Werkstoffen der Freiwinkel größer als bei spröden sein.

10 Benennen Sie die drei dargestellten Meißelarten.

a)

b)

c)

a) Flachmeißel

b) Kreuzmeißel

c) Nutenmeißel

11 Geben Sie drei Maßnahmen zur Unfallverhütung beim Meißeln an.

- Abgetrennte Späne gefährden die Fachkraft und ihre Umgebung. Deshalb sind Schutzbrille und Schutzschirme zu verwenden.
- Am Meißelkopf bildet sich ein Grat. Er ist rechtzeitig abzuschleifen.
- Schadhafte Hammerstiele sind zu erneuern.

2.2 Sägen

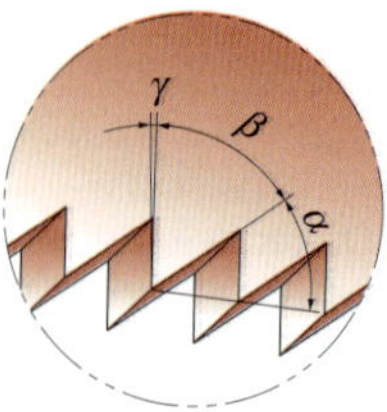

Handsägeblatt:
$\alpha = 38°$
$\beta = 50°$
$\gamma = 2°$

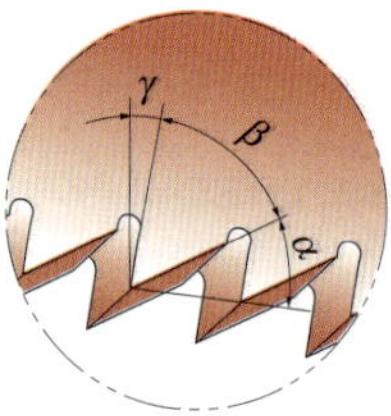

Maschinensägeblatt:
$\alpha = 30°$
$\beta = 50°$
$\gamma = 10°$

1 Der Spanwinkel ist am Maschinensägeblatt wesentlich größer als am Handsägeblatt. Begründen Sie diesen Zustand.

Ein großer Spanwinkel erleichtert die Spanabnahme. Der Schneidkeil dringt deshalb tief in den Werkstoff ein. Es entsteht ein dicker Span. Um diesen abzutrennen, ist eine große Kraft erforderlich. Von Hand kann jedoch nur eine begrenzte Kraft aufgebracht werden. Somit ist bei Handsägeblättern ein kleiner Spanwinkel zu wählen.

2 Wie wirken sich Freiwinkel *α* und Zahnteilung *t* auf die Größe des Spanraums aus?

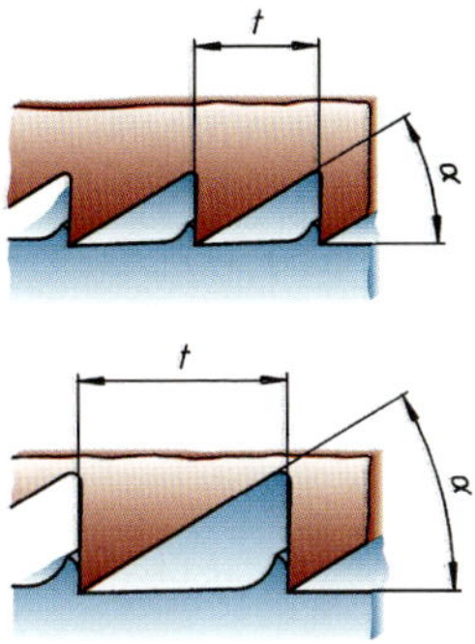

- Je größer der Freiwinkel, desto größer wird der Spanraum. Deshalb haben Handsägeblätter große Freiwinkel.
- Je größer die Zahnteilung, desto größer der Spanraum.

3 Begründen Sie, unter welchen Bedingungen Sie
a) eine grobe und
b) eine feine Zahnteilung wählen.

a) Bei weichen Werkstoffen und langen Schnittfugen fallen viele Späne an, deshalb ist eine grobe Zahnteilung zu wählen.
b) Da immer mehrere Zähne im Eingriff sein müssen, ist bei kurzen Schnittfugen eine feine Zahnteilung zu wählen. Bei harten Werkstoffen sollen viele Zähne kleine Späne abnehmen, d. h. es wird eine feine Zahnteilung gewählt.

4 Was wird beim Sägen unter „Freischneiden“ verstanden und durch welche Maßnahmen wird das erreicht?

Sägeblätter müssen freischneiden, d. h. das Sägeblatt darf nicht in der Sägefuge festklemmen. Dazu muss die Sägefuge breiter als die Dicke des Sägeblatts werden. Hierzu werden Sägeblätter z. B. geschränkt, gewellt, hinterschliffen oder bei Kreissägeblättern Hartmetallschneiden eingesetzt, die breiter als das Sägeblatt sind.

5 Was müssen Sie beim Wechseln eines Sägeblattes bei der Handbügelsäge beachten?

Die Sägezähne müssen in Schnittrichtung zeigen. Über die Spannmutter ist das Sägeblatt so zu spannen, dass es nur noch wenig federt.

6 Beschreiben Sie, welche Zahnteilung Sie wählen, um ein dünnwandiges Kupferrohr abzusägen und beschreiben Sie Ihr Vorgehen beim Sägen.

Da sich nur relativ kurze Schnittlängen ergeben, wird eine feine Zahnteilung gewählt und das Rohr schnittweise gedreht, damit die Säge nicht hakt.

7 Nennen Sie drei Unfallverhütungsvorschriften, die Sie beim Sägen beachten.

- Werkstück so einspannen, dass die Schnittstelle möglichst nahe am Schraubstock liegt.
- Der Schnittdruck ist zum Ende des Sägens zu reduzieren.
- Nach dem Sägen ist die Trennstelle zu entgraten.

8 Vergleichen Sie die Wirtschaftlichkeit von Hubsägemaschinen mit Bandsägemaschinen.

Bei Hubsägemaschinen ist immer ein Leerhub vorhanden. Bandsägemaschinen arbeiten kontinuierlich, d. h. ohne Leerhub, sie sind produktiver und wirtschaftlicher.

2.3 Feilen

1 Die beiden Feilen, von denen Ausschnitte zu sehen sind, unterscheiden sich in ihrer Herstellung.

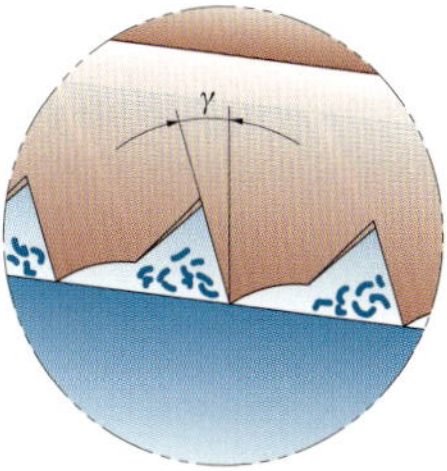

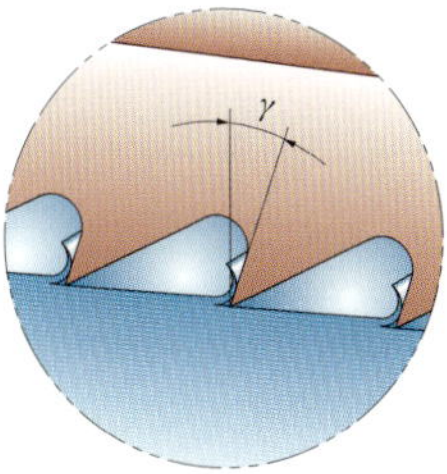

a) Benennen Sie die beiden Feilen.
b) Welche Wirkungen haben sie?
c) Für welche Werkstoffe eignen sie sich?

a) oben: gehauene Feile
unten: gefräste Feile
b) oben: schabende Wirkung
unten: schneidende Wirkung
c) oben: harte Werkstoffe wie z. B. Stahl und Gusseisen
unten: weiche Werkstoffe wie z. B. Aluminium, Kupfer und Kunststoff

2 Was verstehen Sie bei der Feile unter „Hieb“?

Ein Feilenblatt besteht aus hinter- und nebeneinander liegenden Schneidkeilen. Eine Schneidenreihe wird als Hieb bezeichnet.

3 Was bedeutet die Angabe „Hiebzahl 20“ für eine Feile und welche Oberflächenqualität ist damit zu erreichen?

Bei einer Hiebzahl von 20 sind 20 Hiebe pro Zentimeter Feilenlänge vorhanden. Diese Feile eignet sich zum Schlichten.

4 Benennen Sie die beiden Feilentypen und geben Sie an, welche Späne entstehen und für welche Werkstoffe sie sich eignen.

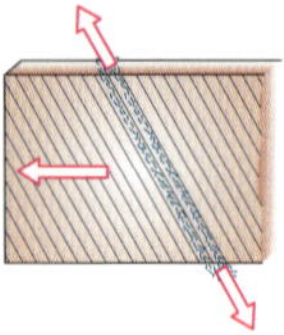

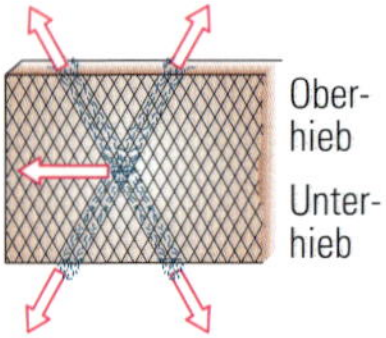

oben:
Bei einhiebigen Feilen entstehen größere Späne und sie eignen sich für weiche Werkstoffe wie z. B. Aluminium.

unten:
Bei Kreuzhiebfeilen entstehen kleinere Späne und sie eignen sich für härtere Werkstoffe wie z. B. Stahl.

5 Aus einem Stahlblech von 60 x 40 x 3 mm ist die dargestellte Schablone herzustellen. Erstellen Sie eine Werkzeugliste für die spanende Bearbeitung der Bereiche 1 bis 3.

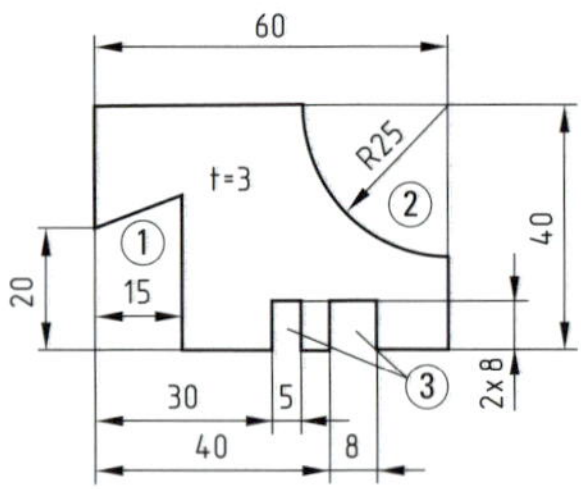

Bereich ①:
Handbügelsäge, Schrupp- und Schlichtflachstumpffeile, Schrupp- und Schlichtdreikantfeile

Bereich ②:
Handbügelsäge, Schrupp- und Schlichthalbrundfeile

Bereiche ③:
Handbügelsäge, Schrupp- und Schlichtvierkantfeile

1

3 Zerteilen

3.1 Scherschneiden

1 Beschreiben Sie das Prinzip des Zerteilens.

Zerteilen ist ein Trennen des Werkstoffs, ohne dass sich dabei Späne bilden.

2 Erläutern Sie die drei Phasen des Schneidvorgangs.

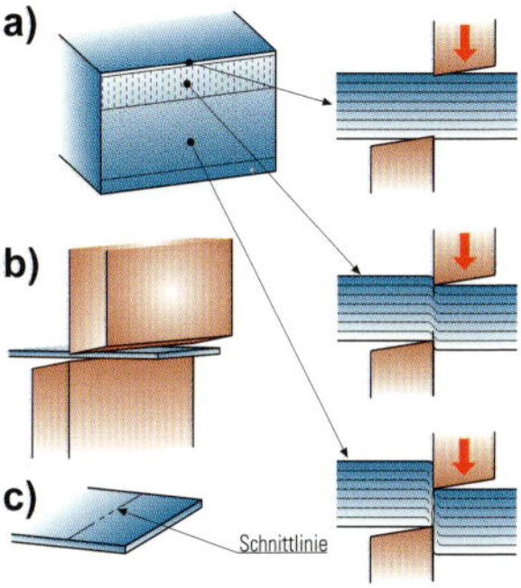

a) Stauchen
Der Werkstoff wird an seiner Ober- und Unterseite zusammengedrückt und eingekerbt.

b) Schneiden
Dringen die Schneiden weiter in den Werkstoff ein, so wird ein Teil des Werkstoffquerschnitts geschnitten. Es entstehen dann Risse in der Scherzone.

c) Trennen
Diese Risse führen zum Trennen des Werkstoffs. Er bricht an der Schnittstelle auseinander.

3 Benennen Sie die beim Handscheren gekennzeichneten Positionsnummern.

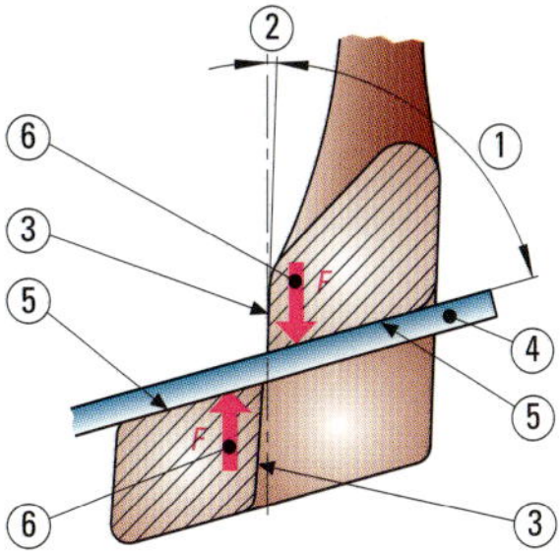

①: Keilwinkel
②: Freiwinkel
③: Freifläche
④: Blech
⑤: Druckfläche
⑥: Schneidkraft

4 Aus welchem Grund werden Handscheren mit einem Hohlschliff versehen?

Damit die Schneiden nicht auf ihrer gesamten Länge aneinander reiben, werden sie mit einem Hohlschliff ausgestattet und vorgespannt. Die Schneiden berühren sich dann lediglich an der jeweiligen Schnittstelle.

5 Es gibt linke und rechte Handscheren.
a) Woran erkennen Sie diese?
b) Wofür sind sie geeignet?

a) Ob es sich um eine rechte oder linke Schere handelt, bestimmt die Lage der unteren Schneide.
b) Linke Scheren sind für Linkskurven und rechte Scheren für Rechtskurven geeignet.

6 Wozu dient der Niederhalter bei Tafelscheren?

Der Niederhalter drückt das Blech auf den Scherentisch und verhindert, dass es kippt.

7 Maschinenscheren können im ziehenden Schnitt oder im Trennschnitt arbeiten. Beschreiben Sie die Unterschiede bezüglich des Vorgangs, der aufzubringenden Scherkraft, dem Hubweg und Verformungen des Blechabschnittes.

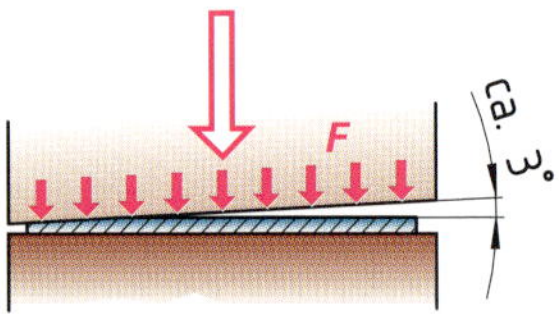

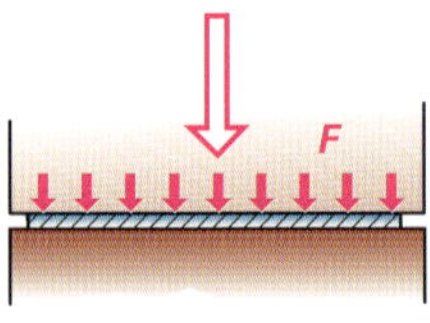

Beim ziehenden Schnitt (oben) schert eine schräge Schneide bei einem langen Hub und relativ geringem Kraftaufwand das Blech allmählich, wobei der Blechabschnitt geringfügig verformt wird.

Beim Trennschnitt (unten) schert eine parallele Schneide bei einem kurzen Hub und relativ großem Kraftaufwand das Blech schlagartig, wobei der Blechabschnitt nicht verformt wird.

3.2 Messer- und Beißschneiden

1 Beschreiben Sie den wesentlichen Unterschied zwischen Messer- und Scherschneiden.

Im Gegensatz zum Scherschneiden sind beim Messerschneiden beide Flächen des Schneidkeils im Eingriff.

2 Wie heißt das dargestellte Werkzeug und geben Sie an, ob das Verfahren zum Messer- oder Beißschneiden gehört.

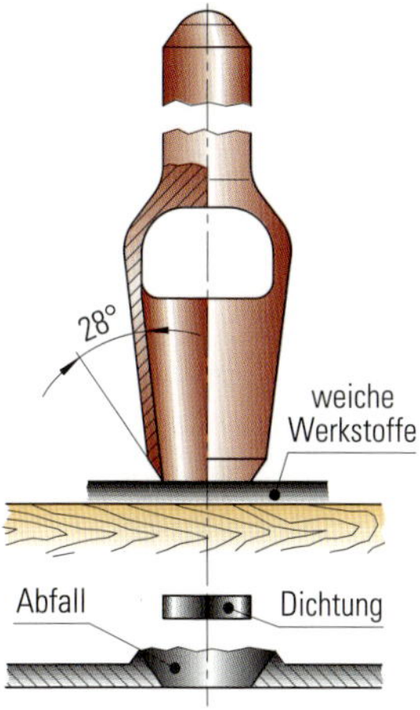

Das Werkzeug ist eine Lochpfeife und das Verfahren gehört zum Messerschneiden.

3 Wie unterscheiden sich Messer- und Beißschneiden? Geben Sie zu jedem Verfahren ein Werkzeug an.

Beim Messerschneiden wird der Werkstoff zwischen Schneidkeil und einer festen Unterlage zerteilt.
Beispiel: Lochpfeife bzw. Locheisen
Beim Beißschneiden bewegen sich zwei keilförmige Schneiden aufeinander zu, zwischen denen der zu trennende Werkstoff liegt.
Beispiel: Kneifzange, Bolzenschneider

4 Mathematische Grundlagen

4.1 Dreisatz

1 Ein Stahlblech mit 4 mm Dicke hat bei 1 m² Fläche eine Masse von 31,40 kg. Welche Masse haben 4 Stahlbleche gleicher Dicke, die jeweils eine Fläche von 3,125 m² haben?

1 Blech – 1 m^2 – 31,4 kg
4 Bleche – 3,125 m^2 – ? kg

4 Bleche – 1 m^2 – 31,4 kg · 4
4 Bleche – 3,125 m^2 – 31,4 kg · 4 · 3,125
4 Bleche – 3,125 m^2 – 392,50 kg

2 Eine Kiste mit Schrauben hat eine Masse von 26 kg. Wie viele Schrauben sind in der Kiste, wenn 100 Schrauben 1,2 kg wiegen und die Kiste eine Masse von 2 kg hat?

In der Kiste sind 2000 Schrauben.

3 Eine Gruppe von 6 Fachkräften benötigt 20 Tage zur Montage einer Fertigungsanlage bei einer täglichen Arbeitszeit von 8 h. Nun soll die gleiche Aufgabe von 8 Facharbeitern mit einer täglichen Arbeitszeit von 10 h durchgeführt werden. In welcher Zeit ist die Montage durchführbar?

6 Fachkräfte – 8 h – 20 Tage
8 Fachkräfte – 10 h – ? Tage

1 Fachkraft – 8 h – 20 Tage · 6
1 Fachkraft – 1 h – 20 Tage · 6 · 8
8 Fachkräfte – 1 h – $\frac{20 \text{ Tage} \cdot 6 \cdot 8}{8}$
8 Fachkräfte – 10 h – $\frac{20 \text{ Tage} \cdot 6 \cdot 8}{8 \cdot 10}$
8 Fachkräfte – 10 h – 12 Tage

1

4.2 Prozentrechnung

1 Für eine Kupfer-Zinn-Legierung werden 141 kg Kupfer und 9 kg Zinn eingeschmolzen. Wie hoch sind die Prozentsätze für Kupfer und Zinn in der Legierung?

$$150\,\text{kg} \mathrel{\hat{=}} 100\,\%$$
$$9\,\text{kg} \mathrel{\hat{=}} ?\,\%$$
$$1\,\text{kg} \mathrel{\hat{=}} \frac{100\,\%}{150}$$
$$9\,\text{kg} \mathrel{\hat{=}} \frac{100\,\% \cdot 9}{150}$$
$$1\,\text{kg} \mathrel{\hat{=}} 6\,\%$$

94 % Kupfer und 6 % Zinn

2 Ein Kunde bezahlt für eine Handbohrmaschine 167,97 €. Im Preis ist die Mehrwertsteuer von 19 % enthalten. Wie hoch ist der Nettopreis ohne Mehrwertsteuer?

Der Nettopreis beträgt 141,15 €.

3 Eine Fachkraft hat einen Bruttolohn von 3680,00 €. Sie bekommt 61 % davon ausgezahlt. Wie groß ist der Nettolohn?

Der Nettolohn beträgt 2244,80 €.

4 Die Selbstkosten zur Herstellung eines Werkstücks betragen 480 €. Verkauft wird es für 588 €. Wie hoch ist der prozentuale Gewinnzuschlag?

Der prozentuale Gewinnzuschlag beträgt 22,5 %.

5 Ein Gerät kostet netto 1200 €. Wie viel muss der Kunde bei 19 % Mehrwertsteuer und 3 % Skonto bei Barzahlung zahlen?

Der Kunde muss 1385,16 € bezahlen.

5 Prüftechnik

5.1 Prüfarten

1 Unterscheiden Sie subjektives und objektives Prüfen und geben Sie zu jeder Prüfart ein Beispiel an.

Beim subjektiven Prüfen geschieht die Prüfung ohne jedes Hilfsmittel. Der Prüfer verlässt sich ganz auf seine Sinneswahrnehmung, Beispiel: Sichtprüfung einer Oberfläche.
Beim objektiven Prüfen werden Prüfmittel wie Messgeräte oder Lehren eingesetzt. Beispiel: Messen einer Länge oder Geschwindigkeit.

2 Wie unterscheiden sich Messen und Lehren? Geben Sie zu jedem ein Beispiel an.

Beim Messen wird eine physikalische Größe mit einem Messgerät erfasst. Dabei wird ein Messwert ermittelt, der aus Zahlenwert und Einheit besteht. Beispiel: Prüfen mit dem Bandmaß.
Beim Lehren wird festgestellt, ob der Prüfgegenstand innerhalb vorgegebener Grenzen liegt oder in welcher Richtung diese überschritten werden. Das Ergebnis des Lehrens ist kein Zahlenwert. Beispiel: Prüfen mit der Radiuslehre

3 Messgeräte werden in anzeigende Messgeräte und Maßverkörperungen unterschieden. Erläutern Sie den Unterschied und geben Sie jeweils zwei Messgeräte dazu an.

Anzeigende Messgeräte besitzen eine Anzeigeeinrichtung, an denen der Messwert abgelesen wird. Beispiele: Messschieber, Winkelmesser.
Maßverkörperungen stellen Längen bzw. Winkel durch den festen Abstand von Strichen oder Flächen zueinander dar. Beispiele: Bandmaß, Endmaße.

1

5.2 Längen- und Winkelberechnung

1 Eine Maschine hat eine Länge von 4565 mm. Wie groß ist ihre Länge in Meter?

4,565 m

2 Ein Rohr hat einen Außendurchmesser von 5 cm und eine Wanddicke von 2,5 mm. Wie groß ist der Innendurchmesser des Rohres in Millimeter?

$d = D - 2 \cdot t$

$d = 50\,\text{mm} - 2 \cdot 2{,}5\,\text{mm}$

$\underline{\underline{d = 45\,\text{mm}}}$

3 Wie viel Mikrometer sind 0,325 cm?

3250 µm

4 250 m + 0,03 km + 35 dm + 305 cm + 580 mm = ? m

287,13 m

5 2524 µm + 0,0234 cm – 1,578 mm + 0,002 m = ? µm

3180 µm

6 0,468 km – 368 cm – 0,75 mm + 56 dm = ? cm

4871,925 cm

7 3/8" = ? mm

$\frac{3 \cdot 25{,}4\,\text{mm}}{8 \cdot 1"} = 9{,}525\,\text{mm}$

8 123,55 mm + 1½" – 0,045 dm + 0,254 m = ? mm

411,15 mm

9 2½" + 3/8" + 3/16" = ? "

$\frac{40"}{16} + \frac{6"}{16} + \frac{3"}{16} = \frac{49"}{16} = 3\frac{1"}{16}$

10 0,25 mm – 1250 nm – 0,25 µm = ? mm	0,2485 mm
11 0,2 mm + 34 nm + 0,0058 cm – 25 µm = ? µm	233,034 µm
12 Der Keilwinkel einer Werkzeugschneide wurde mit 82,3375° gemessen. Wie viele Grad, Gradminuten und Gradsekunden sind das?	$\beta = 82° + \frac{0{,}3375° \cdot 60'}{1°}$ $\beta = 82° + 20{,}25'$ $\beta = 82° + 20' + \frac{0{,}25° \cdot 60''}{1°}$ $\underline{\underline{\beta = 82°\,20'\,15''}}$
13 Es wurde ein Winkel von 16° 35' 24" gemessen. Wie groß ist dieser Winkel in Grad als Dezimalzahl?	$\alpha = 16° + 35' + \frac{24'' \cdot 1'}{60''}$ $\alpha = 16° + 35{,}4'$ $\alpha = 16° + \frac{35{,}4'}{60'}$ $\underline{\underline{\alpha = 16{,}59°}}$
14 Wie groß ist die Winkelsumme in Grad, Gradminuten und Gradsekunden von $\alpha = 25°\,15'\,20''$ und $\beta = 52{,}48°$?	77° 43' 68"
15 45° 45' 35" + 12° 35' 30" = ?	58° 21' 5"
16 125° 45' 30" – 98° 42' 30" = ?	27° 3'
17 32° 15' 20" – 20° 32' 45" = ?	11° 42' 35"
18 275° 12' 20" – 120° 20' 45" = ? Grad	154° 51' 35" = 154,8597°

5.3 Toleranzen

1 Warum sind in der Technik Toleranzen nötig?

Da es nicht möglich ist, das auf der Zeichnung stehende Maß ganz genau einzuhalten, wird eine gewisse Abweichung vom angegebenen Maß geduldet: die Toleranz.

2 Erläutern Sie den fertigungstechnischen Grundsatz „Toleranzen sind so groß wie möglich und so klein wie nötig zu wählen“.

Je kleiner die Maßtoleranz gewählt wird, desto größer wird der fertigungstechnische Aufwand, wodurch die Fertigungskosten steigen.
Daher so groß wie möglich wählen.
Andererseits muss die Funktion des Bauteils gewährleistet sein, d. h. die Toleranz muss so klein wie nötig gewählt werden.

3 Erklären Sie am Beispiel 20-0,4 die Begriffe „Nennmaß“ und „Istmaß“.

Nennmaß ist das auf der Zeichnung angegebene Maß, auf das sich die Grenzabmaße beziehen (20 mm).
Istmaß ist das gemessene Werkstückmaß.

4 Wie unterscheiden sich die Grenzmaße von den Grenzabmaßen?

Grenzmaße sind Mindest- und Höchstmaße.
Das **obere Grenzabmaß** ist die Differenz von Höchstmaß und Nennmaß. Das **untere Grenzabmaß** ist die Differenz von Mindestmaß und Nennmaß.

5 Ermitteln Sie für das Maß 120 +0,2/-0,1 Höchst- und Mindestmaß sowie die Toleranz.

Höchstmaß $Gs = 120{,}2\,\text{mm}$
Mindestmaß $Gi = 119{,}9\,\text{mm}$
Toleranz $T = 0{,}3\,\text{mm}$

6 Wie groß ist das obere Grenzabmaß bei einem unteren von +0,15 und 0,3 mm Toleranz?

$es = ei + T$
$es = 0{,}15\,\text{mm} + 0{,}3\,\text{mm}$
$es = 0{,}45\,\text{mm}$

7 Welche Toleranzen gelten für die Maße, die in der Zeichnung nicht mit einer Toleranzangabe versehen sind?

Für alle Maße ohne Toleranzangaben gelten die Allgemeintoleranzen.

8 Von welchen Faktoren (je … desto) hängt die Größe der Allgemeintoleranz für Längenmaße nach DIN ISO 2768 ab?

- Je gröber der Genauigkeitsgrad, desto größer sind die Toleranzen.
- Je größer das Nennmaß, desto größer sind die Toleranzen.

9 Auf einer Zeichnung ist ein Werkstück mit einem Radius von 16 mm nach DIN ISO 2768-f angegeben. Bestimmen Sie für den Radius das Höchst- und Mindestmaß.

Höchstmaß: R17
Mindestmaß: R15

10 Bestimmen Sie für alle Maße der Zeichnung Höchst- und Mindestmaß sowie die Toleranz.

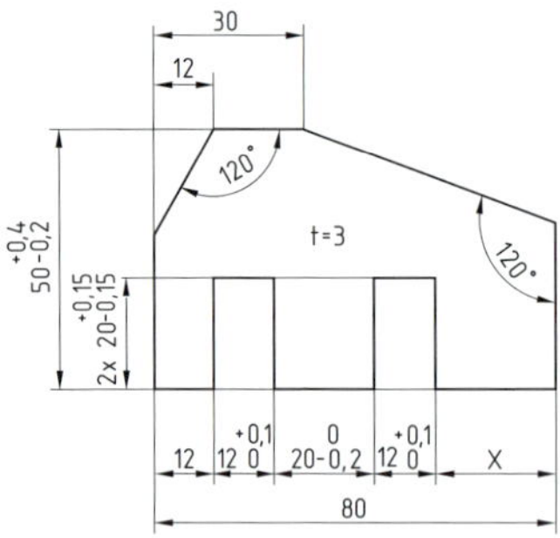

Maße ohne Toleranzangabe nach DIN ISO 2768-mK

Maß	Höchst-maß	Mindest-maß	Toleranz
12	12,2 mm	11,8 mm	0,4 mm
12+0,1	12,1 mm	12,0 mm	0,1 mm
20-0,2	20,0 mm	19,8 mm	0,2 mm
80	80,3 mm	79,7 mm	0,6 mm
50+0,4/ -0,2	50,4 mm	48,8 mm	0,6 mm
20±0,15	20,15 mm	19,85 mm	0,3 mm
30	30,2 mm	29,8 mm	0,4 mm
3	3,1 mm	2,9 mm	0,2 mm
120°	120° 30’	119° 30’	1°
110°	110° 30’	109° 30’	1°
X	24,7 mm	23,3 mm	1,4 mm

1

11 Auf der Zeichnung ist ein Maß mit 36 +0,032/-0,018 angegeben, am Werkstück messen Sie 36,012. Bestimmen Sie Grenzabmaße, Grenzmaße, Toleranz, Nennmaß und Istmaß.

es = 0,032 mm
ei = –0,018 mm
Gs = 36,032 mm
Gi = 35,982 mm
T = 0,050 mm
N = 36,000 mm
Istmaß = 36,012 mm

5.4 Messgeräte

1 Benennen Sie die Elemente des Messschiebers.

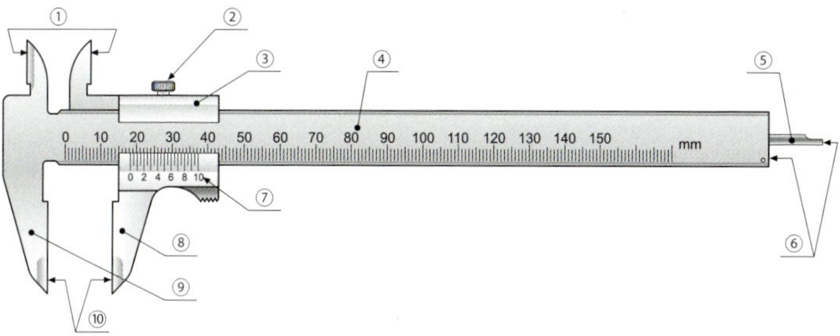

①: schneidenförmige Messflächen für Innenmessung
②: Feststellschraube
③: Schieber
④: Schiene
⑤: Tiefenmessstange
⑥: Messflächen für Tiefenmessung
⑦: Nonius
⑧: beweglicher Messschenkel
⑨: fester Messschenkel
⑩: Messflächen für Außenmessung

2 Was wird beim Messschieber unter dem Begriff „Noniuswert“ verstanden?

Die kleinste ablesbare Maßänderung wie z. B. 1/10 mm oder 1/20 mm heißt Noniuswert.

3 **Lesen Sie die Messwerte auf den folgenden Darstellungen ab.**

a)

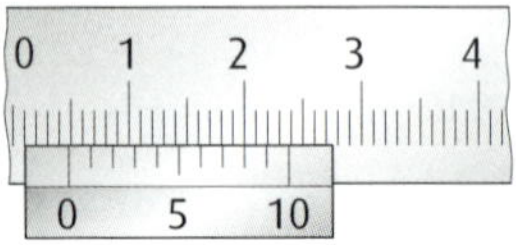

a) 4,8 mm

b)

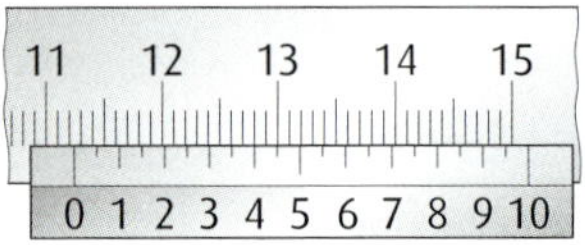

b) 112,4 mm

4 **Wie groß ist der Messwert, den der Messschieber mit Rundskala anzeigt und wie groß ist der Skalenteilungswert?**

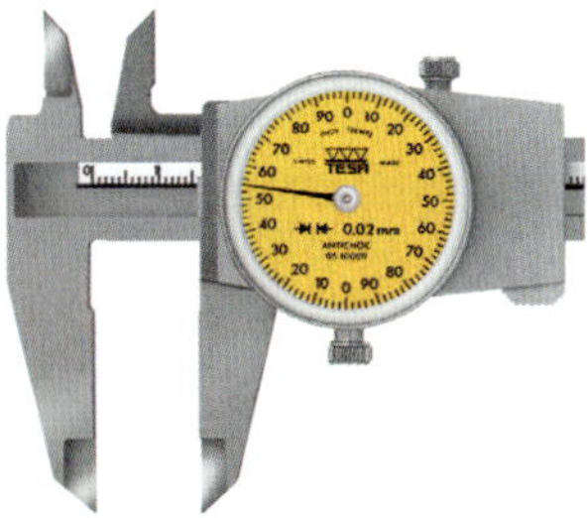

Messwert: 15,54 mm
Skalenteilungswert: 0,02 mm

5 **Wie groß ist der Abstand zwischen zwei Noniusstrichen, wenn der Nonius 19 mm lang und der Noniuswert 0,05 mm sind?**

19 mm · 0,05 = 0,95 mm

6 Wie groß die kleinste ablesbare Maßänderung beim dargestellten Messschieber und welchen Vorteil hat der digitale Messschieber?

Die kleinste ablesbare Maßänderung beträgt 0,01 mm d. h. 1/100 mm. Das Ablesen der Messwerte ist einfacher und schneller als beim Messschieber mit Nonius. Es kommt kaum zu Ablesefehlern.

7 Wie heißt die kleinste ablesbare Maßänderung bei digitalen Messgeräten?

Bei digitalen Messgeräten mit Ziffernanzeige heißt die kleinste ablesbare Maßänderung Ziffernschrittwert.

8 Nennen Sie zwei Maßnahmen beim Messen mit dem Messschieber, wodurch die Kippfehler möglichst klein gehalten werden.

- Das Werkstück dicht an der Schiene messen.
- Keine zu große Messkraft aufbringen

9 Aus welchem Grund ist die Maßbezugstemperatur festgelegt und warum ist sie für Längenmessgeräte und Werkstücke einzuhalten?

Um die Vergleichbarkeit der Messungen zu gewährleisten, legt die Norm eine Maßbezugstemperatur von 20 °C fest. Bauteile und Messwerkzeuge verändern ihre Länge bei Temperaturschwankungen, was zu falschen Messergebnissen führt.

10 Ein Drehteildurchmesser wird mit einem Messschieber gemessen, der eine Temperatur von 45 °C hat. Ist das Istmaß größer oder kleiner als das gemessene Maß?

Das Istmaß des Drehteils ist größer als das gemessene Maß (z. B. 50 mm). Der Abstand zwischen den Messschenkeln des erwärmten Messschiebers beträgt jedoch z. B. 50,02 mm.

11 Wie groß ist der am Universalwinkelmesser eingestellte Winkel?

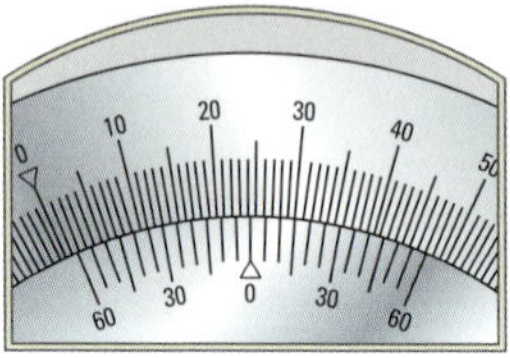

24° 15'

12 Benennen Sie die Elemente der Bügelmessschraube.

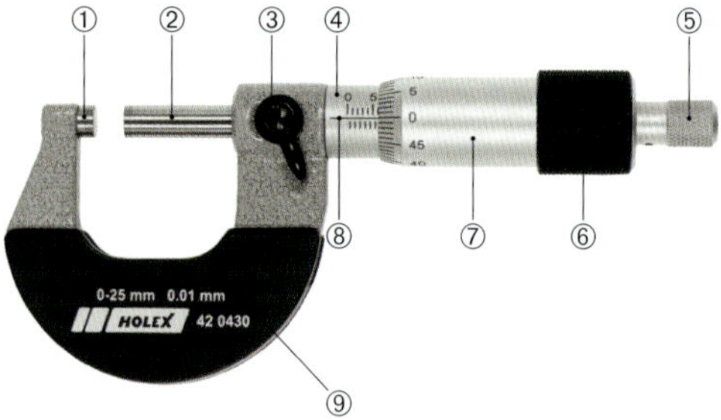

①: Messamboss
②: Messspindel
③: Feststelleinrichtung
④: Skalenhülse
⑤: Ratsche
⑥: Schnellantrieb
⑦: Skalentrommel
⑧: Bezugslinie
⑨: Bügel mit Isolierung

13 Aus welchem Grunde sind an der Bügelmessschraube Isolierplatten angebracht?

Damit keine Wärme von der Hand auf die Messschraube übertragen und ein falsches Messergebnis durch Wärmedehnung vermieden wird.

14 Lesen Sie den auf der Messschraube eingestellten Messwert ab und geben Sie den Skalenteilungswert sowie die Steigung der Messspindel an.

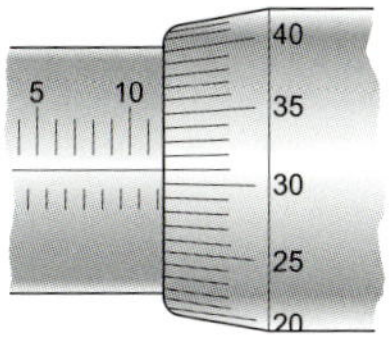

Messwert: 11,81 mm
Skalenteilungswert: 0,01 mm
Spindelsteigung: 0,5 mm

15 Wie viele Teilstriche sind auf der Skalentrommel einer Messschraube mit einer Messspindelsteigung von 1 mm?

100 Teile muss die Messpindel haben, weil bei einer Umdrehung 100 · 0,01 mm = 1 mm Steigung ergibt.

16 Nennen Sie zwei Regeln zur Handhabung von Messschrauben.

Um mit optimaler Messkraft zu messen, ist die Skalentrommel über die Ratsche zu betätigen.
Die Messschraube ist immer rechtwinklig zu den Bezugsflächen anzusetzen.

17 Beschreiben Sie die fachgerechte Handhabung der Innenmessschraube.

Die Innenmessschraube muss rechtwinklig zu den Messflächen angeordnet und mit der Ratsche betätigt werden.

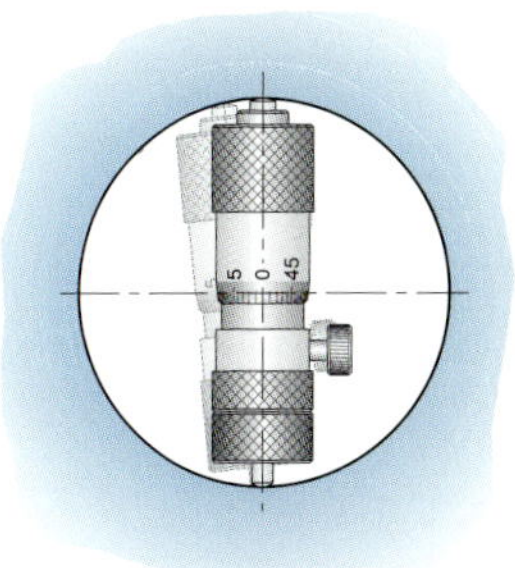

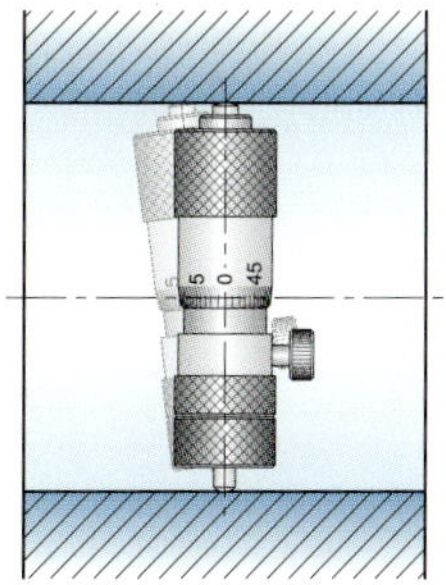

18

a) Wie groß ist der Skalenteilungswert der Messuhr?

b) Wodurch wird der Bolzenweg in eine Drehbewegung gewandelt?

c) Nennen Sie zwei Beispiele für die Verwendung der Messuhr.

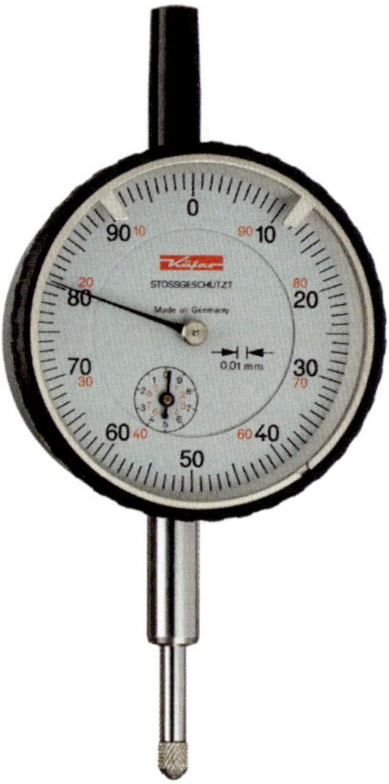

a) Der Skalenteilungswert beträgt 0,01 mm.

b) Zahnstange und Zahnrad wandeln die geradlinige in eine Drehbewegung um.

c) Rundlaufprüfung, Ausrichten von Werkstücken auf Werkzeugmaschinen

19 Unterscheiden Sie direkte und indirekte Längenmessung und geben Sie zu jeder Art zwei Messgeräte an.

Bei der direkten Längenmessung wird der Messwert erfasst und ohne Umwandlung der erfassten Messgröße am Messgerät angezeigt. Beispiele: Bandmaß, Tiefenmessschieber.
Bei der indirekten Längenmessung wird der Messwert in einer anderen Messgröße angezeigt als er erfasst wird. Beispiele: Messschraube, Messuhr.

20 Beschreiben Sie systematische und zufällige Messabweichungen und geben Sie zu jeder zwei Beispiele an.

Abweichungen, die bei jeder Messung in gleicher Weise auftreten, werden als systematische Messabweichungen bezeichnet. Beispiele: erhöhte Temperatur der Werkstücke, Steigungsfehler der Messspindel einer Messschraube.
Abweichungen, die nicht bei jeder Messung auftreten, werden als zufällige Messabweichungen bezeichnet. Beispiele: Falsches Ablesen des Messwertes, falsche oder unterschiedliche Messkräfte.

6 Werkstofftechnik

6.1 Werkstoffeigenschaften und Beanspruchungen

1 Werkstoffeigenschaften lassen sich in verschiedene Gruppen zusammenfassen. Ordnen Sie jeder der folgenden Gruppen drei Eigenschaften zu.
a) mechanisch-technologische,
b) physikalische,
c) chemische und
d) fertigungstechnische Eigenschaften

a) fest, hart, elastisch, zäh
b) Dichte, elektrische Leitfähigkeit, Schmelzpunkt, Siedepunkt
c) giftig, brennbar, explosiv, korrosionsbeständig
d) schweißbar, zerspanbar, umformbar, gießbar

2 Beschreiben Sie die Eigenschaft „Festigkeit".

Festigkeit ist die Fähigkeit eines Werkstoffs, einer Beanspruchung standzuhalten, ohne zu brechen.

3 Erläutern Sie den Begriff „Härte".

Härte ist der Widerstand eines Körpers gegen das Eindringen eines anderen Körpers.

4 Beschreiben Sie die Werkstoffeigenschaft „Elastizität".

Elastizität ist die Fähigkeit eines Körpers, seine ursprüngliche Form wieder anzunehmen, wenn die Beanspruchung nicht mehr wirkt.

5 Was verstehen Sie unter „Sprödigkeit" eines Werkstoffs?

Spröde Werkstoffe verformen sich bei Beanspruchung nur geringfügig bevor sie brechen.

6 Erläutern Sie die Werkstoffeigenschaft „Zähigkeit".

Zähigkeit ist die Fähigkeit eines Werkstoffs, sich unter Belastung bleibend zu verformen.

6.2 Beanspruchungen

1 Ordnen Sie den Darstellungen die jeweilige Beanspruchung des Bauteils zu.

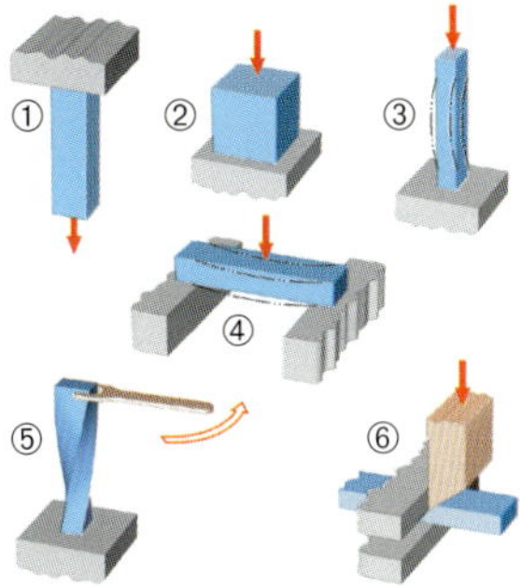

①: Zug
②: Druck
③: Knickung
④: Biegung
⑤: Verdrehung bzw. Torsion
⑥: Abscherung (Schub)

2 Benennen Sie die Punkte 1 bis 4 des Spannungs-Dehnungs-Diagramms, das beim Zugversuch eines weichen Baustahls entstanden ist.

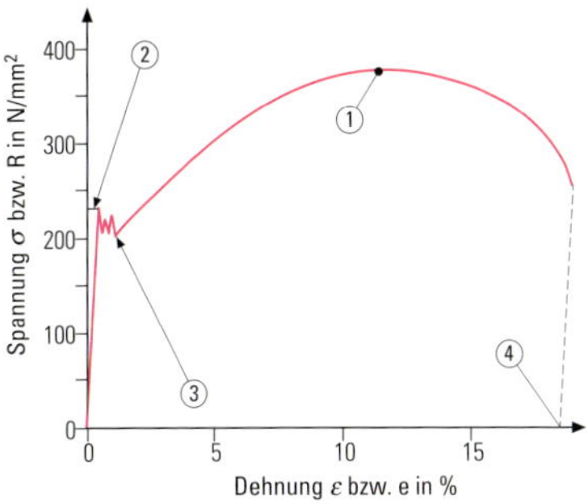

①: Zugfestigkeit R_m
②: obere Streckgrenze R_{eH}
③: untere Streckgrenze R_{eL}
④: Bruchdehnung A

3 Unterscheiden Sie das elastische und plastische Verhalten eines weichen Baustahls unter Beanspruchung.

Am Anfang der Beanspruchung verformt sich der Werkstoff elastisch, d.h. nach Entlastung geht er in seine Ursprungsform zurück. Wird die Streckgrenze überschritten, bleibt ein Teil der Verformung auch nach der Entlastung bestehen. Der Werkstoff hat sich plastisch verformt.

4 Ordnen Sie die in der Tabelle aufgeführten Werkstoffe den Kurven aus den Zugversuchen zu.

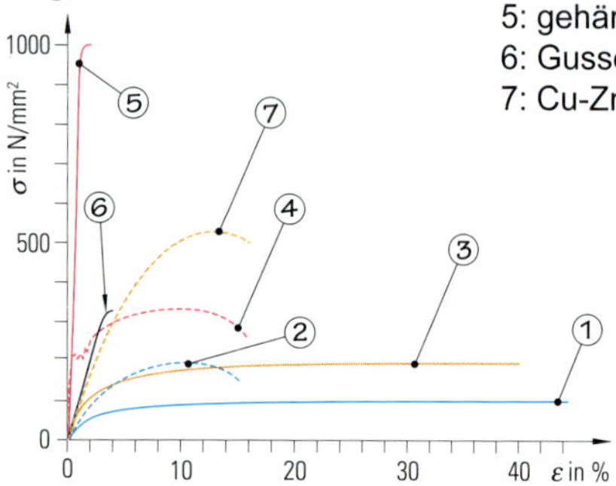

1: weiches Aluminium
2: AlMg-Legierung
3: weiches Kupfer
4: weicher Baustahl
5: gehärteter Stahl
6: Gusseisen
7: Cu-Zn-Legierung

5 Nennen Sie die Formeln für Zugspannung und Dehnung.

$$\text{Zugspannung} = \frac{\text{Zugkraft}}{\text{Ausgangsquerschnitt}} = \frac{F}{S_0}$$

$$\text{Dehnung} = \frac{\text{Verlängerung}}{\text{Ausgangslänge}} \cdot 100\,\% = \frac{\Delta L}{L_0} \cdot 100\,\%$$

6 Beim Zugversuch zerreißt ein Stab von 5 mm Durchmesser bei einer Kraft von 8,3 kN. Dabei hat er sich von 50 mm auf 60 mm verlängert. Wie groß sind Zugfestigkeit und Bruchdehnung?

$$R_m = \frac{F_m}{S_0}$$

$$R_m = \frac{8300\,\text{N} \cdot 4}{5^2\,\text{mm}^2 \cdot \pi}$$

$$R_m = 422{,}7\,\frac{\text{N}}{\text{mm}^2}$$

$$\varepsilon = \frac{\Delta L}{L_0} \cdot 100\,\%$$

$$\varepsilon = \frac{10\,\text{mm}}{50\,\text{mm}} \cdot 100\,\%$$

$$\varepsilon = 20\,\%$$

6.3 Einteilung der Werkstoffe

1 In welche Gruppen werden in der Metalltechnik die Werkstoffe eingeteilt?

Es sind die Gruppen
- Metalle,
- Verbundstoffe und
- Nichtmetalle.

2 Metalle werden in Eisenmetalle und Nichteisenmetalle unterteilt. Geben Sie zu jeder Gruppe zwei Metalle an.

Eisenmetalle:
Stahl, Gusseisen, Temperguss
Nichteisenmetalle:
Aluminium, Kupfer, Zink

3 Definieren Sie Leichtmetalle und geben Sie drei Werkstoffe an, die zu dieser Gruppe gehören.

Leichtmetalle haben eine Dichte $\leq 4{,}5\,kg/dm^3$. Zu dieser Gruppe gehören z. B. Aluminium, Magnesium und Titan.

4 Definieren Sie Schwermetalle und geben Sie drei Werkstoffe an, die zu dieser Gruppe gehören.

Schwermetalle haben eine Dichte $> 4{,}5\,kg/dm^3$. Zu dieser Gruppe gehören z. B. Kupfer, Blei und Zink.

5 Beschreiben Sie Verbundstoffe und geben Sie dazu zwei Beispiele an.

Verbundstoffe bestehen aus unterschiedlichen Stoffen (meist Metall und Nichtmetall) mit neuen Stoffeigenschaften. Dazu gehören Sinterwerkstoffe, faserverstärkte Werkstoffe.

6 In welche Untergruppen werden die Nichtmetalle eingeteilt?

Die Nichtmetalle werden in die Naturstoffe und Kunststoffe unterteilt.

7 Nennen Sie drei Beispiele für Naturstoffe.

- Holz
- Leder
- Naturstein

6.4 Metallaufbau

1 Welchen gemeinsamen Aufbau haben Metalle und wie entsteht er?

Metalle haben einen kristallinen Aufbau, d. h. die Metallionen sind in einer Gitterstruktur angeordnet. Das Metallgitter entsteht während die Metallschmelze erstarrt. Zunächst bilden sich Kristallkeime, dann folgt das Keimwachstum, bis die Kristalle aneinanderstoßen. Das Metall ist erstarrt und besteht aus vielen meist sehr kleinen Kristallen (Körnern).

2 Was wird in der Werkstofftechnik unter dem Begriff „Gefüge“ verstanden?

Die Anordnung und Verteilung der Körner nennt man Gefüge. Es wird durch die Art, Form, Größe, Verteilung und Orientierung der Gefügebestandteile beschrieben.

3 Benennen Sie die dargestellten Kristallgitterformen und geben Sie zu jeder zwei Metalle an.

a)

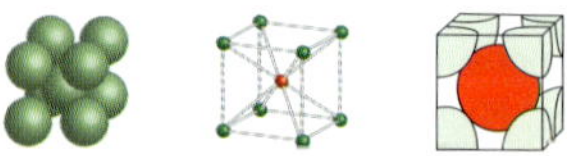

b)

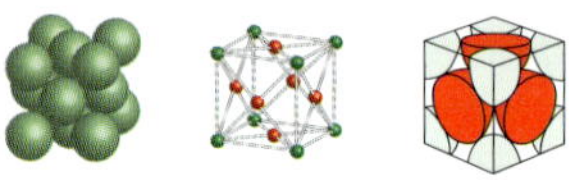

c)

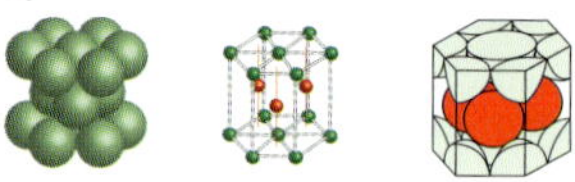

a) kubisch-raumzentriertes Kristallgitter
Eisen, Chrom, Wolfram

b) kubisch-flächenzentriertes Kristallgitter
Aluminium, Kupfer, Nickel

c) hexagonales Kristallgitter
Zink, Magnesium, Cadmium

4 Beschreiben Sie das Kennzeichen einer Legierung.

Eine Legierung ist ein Metall, das aus zwei oder mehreren Elementen besteht und aus einer gemeinsamen Schmelze erstarrt ist.

5 Die beiden Abbildungen in der Tabelle stellen modellhaft drei aneinanderstoßende Kristalle dar. Benennen Sie die Kristalltypen und erklären Sie die Unterschiede.

a)

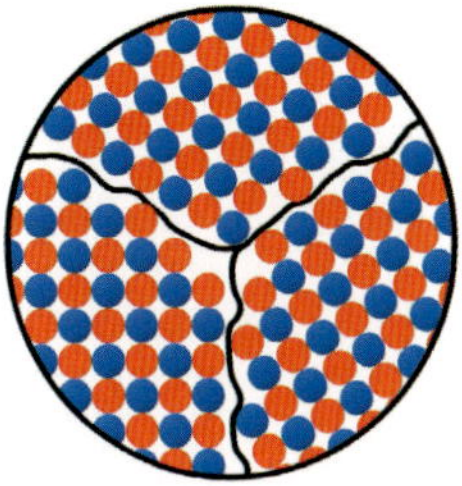

b)

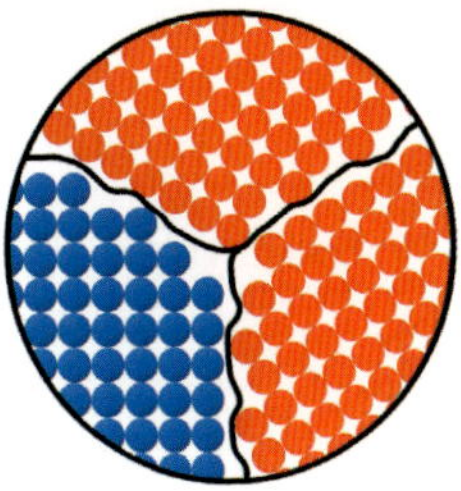

a) Mischkristall (Substitutionsmischkristall): Innerhalb eines Kristalls sind verschiedene Elemente vorhanden.
b) Kristallgemisch: Das Metall besteht aus Kristallen verschiedener Elemente

6 Skizzieren und beschreiben Sie den Zeit-Temperatur-Verlauf beim Erstarren
a) eines reinen Metalls und
b) einer Legierung

a) Das reine Metall erstarrt bei einer Temperatur (Haltepunkt).

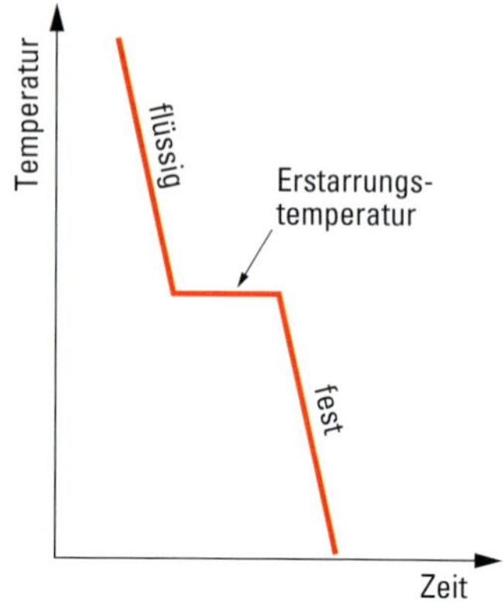

b) Die Legierung erstarrt in einem Temperaturbereich.

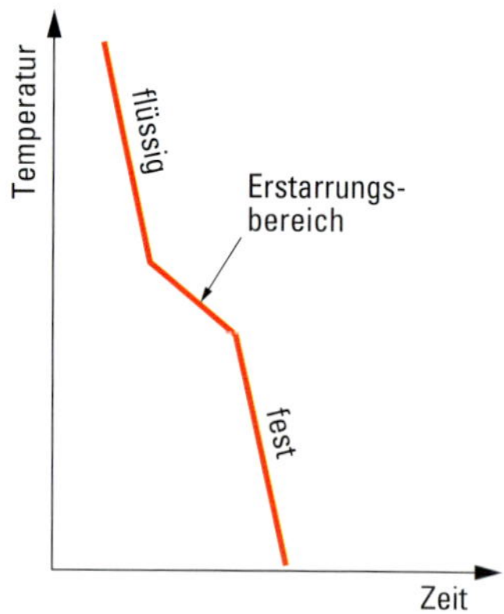

1

6.5 Eisenwerkstoffe

1 Nennen Sie zwei positive Eigenschaften von Gusseisen.

Gusseisen ist gut gießbar und hat einen niedrigen Schmelzpunkt.

2 Welchen prozentualen Kohlenstoffgehalt hat das Gusseisen?

Gusseisen ist eine Eisen-Kohlenstoff-Legierung, die im Allgemeinen 2 % bis 5 % Kohlenstoff enthält.

3 Es sind zwei Schliffbilder von Gusseisensorten dargestellt. Benennen Sie diese und geben Sie zu jeder Sorte drei typische Eigenschaften an.

a)

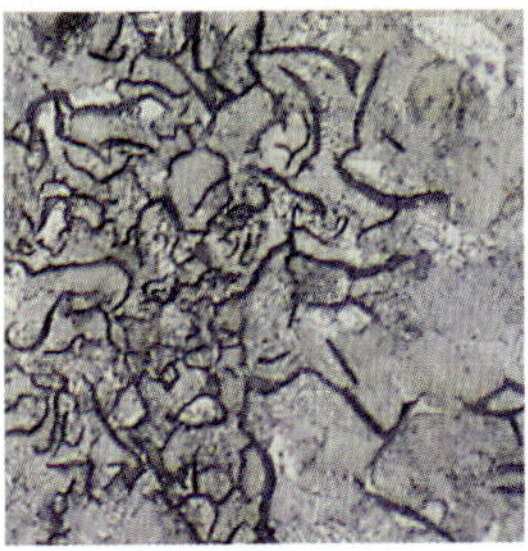

a) Gusseisen mit Lamellengrafit: geringe Zugfestigkeit, druckfest, schwingungsdämpfend

b)

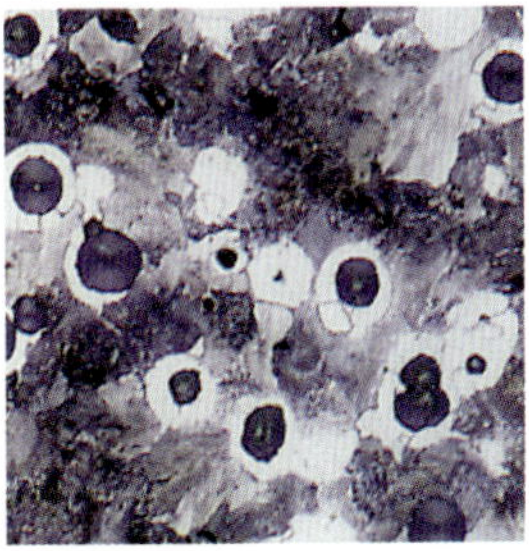

b) Gusseisen mit Kugelgrafit: höhere Zugfestigkeit, dehnbar, wärmebehandelbar

4 Nennen Sie zwei Tempergussarten und beschreiben Sie deren Gemeinsamkeiten.

Weißer und schwarzer Temperguss sind durch Wärmebehandlung zäh gewordene Sondergusseisen, die sich in Grenzen mechanisch verformen lassen.

5 Definieren Sie den Begriff „Stahl“.

Stahl ist eine Eisen-Kohlenstoff-Legierung mit bis zu 2,06 % Kohlenstoff.

6 Nennen Sie zwei Verfahren zur Stahlerzeugung und geben Sie an, welche Stahlqualitäten damit hergestellt werden.

Mit dem Sauerstoffaufblasverfahren werden vorrangig Qualitätsstähle hergestellt.
Das Elektro-Lichtbogen-Verfahren erzeugt in erster Linie Edelstähle.

7 Was sind Edelstähle?

Edelstähle sind Stähle, deren Gehalt an Phosphor und Schwefel 0,02 % nicht überschreiten und deren Zusammensetzung in engen Grenzen festgelegt ist.

8 Wie wirkt sich steigender Kohlenstoffgehalt auf die Festigkeit, Härte, Schmiedbarkeit und Schweißbarkeit des Stahles aus?

Mit zunehmendem Kohlenstoffgehalt nehmen die Festigkeit und Härte des Stahles zu, die Schweißbarkeit und Schmiedbarkeit nehmen dagegen ab.

9 Erläutern Sie den Begriff „Stahlguss“ und wann kommt er zum Einsatz?

Stahlguss ist in Formen vergossener Stahl, um durch Gießen der Endgestalt des Bauteils möglichst nahe zu kommen.

10 Warum werden Stähle legiert?

Mit den Legierungselementen lassen sich die Eigenschaften des Stahls beeinflussen.

11 Nennen Sie Beispiele für Legierungselemente und deren Auswirkungen auf den legierten Stahl.

Chrom steigert Härte und vermindert Korrosionsneigung und Dehnung.
Nickel steigert Härte, Dehnung, Zähigkeit und vermindert Korrosionsneigung, Zerspanbarkeit, Verschleißfestigkeit.
Wolfram steigert Härte, Zugfestigkeit, Warmfestigkeit und vermindert Dehnung und Zerspanbarkeit.

12 Beschreiben Sie das Block- bzw. Kokillengießen und das Stranggießen der Stahlschmelze.

Beim Block- bzw. Kokillenguss wird die Stahlschmelze in eine Stahlform, die Kokille, gegossen, in der sie zu einem Block erstarrt.
Beim Strangguss wird die Stahlschmelze kontinuierlich in eine gekühlte bodenlose Stahlform gegossen. Dabei erstarrt sie zu einem glühenden Strang, der meist nach unten abgezogen und anschließend zu Halbzeugen gewalzt wird.

6.6 Normung der Eisenwerkstoffe

Schlüsseln Sie die folgenden Eisenwerkstoffe auf:

1 S235JR

Baustahl (Stahlbau) mit
R_e = 235 N/mm²,
27J Kerbschlagarbeit bei 20 °C

2 S355K2

Baustahl (Stahlbau) mit
R_e = 355 N/mm²,
40J Kerbschlagarbeit bei −20 °C

3 E360

Baustahl (Maschinenbau) mit
R_e = 360 N/mm²

4 C90U

Werkzeugstahl (unlegierter Kaltarbeitsstahl) mit 0,9 % C

5	**70MnMoCr8**	Werkzeugstahl (legierter Kaltarbeitsstahl) mit 0,7 % C, 2 % Mn und Anteile an Mo und Cr
6	**35S20**	Automatenstahl mit 0,35 % C, 0,2 % S
7	**44SMn28**	Automatenstahl mit 0,44 % C, 0,28 % S und Anteile von Mn
8	**X5CrNi18-10**	Nichtrostender austenitischer Stahl mit 0,05 % C, 18 % Cr und 10 % Ni
9	**X6CrMo17-1**	Nichtrostender ferritischer Stahl mit 0,06 % C, 17 % Cr und 1 % Ni
10	**20MnCr5**	Einsatzstahl mit 0,2 % C, 1,25 % Mn und Anteile von Cr
11	**C40**	Unlegierter Vergütungsstahl mit 0,4 % C
12	**50CrMo4**	Legierter Vergütungsstahl mit 0,5 % C, 1 % Cr und Anteile von Mo
13	**41CrAlMo7-10**	Legierter Nitrierstahl mit 0,41 % C, 1,75 % Cr und 1 % Al und Anteile Mo
14	**HS6-5-2-5**	Schnellarbeitsstahl mit 6 % W, 5 % Mo, 2 % V und 5 % Co
15	**HS0-4-1**	Schnellarbeitsstahl mit 0 % W, 4 % Mo und 1 % V

16 **X30WCrV9-3**	Werkzeugstahl (legierter Warmarbeitsstahl) mit 0,30 % C, 9 % W, 3 % Cr und Beimengungen von V
17 **1.2343**	Werkzeugstahl (legierter Warmarbeitsstahl) mit 0,37 % C, 5 % Cr, 1,3 % Mo, 0,25 % Ni, 0,5 % Si, 0,7 % Mo
18 **DC06**	Tiefziehblech mit R_e = 170 N/mm², R_m ≈ 300 N/mm², A = 41 %
19 **GE300**	Stahlguss mit $R_{p0,2}$ = 300 N/mm²
20 **EN-GJL-250**	Gusseisen mit Lamellengrafit, R_m = 250 … 300 N/mm²
21 **EN-GJS-500-7**	Gusseisen mit Kugelgrafit, R_m = 500 N/mm², A = 7 %
22 **EN-GJMW-360-12**	entkohlend geglühter (weißer) Temperguss mit R_m = 360 N/mm² und A = 12 %
23 **EN-GJMB-450-6**	nicht entkohlend geglühter (schwarzer) Temperguss mit R_m = 450 N/mm² und A = 6 %

6.7 Nichteisenmetalle

1 Aluminium gehört zu den Leichtmetallen. Ordnen Sie Aluminiumlegierungen die Dichte und vier weitere typische Eigenschaften zu.

- Dichte: 2,7 g/cm^3
- Korrosionsbeständigkeit
- gute elektrische Leitfähigkeit
- gute Wärmeleitfähigkeit
- gute Zerspanbarkeit

2 Nennen Sie die zwei Aluminium-Hauptgruppen, geben Sie zu jeder eine Werkstoffbezeichung und eine charakteristische Eigenschaft an.

- Aluminium-Knetlegierung: EN AW-AlSi1MgMn, gut umformbar
- Aluminium-Gusslegierung: EN AC-AlSi12(Fe), geringe Dehnung, spröde

3 Kupfer gehört zu den Schwermetallen. Ordnen Sie Kupferlegierungen die Dichte und vier weitere typische Eigenschaften zu.

- Dichte: 8,9 g/cm^3
- Korrosionsbeständigkeit
- weich- und hartlötbar
- zäh und gut umformbar
- schlechte Zerspanbarkeit

4 Aus welchen Elementen besteht Messing?

Messing besteht aus Kupfer und Zink.

5 Aus welchen Elementen besteht Bronze?

Bronze besteht aus Kupfer und Zinn.

6 Aus welchen Elementen besteht Rotguss?

Rotguss besteht aus Kupfer, Zink und Zinn.

7 Nennen Sie zwei weitere Leichtmetalle und geben Sie deren Dichten an.

- Magnesium mit einer Dichte von 1,74 g/cm^3
- Titan mit einer Dichte von 4,5 g/cm^3

6.8 Normung der Nichteisenmetalle

Schlüsseln Sie die folgenden Werkstoffe der Nichteisenmetalle auf.

1	**EN AW-AlMn1Mg1**	Aluminium-Mangan-Knetlegierung mit 1 % Mn, 1 % Mg, R_e = 320 N/mm²
2	**EN AW AlCu4Mg1 T4**	Aluminium-Kupfer-Knetlegierung mit 4 % Cu, 1 % Mg, R_e = 275 N/mm², kaltausgelagert
3	**EN AC-AlZn5Mg**	Aluminium-Zink-Gusslegierung mit 5 % Si und Anteilen von Mg
4	**EN AW-5754**	Aluminium-Magnesium-Knetlegierung (AlMg3)
5	**EN MC MgAl8Zn1**	Magnesium-Gusslegierung mit 8 % Al, 1 % Zn
6	**PbSb10Sn6**	Bleilegierung mit 10 % Sb, 6 % Zinn
7	**EN CC-CuSn12Ni2**	Kupfer-Zinn-Gusslegierung mit 12 % Sn, 2 % Ni
8	**EN CW-CuZn40**	Kupfer-Zink-Knetlegierung mit 40 % Zn

6.9 Kunststoffe

1 Nennen Sie fünf Eigenschaften von Kunststoffen, durch die sie sich von Metallen unterscheiden.

- geringe Dichte
- elektrisch nicht leitend
- korrosionsbeständig
- schlechte Wärmeleitung
- einfärbbar

2 Was sind die zwei wichtigsten chemischen Elemente, aus denen Kunststoffe bestehen?

Kohlenstoff und Wasserstoff sind die wichtigsten chemischen Elemente der Kunststoffe.

3 Beschreiben Sie den inneren Aufbau, den alle Kunststoffe haben.

Die Kunststoffe bestehen aus „Makromolekülen", die je nach Kunststoffart unterschiedlich vernetzt sind.

4 Nennen Sie die drei Kunststoffhauptgruppen.

- Thermoplaste
- Duroplaste
- Elastoplaste bzw. Elastomere

5 Nennen Sie die dargestellte Kunststoffhauptgruppe, tragen Sie den Vernetzungsgrad ein, beschreiben Sie ihr Verhalten und geben Sie drei Werkstoffbezeichnungen an.

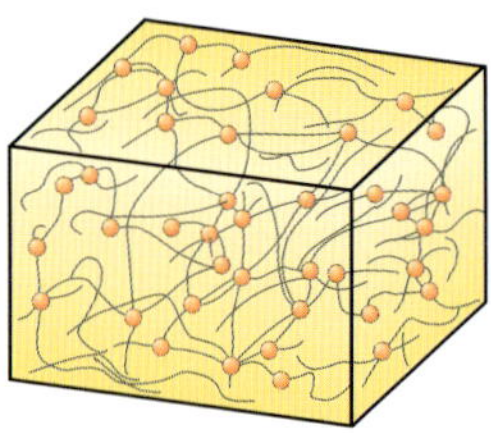

Duroplaste:
Sie behalten ihre einmal eingenommene Form auch bei Erwärmung. Bei noch höheren Temperaturen zersetzt sich der Stoff.
Polystyrol, Polycarbonat, Polyamid

6 Nennen Sie die dargestellte Kunststoffhauptgruppe, tragen Sie den Vernetzungsgrad ein, beschreiben Sie ihr Verhalten und geben Sie drei Werkstoffbezeichnungen an.

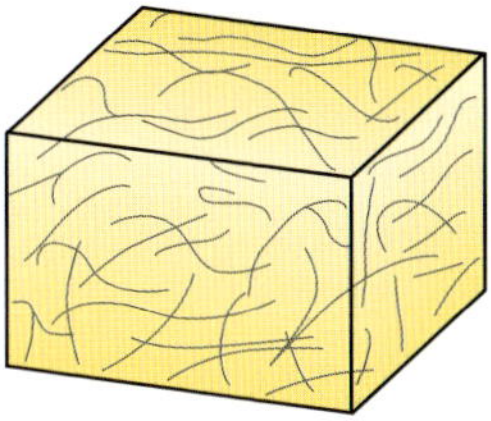

Thermoplaste:
Sie werden bei Erwärmung immer wieder zähfliesend und können wieder verarbeitet werden. Bei höherer Temperatur ist ihre Anwendung durch die Erweichungsgefahr begrenzt. Bei tiefen Temperaturen neigen sie zum Verspröden.
Phenolplaste, Polyurethane, Silicone

7 Nennen Sie die dargestellte Kunststoffhauptgruppe, tragen Sie den Vernetzungsgrad ein, beschreiben Sie ihr Verhalten und geben Sie drei Werkstoffbezeichnungen an.

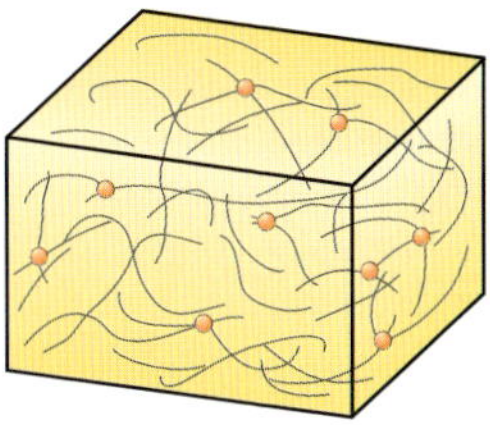

Elastoplaste:
Gummiartige Elastoplaste entstehen bei einer Teilvernetzung. Sie werden bei hohen Temperaturen schmierig, können aber nicht mehr umgeformt werden.
Butadien-Kautschuk, Butylkautschuk, Fluorkautschuk

7 Umformen

7.1 Biegen

1 Zu welcher Hauptgruppe der Fertigungsverfahren zählt das Biegen?

Nach DIN 8580 gehört das Biegen zu der Fertigungshauptgruppe Umformen.

2 Welche Spannungen treten beim Biegen im äußeren und inneren Biegebereich sowie in der neutralen Zone (Schwerpunktlinie) auf?

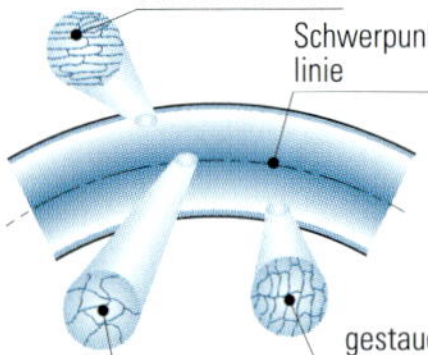

äußerer Biegebereich: Zugspannungen

innerer Biegebereich: Druckspannungen

neutrale Zone: keine Spannungen

3 Begründen Sie, wie die Streckgrenze und die Bruchdehnung des Bauteilwerkstoffes sein sollten, damit sich das Biegeteil leicht und mit kleinen Biegeradien umformen lässt.

Die Streckgrenze sollte niedrig sein, damit die benötigte Biegeenergie möglichst gering wird. Die Bruchdehnung sollte hoch sein, damit große Umformgrade möglich sind.

4 Beim 90°-Biegen eines 4 mm-Bleches aus S275JR tritt bei einem Biegeradius 4 mm am äußeren Biegebereich ein Riss auf.
a) Was ist die Ursache des Risses?
b) Schlagen Sie eine Maßnahme vor, wie der Riss vermieden werden kann.

a) Die Bruchdehnung des Werkstoffs wurde überschritten.
b) Der Biegeradius sollte auf 5 mm (Mindestbiegeradius) vergrößert werden.

5 Beschreiben Sie, wie sich Werkstoff, Blechdicke und Biegewinkel auf den Mindestbiegeradius auswirken.

- Je geringer die Bruchdehnung des Werkstoffs, desto größer der Mindestbiegeradius.
- Je größer die Blechdicke, desto größer der Mindestbiegeradius.
- Je größer der Biegewinkel, desto größer der Mindestbiegeradius.

6 Bestimmen Sie mithilfe des Tabellenbuchs den Mindestbiegeradius für ein 1,5 mm dickes Blech aus einer ausgehärteten AlMg-Legierung.

Mindestbiegeradius = 6 mm

7 Um einen Biegewinkel von 90° zu erreichen, muss das Blech um mehr als 90° gebogen werden. Begründen Sie dies.

Der Werkstoff wird plastisch, aber auch elastisch verformt. Das elastische Verhalten des Werkstoffs bewirkt, dass er zurückfedert. Um dies auszugleichen, wird das Werkstück überbogen.

8 Aus welchem Grunde soll beim Biegen die Walzrichtung des Bleches beachtet werden?

Quer zur Walzrichtung ist der Werkstoff höher beanspruchbar. Beim Biegen ist hier die Gefahr der Rissbildung geringer.

9 Warum setzen Sie beim Biegen von Rohren eine Rohrbiegevorrichtung ein und wie ist ihr Wirkprinzip?

Damit der Rohrquerschnitt möglichst gleichbleibt und keine Risse und Quetschungen entstehen, stützt die Rohrbiegevorrichtung das Rohr von außen gegen Querschnittsveränderungen ab.

10 Welche gestreckte Länge wird beim Biegen des Blechprofils benötigt?

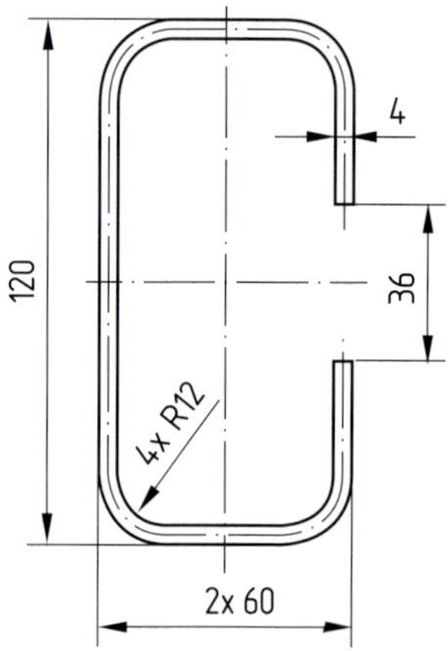

$l = l_1 + 2 \cdot l_2 + 2 \cdot l_3 + d \cdot \pi$

$l_1 = 88\,\text{mm}$

$l_2 = 28\,\text{mm}$

$l_3 = 26\,\text{mm}$

$d = 2 \cdot 14\,\text{mm} = 28\,\text{mm}$

$l = 88\,\text{mm} + 2 \cdot 28\,\text{mm} + 2 \cdot 26\,\text{mm} + 28\,\text{mm} \cdot \pi$

$\underline{\underline{l = 284\,\text{mm}}}$

11 Berechnen Sie mithilfe der Verkürzungen die gestreckte Länge des Profils.

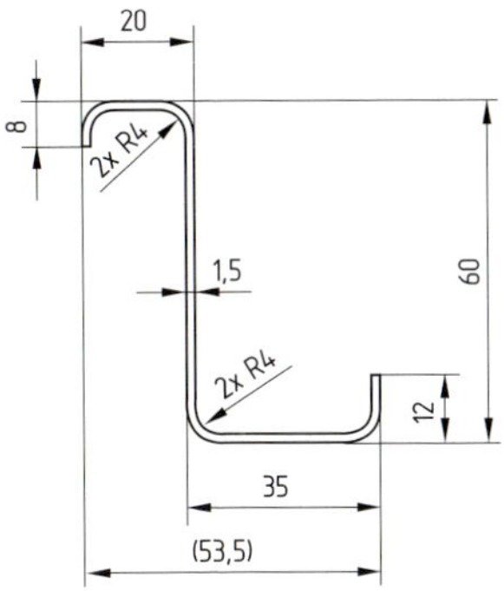

Verkürzung $v = 3{,}7\,\text{m}$

$l = l_1 + l_2 + l_3 + l_4 + l_5 - 4 \cdot v$

$l = (8\,\text{mm} + 20 + 60 + 35 + 12 - 4 \cdot 3{,}7)\,\text{mm}$

$\underline{\underline{l = 120{,}2\,\text{mm}}}$

12 Beschreiben Sie das Schwenkbiegen.

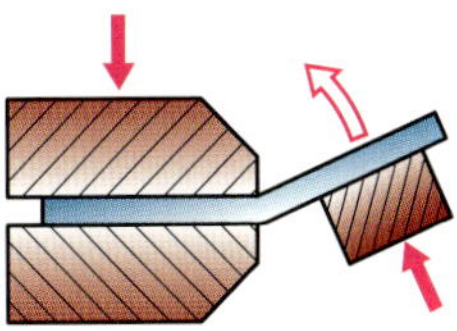

Bei der Schwenkbiegemaschine führt die bewegliche Wange eine kreisförmige Bewegung aus. Hierdurch wird der Werkstoff umgeformt. Der Biegewinkel ergibt sich durch die Position der Wange und ist von der Form des Werkzeugs unabhängig. Das Schwenkbiegen ist eine Form des Freibiegens. Mit einem Werkzeug können somit verschiedene Biegewinkel gefertigt werden.

13 Aus einem Blech vom 2 mm Dicke, das aus einer ausgehärteten AlMg-Legierung besteht, soll bei einem Biegeradius von 10 mm ein 90°-Winkel gebogen werden. Wie groß muss der Schwenkwinkel sein?

$\alpha_1 = \frac{a}{z}$

$z = 0{,}925$ bei $\frac{r}{s} = \frac{10\,\text{mm}}{2\,\text{mm}} = \frac{5}{1}$

$\alpha_1 = \frac{90°}{0{,}925} = 97°$

14 Beschreiben Sie das Gesenkbiegen.

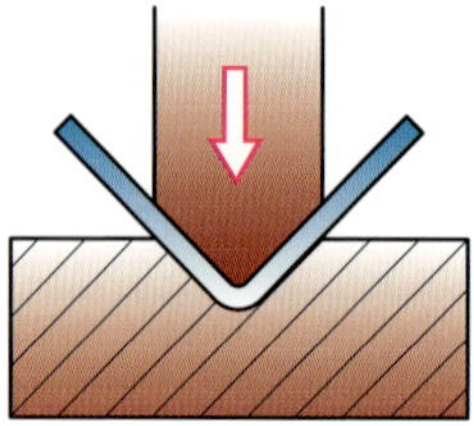

Bei der Gesenkbiegepresse führt der Biegestempel eine geradlinige Bewegung aus. Er formt den Werkstoff um. Dieser wird im äußeren Biegebereich gestreckt und im inneren Biegebereich gestaucht. Zuletzt wird der Werkstoff in das Biegegesenk eingepresst. Die Form von Biegegesenk und Biegestempel bestimmen somit den Biegewinkel.

7.2 Schmieden

1 Welche Auswirkungen hat das Schmieden gegenüber dem Spanen bezüglich des Gefügeaufbaus, des Faserverlaufs und der dynamischen Belastungsfähigkeit?

Spanen

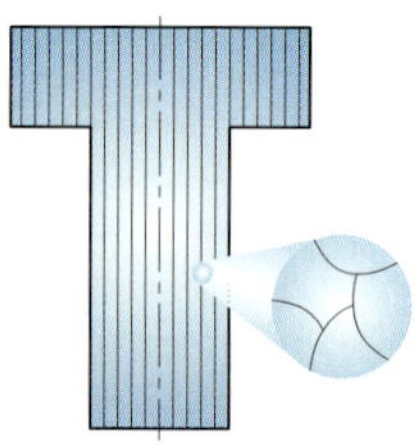

Schmieden

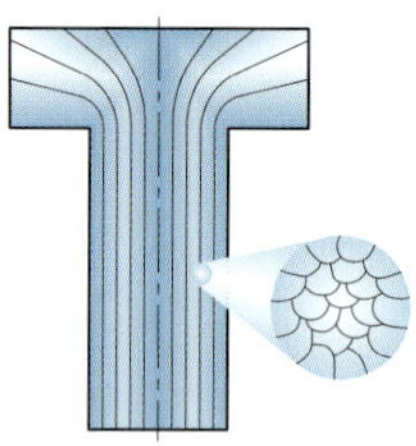

Durch Schmieden wird das Gefüge feinkörniger, der Faserverlauf nicht unterbrochen, wodurch sich die dynamische Belastungsfähigkeit gegenüber zerspanten Bauteilen verbessert.

2 Nennen Sie drei Werkstoffe, die sich zum Schmieden eignen.

Stahl, Aluminium- und Kupferknetlegierungen

3 Von welchen Faktoren hängt die Schmiedetemperatur ab?

Der Werkstoff des Schmiedeteils und seine Zusammensetzung bestimmen den Schmiedebereich.

4 Ermitteln Sie den Temperaturbereich, innerhalb dessen das Schmieden eines C45 erfolgen soll.

Der Schmiedebereich für C45 liegt zwischen 1050 °C und 850 °C.

5 Begründen Sie, warum Schmiedeteile langsam abzukühlen sind.

Schmiedeteile werden langsam abgekühlt, damit möglichst wenige Verspannungen auftreten.

6 Zeigen Sie vier Maßnahmen zur Unfallverhütung beim Schmieden auf.

- Wegen sprühender Funken sind geschlossene Kleidung, Lederschürze und Handschuhe zu tragen.
- Hammerstiele sind auf festen Sitz zu prüfen und erforderlichenfalls sofort zu erneuern.
- Wegen der Lärmentwicklung ist ein Gehörschutz zu tragen.
- Wärme und Rauchentwicklung erfordern eine angemessene Ent- und Belüftung der Schmiede.

7 Unterscheiden Sie beim Schmieden Freiformen und Gesenkformen.

- Beim **Freiformen** – in der Praxis häufig Freiformschmieden genannt – geschieht die Formgebung mit Werkzeugen, die nicht oder nur teilweise die Form des Werkstücks besitzen.
- Beim **Gesenkformen,** bzw. Gesenkschmieden bewegen sich die Formwerkzeuge (Gesenke) gegeneinander. Sie umschließen das Werkstück und verformen es plastisch, sodass das Werkstück die Form des Gesenkhohlraums annimmt.

8 Wie lang muss die Rohlänge l_R für das Schmiedeteil mit pyramidenförmiger Spitze sein, wenn für den Abbrand eine Zugabe von 2 mm erforderlich ist?

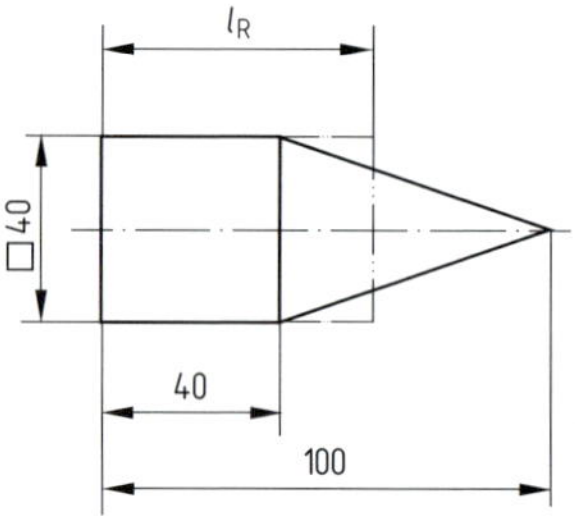

$V_{W1} = V_{R1}$

$\frac{a^2 \cdot h_W}{3} = a^2 \cdot h_R$

$h_R = \frac{h_W}{3}$

$h_R = \frac{60\,\text{mm}}{3}$

$\underline{h_R = 20\,\text{mm}}$

$l_R = 40\,\text{mm} + 20\,\text{mm} + 2\,\text{mm}$

$\underline{\underline{l_R = 62\,\text{mm}}}$

9 An einem Rundstahl ist durch Gesenkformen ein Bund herzustellen. Wie lang sind l_R und l zu wählen, wenn für den Abbrand eine Zugabe von 3 mm nötig ist?

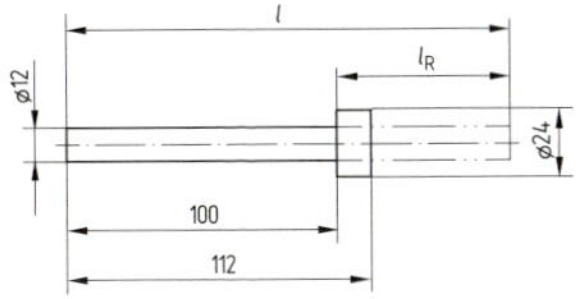

$V_{R1} = V_{W1}$

$$\frac{d_R^2 \cdot \pi \cdot l_R}{4} = \frac{d_W^2 \cdot \pi \cdot l_W}{4}$$

$$l_R = \frac{d_W^2 \cdot l_W}{d_R^2}$$

$$l_R = \frac{24^2\,\text{mm}^2 \cdot 12\,\text{mm}}{12^2\,\text{mm}^2}$$

$l_R = 48\,\text{mm}$

$\underline{l_{Rges} = 51\,\text{mm}}$

$l = 100\,\text{mm} + 51\,\text{mm}$

$\underline{\underline{l = 151\,\text{mm}}}$

10 Durch Formpressen mit Grat wird aus Rundstahl mit Ø 80 mm der dargestellte Flansch geschmiedet. Welche Länge muss der Rundstahl haben, wenn für Grat und Abbrand 15 % des Schmiedevolumens verloren gehen?

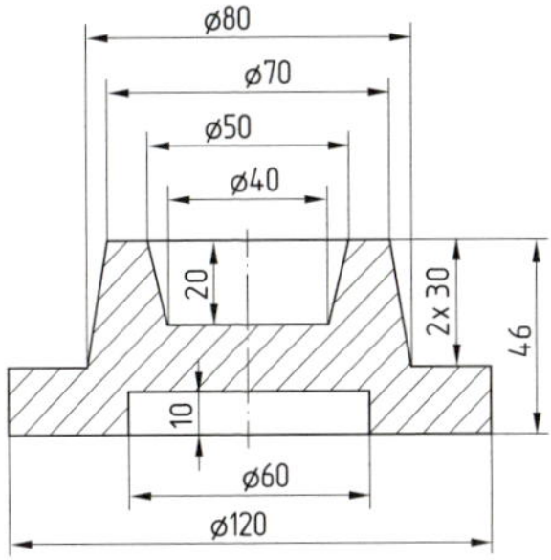

$V_W = V_{Zyl.1} + V_{Kegelst.1} - V_{Zyl.2} - V_{Kegelst.2}$

$\underline{V_{Zyl.1} = 180{,}95\,\text{cm}^3}$

$\underline{V_{Kegelst.1} = 132{,}73\,\text{cm}^3}$

$\underline{V_{Zyl.2} = 28{,}27\,\text{cm}^3}$

$\underline{V_{Kegelst.2} = 31{,}94\,\text{cm}^3}$

$\underline{V_W = 253{,}47\,\text{cm}^3}$

$$h = \frac{V_W \cdot 4}{d_R^2 \cdot \pi}$$

$\underline{h = 5{,}04\,\text{cm} = 50{,}4\,\text{mm}}$

$l_R = 50{,}4\,\text{mm} \cdot 115\,\%$

$\underline{\underline{l_R = 75{,}6\,\text{mm}}}$

8 Massenberechnungen

1 Bestimmen Sie die Masse des dargestellten Führungshebels aus Stahl.

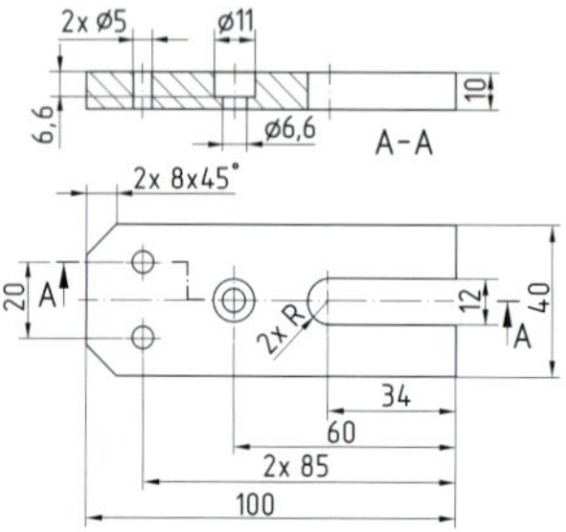

$$V = V_1 - V_2 - V_3 - V_4 - V_5 - V_6 - V_7$$

$$V_1 = 10\,\text{cm} \cdot 4\,\text{cm} \cdot 1\,\text{cm} = 40\,\text{cm}^3$$

$$V_2 = 0{,}8^2\,\text{cm}^2 \cdot 1\,\text{cm} = 0{,}64\,\text{cm}^3$$

$$V_3 = 2 \cdot \frac{0{,}5^2\,\text{cm}^2 \cdot \pi}{4} \cdot 1\,\text{cm} = 0{,}131\,\text{cm}^3$$

$$V_4 = \frac{1{,}1^2\,\text{cm}^2 \cdot \pi}{4} \cdot 0{,}66\,\text{cm} = 0{,}627\,\text{cm}^3$$

$$V_5 = \frac{0{,}66^2\,\text{cm}^2 \cdot \pi}{4} \cdot 0{,}34\,\text{cm} = 0{,}116\,\text{cm}^3$$

$$V_6 = \frac{1{,}2^2\,\text{cm}^2 \cdot \pi}{8} \cdot 1\,\text{cm} = 0{,}565\,\text{cm}^3$$

$$V_7 = 1{,}2\,\text{cm} \cdot 3{,}4\,\text{cm} \cdot 1\,\text{cm} = 4{,}08\,\text{cm}^3$$

$$V = 33{,}841\,\text{cm}^3$$

$$m = V \cdot \rho$$

$$m = \frac{33{,}841\,\text{cm}^3 \cdot 7{,}85\,\text{g}}{\text{cm}^3}$$

$$\underline{\underline{m = 265{,}65\,\text{g}}}$$

2 Bestimmen Sie die Masse des Gabelkopfs aus Aluminium.

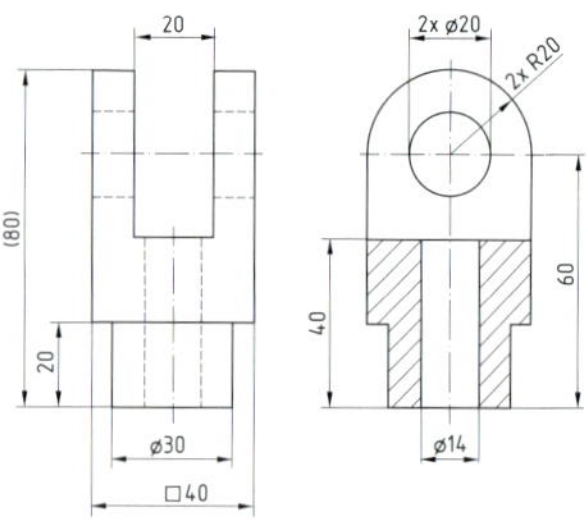

$$V = V_1 - V_2 - V_3 - V_4 - V_5 - V_6 - V_7$$

$$V_1 = \frac{3^2\,\text{cm}^2 \cdot \pi \cdot 2\,\text{cm}}{4} = 14{,}137\,\text{cm}^3$$

$$V_2 = 4^2\,\text{cm}^2 \cdot 2\,\text{cm} = 32\,\text{cm}^3$$

$$V_4 = 2\,\text{cm} \cdot 4\,\text{cm} \cdot 2\,\text{cm} = 16\,\text{cm}^3$$

$$V_5 = \frac{4^2\,\text{cm}^2 \cdot \pi \cdot 1\,\text{cm}}{4} = 12{,}566\,\text{cm}^3$$

$$V_6 = \frac{1{,}4^2\,\text{cm}^2 \cdot \pi \cdot 4\,\text{cm}}{4} = 6{,}157\,\text{cm}^3$$

$$V_7 = \frac{2^2\,\text{cm}^2 \cdot \pi \cdot 2\,\text{cm}}{4} = 6{,}283\,\text{cm}^3$$

$$V = 62{,}263\,\text{cm}^3$$

$$m = V \cdot \rho$$

$$m = \frac{62{,}263\,\text{cm}^3 \cdot 2{,}7\,\text{g}}{\text{cm}^3}$$

$$\underline{\underline{m = 168{,}1\,\text{g}}}$$

9 Kräfte

1 Nennen Sie drei Faktoren, die die Wirkung einer Kraft bestimmen.

- Größe der Kraft
- Richtung der Kraft
- Angriffspunkt der Kraft

2 Welche Kraft wird benötigt, um eine Masse von 750 kg in 12 Sekunden von 4 m/s auf 10 m/s zu beschleunigen?

$F = m \cdot a$

$a = \frac{\Delta v}{\Delta t}$

$a = \frac{6\,\text{m}}{\text{s} \cdot 12\,\text{s}}$

$a = 0{,}5\,\text{m/s}^2$

$F = \frac{750\,\text{kg} \cdot 0{,}5\,\text{m}}{\text{s}^2} \cdot \frac{1\,\text{N} \cdot s^2}{1\,\text{kg} \cdot \text{m}}$

$\underline{\underline{F = 375\,\text{N}}}$

3 Bestimmen Sie die Gewichtskraft eines Pkw mit 870 kg Masse.

$F_G = m \cdot g$

$F_G = \frac{1200\,\text{kg} \cdot 9{,}81\,\text{m}}{\text{s}^2} \cdot \frac{1\,\text{N} \cdot s^2}{1\,\text{kg} \cdot \text{m}}$

$\underline{\underline{F_G = 11{,}77\,\text{kN}}}$

4 Welche Masse hat ein Gussteil aus Gusseisen, das eine Gewichtskraft von 1200 N hat.

$F_G = m \cdot g$

$m = \frac{F_G}{g}$

$m = \frac{1200\,\text{N} \cdot \text{s}^2}{9{,}81\,\text{m}} \cdot \frac{1\,\text{kg} \cdot \text{m}}{1\,\text{N} \cdot s^2}$

$\underline{\underline{m = 122{,}32\,\text{kg}}}$

5 Bestimmen Sie zeichnerisch die resultierende Kraft für F_1 und F_2:

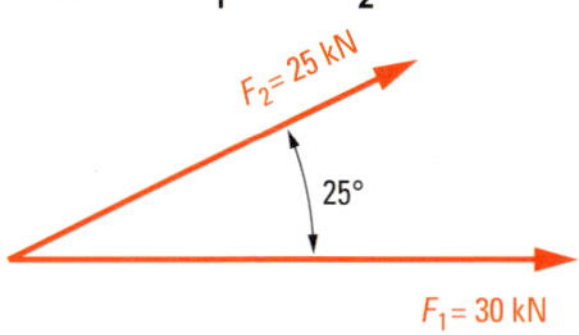

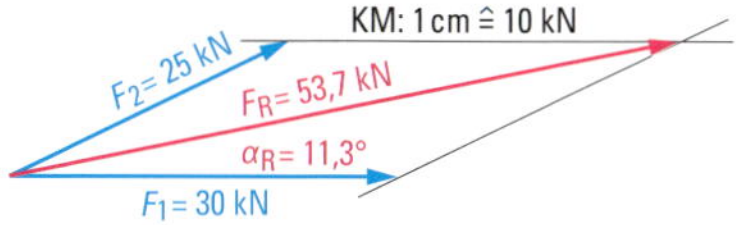

(Grafik nicht maßstäblich)

6 **Bestimmen Sie zeichnerisch die resultierende Kraft, die aufgrund der beiden Seilkräfte auf die Achse der Seilrolle wirkt.**

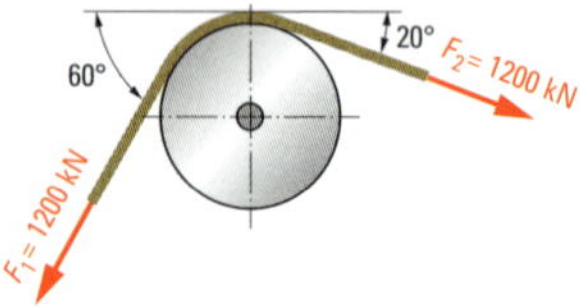

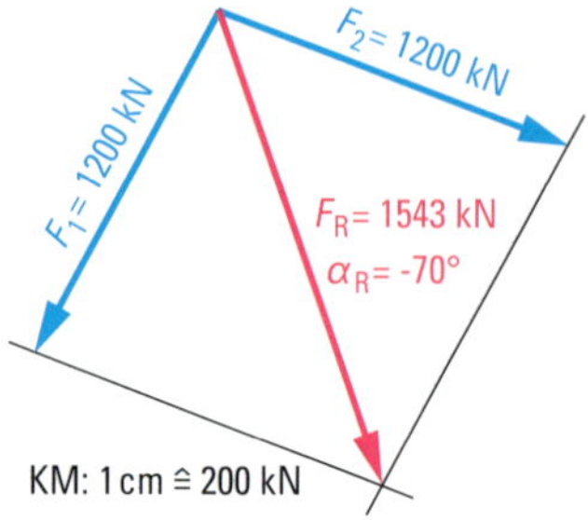

7 **Am Keilriemen wirkt eine Kraft F = 600 N. Wie groß sind die Kräfte, die auf die Flanken der Keilriemenscheibe wirken?**

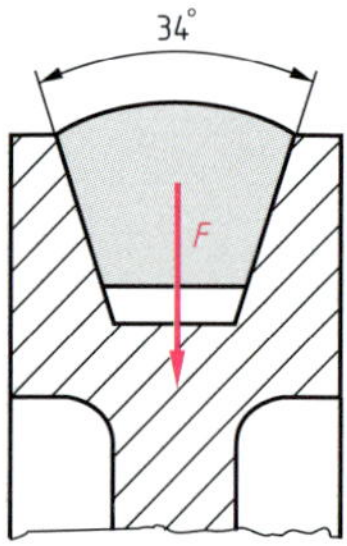

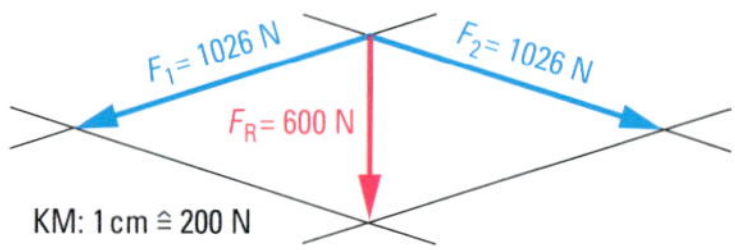

(Grafik nicht maßstäblich)

8 **Bestimmen Sie die Kräfte in dem Seil (1) und dem Träger (2).**

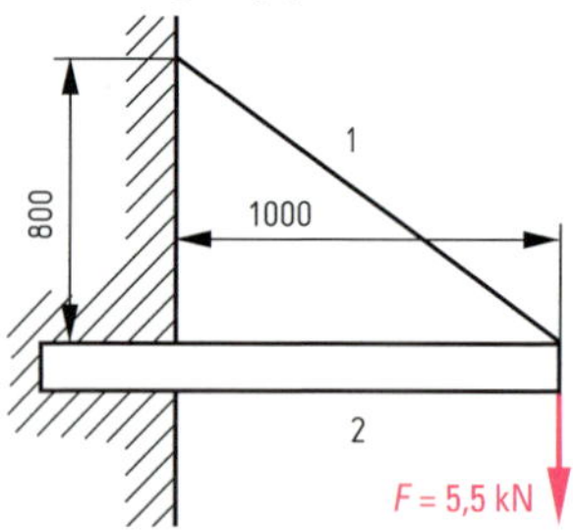

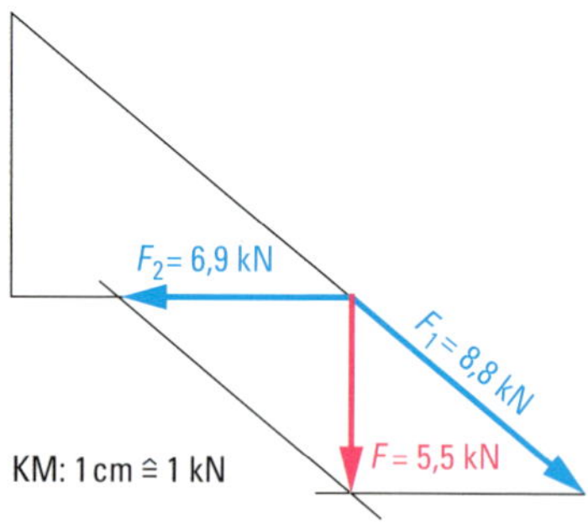

1

10 Drehmomente

1 Wie groß muss die Handkraft F_H sein, damit zum Lochen eine Schneidkraft F_S von 820 N zur Verfügung steht?

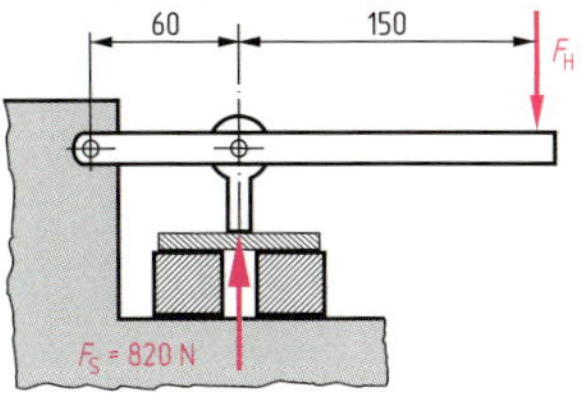

$$\sum M\uparrow = \sum M\downarrow$$
$$F_s \cdot l_s = F_H \cdot l_H$$
$$F_H = \frac{F_s \cdot l_s}{l_H}$$
$$F_H = \frac{820\,\text{N} \cdot 60\,\text{mm}}{210\,\text{mm}}$$
$$\underline{\underline{F_H = 234\,\text{N}}}$$

2 Berechnen Sie die Gewichtskraft F_G, die erforderlich ist, damit an der Backenbremse 400 N wirken.

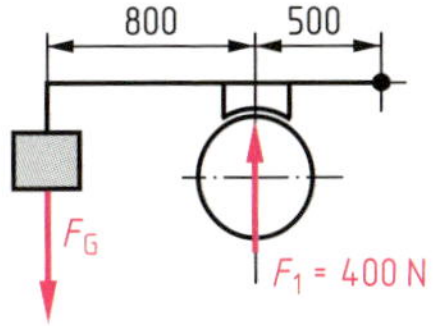

$$\sum M\uparrow = \sum M\downarrow$$
$$F_G \cdot l_G = F_l \cdot l_l$$
$$F_G = \frac{F_l \cdot l_l}{l_G}$$
$$F_G = \frac{400\,\text{N} \cdot 500\,\text{mm}}{1300\,\text{mm}}$$
$$\underline{\underline{F_G = 154\,\text{N}}}$$

3 Wie groß muss die Kraft F_1 sein, damit Gleichgewicht herrscht?

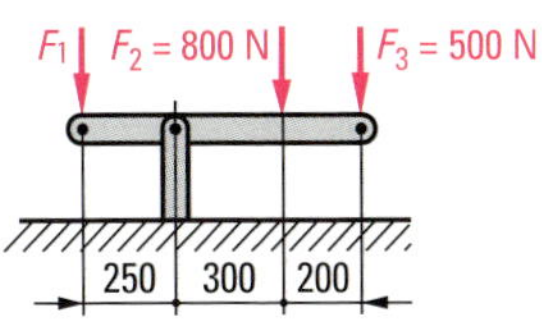

$$\sum M\uparrow = \sum M\downarrow$$
$$F_1 \cdot l_1 = F_2 \cdot l_2 + F_3 \cdot l_3$$
$$F_1 = \frac{F_2 \cdot l_2 + F_3 \cdot l_3}{l_1}$$
$$F_G = \frac{800\,\text{N} \cdot 300\,\text{mm} + 500\,\text{N} \cdot 500\,\text{mm}}{250\,\text{mm}}$$
$$\underline{\underline{F_G = 1960\,\text{N}}}$$

11 Reibung

1 **Berechnen Sie die erforderliche Kraft F_V zum Verschieben des Reitstockes, wenn dieser eine Gewichtskraft F_G von 250 N hat und dabei Stahl auf Stahl geschmiert reibt.**

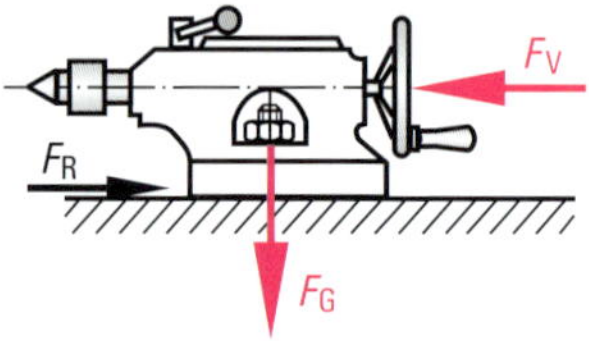

$F_V = F_R$

$F_R = \mu \cdot F_N$

$F_R = 0{,}05 \cdot 250\,N$

$F_R = 12{,}5\,N = F_V$

2 **Welche Spannkraft F_N muss durch die Schraube erzeugt werden, wenn eine Zugkraft von 1,2 kN nur durch die Reibungskraft übertragen werden soll? Die Stahlplatten sind im trockenen Zustand.**

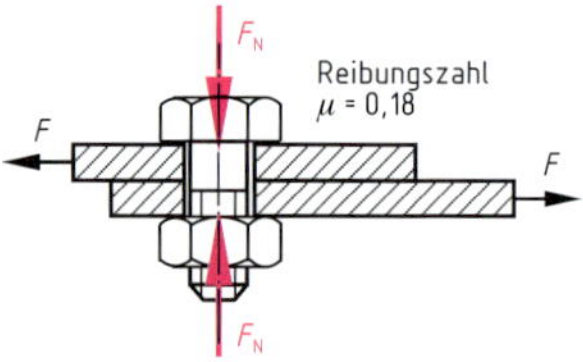

$F_R = F_N \cdot \mu$

$F_N = \frac{F_R}{\mu}$

$F_N = \frac{1200\,N}{0{,}15}$

$\underline{\underline{F_N = 8000\,N}}$

12 Gebundene Aufgaben zu Lernfeld 1

(Lösungen zu den gebundenen Aufgaben siehe Seite 62)

1 In der Fertigung erleidet ein Mitarbeiter einen schweren Arbeitsunfall. Welche Hilfeleistungen (Rettungskette) müssen Sie einleiten?

1: Sofortmaßnahmen, Notruf, Erste Hilfe
2: Erste Hilfe, Rettungsdienst, Notruf
3: Rettungsdienst, Vorgesetzten informieren, Erste Hilfe
4: nur Sofortmaßnahmen
5: nur Vorgesetzten informieren

2 Was sind Betriebsanweisungen?

1: Anweisungen des Betriebsrats an die Arbeitnehmer
2: Anweisungen des Betriebsarztes an die Arbeitnehmer
3: Anweisungen des Arbeitgebers an die Arbeitnehmer
4: Anweisungen der Gewerkschaft an die Arbeitnehmer
5: Anweisungen des Werksschutzes an die Arbeitnehmer

3 Welchen Einfluss hat beim unlegierten Stahl das Begleitelement Kohlenstoff?

1: Mit steigendem Kohlenstoffgehalt nimmt die Schweißbarkeit zu.
2: Mit steigendem Kohlenstoffgehalt nimmt die Schweißbarkeit ab.
3: Mit steigendem Kohlenstoffgehalt nimmt die Festigkeit ab.
4: Mit steigendem Kohlenstoffgehalt nimmt die Schmiedbarkeit zu.
5: Mit steigendem Kohlenstoffgehalt nimmt die Härte ab.

4 Welche Werkstoffeigenschaften sind in der Werkstoffbezeichnung S235JR enthalten?

1: Dehnung und Streckgrenze
2: Zähigkeit und Schweißbarkeit
3: Streckgrenze und Zugfestigkeit
4: Streckgrenze und Kerbschlagarbeit
5: Umformbarkeit und Zerspanbarkeit

5 Welcher Werkstoffgruppe wird der Werkstoff 11SMn30 zugeordnet?

1: legierte Stähle
2: Automatenstähle
3: Edelstähle
4: Werkzeugstähle
5: hochlegierte Stähle

6 In welcher Auswahlantwort befindet sich das Maß für das Nennmaß 8 mm im Toleranzbereich?

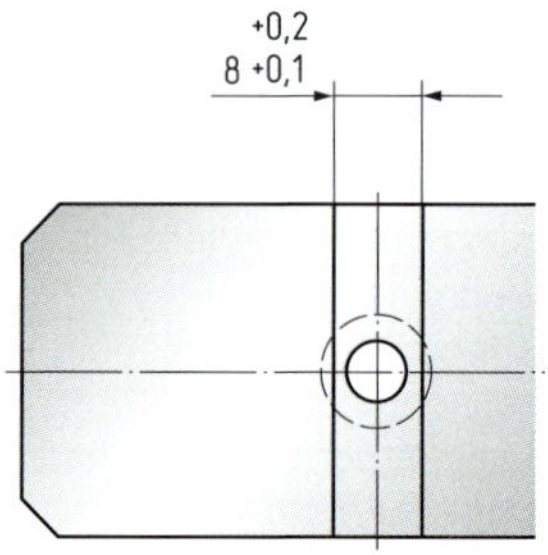

1: 8,0 mm
2: 8,05 mm
3: 8,15 mm
4: 8,25 mm
5: 8,3 mm

7 Welche Aussage über ein Sicherheitsdatenblatt ist richtig?

1: Es ist eine Empfehlung, an die man sich halten kann.
2: Es gilt erst ab einer Mitarbeiterzahl von 20 Personen.
3: Es wird vom Betriebsrat erstellt und ausgehängt.
4: Es muss für jeden Mitarbeiter im Betrieb zugänglich sein.
5: Es muss im Wartungsplan enthalten sein.

8 An einem Werkstück kontrollieren Sie das Maß $30^{+0,2}_{+0,1}$. Welche Behauptung über das Messen ist richtig?

1: Messen ist das Ermitteln von absolut genauen Maßen.
2: Messen ist das Überprüfen einer Maßtoleranz mit einer Lehre.
3: Messen ist das Vergleichen einer Länge oder eines Winkels mit einem Messgerät.
4: Messen ist das Ermitteln von Nennmaßen mit gesetzlich vorgeschriebenen Maßstäben.
5: Messen ist eine subjektive Prüfart.

9 Die Normbezeichnung eines HS-Schneidstoffes lautet z. B. HS6-5-2-5. Was bedeuten die Zahlen hinter dem HS?

1: Kohlenstoffgehalt 6 %, Karbide 5 %, Schwefelgehalt 2 %, Bleigehalt 5 %
2: Titangehalt 6 %, Tantalgehalt 5 %, Wolframgehalt 2 %, Aluminiumoxid 5 %
3: Wolframgehalt 6 %, Molybdängehalt 5 %, Vanadiumgehalt 2 %, Cobaltgehalt 5 %
4: Karbongehalt 6 %, Siliziumgehalt 5 %, Kupfergehalt 2 %, Magnesiumgehalt 5 %
5: Sauerstoffgehalt 6 %, Stickstoffgehalt 5 %, Kohlenstoffgehalt 2 %, Eisengehalt 5 %

10 In welcher Auswahlantwort stehen nur Eigenschaften, die für die Auswahl eines Automatenstahls maßgebend sind?

1: Schweißbarkeit, Spanbrüchigkeit
2: Schweißbarkeit, Zerspanbarkeit
3: Festigkeit, Zerspanbarkeit
4: Elastizität, Spanbrüchigkeit
5: Zerspanbarkeit, Spanbrüchigkeit

11 Von welchen Faktoren ist der Mindestbiegeradius vorrangig abhängig?

1: Länge und Breite des Werkstücks
2: Länge der neutralen Faser
3: Breite und Walzrichtung des Werkstücks
4: Blechdicke und Werkstoff des Werkstücks
5: nur von der Blechdicke des Werkstücks

12 Wodurch wird ein systematischer Messfehler verursacht?

1: Grat am Werkstück
2: Parallaxenfehler beim Messen
3: Wechselnde Messkraft
4: verschmutzter Messschenkel
5: Steigungsfehler der Messspindel einer Bügelmessschraube

13 Warum ist das fachgerechte Entgraten der Bauteile aus Sicht der Arbeitssicherheit wichtig?

1: aus optischen Gründen
2: zum fachgerechten Messen der Bauteile
3: um Schnittverletzungen zu vermeiden
4: zur Schonung der Messwerkzeuge
5: zur fachgerechten Montage der Bauteile

Lösungen zu den gebundenen Aufgaben:

1 1
2 3
3 2
4 4
5 2
6 3
7 4
8 3
9 3
10 5
11 4
12 5
13 3

1 Prüftechnik

1.1 ISO-Toleranzen

1 Welche Bedeutung haben bei den ISO-Toleranzangaben
a) die Buchstaben und
b) die Zahlen im Beispiel?
c) Geben Sie die Höchst- und Mindestmaße sowie die Toleranzen für das Beispiel an.

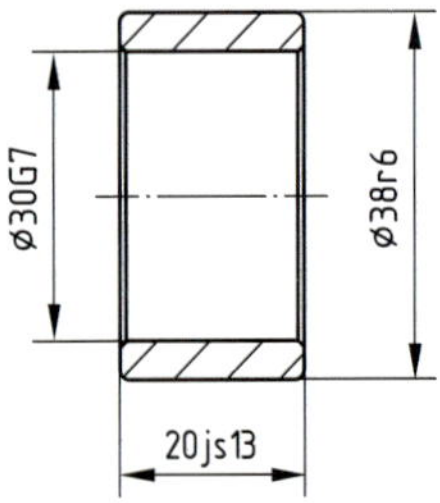

a) Die Lage des Toleranzfeldes in Bezug zur Nulllinie des Nennmaßes wird mithilfe von Buchstaben (z. B. G, r und js) angegeben. Großbuchstaben beziehen sich auf die Bohrungen bzw. Innenmaße, Kleinbuchstaben auf die Wellen bzw. Außenmaße.

b) Die Zahl (z. B. 6, 7 und 13) gibt den Toleranzgrad an. Mit steigendem Toleranzgrad nimmt die Größe der Toleranz zu.

c)

Maß	Höchstmaß in mm	Mindestmaß in mm	Toleranz in mm
Ø30G7	30,007	30,028	0,021
Ø38r6	38,050	38,034	0,016
Ø20js13	20,165	19,835	0,330

2 Wo liegen die Toleranzfelder H und h?

- Das **Toleranzfeld H** liegt bei Bohrungen direkt oberhalb der Nulllinie, sein unteres Grenzabmaß ist Null.
- Das **Toleranzfeld h** liegt bei Wellen direkt unterhalb der Nulllinie, sein oberes Grenzabmaß ist Null.

3 Wie verändern sich Innenmaße mit ISO-Toleranzen, wenn der Buchstabe im Alphabet steigt?

Bohrungen bzw. Innenmaße werden mit steigendem Alphabet und gleichem Nennmaß kleiner.

4 Wie verändern sich Außenmaße mit ISO-Toleranzen, wenn der Buchstabe im Alphabet steigt?

Wellen bzw. Außenmaße werden mit steigendem Alphabet und gleichem Nennmaß größer.

5 Beschreiben Sie, von welchen Faktoren die Maßtoleranz bei den ISO-Toleranzen abhängig ist und wie diese darauf Einfluss nehmen.

Die Maßtoleranz wird mit zunehmendem Nennmaß und steigendem Toleranzgrad bzw. steigender Zahl größer.

6 Wie groß ist die Toleranz für das Nennmaß 50 mm bei einem Toleranzgrad von IT7?

$T = 25\,\mu m$

7 Bestimmen Sie mithilfe des Tabellenbuchs die Größe der Maßtoleranz für die Maße 6r4 und 80D12.

6r4: $T = 4\,\mu m$
80D12: $T = 300\,\mu m$

8 Bestimmen Sie die die Höchst- und Mindestmaße sowie die Toleranzen für die folgenden Maße: 160H7, 80h6, 12m6, 50r9 und 90G5

Maß	Höchstmaß in mm	Mindestmaß in mm	Toleranz in mm
160H7	160,040	160,000	0,040
80h6	80,000	79,981	0,019
12m6	12,018	12,007	0,011
50r9	50,034	50,096	0,062
90G5	90,012	900,027	0,015

9 Nennen Sie bei den ISO-Toleranzen die Buchstaben, bei denen Bohrungen größer als das Nennmaß sind.

Die Toleranzfelder A bis H liegen oberhalb der Nulllinie.

10 Nennen Sie bei den ISO-Toleranzen die Buchstaben, bei denen Wellen kleiner als das Nennmaß sind.

Die Toleranzfelder a bis h liegen unterhalb der Nulllinie.

1.2 Lehren

1 Beschreiben Sie das Prüfen mit einer Lehre und die sich daraus folgenden Entscheidungen.

Beim Lehren wird nicht das Istmaß ermittelt, sondern mithilfe einer Lehre wird die Entscheidung getroffen, ob das Werkstück in die Bereiche „Gut“, „Nacharbeit“ oder „Ausschuss“ einzuordnen ist.

2 Welche Werkstückelemente werden mit Formlehren geprüft und welche Lehren werden dazu verwendet?

Mit **Formlehren** lassen sich Flächen (Haarlineal), Winkel (Haarwinkel), Radien (Radiuslehre) und anderen Geometrien nach dem Lichtspaltverfahren prüfen.

3 Beschreiben Sie Maßlehren und geben Sie dazu zwei Beispiele an

Maßlehren sind in Abständen gestuft, d. h., von Lehre zu Lehre nimmt das Maß zu. Beispiele: Fühlerlehre und Lochlehre.

4 Benennen Sie die Elemente des Grenzlehrdorns.

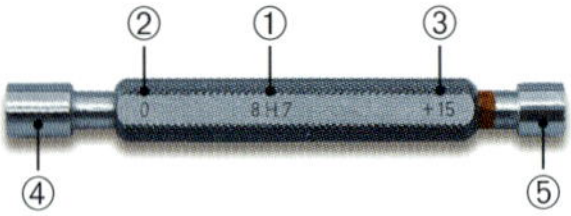

①: toleriertes Maß
②: unteres Grenzabmaß
③: oberes Grenzabmaß
④: Gutseite
⑤: Ausschussseite

2

5 Benennen Sie die Elemente der Grenzrachenlehre.

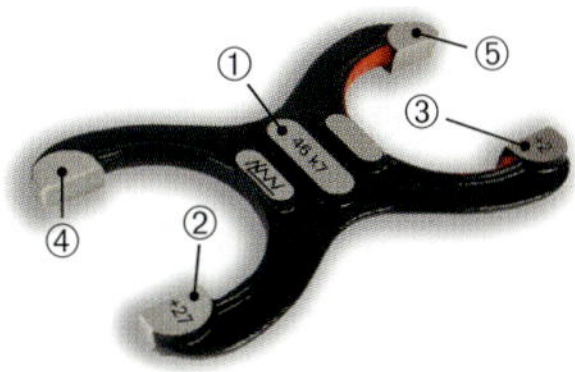

①: toleriertes Maß
②: oberes Grenzabmaß
③: unteres Grenzabmaß
④: Gutseite
⑤: Ausschussseite

6 Warum hat die Ausschussseite des Grenzlehrdorns das obere Grenzabmaß und die Ausschussseite der Grenzrachenlehre das untere Grenzabmaß?

Mit dem **Grenzlehrdorn** werden Bohrungen geprüft. Die Ausschussseite bildet das Höchstmaß ab, passt sie in die Bohrung, ist diese zu groß und somit Ausschuss.
Mit der **Grenzrachenlehre** werden Wellen geprüft. Die Ausschussseite bildet das Mindestmaß ab, passt sie über die Welle, ist diese zu klein und somit Ausschuss.

7 Beschreiben Sie, wie Sie durch richtige Handhabung der Grenzlehren feststellen, dass das zu prüfende Maß innerhalb der Toleranz liegt.

Die **Gutseite** muss durch das Eigengewicht der Lehre in die Bohrung oder über die Welle gleiten. Die **Ausschussseite** darf lediglich nur „anschnäbeln“.

8 Unter welchen Bedingungen sind Grenzlehren gegenüber Messgeräten zu bevorzugen?

Das Lehren mit Grenzlehren ist gegenüber dem Messen vorteilhaft, wenn Werkstücke mit Normmaßen in großen Stückzahlen bei engen Toleranzen, schnell und sicher überprüft werden sollen und die Istwerte nicht benötigt werden.

1.3 Endmaße

1 Wodurch wird bei Endmaßen das jeweilige Maß verkörpert und wie groß sind ihre Toleranzen?

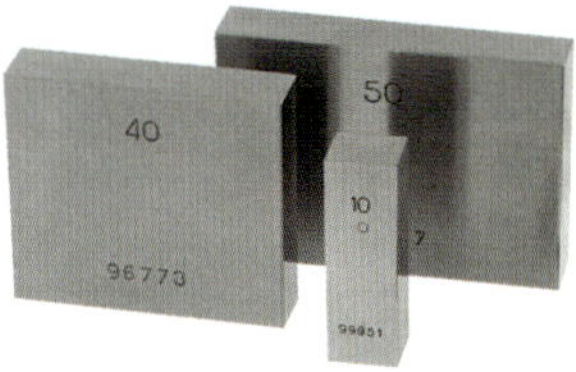

Das jeweils angegebene Maß wird durch zwei parallele Flächen verkörpert. Die Toleranz der Endmaße hängt von deren Genauigkeitsgrad ab und ist meist kleiner als 1 µm.

2 Die Endmaße sind gestuft. Stellen Sie mit der aufgeführten Stufung das Maß 55,892 zusammen:

Reihe	Stufung in mm	Länge in mm
1	0,001	1,001 … 1,009
2	0,010	1,010 … 1,090
3	0,100	1,100 … 1,900
4	1,000	1,000 … 9,000
5	10,000	10,000 … 90,000

	1,002 mm
+	1,090 mm
+	1,800 mm
+	2,000 mm
+	50,000 mm
	55,892 mm

3 Welche Regeln sind beim Zusammenstellen von Endmaßen zu beachten?

- Mit der niedrigsten Reihe beginnen und mit der höchsten enden.
- Möglichst wenige Endmaße kombinieren.

4 Warum sollen Endmaße nicht mehrere Tage aneinander geschoben bleiben?

Zusammengesetzte Endmaße sollen nach Gebrauch wieder getrennt werden, weil sie sonst durch „Kaltverschweißen“ beim Trennen beschädigt werden können.

5 Welche Genauigkeitsgrade gibt es bei Endmaßen?

Endmaße gibt es in den Genauigkeitsgraden K, 0, 1 und 2.

6 Erläutern Sie mit „je … desto“, von welchen Faktoren die Größe der Toleranzen bei Endmaßen abhängig ist.

Je schlechter der Genauigkeitsgrad (von K→0→1→2) des Endmaßes, desto größer ist dessen Toleranz. Je größer das Nennmaß des Endmaßes, desto größer dessen Toleranz.

7 Aus welchen Werkstoffen können Endmaße und Winkelendmaße bestehen?

Sie können aus gehärtetem Stahl, Hartmetall oder Keramik bestehen.

8 Wozu können Winkelendmaße genutzt werden?

Mithilfe von Winkelendmaßen lassen sich genaue Winkelangaben überprüfen. Beispielsweise kann ein Werkstück mit Winkelendmaßen unterbaut und mit der Messuhr abgefahren werden.

9 Skizzieren Sie je ein Beispiel für die Addition und Subtraktion von Winkelendmaßen.

Addition

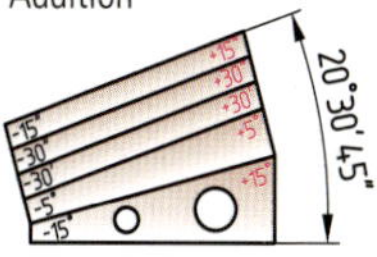

Beispiel:
+15°+5°+30′+30″+15″=
20°30′45″

Subtraktion

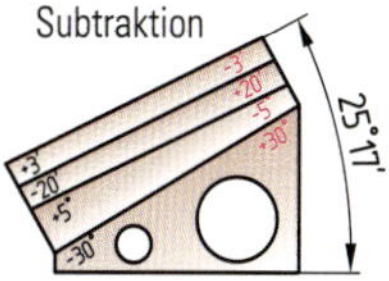

Beispiel:
+30°-5°+20′-3′=
25°17′

2 Kühlschmierstoffe

1 Nennen Sie vier Aufgaben von Kühlschmierstoffen (KSS) beim Zerspanen und beschreiben Sie deren Wirkungsweise.

- Der KSS soll die beim Zerspanen entstehende Wärmeenergie von der Wirkstelle transportieren und somit kühlen.
- Der KSS soll die an Span- und Freifläche des Werkzeugs entstehende Reibung reduzieren, d. h. es soll schmieren.
- Der KSS soll den Werkzeugverschleiß reduzieren, das geschieht durch Schmieren.
- Der KSS soll die Oberflächenqualität der Werkstückoberfläche durch Schmieren verbessern.

2 Woraus bestehen wasserlösliche Kühlschmierstoffe und welche Aufgaben erfüllen sie vorrangig?

Es sind Konzentrate, die mit Wasser gemischt werden. Dabei kann der Wasseranteil bis zu 98 % betragen. Der hohe Wasseranteil garantiert eine gute Kühlwirkung. Sie werden bei Zerspanungsaufgaben eingesetzt, bei denen die Kühlung wichtiger als die Schmierung ist.

3 Woraus bestehen nicht wasserlösliche Kühlschmierstoffe und welche Aufgaben erfüllen sie vorrangig?

Es sind Mineralöle, die entsprechende Zusätze zur Verbesserung der Schmierfähigkeit und des Korrosionsschutzes beinhalten. Sie dienen vorrangig zur Schmierung und weniger zur Kühlung.

4 Nennen Sie zwei Maßnahmen, die Sie beim Umgang mit KSS durchführen.

KSS müssen in regelmäßigen Abständen auf ihre Zusammensetzung kontrolliert werden.
Es muss eine gewissenhafte Hautpflege und -reinigung vor und nach dem Kühlschmiermittelkontakt erfolgen.

3 Analyse von Einzelteil und Baugruppe

3.1 Einzelteil

1 Skizzieren oder zeichnen Sie die Schnitte A-A, B-B und C-C für die dargestellte Lochplatte.

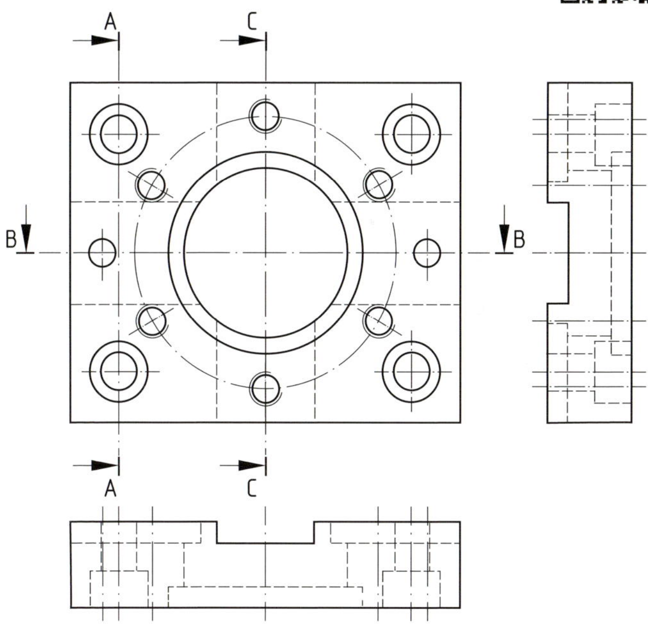

Lösung zu Aufgabe 1:

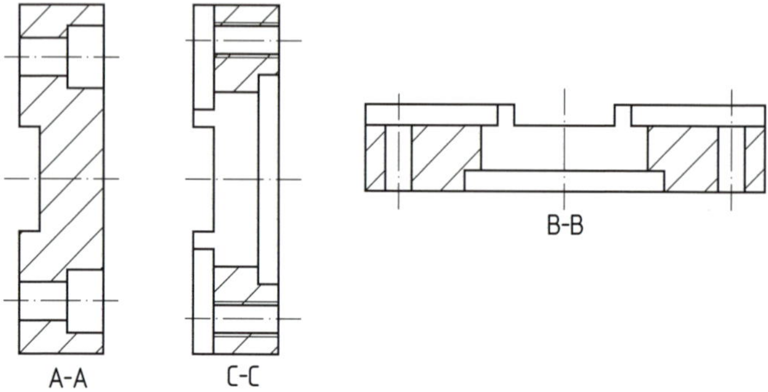

2 **Zeichnen Sie den Schnitt für den dargestellten Schnittverlauf, bemaßen Sie die Zentrierplatte fertigungsgerecht und tragen Sie die Oberflächenangaben so ein, dass die gekennzeichneten Flächen 1 bis 4 spanend bearbeitet eine gemittelte Rautiefe von 6,3 µm und alle restlichen Flächen ebenfalls spanend bearbeitet eine gemittelte Rautiefe von 16 µm erhalten.**

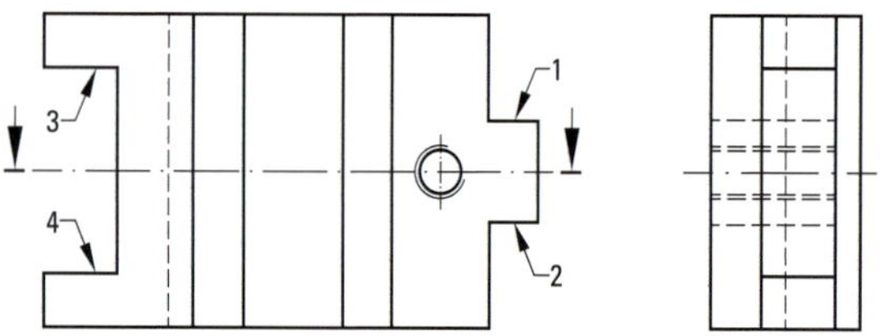

2

Lösung zu Aufgabe 2:

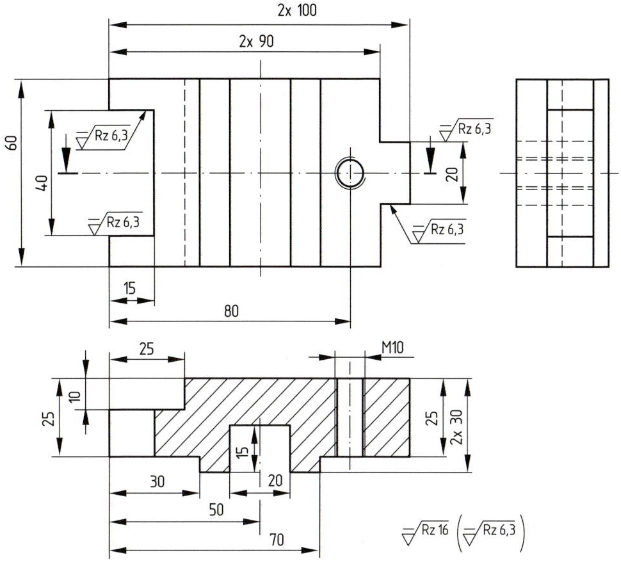

3 **Zeichen Sie für die Draufsicht die Gewindebuchse im Halbschnitt, bemaßen Sie diese fertigungsgerecht und geben Sie als geforderte Oberflächenqualitäten an, dass der mittlere Durchmesser einen arithmetischen Mittenrauwert von 0,8 µm erhält und die restlichen Oberflächen einen einen arithmetischen Mittenrauwert von 3,2 µm erhalten. Die nicht tolerierten Maße sollen nach der Toleranzklasse m gefertigt werden.**

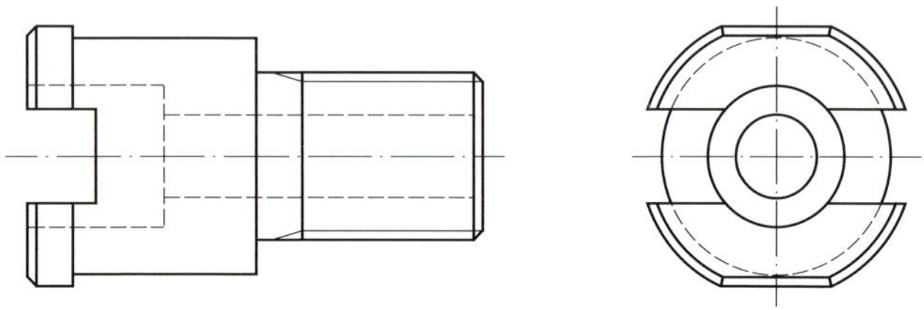

Lösung zu Aufgabe 3:

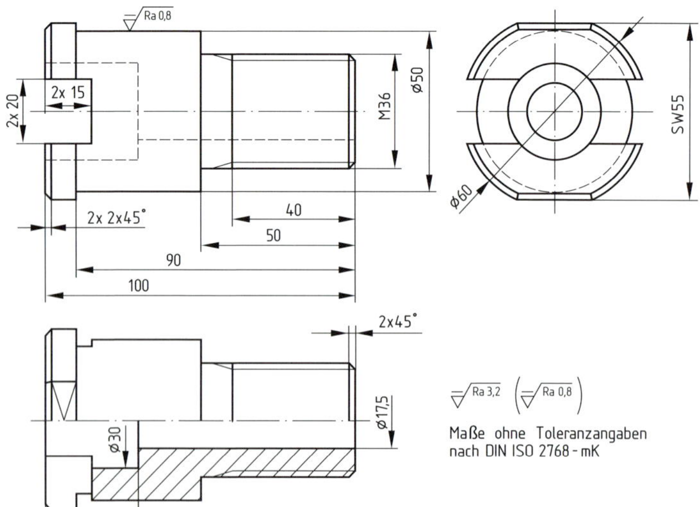

3.2 Baugruppe

1 Die Spannvorrichtung dient zum Schnellspannen des Werkstücks (16), an das die Schlüsselweite gefräst wird. Beschreiben Sie das Ein- und Ausspannen des Werkstücks.

Vor dem Einspannen wird der Exzenterhebel im Gegenuhrzeigersinn bis zum Anschlag an die Aufnahme (Pos. 2) gedreht. Über die Druckfeder (Pos. 8) wird dabei der Spannhebel weggedrückt, sodass das Werkstück in die prismatische Aufnahme gelegt wird. Der Werkstückbund liegt auf der Aufnahme (Pos. 2) und dem Spannhebel. Der Exzenterhebel wird im Uhrzeigersinn gedreht. Dadurch dreht sich der Übersetzungshebel (Pos. 3) im Uhrzeigersinn und überträgt die Kraft über den Gewindestift (Pos. 12) auf den Spannhebel, der das Werkstück fest in das Prismas der Aufnahme presst.
Beim Ausspannen wird der Exzenterhebel wieder im Gegenuhrzeigersinn in die Ausgangssituation gedreht und das Werkstück kann entnommen werden.

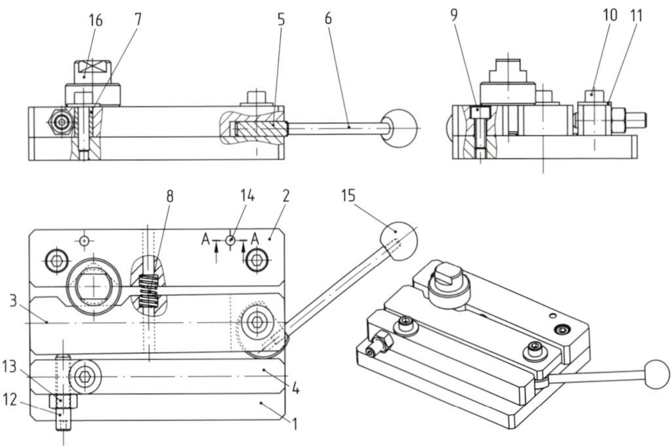

Stückliste zur Spannvorrichtung:

Pos.-Nr.	Stück	Benennung	Normblatt	Werkstoff
1	1	Grundplatte		S235JR+C
2	1	Aufnahme		S235JR+C
3	1	Spannhebel		S235JR+C
4	1	Übersetzungshebel		S235JR+C
5	1	Exzenter		11SMn30
6	1	Exzenterhebel		S235JR+C
7	2	Buchse		CuZn40
8	1	Druckfeder 1 x 8 x 19	DIN 2098	Federstahl
9	2	Zylinderschraube M6 x16	ISO 4762	8.8
10	2	Zylinderschraube M6 x 25	ISO 4762	8.8
11	2	Scheibe 6	ISO 7093	10HV
12	1	Gewindestift M8 x 40	ISO 4028	45H
13	1	Sechskantmutter M8	ISO 4032	8
14	2	Zylinderstift 5 x 20 A	ISO 8734	St
15	1	Kugelkopf C20	DIN 319	Pf
16	1	Werkstück		11SMn30

2 Die Grundplatte ist in der Vorderansicht dargestellt. Zeichnen oder skizzieren Sie den Schnitt A-A und tragen Sie die fehlenden Maße ein.

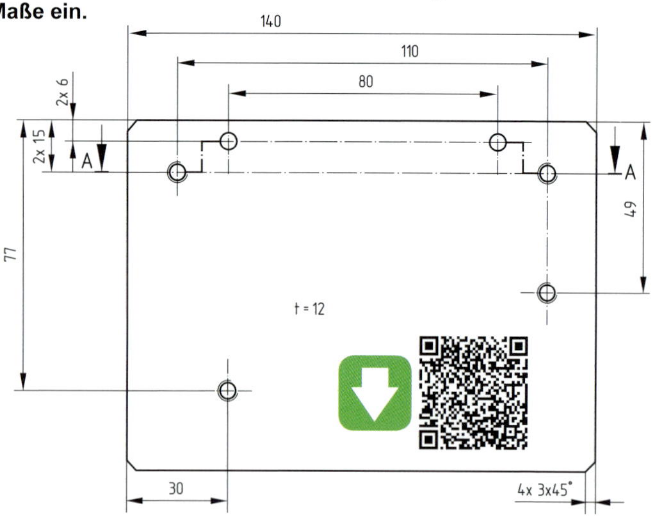

Lösung zu Aufgabe 2:

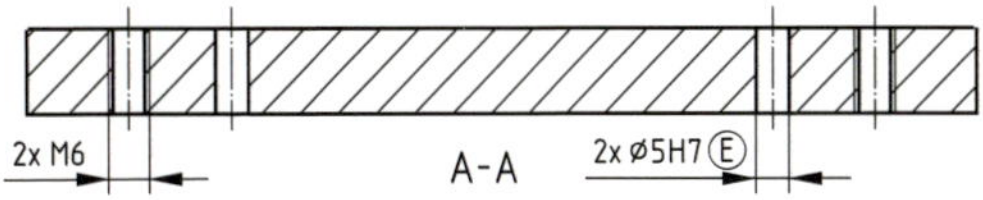

3 Welches fehlende Maß kann nicht im Schnitt eingetragen werden und wie groß ist es?

Es fehlt die Angabe des unteren Durchgangsgewindes: M6.

4 Skizzieren Sie den Schnitt A-A.

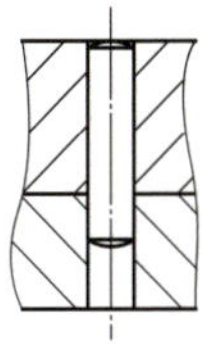

5 Ermitteln Sie den Durchmesser für den Zylinderstift, das Höchst- und Mindestmaß sowie die Toleranz.

Durchmesserangabe:	Ø 5m6
Höchstmaß:	5,012 mm
Mindestmaß:	5,004 mm
Toleranz:	8 µm

6 In der Vorderansicht der Gesamtzeichnung ist am Werkstück (Pos. 16) ein Diagonalkreuz aus dünnen Volllinien zu erkennen. Welche Bedeutung hat das Diagonalkreuz?

Das Diagonalkreuz weist auf eine ebene Fläche an einem zylindrischen Formelement hin. Im vorliegenden Fall ist es eine Fläche für die Schlüsselweite.

7 **Bemaßen Sie die Aufnahme fertigungsgerecht.**

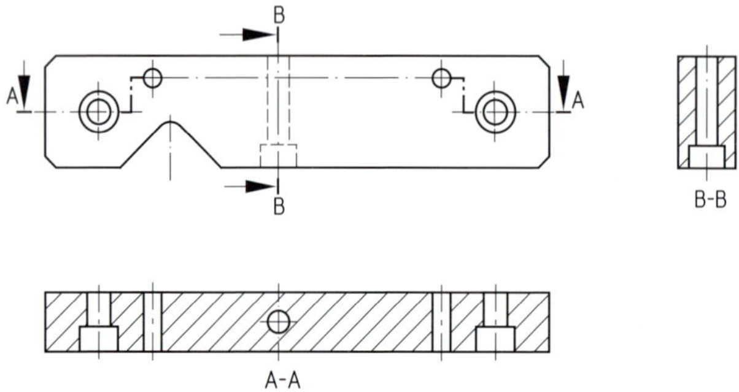

Lösung zu Aufgabe 7:

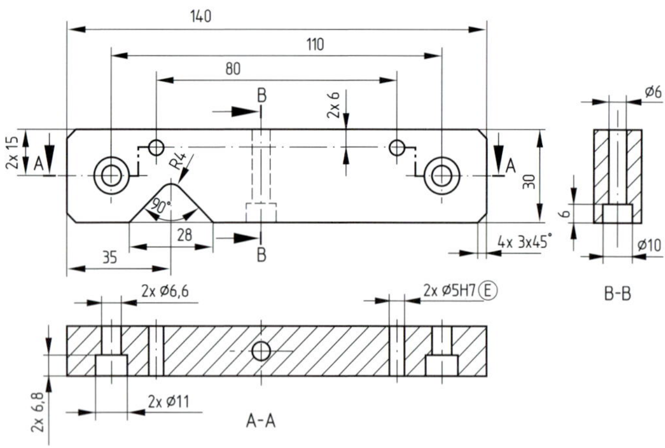

2

8 Legen Sie für den Spannhebel die Maße A bis D fest.

A: Ø 10H7
B: 105
C: Ø 6
D: Ø 10

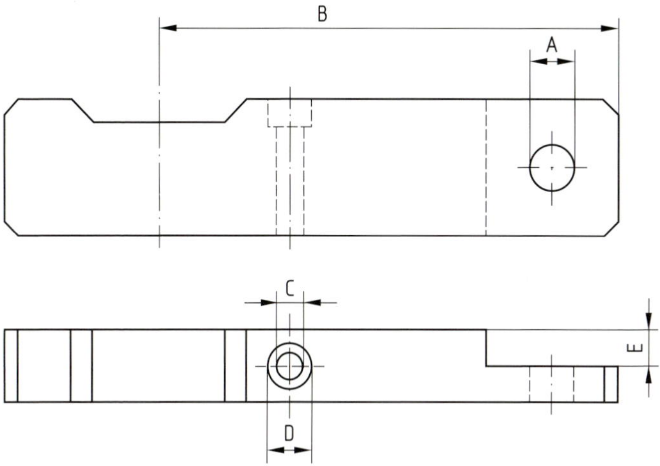

9 Definieren Sie am Spannhebel das Maß E, wobei zwischen dem Exzenter und dem Spannhebel ein Mindestspiel von 0,1 mm vorliegen soll.

E: $8^{+0,2}_{+0,1}$

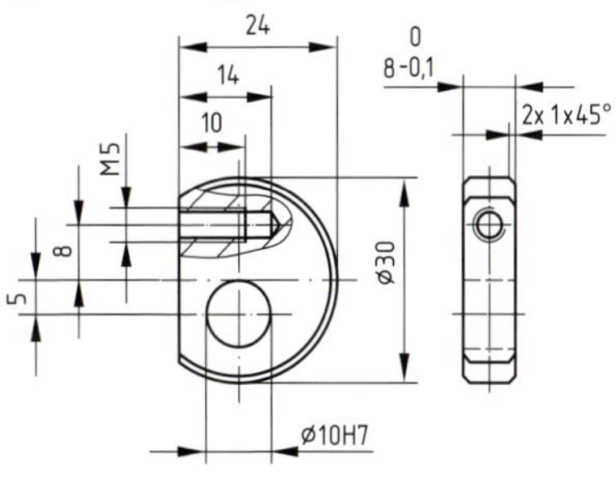

4. Maschinelle Zerspantechnik

4.1 Bohren

1 Benennen Sie die drei im Bild eingezeichneten Bewegungen bzw. Größen.

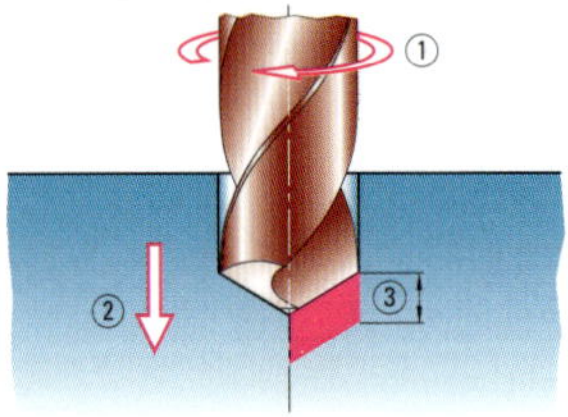

1: Schnittbewegung
2: Vorschubbewegung
3: Vorschub pro Umdrehung in mm

2 Beschreiben Sie die Werkstückvorbereitung zum Bohren.

- Anreißen des Bohrungsmittelpunktes
- Körnen des Bohrungsmittelpunktes, damit sich der Bohrer zentrieren kann.
- Werkstück sicher einspannen, um Unfälle zu vermeiden.

3 Geben Sie die Winkel am Bohrer an.

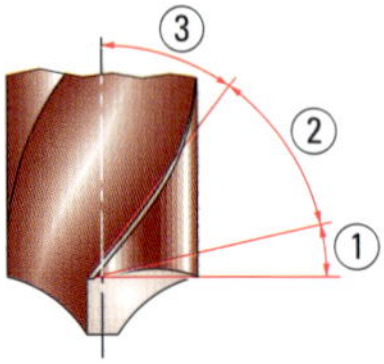

1: Freiwinkel
2: Keilwinkel
3: Spanwinkel

4 Wie unterscheiden sich die Bohrertypen H, N, und W und für welche Werkstückstoffe sind sie geeignet?

Die Bohrertypen H, N und W unterschieden sich vorrangig in Keil- und Spitzenwinkel.
H: großer Keil- und kleiner Spitzenwinkel, geeignet für harte Werkstückstoffe.
N: mittlerer Keil- und mittlerer Spitzenwinkel, geeignet für normale Werkstückstoffe., z. B. Stahl.
W: kleiner Keil- und großer Spitzenwinkel, geeignet für weiche Werkstückstoffe., z. B. Aluminium.

5 Bezeichnen Sie die angegebenen Elemente am Bohrer.

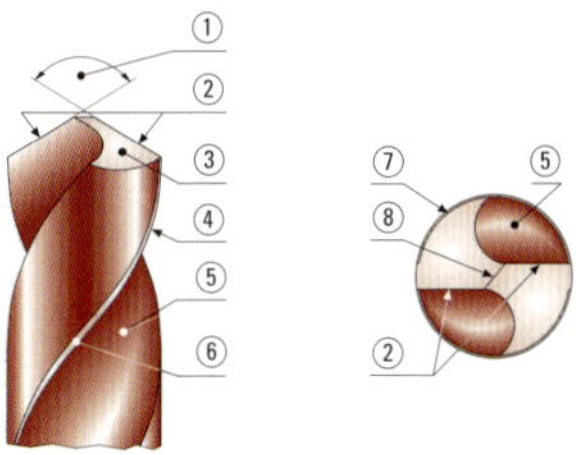

1: Spitzenwinkel
2: Hauptschneiden
3: Freifläche
4: Nebenschneide
5: Spanfläche
6: Führungsfase
7: Hinterfräsung
8: Querschneide

6 Wodurch wird der Spanwinkel des Bohrers bestimmt?

Der Spanwinkel wird durch die Steigung der Wendelnut (Drallwinkel) bestimmt.

7 Wie wirkt sich der Spitzenwinkel des Bohrers auf die Länge seiner Hauptschneiden aus?

Je kleiner der Spitzenwinkel, desto länger sind die Hauptschneiden des Bohrers.

8 Begründen Sie, warum der Bohrertyp H den kleinsten Spitzenwinkel hat.

Der Bohrertyp H ist für harte Werkstoffe geeignet, bei denen große Schnittkräfte auftreten. Die großen Schnittkräfte verteilen sich auf die längeren Hauptschneiden, sodass deren Belastung nicht zu groß wird und eine gute Wärmeableitung gewährleistet ist.

9 Nennen Sie vier Gefahren beim Bohren und beschreiben Sie dazu die passenden Maßnahmen zur Unfallverhütung.

- Unfälle, die durch drehende Bohrspindel und Bohrer entstehen können, werden durch eng anliegende Kleidung vermieden. Lange Haare sind durch Mütze oder Haarnetz zu schützen.
- Das Rotieren des Werkstücks wird durch sicheres Spannen des Werkstücks verhindert.
- Abgetrennte Späne gefährden die Fachkraft und ihre Umgebung. Deshalb sind Schutzbrille und Schutzschilde zu verwenden.
- Keine Schutzhandschuhe beim Bohren tragen, weil sie sich samt Finger bei Berührung um den drehenden Bohrer wickeln können.
- Lärm führt zu Gehörschäden. Deshalb ist ein Gehörschutz zu verwenden.

2

10 Am äußeren Durchmesser ist beim Bohrer die größte Umfangsgeschwindigkeit, die Schnittgeschwindigkeit v_c vorhanden. Nennen Sie die Faktoren, die die Schnittgeschwindigkeit bestimmen und geben Sie mit „je … desto" deren Einfluss an.

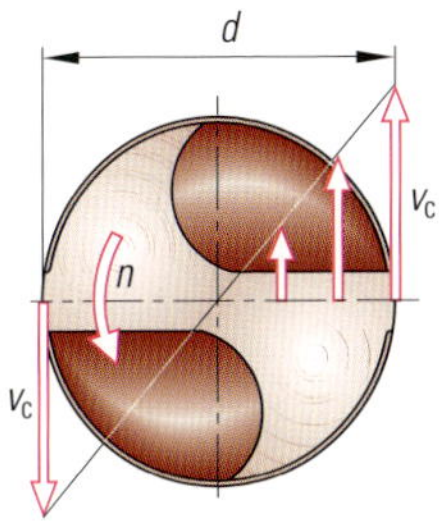

- Werkstoff des Bohrers (Schneidstoff):
  Je härter und verschleißfester der Schneidstoff, desto größer die Schnittgeschwindigkeit.
- Werkstoff des Werkstücks:
  Je härter und fester der Werkstückstoff, desto geringer die Schnittgeschwindigkeit.
- Kühlschmierung:
  Je intensiver die vorhandene Kühlschmierung, desto höher kann die Schnittgeschwindigkeit gewählt werden.

11 Nennen Sie drei Faktoren, die den zu wählenden Vorschub bestimmen.

- Durchmesser des Bohrers
- Werkstoff des Werkstücks
- Werkstoff des Werkzeugs

12 Wer schlägt die optimalen Schnittdaten (Schnittgeschwindigkeit und Vorschub) vor und wo können Sie diese entnehmen?

Die Schnittdaten beruhen auf den Erfahrungen der Werkzeughersteller, die sie aus Zerspanungsversuchen bei unterschiedlichsten Bedingungen ermittelten. Die Werkzeughersteller veröffentlichen sie für ihre Werkzeuge in ihren Tabellen. Aus diesen Tabellen oder Tabellenbüchern kann der Anwender die Schnittdaten übernehmen.

13 In eine 60 mm dicke Platte aus C35 sollen jeweils vier Löcher mit 20 mm und 12 mm Durchmesser gebohrt werden. Dabei sollen die HSS-Bohrer mit einer Schnittgeschwindigkeit von 20 m/min spanen. Bestimmen Sie die Umdrehungsfrequenzen für die beiden Bohrer.

$$v_c = d \cdot \pi \cdot n$$

$$n = \frac{v_c}{d \cdot \pi}$$

$$n_1 = \frac{20\,\text{m}}{\text{min} \cdot 20\,\text{mm} \cdot \pi} \cdot \frac{1000\,\text{mm}}{1\,\text{m}}$$

$$\underline{\underline{n_1 = 318/\text{min}}}$$

$$n_2 = \frac{20\,\text{m}}{\text{min} \cdot 12\,\text{mm} \cdot \pi} \cdot \frac{1000\,\text{mm}}{1\,\text{m}}$$

$$\underline{\underline{n_2 = 531/\text{min}}}$$

14 In eine Halterung aus 42CrMo4 sollen 8 Löcher mit Durchmesser 9 mm gebohrt werden. Als Werkzeug kommt ein Vollhartmetallbohrer zum Einsatz.

a) Legen Sie die Schnittgeschwindigkeit und den Vorschub fest.

b) Berechnen Sie die dazu entsprechende Umdrehungsfrequenz und die Vorschubgeschwindigkeit.

Gewählt: $v_c = 80\,\text{m/min}$, $f = 0{,}1\,\text{mm}$

$$n = \frac{v_c}{d \cdot \pi}$$

$$n = \frac{80\,\text{m}}{\text{min} \cdot 9\,\text{mm} \cdot \pi} \cdot \frac{1000\,\text{mm}}{1\,\text{m}}$$

$$\underline{\underline{n = 2830/\text{min}}}$$

$$v_f = n \cdot f$$

$$v_f = \frac{2830 \cdot 0{,}1\,\text{mm}}{\text{min}}$$

$$\underline{\underline{v_f = 283\,\text{mm/min}}}$$

15 Begründen Sie, welche Kühlschmierstoffart Sie beim Bohren in Stahl verwenden.

Da das Kühlen wegen der relativ hohen Schnittgeschwindigkeit im Vordergrund steht, kommt ein wassermischbarer Kühlschmierstoff zum Einsatz, weil er eine gute Kühlwirkung besitzt.

16 Wenn Bohrer stumpf werden, müssen sie angeschliffen werden. In den beiden Bildern sind falsch angeschliffene Bohrer dargestellt. Beschreiben Sie die dargestellten Anschleiffehler sowie die sich daraus ergebenden Auswirkungen und geben Sie an, wodurch sich Anschleiffehler vermeiden lassen.

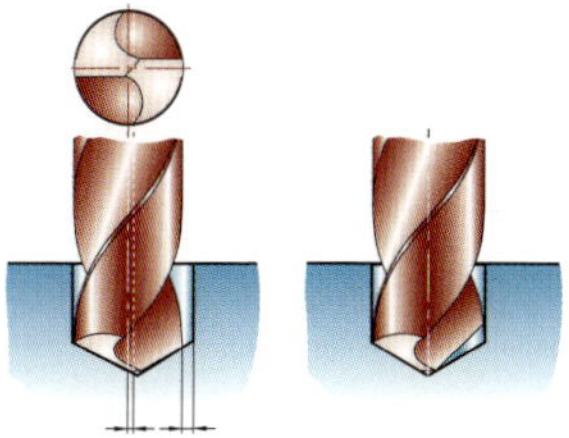

Links:
Bohrer ist außermittig angeschliffen. Dadurch wird die Bohrung zu groß.

Rechts:
Spitzenwinkel ist unsymmetrisch angeschliffen. Dadurch schneidet nur eine Schneide, die dadurch schnell verschleißt.
Um Schleiffehler zu vermeiden, sollte der Anschliff mit einer Schleiflehre geprüft werden.

17 Welche Möglichkeiten sehen Sie, um die Vorschubkraft beim Bohren zu reduzieren?

Durch Ausspitzen der Querschneide und Vorbohren lässt sich die Vorschubkraft beim Bohren reduzieren.

4.2 Senken

1 Nennen Sie zwei Senkertypen und geben Sie zu jedem zwei Anwendungsfälle an.

- **90°-Kegelsenker** zum Entgraten und Herstellen von Senkungen für Senkschrauben.
- **Flach- bzw. Zapfensenker** zum Herstellen von Senkungen für Zylinder- oder Sechskantschrauben.

2 Vergleichen Sie die Schnittgeschwindigkeiten und Vorschübe beim Senken mit denen beim Bohren und begründen Sie Ihre Aussage.

Die Schnittgeschwindigkeit wird beim Senken etwa halb so groß wie beim Bohren gewählt, um Rattermarken zu vermeiden.
Der Vorschub wird etwa verdoppelt, weil nur eine Kreisringfläche zerspant wird.

3 Führen Sie drei Beispiele mit Begründungen auf, warum Bohrungen mit Kegelsenkern angesenkt werden.

- Entgraten, um Verletzungsgefahr zu vermeiden.
- Fasen, um Gewindeschneidern Führung zu geben.
- Fasen, um Reibahlen Führung zu geben.

4 Welche Maßnahme zur Unfallverhütung müssen Sie beim Senken mit Zapfensenkern ergreifen.

Da große Drehmomente entstehen können, muss das Werkstück sicher gespannt werden.

4.3 Reiben

1 Welche Ziele werden durch das Reiben angestrebt?

Durch Reiben lassen sich die Maßgenauigkeit, die Zylinderform und die Oberflächenqualität einer Bohrung verbessern.

2 Durch welche konstruktiven Maßnahmen der Reibahle werden die Ziele des Reibens erreicht?

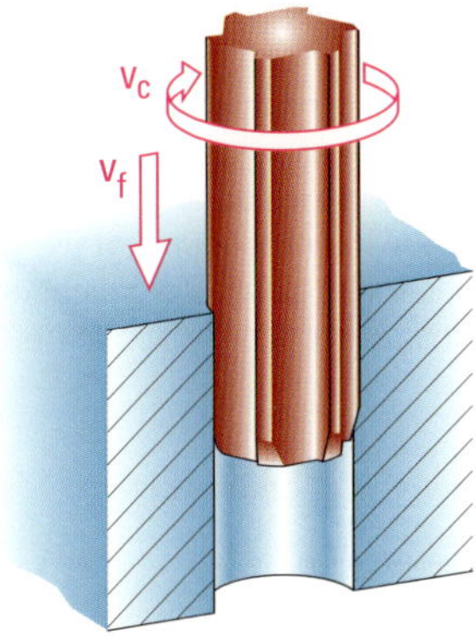

Durch die negativen Spanwinkel werden kleine Späne abgenommen, das führt zu einer guten Oberflächenqualität der Bohrung.
Mehrere Schneiden sind bei einer kleinen Bearbeitungszugabe gleichzeitig im Eingriff, wodurch eine gute Maßgenauigkeit erzielt wird.
Die langen Schneiden und die damit verbundene gute Führung der Reibahle sorgen für eine gute Zylinderform der Bohrung.

3 Warum haben Reibahlen eine gerade Schneidenzahl und eine ungleiche Schneidenteilung?

Die gerade Anzahl von Schneiden ermöglicht das einfache Messen des Reibahlendurchmessers. Hätte die Reibahle gleiche Teilung, wurden die Späne voraussichtlich immer an der gleichen Stelle und an allen Schneiden gleichzeitig abbrechen. In die Vertiefungen könnten die Zähne einhaken und Rattermarken erzeugen. Eine ungleiche Teilung der Schneidkeile verhindert das Entstehen von Rattermarken.

4 Wie unterscheiden sich Maschinen- von Handreibahlen?

Maschinenreibahlen haben einen kurzen Anschnitt und einen zylindrischen oder kegeligen Schaft. Handreibahlen besitzen einen langen Anschnitt und am Ende ein Vierkant, das im Windeisen eingespannt wird.

5 Wie verhalten sich Schnittgeschwindigkeit und Vorschub beim Reiben im Vergleich zum Bohren?

Die Schnittgeschwindigkeit ist beim Reiben wesentlich kleiner (ca. 1/3), der Vorschub ist wesentlich größer (ca. zwei- bis dreifach).

6 Begründen Sie, welche Eigenschaft des Kühlschmierstoffes wird beim Reiben vorrangig benötigt wird.

Da beim Reiben die Schnittgeschwindigkeit relativ klein ist, entsteht eine geringere Wärmeenergie, sodass die Kühlwirkung zweitrangig ist.
Die Schmierwirkung begünstigt die Entstehung einer guten Oberflächenqualität, die durch das Reiben angestrebt wird.

7 Welche Art Kühlschmierstoff wählen Sie beim Reiben in Stahl?

nicht wassermischbarer Kühlschmierstoff

8 In einer 30 mm dicken Platte aus S235JR sollen vier Bohrungen Ø10H7 hergestellt werden. Legen Sie für das Reiben mit einer HSS-Reibahle die Reibzugabe, die Schnittgeschwindigkeit, die Umdrehungsfrequenz und den Vorschub fest.

Reibzugabe: 0,2 mm, d. h. mit Ø9,8 mm vorbohren
$v_c = 8\,\text{m/min}$
$n = 254/\text{min}$
$f = 0{,}25\,\text{mm}$

2

4.4 Gewindeschneiden

1 Bezeichnen Sie die Größen an Mutter- und Bolzengewinde mit den Kurzbezeichnungen.

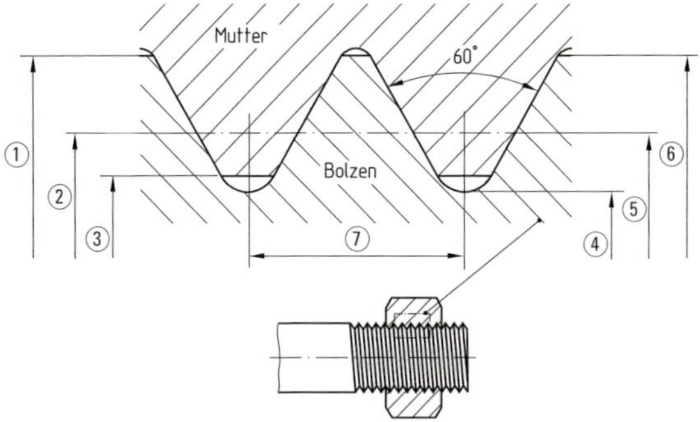

1: Nenndurchmesser der Mutter (D)
2: Flankendurchmesser der Mutter (D2)
3: Kerndurchmesser der Mutter (D3)
4: Kerndurchmesser des Bolzens (d3)
5: Flankendurchmesser des Bolzens (d2)
6: Nenndurchmesser des Bolzens (d)
7: Steigung (P)

2 Die Bilder zeigen die Querschnitte von zwei Gewindebohrern. Begründen Sie, welchen der beiden Sie für das Gewindeschneiden in Aluminium wählen würden.

Der linke Gewindebohrer ist aus drei Gründen für das Gewindeschneiden in Aluminium geeignet. Bei weicheren Werkstoffen wie z. B. Aluminium können kleinere Keilwinkel gewählt werden. Da kleinere Schnittkräfte auftreten, können weniger Schneiden eingesetzt werden. Es entstehen größere Späne, die von größeren Spanräumen aufzunehmen sind.

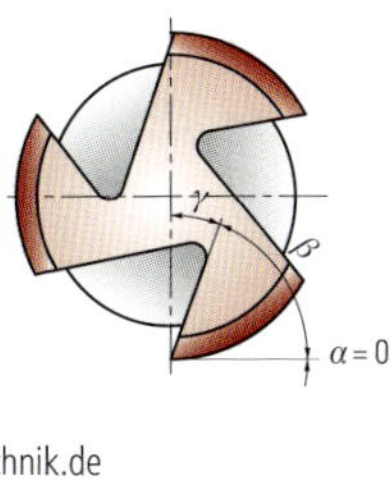

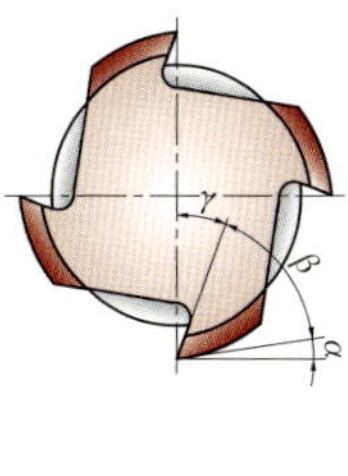

3 Aus welchem Grund erfolgt das manuelle Schneiden von Innengewinden meist mit einem Gewindebohrersatz, wie heißen die Gewindebohrer und wie sind sie gekennzeichnet?

Um die Zerspankraft zu verringern, wird die Zerspanarbeit auf drei Gewindebohrer verteilt. Das sind Vorschneider (ein Ring), Mittelschneider (zwei Ringe) und Fertigschneider (kein Ring oder drei Ringe).

4 Beschreiben Sie die Herstellung eines Durchganggewindes M8 in eine Stahlplatte. Stellen Sie dabei das Gewindeschneiden detailliert dar.

- Anreißen und Körnen der Gewindebohrung
- Bohren des Kernlochs mit Ø6,8 mm
- Entgraten der Bohrung auf Ø10 mm
- Gewindeschneiden:
  Vorschneider in das Windeisen einsetzen, rechtwinklig ansetzen, Schmieröl zugeben, zum Spanbrechen Vorschneider kurz zurückdrehen
  Mit Mittel- und Fertigschneider den Prozess wiederholen
- Gewindebohrung z. B. mit Druckluft säubern

5 Beschreiben Sie die Fertigung mit Maschinengewindebohrern

Maschinengewindebohrer werden mithilfe des Gewindeschneidapparates auf der Bohrmaschine in einem Arbeitsgang geschnitten.

6 Womit werden Außengewinde manuell hergestellt?

Das vollständige Gewinde wird mit einem Schneideisen in einem Arbeitsgang gefertigt.

7 Skizzieren Sie ein metrisches Innengewinde im Schnitt mit Bemaßung.

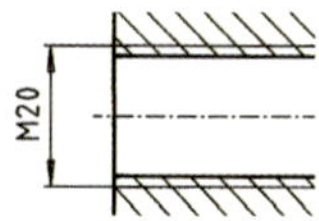

4.5 Fertigungsplanung der Halteplatte

Von der dargestellten Halteplatte aus S235JR sind vier Stück herzustellen. Dafür stehen Ihnen zwei Rohteile vom 80x60x12 mm zur Verfügung.

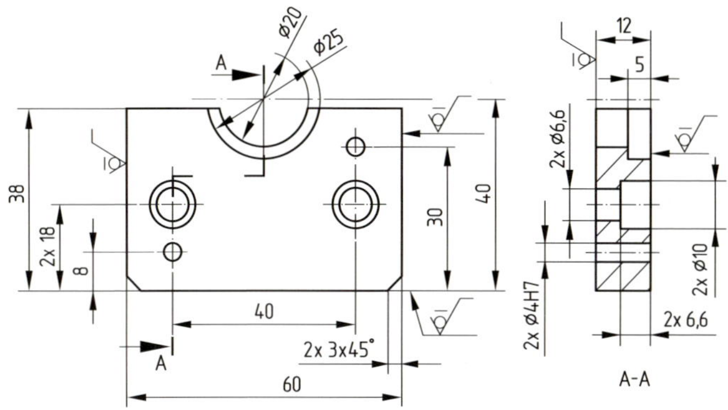

Maße ohne Toleranzangabe nach DIN ISO 2768-mK

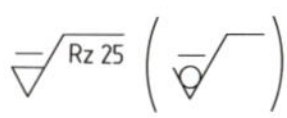

1 Interpretieren Sie das nebenstehende Zeichen.

Materialabtrag ist an der gekennzeichneten Fläche nicht zulässig oder die Oberfläche bleibt im Anlieferungszustand.

2 Interpretieren Sie das nebenstehende Zeichen.

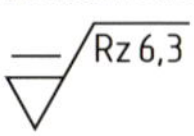

Die Oberfläche wird abtragend (oft spanend) bearbeitet, sodass eine gemittelte Rautiefe von 6,3 µm nicht überschritten wird.

3 Interpretieren Sie die folgende Kombination der Oberflächenangaben.

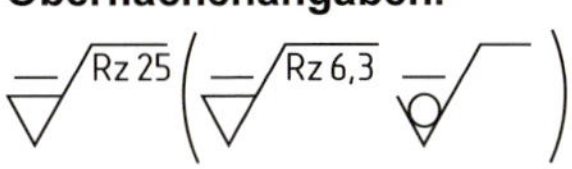

Alle Oberflächen des Bauteils erhalten eine gemittelte Rautiefe von maximal 25 µm, außer den Flächen, die mit den in Klammern befindlichen Oberflächenangaben gekennzeichnet sind.

4 Skizzieren Sie die Draufsicht der Halteplatte.

5 Erstellen Sie den Bearbeitungsplan für die vier Halterungen.

Lösung zu Aufgabe 5:

Lfd. Nr.	Fertigungsschritt	Werkzeuge und Hilfsmittel	Technologische Daten
1	Prüfen der Rohmaße	Messschieber	
2	Entgraten und Fasen anbringen	Flachstumpfeilen (Schruppen und Schlichten)	
3	Anreißen der 9 Bohrungsmitten eines Rohlings für zwei Halteplatten	Parallelreißer, Anreißfarbe	
4	Körnen der Bohrungsmitten	Körner, Hammer	
5	2 Rohlinge übereinander ausrichten und spannen	Maschinenschraubstock	
6	Vorbohren für Ø20	HSS-Bohrer Ø5 mm Kühlschmiermittel	v_c = 20 m/min n = 1270 /min f = 0,1 mm
7	Vorbohren für Ø4H7	HSS-Bohrer Ø3,8 mm Kühlschmiermittel	v_c = 20 m/min n = 1675 /min f = 0,1 mm
8	Bohren Ø6,6	HSS-Bohrer Ø6,6 mm Kühlschmiermittel	v_c = 20 m/min n = 965 /min f = 0,1 mm
9	Bohren Ø20	HSS-Bohrer Ø20 mm Kühlschmiermittel	v_c = 20 m/min n = 318 /min f = 0,2 mm
10	Flachsenken Ø10	Flach- bzw. Zapfensenker Ø6,6 / Ø10 Kühlschmiermittel	v_c = 10 m/min n = 318 /min f = 0,2 mm
11	Flachsenken Ø25	Flach- bzw. Zapfensenker Ø20 / Ø25 Kühlschmiermittel	v_c = 10 m/min n = 127 /min f = 0,3 mm
12	Reiben 4H7	Reibahle Ø4H7, Kühlschmiermittel	v_c = 6 m/min n = 477 /min f = 0,25 mm
13	Senken der kleinen Bohrungen	90°-Kegelsenker Ø16	v_c = 10 m/min n = 400 /min f = 0,2 mm
14	Senken der kleinen Bohrungen	90°-Kegelsenker Ø30	v_c = 10 m/min n = 127 /min f = 0,2 mm
15	Halbieren der zwei Platten	Bandsäge	
16	Feilen der gesägten Flächen	Flachstumpfeilen (Schruppen und Schlichten), Schraubstock	
17	Prüfen der Halteplattenmaße	Messschieber	

4.6 Drehen (Grundlagen)

1 Zum Drehen der zylinder- oder kegelförmigen Absätze kommen vorrangig die beiden dargestellten Drehverfahren zum Einsatz. Benennen Sie die Verfahren und tragen Sie die Bezeichnungen für die dargestellten Bewegungen 1 und 2 ein. Geben Sie weiterhin die Form der bearbeiteten Fläche (Arbeitsfläche) an.

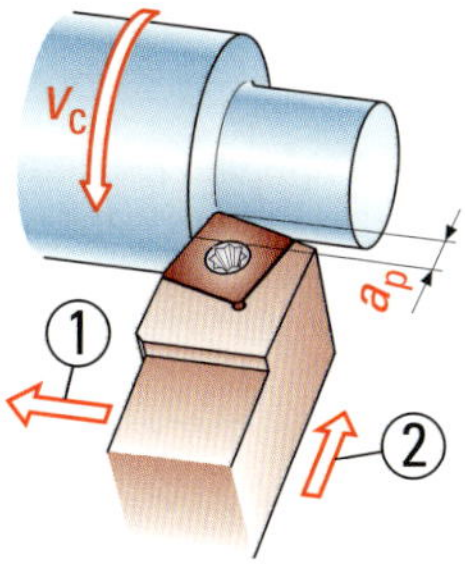

Drehverfahren: Längsrunddrehen
Bewegung 1: Vorschubbewegung
Bewegung 2: Zustellbewegung
Arbeitsfläche: zylindrisch

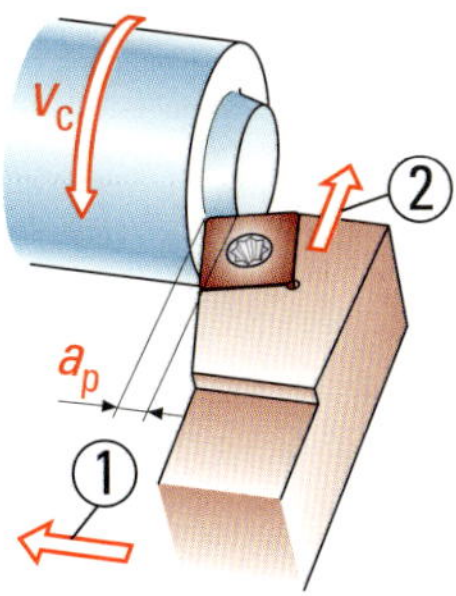

Drehverfahren: Querplandrehen
Bewegung 1: Zustellbewegung
Bewegung 2: Vorschubbewegung
Arbeitsfläche: eben

2 Was ist das Ziel des Schruppens?

Ziel des Schruppens ist es, in möglichst kurzer Zeit ein möglichst großes Spanvolumen abzutragen. Die Maßhaltig- und Formgenauigkeit sowie die Oberflächenqualität hat eine untergeordnete Bedeutung.

3 Durch welche Maßnahmen erreichen Sie beim Drehen das Ziel des Schruppens?

Beim Schruppdrehen wird mit großer Schnitttiefe a_p und großem Vorschub *f* gearbeitet.

4 Welche Ziele werden beim Schlichten angestrebt?

Beim Schlichten werden eine hohe Maß- und Formgenauigkeit sowie eine hohe Oberflächenqualität angestrebt.

5 Mit welchen Maßnahmen erreichen Sie die Ziele des Schlichtens beim Drehen?

Mit geringer Schnitttiefe und kleinem Vorschub werden bei hoher Schnittgeschwindigkeit und guter Kühlschmierung die Ziele des Schichtdrehens erreicht.

6 Benennen Sie für den Drehmeißel zum Querplandrehen die mit den Positionsnummern gekennzeichneten Bereiche.

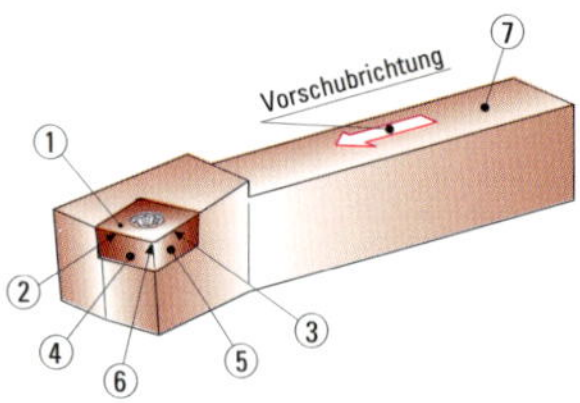

1: Spanfläche
2 Hauptschneide
3: Nebenschneide
4: Hauptfreifläche
5: Nebenfreifläche
6: Schneidenecke
7: Klemmhalter

7 In der folgenden Abbildung ist *eine positive und eine negative Schneidengeometrie* dargestellt. Füllen Sie die Tabelle mit den folgenden Begriffen:

schneidend, schabend, positiv, negativ, gut, weniger gut, stabil, weniger stabil, unterbrochen, ununterbrochen, Schlichten, Schruppen

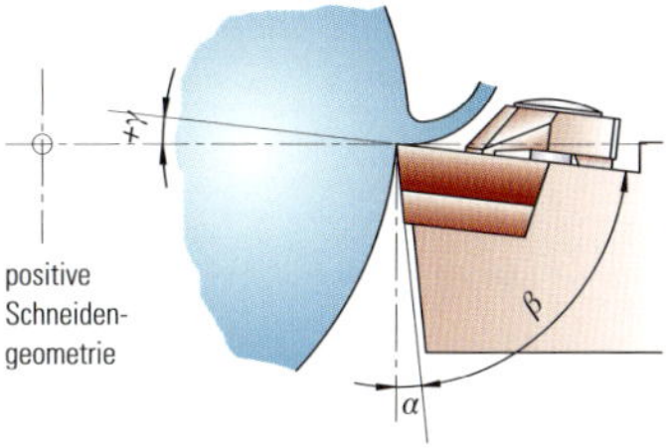

positive Schneiden-geometrie

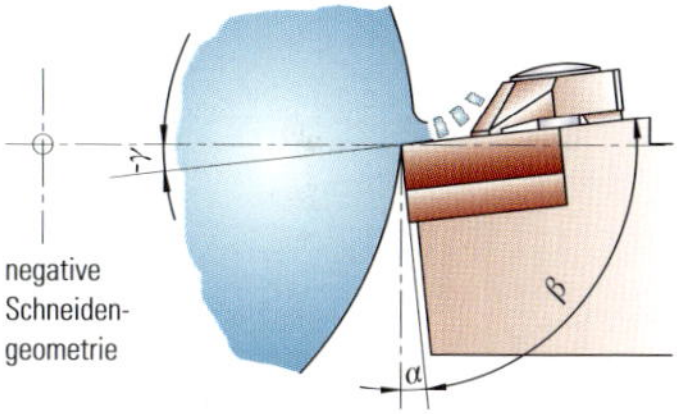

negative Schneiden-geometrie

Schneiden-geometrie		
Spanwinkel		
Wirkung		
Schneide		
Oberfläche		
Verfahren		
Schnitt		

Schneiden-geometrie	positiv	negativ
Spanwinkel	positiv	negativ
Wirkung	schneidend	schabend
Schneide	weniger stabil	stabil
Oberfläche	gut	weniger gut
Verfahren	Schlichten	Schruppen
Schnitt	ununter-brochen	unterbrochen

8 Wie verändern sich Span und Freiwinkel, wenn die Werkzeugschneide
a) über und
b) unter der Drehmitte steht?

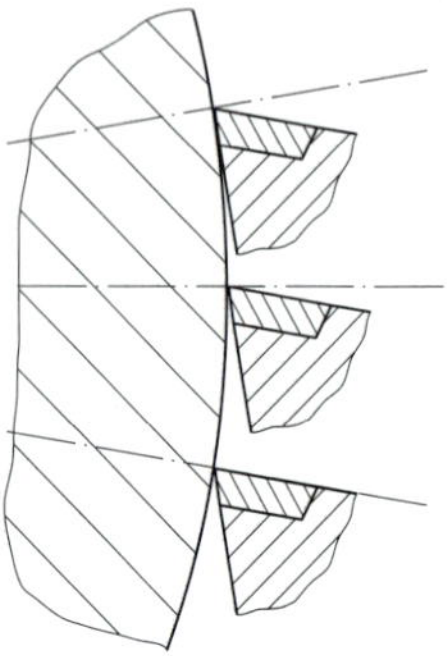

a) Der Spanwinkel vergrößert sich und der Freiwinkel verkleinert sich.
b) Der Spanwinkel verkleinert sich und der Freiwinkel vergrößert sich.

9 Beschreiben Sie, wodurch der Eckenwinkel ε bestimmt wird.

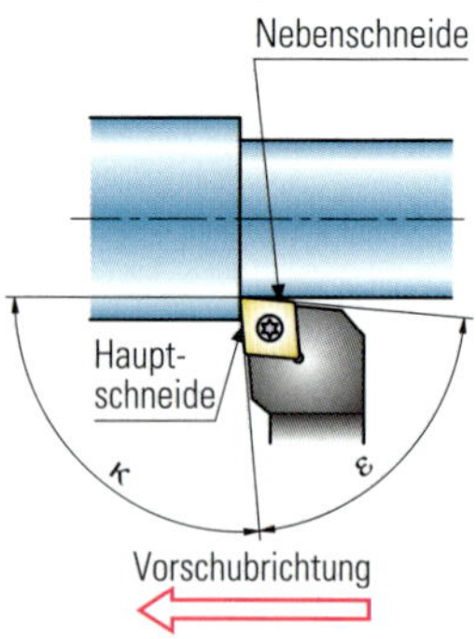

Der Eckenwinkel ε wird durch die Haupt- und die Nebenschneide begrenzt.

10 Wie wirkt sich der Eckenwinkel ε auf die Schneidenstabilität aus?

Je größer der Eckenwinkel ε, desto stabiler ist die Schneide. und umso geringer ist die Gefahr des Werkzeugbruches. Die Schneidenecke wird weniger erhitzt, da hier Wärme besser abgeführt werden kann.

11 Wodurch wird der Einstellwinkel κ begrenzt?

Der Einstellwinkel κ wird durch die Hauptschneide und die Vorschubrichtung des Werkzeugs begrenzt.

12 Welchen Einfluss hat der Einstellwinkel κ auf die Spanungsbreite und -dicke?

Je kleiner der Einstellwinkel κ, desto kleiner wird die Spanungsdicke und desto größer wird die Spanungsbreite. Die im Eingriff befindliche Schneidenlänge nimmt zu. Auf diese wird die zur Spanbildung erforderliche Kraft besser verteilt. Zudem wird die Wärmeabfuhr verbessert. Dadurch wird der Schneidkeil nicht so schnell stumpf.

13 Nennen Sie drei Vorteile von Drehwerkzeugen mit geklemmten oder aufgeschraubten Wendeschneidplatten.

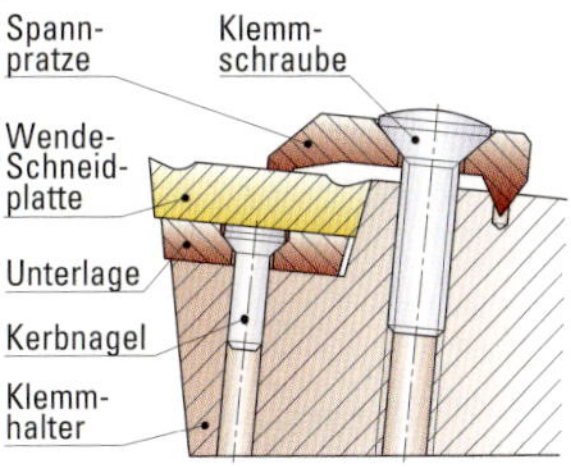

- Bei Werkzeugverschleiß ist ein unverzüglicher Schneidkantenwechsel am eingespannten Werkzeug möglich.
- Gleichbleibende Schneidengeometrie beim Schneidkantenwechsel, denn die Wendeschneidplatten sind genormt.
- Die Vielfalt an Wendeschneidplatten ermöglicht, optimale Werkzeuge für die jeweilige Bearbeitungsaufgabe bereitzustellen.

14 Welche Anforderung ist an die Schneidenform eines Gewindedrehmeißels zu stellen?

Die Schneidenform des Drehmeißels muss dem jeweiligen Gewindeprofil entsprechen.

15 Benennen Sie die mit Positionsnummern gekennzeichneten Bauteile und Elemente der dargestellten Drehmaschine.

1: Spindelstock mit Hauptgetriebe und Arbeitsspindel
2: Vorschubgetriebe
3: Werkzeugschlitten
4: Schlossplatte
5: Leitspindel*
6: Zugspindel*
7: Führung
8: Maschinenbett
9: Reitstock
10: Positionsanzeige
11: Gestell

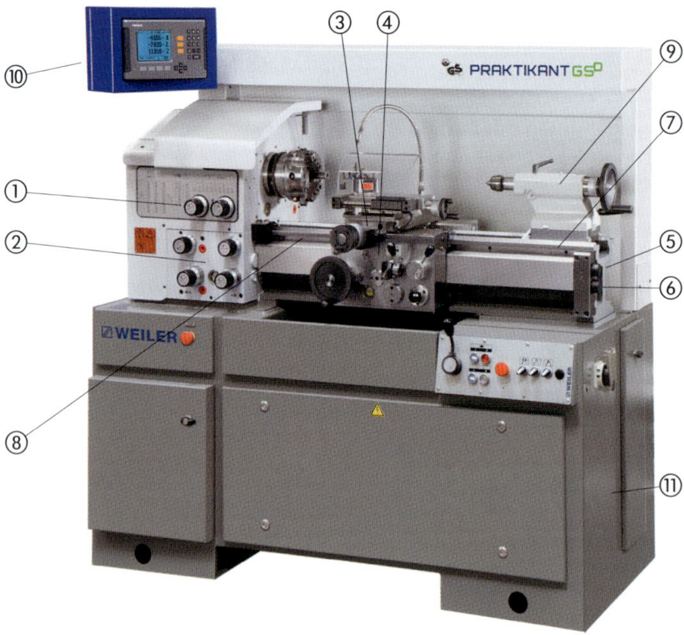

* hinter Verkleidung, Arbeitsschutz

16 Beschreiben Sie für eine konventionelle Drehmaschine den Energiefluss vom Antriebsmotor bis zum Werkstück.

Antriebsmotor → Hauptgetriebe → Arbeitsspindel → Spannmittel → Werkstück.

17 Beschreiben Sie für eine konventionelle Drehmaschine den Energiefluss vom Antriebsmotor bis zum Werkzeug.

Antriebsmotor → Hauptgetriebe → Vorschubgetriebe → Zugspindel oder Leitspindel → Werkzeugschlitten → Werkzeug.

18 Wozu dienen Zugspindel und Leitspindel?

- Die Zugspindel dient als Antriebselement für die Vorschubbewegung. Sie bewegt den Bettschlitten beim Längsrund- und den Querschlitten beim Querplandrehen.
- Die Leitspindel sorgt beim Gewindeschneiden für den Längsvorschub, der der Gewindesteigung entspricht.

19 Beschreiben Sie die beiden Maße, die die Größe einer Drehmaschine bestimmen.

- Die **Spitzenhöhe** ist der Abstand vom Maschinenbett bis zur Mitte der Arbeitsspindel. Durch Sie wird der maximale Durchmesser des Werkstücks begrenzt.
- Die **Drehlänge** ist der Abstand zwischen dem Dreibackenfutter und dem Reitstock. Sie bestimmt die maximale Länge des Drehteils.

20 Es ist ein Wellenabsatz von 60 mm auf 51 mit einer Schnittgeschwindigkeit von 240 m/min mm zu schruppen. Bestimmen Sie die Umdrehungsfrequenz.

$v_c = d \cdot \pi \cdot n$

$n = \frac{v_c}{d \cdot \pi}$

$n = \frac{240\,\text{m}}{\text{min} \cdot 60\,\text{mm} \cdot \pi} \cdot \frac{1000\,\text{mm}}{1\,\text{m}}$

$\underline{\underline{n = 1273/\text{min}}}$

Es sollen vier der dargestellten Gewindebuchsen aus 35S20 gefertigt werden. Die Rohlinge haben einen Durchmesser von 40 mm und eine Länge von 41 mm.

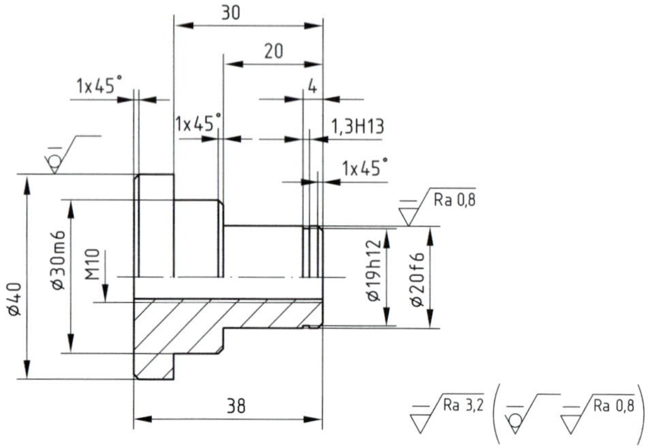

21 Schlüsseln Sie den Werkstoff der Gewindebuchse auf und geben Sie an, zu welcher Stahlsorte er gehört.	35S20: Automatenstahl mit 0,35 % C und 0,2 % S
22 Welche Fläche der Gewindebuchse wird nicht bearbeitet?	Die Mantelfläche vom Ø40 bleibt im Anlieferungszustand.
23 Welche Fläche erhält die beste Oberflächenqualität und wie ist sie definiert?	Der Zylinder mit Ø20 soll die beste Oberflächenqualität mit einem arithmetischen Mittenrauwert von 0,8 µm erhalten.
24 Welche Anforderungen werden an die restlichen Oberflächen gestellt?	Die restlichen Oberflächen sollen einen arithmetischen Mittenrauwert von 3,2 µm erhalten.

25 **Erstellen Sie den Bearbeitungsplan für eine Gewindebuchse.**

Lösung zu Aufgabe 25:

Lfd. Nr.	Fertigungsschritt	Werkzeuge und Hilfsmittel	Technologische Daten
1	Rohling im Dreibackenfutter spannen	Vierkantschlüssel	
2	Querplandrehen der ersten Stirnfläche	Drehmeißel mit Hartmetallplatte $\varepsilon = 90°$, $\kappa = 85°$ Kühlschmiermittel	$a_p = 1{,}5\,mm$ $f = 0{,}2\,mm$ $v_c = 320\,m/min$ $n = 2500\,/min$
3	Fase 1x45° drehen	Drehmeißel mit Hartmetallplatte $\varepsilon = 90°$, $\kappa = 45°$ Kühlschmiermittel	$f = 0{,}1\,mm$ $v_c = 350\,m/min$ $n = 2800\ 101/min$
4	Umspannen	Vierkantschlüssel	
5	Querplandrehen der zweiten Stirnfläche	Drehmeißel mit Hartmetallplatte $\varepsilon = 90°$, $\kappa = 85°$ Kühlschmiermittel	$a_p = 1{,}5\,mm$ $f = 0{,}2\,mm$ $v_c = 320\,m/min$ $n = 2500\,/min$
6	Längsrundschruppdrehen Ø30m6 mit 0,5 mm Aufmaß	Drehmeißel mit Hartmetallplatte $\varepsilon = 80°$, $\kappa = 95°$ Kühlschmiermittel	$a_p = 5\,mm$ $f = 0{,}3\,mm$ $v_c = 320\,m/min$ $n = 3400\,/min$
7	Längsrundschruppdrehen Ø20f6 mit 0,5 mm Aufmaß	Drehmeißel mit Hartmetallplatte $\varepsilon = 80°$, $\kappa = 95°$ Kühlschmiermittel	$a_p = 5\,mm$ $f = 0{,}3\,mm$ $v_c = 320\,m/min$ $n = 5100\,/min$
8	Längsrundschlichtdrehen Ø30m6	Drehmeißel mit Hartmetallplatte $\varepsilon = 80°$, $\kappa = 95°$ Kühlschmiermittel	$a_p = 0{,}5\,mm$ $f = 0{,}15\,mm$ $v_c = 350\,m/min$ $n = 3700\,/min$
9	Längsrundschlichtdrehen Ø20f6	Drehmeißel mit Hartmetallplatte $\varepsilon = 80°$, $\kappa = 95°$ Kühlschmiermittel	$a_p = 0{,}5\,mm$ $f = 0{,}15\,mm$ $v_c = 350\,m/min$ $n = 3600\,/min$
10	Einstich 1,3H13	Einstechmeißel mit Hartmetallplatte $b = 1{,}3\,mm$	$f = 0{,}05\,mm$ $v_c = 130\,m/min$ $n = 2000\,/min$

11	Fase 1x45° drehen	Drehmeißel mit Hartmetallplatte $\varepsilon = 90°$, $\kappa = 45°$ Kühlschmiermittel	f = 0,1 mm v_c = 350 m/min n = 3200 /min
12	Zentrieren und Senken der Gewindebohrung	HSS-Zentrierbohrer Ø12 Kühlschmiermittel	f = 0,1 mm v_c = 20 m/min n = 530 /min
13	Bohren des Gewindekernlochs	HSS-Bohrer 8,5 mm Kühlschmiermittel	f = 0,1 mm v_c = 20 m/min n = 750 /min
14	Gewindeschneiden M10	HSS-Bohrer M10 Gewindeschneidapparat im Reitstock Kühlschmiermittel	v_c = 12 m/min n = 380 /min
15	Ausspannen	Vierkantschlüssel	

4.7 Fräsen (Grundlagen)

1 Benennen Sie die dargestellten Fräsverfahren und die verwendeten Werkzeuge.

a)

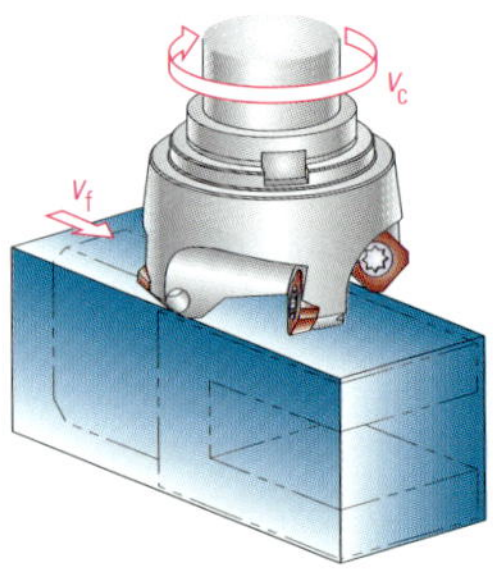

a) Stirnfräsen mit Messerkopf

b)

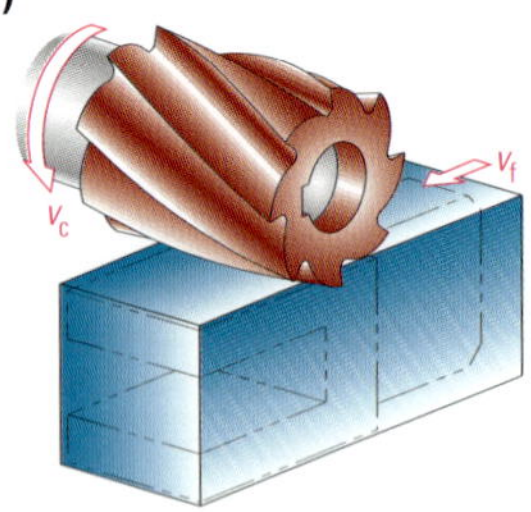

b) Umfangsfräsen mit Walzenfräser

c)

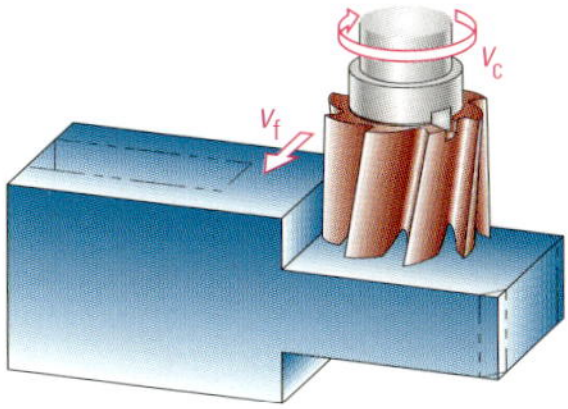

c) Stirn-Umfangsfräsen mit Walzenstirnfräser

d)

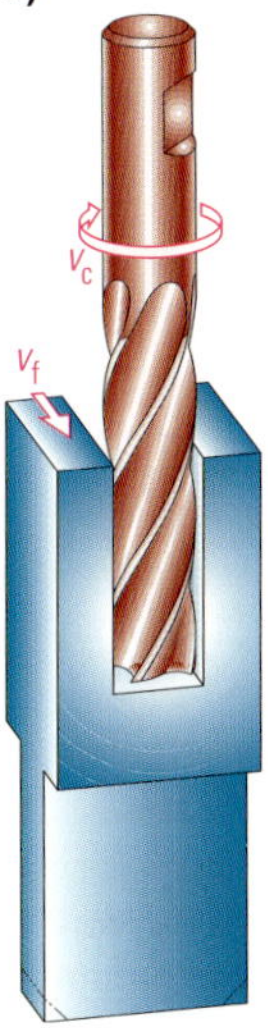

d) Nutenfräsen mit Schaftfräser

2 Sowohl beim Stirn- als auch beim Umfangsfräsen entstehen ebene Werkstückoberflächen. Begründen Sie, welches der beiden Verfahren Sie bevorzugen.

Das Stirnfräsen ist zu bevorzugen, weil der Span mit nahezu gleichbleibendem Querschnitt rechteckig ist. Dadurch ergeben sich gleichmäßige Zerspanungsbedingungen, die Zerspanungsleistung wird erhöht und die Fertigungszeit verkürzt.

3 Bei welchen Fräsarbeiten entscheiden Sie sich für Stirn-Umfangsfräsen?

Beim Stirn-Umfangsfräsen erzeugen gleichzeitig die Schneiden an der Stirnseite und am Umfang die Werkstückoberfläche. Das Verfahren kommt beim Fräsen von Werkstückabsätzen zum Einsatz.

4 Welche Anforderungen sind an einen Schaftfräser zu stellen, mit dem die dargestellte Nut gefräst werden soll?

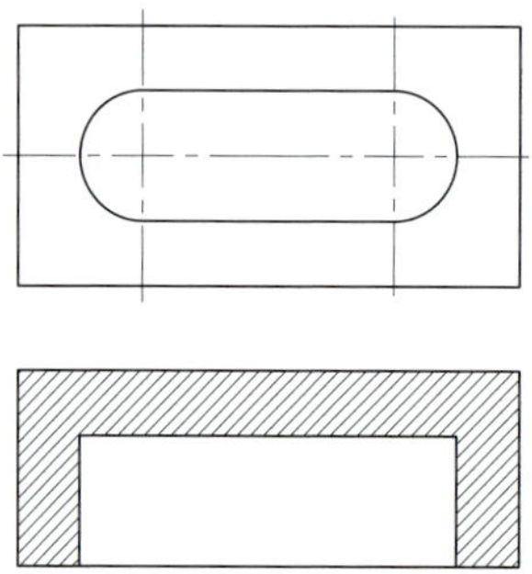

Der Schaftfräser muss an der Stirnseite eine Schneide besitzen, die über den gesamten Fräserradius schneidet, damit der Fräser senkrecht in die Nut eintauchen kann.

5 Wie verhalten sich die Schnittgeschwindigkeit und die Vorschubgeschwindigkeit beim
a) Gegenlauffräsen und
b) Gleichlauffräsen?

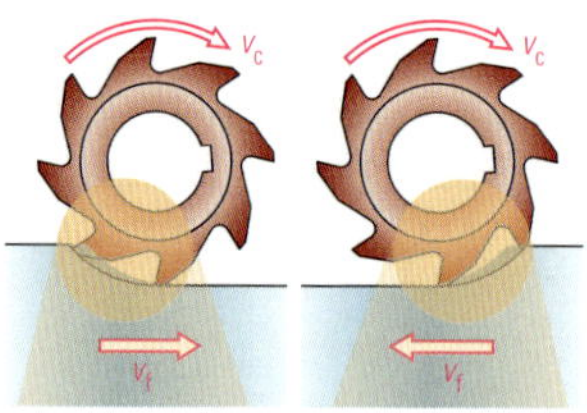

a) Beim Gegenlauffräsen verlaufen Schnittgeschwindigkeit und Vorschubgeschwindigkeit entgegengesetzt.
b) Beim Gleichlauffräsen verlaufen Schnittgeschwindigkeit und Vorschubgeschwindigkeit in die gleiche Richtung.

6 Begründen Sie, mit welchem der beiden Fräsverfahren sich die besseren Oberflächenqualitäten fertigen lassen.

Mit Gleichlauffräsen lassen sich die besseren Oberflächenqualitäten fertigen. Der Schneidkeil gleitet nicht wie beim Gegenlauffräsen vor der Spanabnahme über die Werkstückoberfläche. Die entstehende Reibung kann die Frei- oder Schnittfläche beschädigen. Der Spanwerkstoff muss auf eine bestimmte Dicke gestaucht werden, bevor ein Span abgetrennt werden kann.

7 Welche Anforderungen werden beim Gleichlauffräsen an die Fräsmaschine gestellt?

Das Gleichlauffräsen ist nur auf Fräsmaschinen möglich, die über spielfreie Vorschubantriebe verfügen.

8 Wie unterscheiden sich die Frässertypen H, N und W hinsichtlich Keilwinkel, Zahnteilung und für welche Werkstückwerkstoffe sind sie geeignet?

- **Fräsertyp H** hat einen großen Keilwinkel (z. B. 80°), eine feine Zahnteilung und ist für harte und zähharte Werkstoffe, wie z. B. legierte Stähle, geeignet.

- **Fräsertyp N** hat einen mittleren Keilwinkel (z. B. 70°), eine mittlere Zahnteilung und ist für normale, feste Werkstoffe, wie z. B. Baustähle und Gusseisen, geeignet.

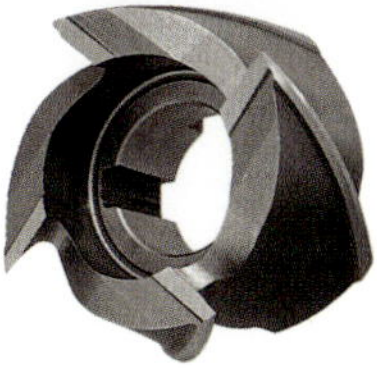

- **Fräsertyp W** hat einen kleinen Keilwinkel (z. B. 60°), eine grobe Zahnteilung und ist für weiche Werkstoffe, wie z. B. Aluminium und Kupfer, geeignet.

9 Die folgenden Bilder zeigen die Fräsertypen NR, NF und N. Für welche Zerspanungsaufgaben eignen sie sich?

- NR eignet sich zum Schruppfräsen.

- NF eignet sich zum Schrupp-schlichten (Vorschlichten).

- N eignet sich zum Schlichten.

10 Benennen Sie die mit Positionsnummern gekennzeichneten Bauteile und Elemente der dargestellten Fräsmaschine.

1: Vertikaler Fräskopf
2: Führungsbahn
3: Frästisch
4: Maschinenständer
5: Handräder
6: Spänewanne
7: Positionsanzeige

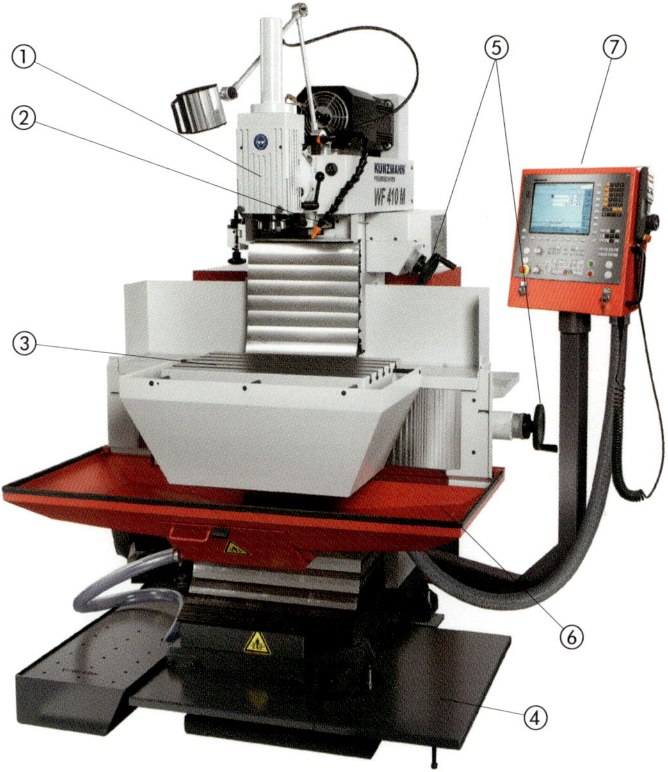

11 Beschreiben Sie für eine konventionelle Fräsmaschine den Energiefluss vom Antriebsmotor bis zum Werkzeug.

Hauptmotor → Hauptgetriebe → Frässpindel → Werkzeug

12 Beschreiben Sie für eine konventionelle Fräsmaschine den Energiefluss vom Antriebsmotor bis zum Werkstück.

Vorschubmotor → Vorschubgetriebe → Vorschubgewindetrieb → Frästisch → Spannmittel → Werkstück

13 Welchen Einfluss hat beim Stirnfräsen mit dem Messerkopf der Einstellwinkel κ auf die Spanungsdicke, die Spanungsbreite und die Belastung der Schneide?

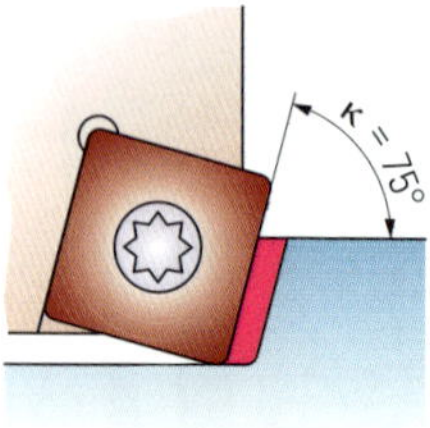

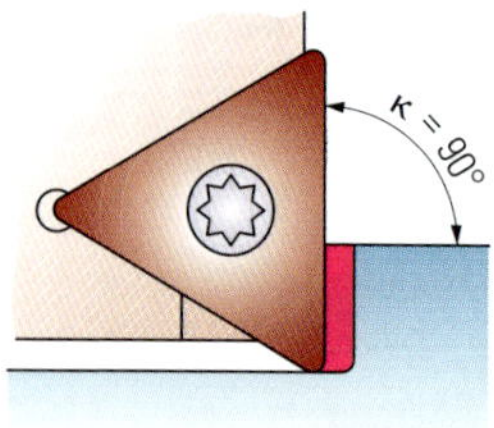

Mit abnehmendem Einstellwinkel κ verringert sich die Spanungsdicke, vergrößert sich die Spanungsbreite und verlängert sich damit die im Eingriff befindliche Schneide und die Schneidenbelastung nimmt ab.

14 Ein HSS-Fräser mit 40 mm Durchmesser und 8 Schneiden bei einem Vorschub pro Zahn von 0,1 mm eine Schnittgeschwindigkeit von 25 m/min erzielen. Bestimmen Sie die Umdrehungsfrequenz und die Vorschubgeschwindigkeit.

$$v_c = d \cdot \pi \cdot n$$

$$n = \frac{v_c}{d \cdot \pi}$$

$$n = \frac{25\,\text{m}}{\text{min} \cdot 40\,\text{mm} \cdot \pi} \cdot \frac{1000\,\text{mm}}{1\,\text{m}}$$

$$n = 199/\text{min}$$

gewählt: $n = 200/\text{min}$

$$v_f = n \cdot f_z \cdot z$$

$$v_f = \frac{200 \cdot 0{,}1\,\text{mm} \cdot 8}{\text{min}}$$

$$v_f = 160\,\text{mm/min}$$

Der Kreuzschieber aus 1.1545 soll aus einem Rohling von 125 x 35 x 85 mm gefertigt werden.

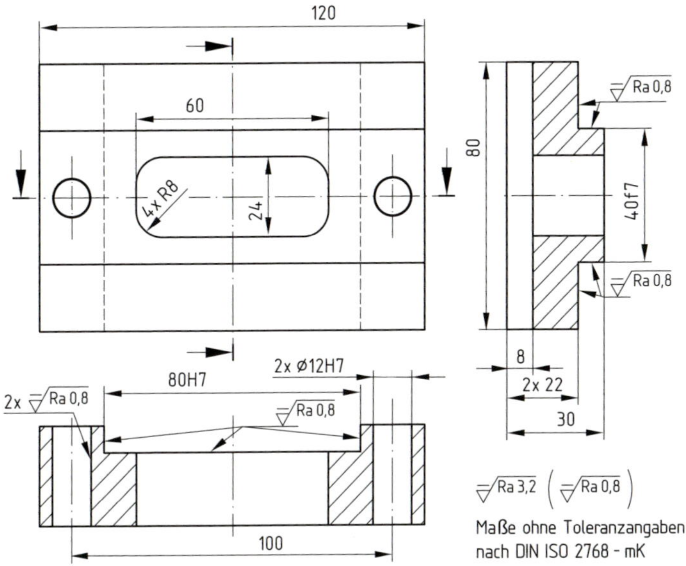

15 Zu welcher Stahlsorte gehört der Werkstoff für der Kreuzschieber?	1.1545 ist ein unlegierter Werkzeugstahl (Kaltarbeitsstahl).
16 Geben Sie die Werkstoffbezeichnung nach DIN EN 10027 an.	C105U

17 Wie viele ebene Flächen sollen einen arithmetischen Mittenrauwert von 0,8 µm erhalten?

7 ebene Flächen

18 Wie viele zylindrische Flächen sollen einen arithmetischen Mittenrauwert von 0,8 µm erhalten?

2 zylindrische Flächen

19 Welche gemittelte Rautiefe entspricht etwa einem arithmetischen Mittenrauwert von 3,2 µm?

Ra 3,2 entspricht etwa Rz 16

20 Erstellen Sie den Bearbeitungsplan für den Kreuzschieber.

Lösung zu Aufgabe 20:

Lfd. Nr.	Fertigungsschritt	Werkzeuge und Hilfsmittel	Technologische Daten
1	Rohling im Schraubstock spannen		
2	Stirnfräsen der oberen Deckfläche (120 x 80)	Messerkopf Ø50, z = 5, Wendeschneidplatten P20, κ = 65° Kühlschmiermittel	v_c = 250 m/min f_z = 0,2 mm n = 1600 /min v_f = 1600 mm/min
3	Stirnfräsen der restlichen Quaderflächen	Messerkopf Ø50, z = 5, Wendeschneidplatten P20, κ = 65° Kühlschmiermittel	Wie unter 2 beschrieben
4	Zentrieren der Bohrungen Ø12H7	Zentrierbohrer Ø16, HSS, z =2 Kühlschmiermittel	f = 0,15 mm v_c = 30 m/min n = 800 /min v_f = 120 mm/min
5	Bohren der Bohrung Ø12H7	Wendelbohrer Ø11,7, HSS Kühlschmiermittel	wie Nr. 5

6	Reiben der Bohrung Ø12H7	Reibahle Ø12H7, HSS Kühlschmiermittel	f = 0,3 mm v_c = 10 m/min n = 260 /min v_f = 80 mm/min
7	Eckfräsen der oberen Absätze	Schaftfräser Ø25, aus Vollhartmetall, z = 4 Kühlschmiermittel	v_c = 200 m/min f_z = 0,06 mm n = 2500 /min v_f = 600 mm/min
8	Tasche 60 x 24 mm fräsen	Schaftfräser Ø16, aus Vollhartmetall, z = 4 Kühlschmiermittel	v_c = 140 m/min f_z = 0,05 mm n = 2780 /min v_f = 550 mm/min
9	Nut auf Unterseite fräsen	Schaftfräser Ø25, aus Vollhartmetall, z = 4 Kühlschmiermittel	v_c = 200 m/min f_z = 0,06 mm n = 2500 /min v_f = 600 mm/min

2

21 Nennen Sie sechs Maßnahmen zur Unfallverhütung beim Fräsen.

- Schutzbrille tragen
- Sicherheitsschuhe tragen
- keine Handschuhe tragen
- eng anliegende Kleidung tragen
- keinen Schmuck tragen
- bei langen Haaren Haarnetz oder Mütze verwenden
- Werkstücke sicher festspannen
- Späne mit Pinsel entfernen
- bei laufender Spindel nicht messen oder prüfen

5 Werkzeug- und Maschinenkosten

1 Der Rohling von Ø65 x 105 mm für die Gewindebuchse aus Automatenstahl kostet 15,- €. Die Fertigung erfolgt auf einer Dreh- und einer Fräsmaschine. Die Fertigung auf der Drehmaschine dauert 12 Minuten, die auf der Fräsmaschine 8 Minuten. Der Maschinenstundensatz der Drehmaschine beträgt 120,- € der der Fräsmaschine 140,- €.

a) Wie hoch sind die Selbstkosten bei einem Gemeinkostensatz von 12 %?

b) Welcher Barverkaufspreis kann bei einem Gewinn von 15 % erzielt werden?

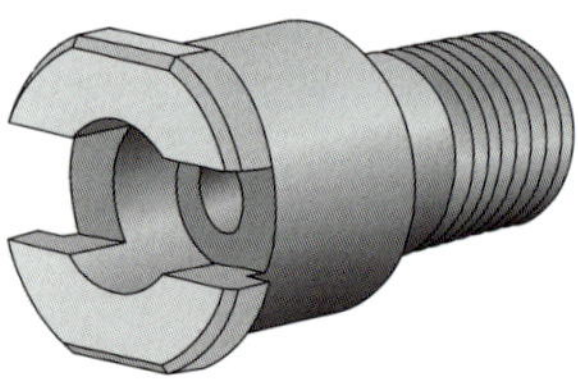

a)	Materialkosten	15,00 €
	Drehmaschine 12/60 · 120,-€/h	24,00 €
	Fräsmaschine 8/60 · 140,-€/h	18,67 €
	Herstellungskosten:	57,67 €
	Gemeinkosten 12 %	6,92 €
	Selbstkosten:	**64,49 €**
b)	Gewinn 15 %	9,67 €
	Barverkaufspreis:	**74,16 €**

2

2 Die Materialkosten für ein Werkstück betragen 8,50€. Die Bearbeitungszeit auf der Drehmaschine dauert 8 Minuten, auf der Fräsmaschine werden 12 Minuten und auf der Schleifmaschine 10 Minuten Bearbeitungszeit benötigt. Die Kosten für das Härten liegen bei 5,50€. Die Maschinenstundensätze betragen für das Drehen 95,00,- €, für das Fräsen 115,- € und für das Schleifen 92,- €. Wie hoch sind die Herstellungskosten, die Selbstkosten und der Barverkaufspreis, wenn mit 12% Gemeinkosten und 15% Gewinn kalkuliert wird?

Herstellungskosten:	65,00€
Selbstkosten:	72,80€
Barverkaufspreis:	83,72€

3 Der Barverkaufspreis für eine Baugruppe beträgt 8400,- €. Die Selbstkosten betrugen 7500,- €. Mit wie viel Prozent Gewinn wurde kalkuliert?

Es wurde mit 12% Gewinn kalkuliert.

4 Beim Montieren einer Baugruppe kann durch das Verwenden einer Montagevorrichtung die Montagezeit von 36 auf 24 Minuten verringert werden. Die Herstellkosten der Montagevorrichtung betragen 220,00€. Der Lohnkostensatz beträgt 82,00€ pro Stunde.

a) Wie hoch sind die Montagekosten für eine, zehn und hundert Baugruppen, wenn keine Montagevorrichtung genutzt wird?

b) Wie hoch sind die Montagekosten für eine, zehn und hundert Baugruppen, wenn eine Montagevorrichtung genutzt wird?

c) Zeichnen Sie in ein Diagramm den Verlauf des Grafen für die Ergebnisse aus a) und b), und geben Sie an, ab welcher Baugruppenzahl die Montage mit der Montagevorrichtung wirtschaftlich ist.

a) Kosten ohne Montagevorrichtung:

1	Baugruppe:	
	36/60 h · 82,-€/h	49,20€
10	Baugruppen:	492,00€
100	Baugruppen:	4920,00€

b) Kosten mit Montagevorrichtung:

1	Montagevorrichtung:	220,00€
1	Baugruppe:	
	28/60 h · 82,-€/h	252,80€
10	Baugruppen:	548,00€
100	Baugruppen:	3500,00€

c)

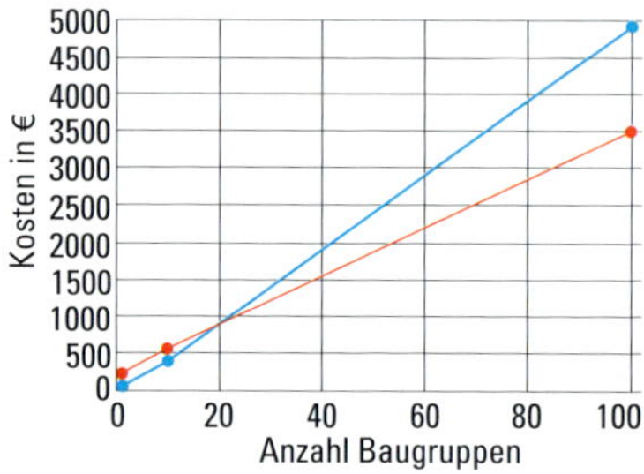

Ab 14 Stück rentiert sich der Einsatz einer Montagevorrichtung.

5 Der Barverkaufspreis für ein Frästeil beträgt 61,07 €. Der Gewinn wurde mit 15 % bei einem Gemeinkostensatz von 18 % kalkuliert. Die Materialkosten betrugen 22,- €. Wie lange dauerte die Bearbeitung auf der Fräsmaschine, wenn mit einem Maschinenstundensatz von 92,- € kalkuliert wurde?

Barverkaufspreis:	61,07 €
Gewinn 15 %	8,05 €
Selbstkosten:	53,10 €
Gemeinkosten 18 %	8,10 €
Summe Material- und Maschinenkosten	45,00 €
Materialkosten	22,00 €
Maschinenkosten	23,00 €
Stundensatz	92,00 €
Bearbeitungszeit	**15 Minuten**

6 Bei der Serienfertigung von Getrieben kann die Bearbeitungszeit auf der Fräsmaschine um 4 Minuten auf 16 Minuten verkürzt werden, wenn eine Spannvorrichtung zum Einsatz kommt. Die Fertigungskosten für die Spannvorrichtung betragen 320,- €. Der Maschinenstundensatz beträgt 110,- €. Berechnen Sie die Fertigungskosten

a) für 200 Getriebe ohne Verwendung der Spannvorrichtung,

b) für 200 Getriebe mit Verwendung der Spannvorrichtung.

c) Ermitteln Sie mithilfe eines Diagramms, ab welcher Getriebezahl die Fertigung mit der Spannvorrichtung wirtschaftlich ist.

d) Wie hoch sind die durchschnittlichen Fertigungskosten im Fall b)?

a) 200 Getriebe ohne Spannvorrichtung: 7333,33 €

b) 200 Getriebe mit Spannvorrichtung: 6186,67 €

c) Ab dem 46. Getriebe ist der Einsatz einer Spannvorrichtung wirtschaftlich.

Fertigungskosten für ein Getriebe: 30,93 €

6 Qualitätsmanagement

1 Nennen Sie zwei Ziele, die das Unternehmen in Bezug auf seine Kunden anstrebt.

- Erfüllung der Kundenerwartung
- Kundenzufriedenheit

2 Ordnen Sie die folgenden Begriffe dem dargestellten Qualitätsregelkreis zu: *Marktforschung, Konzept, Instandhaltung, Lagerung, Entwurf, Versand, Endprüfung, Erprobung, Entsorgung, Fertigungsplanung, Beschaffung, Fertigung*

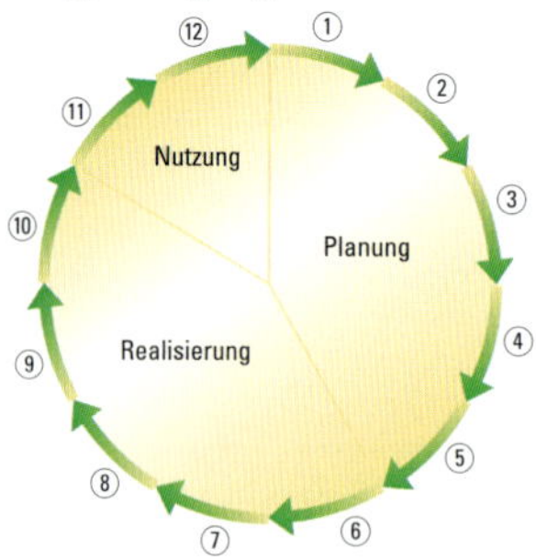

1: Marktforschung,
2: Konzept,
3: Entwurf,
4: Erprobung,
5: Fertigungsplanung,
6: Beschaffung,
7: Fertigung,
8: Endprüfung,
9: Lagerung,
10: Versand,
11: Instandhaltung,
12: Entsorgung

3 Nennen Sie drei wesentliche Punkte, die den Erfolg eines Unternehmens bestimmen.

- Produktqualität
- Liefertreue
- Preis

4 Was bedeutet „Qualität" und wer bestimmt diese?

Qualität ist die Eigenschaft eines Produkts oder einer Dienstleistung, festgelegte und vorausgesetzte Erfordernisse zu erfüllen. Qualität zu liefern heißt, die Anforderungen zu erfüllen, die einzig und allein vom Kunden bestimmt werden.

5 Was ist die Aufgabe des Qualitätsmanagements?

Es steuert die im Unternehmen ablaufenden Prozesse, um definierten Unternehmensziele möglichst optimal zu erreichen.

6 Aus welchen beiden wesentlichen Bereichen besteht das Qualitätsmanagement?

- Es soll die Einstellungen und Verhaltensweisen der Mitarbeiter positiv verändern.
- Es wendet Methoden und Verfahren zur Fehlererfassung und Qualitätssteigerung an.

7 Welchen Einfluss haben Reklamationen auf die Kundenbindung, d. h. auf deren zukünftiges Kaufverhalten?

Mit der Anzahl der Reklamationen, die Kunden gegenüber einem Unternehmen haben, nimmt deren Bindung an das Unternehmen ab, d. h. die Kunden wenden sich zunehmend von dem Unternehmen ab. Sie kaufen anderweitig.

8 Etwa zwei Drittel der Reklamationen sind nicht auf mangelnde Produkteigenschaften zurückzuführen. Nennen Sie fünf andere Fehlermöglichkeiten.

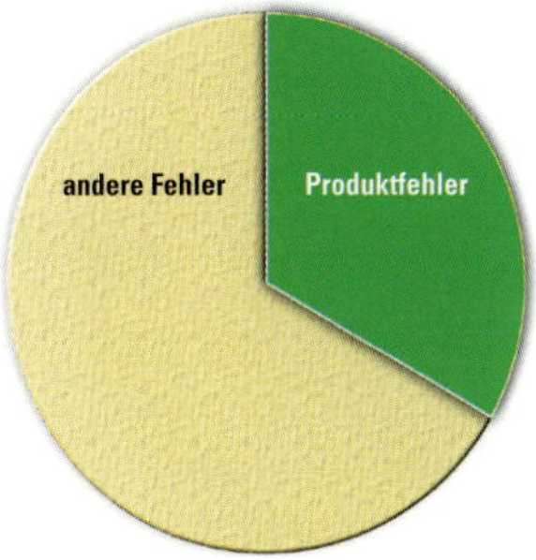

falscher Typ, falscher Termin, falsche Stückzahl, falsche Anschrift, ungeeignete Verpackung

9 Welche Verhaltensweisen sind anzustreben, um Fehler zu vermeiden?

- Fehler sind nicht „normal“, sondern als finanzieller Verlust zu betrachten.
- Fehlerursachen suchen statt „Schuldige“ zu bestrafen.
- Fehler aufzeigen statt zu „vertuschen“.

10 Was beinhaltet das Qualitätsmanagementhandbuch?

Das Handbuch enthält Durchführungsbestimmungen für die im Betrieb durchzuführenden Tätigkeiten und Abläufe.

7 Gebundene Aufgaben zu Lernfeld 2

(Lösungen zu den gebundenen Aufgaben siehe Seite 124)

2

1 Was bestimmt die Zahl 7 beim Passmaß 16H7?

1: Lage des Wellentoleranzfelds zur Nulllinie
2: Lage des Bohrungstoleranzfelds zur Nulllinie
3: Größe des Wellentoleranzfeldes
4: Größe des Bohrungstoleranzfelds
5: Differenz zwischen Nennmaß und Istmaß

2 Wozu dient die Ratsche an der Bügelmessschraube?

1: Sie dient zum Ausrichten der Messschraube.
2: Sie dient zum Einstellen auf einen bestimmten Wert.
3: Sie dient zum Begrenzen der Messkraft.
4: Sie dient zum Ausgleich der Wärmedehnung.
5: Sie dient zum Bewegen der Skalenhülse

3 Bohrungen Ø30H7 sollen mit einem Grenzlehrdorn geprüft werden. Wie bezeichnet man diese Tätigkeit?

1: Kalibrieren
2: Kontrollieren
3: Direktes Messen
4: Indirektes Messen
5: Lehren

4 Bei einer Leiste sollen die auf Ø5,8 mm vorgebohrten Bohrungen mit einer Reibahle Ø6H7 mit einer Schnittgeschwindigkeit v_c = 16 m/min fertig bearbeitet werden. Welche Umdrehungsfrequenz *n* ist an der Bohrmaschine einzustellen?

1. n = 96/min
2. n = 301/min
3. n = 446/min
4. n = 848/min
5. n = 928/min

5 Beim Anschleifen von HS-Spiralbohrern kann es zu Schleiffehlern kommen. Welcher Schleiffehler ist dargestellt und welche Folge ergibt sich daraus?

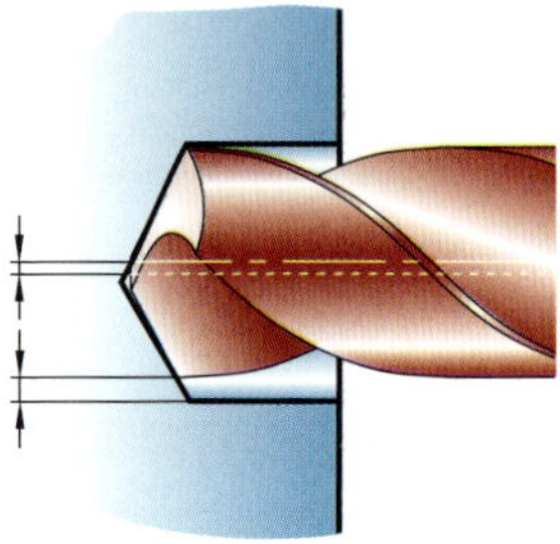

1: Die Winkel an den Hauptschneiden sind unterschiedlich groß, dadurch wird der Bohrungsdurchmesser zu klein.
2: Die Hauptschneiden sind unterschiedlich lang, dadurch wird der Bohrungsdurchmesser zu klein.
3: Der Freiwinkel an der unteren Schneide ist zu groß, dadurch wird die Schneide geschwächt und bricht schneller aus.
4: Die Hauptschneiden sind unterschiedlich lang, dadurch ist die Bohrerspitze außerhalb der Mitte und die Bohrung wird zu groß.
5: Der Freiwinkel an der unteren Schneide ist zu klein, dadurch wird eine höhere Vorschubkraft benötigt und es kommt schneller zu einem Bohrerbruch.

6 Welche Aussage über das Senken ist richtig?

1: Senken ist ein Bohrverfahren zum Fertigen von Gewindefreistichen.
2: Vor dem Senken müssen die Bohrungen gerieben werden.
3: Senken ist ein Bohrverfahren, bei dem ins Volle gearbeitet wird.
4: Senken ist ein Feinbearbeitungsverfahren zum Fertigen von Passmaßen an Bohrungen.
5: Beim Senken auf der Bohrmaschine führt das Werkzeug die Vorschubbewegung aus.

7 In welchem Bild ist das Innengewinde normgerecht dargestellt?

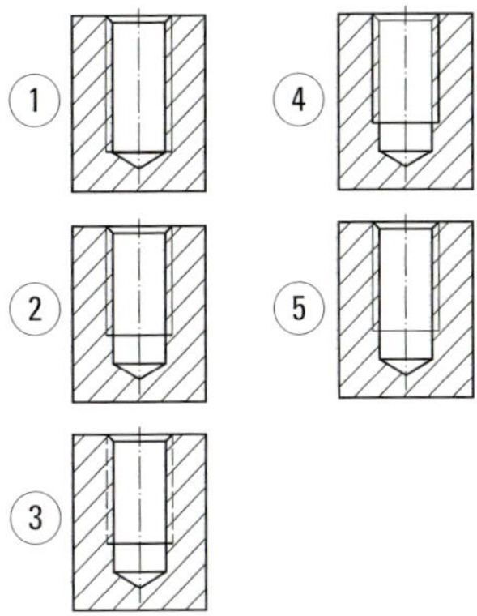

8 Es soll ein Außengewinde an einem Griff aus Baustahl mit einem Schneideisen hergestellt werden. Warum muss der Bolzendurchmesser kleiner als der Nenndurchmesser sein?

1: Damit kein Vorschneiden erforderlich ist.
2: Um ein ausreichendes Spiel zu erreichen.
3: Weil sich der Werkstoff plastisch verformt und aufwirft.
4: Weil Muttern immer Übermaß haben.
5: Damit Kühlschmiermittel eindringen kann.

9 In welchem Bild ist das Außengewinde richtig bemaßt?

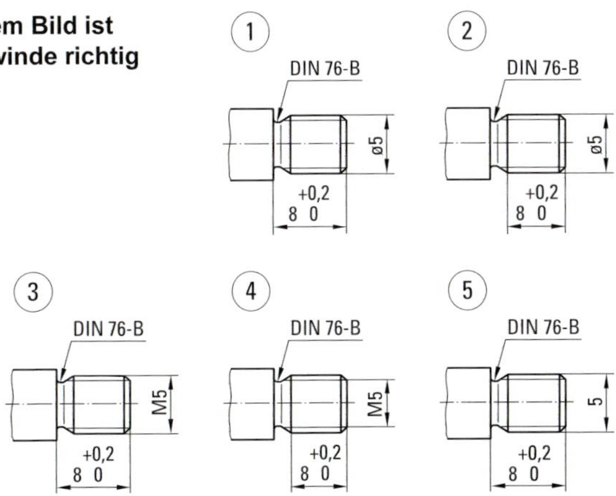

10 Wie wird der Bohrerdurchmesser *d* (in mm) zur Herstellung der Kernlochbohrung für das Gewinde M5 bestimmt?

1: Nach der Faustformel
$0{,}6 \cdot 0{,}7 = 4{,}2\,\text{mm}$
2: Nenndurchmesser minus Steigung
$= 5 - 0{,}8 = 4{,}2\,\text{mm}$
3: Bohrerdurchmesser = Flankendurchmesser = 5,35 mm
4: Nenndurchmesser minus doppelte Gewindetiefe
$= 5 - (2 \cdot 0{,}135)\,\text{mm} = 4{,}73\,\text{mm}$
5: Der Bohrerdurchmesser kann je nach Werkstoff grob geschätzt werden.

11 Warum haben Maschinenreibahlen eine unterschiedliche Schneidenteilung?

1: Der Durchmesser der Reibahle ist besser messbar.
2: Die Reibahle hat dadurch eine größere Spanaufnahme.
3: Dadurch können Rattermarken vermieden werden.
4: Eine höhere Schnittgeschwindigkeit ist möglich.
5: Es wird eine höhere Standzeit erzielt.

12 Wie werden beim Schlichten eines Drehteils Schnittgeschwindigkeit v_c, Schnitttiefe a_p und Vorschub *f* eingestellt?

	v_c	a_p	f
①	klein	groß	klein
②	groß	klein	klein
③	groß	groß	groß
④	groß	klein	groß
⑤	klein	klein	groß

13 Beim Drehen des Bolzens aus EN-GJL-250 stehen folgende Hartmetallschneidstoffe zur Auswahl. Wählen Sie anhand des Kennbuchstabens/der Kennfarbe den geeignetsten aus.

1: Blau
2: Gelb
3: Rot
4: Grün
5: Braun

2

14 Wie verändern sich die Winkel, wenn der Drehmeißel über der Spitzenhöhe steht?

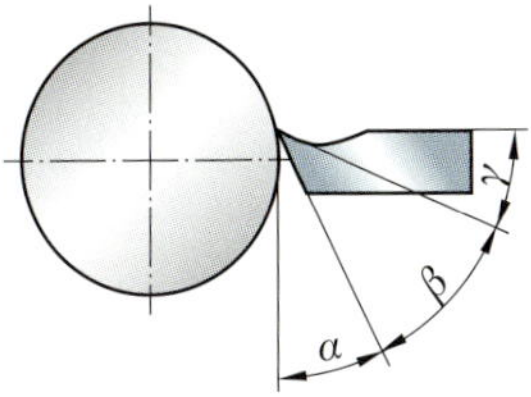

	Freiwinkel α	Keilwinkel β	Spanwinkel γ
①	wird kleiner	wird kleiner	wird kleiner
②	wird größer	wird größer	bleibt gleich
③	bleibt gleich	bleibt gleich	wird kleiner
④	wird kleiner	bleibt gleich	wird größer
⑤	wird kleiner	wird größer	bleibt gleich

15 Im Arbeitsplan wird eine Vorschubgeschwindigkeit von 42 mm/min bei einer Drehzahl *n* = 2800 /min angegeben. Der HSS-Schaftfräser besitzt 3 Zähne. Welcher Vorschub f_z (in mm) wurde dafür gewählt?

1: f_z = 0,150 mm
2: f_z = 0,100 mm
3: f_z = 0,050 mm
4: f_z = 0,015 mm
5: f_z = 0,005 mm

16 Wie groß ist die einzustellende Umdrehungsfrequenz *n* für einen Fräser mit 30 mm Durchmesser, wenn eine Schnittgeschwindigkeit von 25 m/min erzielt werden soll?

1: 262 /min
2: 750 /min
3: 265 /min
4: 333 /min
5: 116 /min

17 Wie groß ist die Einstichtiefe für einen Gewindefreistich DIN 76-B für M16?

1: 3,0 mm
2: 1,0 mm
3: 1,5 mm
4: 4,5 mm
5: 2,25 mm

Lösungen zu den gebundenen Aufgaben:

1 4

2 3

3 5

4 4

5 4

6 5

7 2

8 3

9 3

10 2

11 3

12 2

13 3

14 4

15 5

16 3

17 3

3

1 Systemtechnische Grundlagen

1 Beschreiben Sie anhand des dargestellten Stirnradgetriebes die drei wesentlichen Merkmale eines Systems: Umgebung, Funktion und Struktur.

- Die **Umgebung** erfasst die Anschlüsse, Bedienelemente und Befestigungen des Systems. Bei dem Stirnradgetriebe, das z. B. Teil einer Anlage ist, sind es die Lage und die Befestigungen in der Anlage, die aufgenommenen und abgegebenen Leistungen, Drehmomente und Umdrehungsfrequenzen.
- Die **Funktion** beschreibt das Verhalten des Systems während des Betriebs. Bei dem Stirnradgetriebe ist es die Wandlung der Umdrehungsfrequenz und des Drehmoments. Je nach Ausführung ist eine Wandlung der Drehrichtung möglich.
- Die **Struktur** stellt die Konstruktion des jeweiligen Systems dar. Bei dem Stirnradgetriebe sind es z. B. das Gehäuse, die Lager, die Wellen und Zahnräder sowie die Verbindungselemente, die die Funktion des Systems gewährleisten.

2 Nennen Sie vier Einflüsse, die die Umgebung auf die Funktion des Stirnradgetriebes haben kann.

- die Beschaffenheit der Standfläche für das Getriebe
- die Temperatur der Umgebung
- Vibrationen der Anlage
- Luftfeuchtigkeit und damit verbundene Korrosionsgefahr
- stoßartige oder kontinuierliche Drehmomenteinleitung

3

3 Bei der Funktion eines Systems wird seine Struktur zunächst nicht berücksichtigt, sondern es interessieren nur die Eingangs- und Ausgangsgrößen. Beschreiben Sie für das Stirnradgetriebe für die drei Bereiche die Größen.

- mechanische Energie am Eingang, mechanische und Wärmeenergie am Ausgang
- Eine Stoffumsetzung findet nicht statt.
- An Informationen stehen am Eingang und am Ausgang unterschiedliche Umdrehungsfrequenzen, Drehmomente und Leistungen an.

4 Welche Hauptfunktion hat das Stirnradgetriebe?

Die Hauptfunktion des Stirnradgetriebes ist die Energieübertragung.

5 Nennen Sie drei Systeme zur Energiewandlung.

- Elektromotor
- Wasserturbine
- Windkraftanlage

6 Nennen Sie drei Systeme zum Stoffumsatz.

- Fräsmaschine
- Förderband
- Rohrleitungssystem

7 Nennen Sie drei Systeme zum Informationsumsatz.

- Computer
- Mobiltelefon
- Steuerungsteil elektropneumatischer Steuerungen

8 Zeigen Sie anhand des Stirnradgetriebes die Strukturstufen System, Gruppe und Element auf.

- Das Stirnradgetriebe ist das System.
- Die montierte Antriebswelle ist z. B. eine Gruppe bzw. Baugruppe des Systems.
- Das Zahnrad auf der Antriebswelle ist das Element, es kann als Einzelteil nicht mehr zerlegt werden. Damit ist auch die Funktion des Elementes nicht mehr weiter zu zerlegen.

9 Nennen Sie fünf Grundfunktionen von Elementen und zeigen Sie deren Wirkungen am Beispiel des Stirnradgetriebes auf.

- **Wandeln:** Die Zahnräder des Stirnradgetriebes wandeln z. B. Umdrehungsfrequenz und Drehmoment.
- **Speichern:** Das Gehäuse des Stirnradgetriebes speichert das Getriebeöl.
- **Stützen** – Tragen: Das Gehäuse trägt die Elemente des Stirnradgetriebes.
- **Führen:** Die Wälzlager führen die Wellen des Stirnradgetriebes.
- **Leiten** – Transportieren: Eine Welle leitet die mechanische Energie von einem zum anderen Zahnrad.

2 Montagetechnik

1 Unterscheiden Sie das Fügen und Montieren in der Montagetechnik.

- Fügen ist das Verbinden oder Zusammenbringen von zwei oder mehr Werkstücken, sodass z. B. Kräfte oder Drehmomente übertragen werden können.
- Montieren umfasst weiter gehende Tätigkeiten wie z. B. Messen und Positionieren von Werkstücken und das Bereitstellen von Arbeitsmitteln.

3

2.1 Verbindungsarten

1 Unterscheiden Sie starre und bewegliche Verbindungen und geben Sie jeweils ein Beispiel dazu an.

- Bei einer starren Verbindung wird eine Bewegung der Bauteile gegeneinander unterbunden. Zwei Einzelteile werden z. B. mit Schrauben starr verbunden.
- Eine bewegliche Verbindung erlaubt eine Bewegung der Teile gegeneinander. Das können Dreh- oder Verschiebebewegungen sein. Eine Rolle dreht sich z. B. auf einer Achse.

2 Unterscheiden Sie lösbare und unlösbare Verbindungen, geben Sie zu jeder ein Beispiel an und begründen Sie, unter welchen Bedingungen sie bevorzugt werden.

- Lösbare Verbindungen können ohne Zerstörung der Bauteile oder der Verbindungselemente gelöst werden. Die Schraubenverbindung ist ein typisches Beispiel. Sie wird bevorzugt, wenn z. B. Demontagen oder Änderungen am System geplant oder nötig sind.
- Unlösbare Verbindungen können nur durch Zerstörung der Bauteile oder der Verbindungselemente gelöst werden. Die Schweißverbindung ist ein typisches Beispiel. Sie wird verwendet, wenn es sich z. B. um langlebige Konstruktionen handelt, an denen mit keinen kurzfristigen Änderungen oder Demontagen gerechnet wird.

3 Beschreiben Sie die Unterschiede von kraft-, form- und stoffschlüssigen Verbindungen.

- Kraftschlüssige Verbindungen übertragen die Kraft durch Reibung innerhalb der Fügestelle.
- Formschlüssige Verbindungen übertragen die Kraft durch die geometrische Form der beteiligten Bauteile.
- Stoffschlüssige Verbindungen übertragen die Kraft durch das Vereinigen von Werkstoffen mit und ohne Zusatzwerkstoff.

4 Benennen Sie jede dargestellte Verbindung und ordnen Sie jeder die Bezeichnung, Kraft-, Form- oder Stoffschluss sowie lösbar oder unlösbar zu.

a)

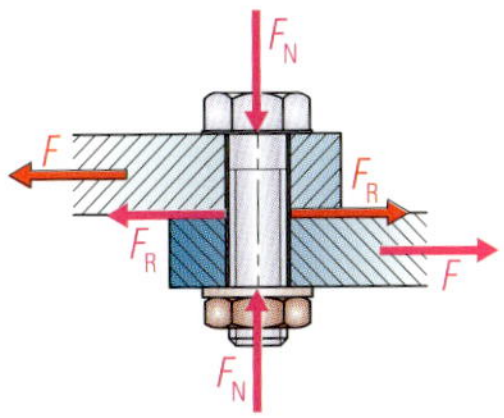

- Schraubenverbindung
- Kraftschluss
- lösbar

b)

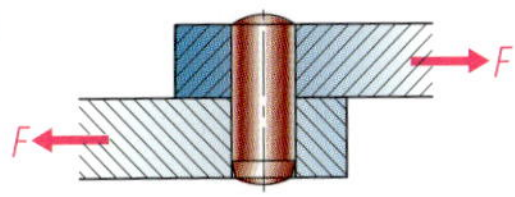

- Stiftverbindung
- Formschluss
- lösbar

c)

- Schweißverbindung
- Stoffschluss
- unlösbar

d)

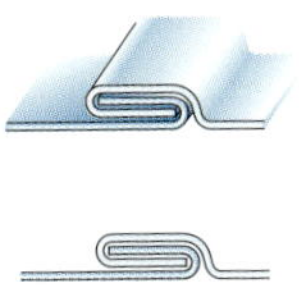

- Falzverbindung
- Formschluss
- unlösbar

e)

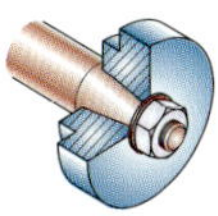

- Kegelverbindung
- Kraftschluss
- lösbar

f)

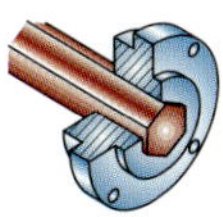

- Nabenverbindung
- Formschluss
- lösbar

g)

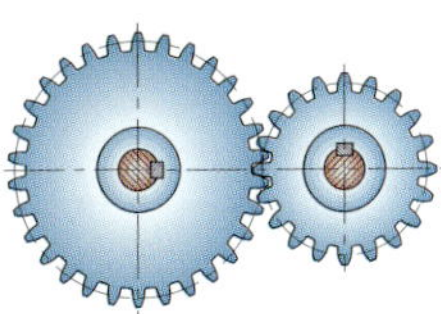

- Zahnradverbindung
- Formschluss
- lösbar

h) 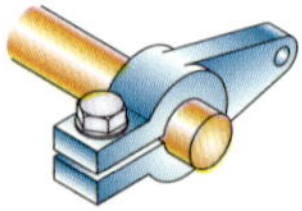

- Klemmverbindung
- Kraftschluss
- lösbar

i) 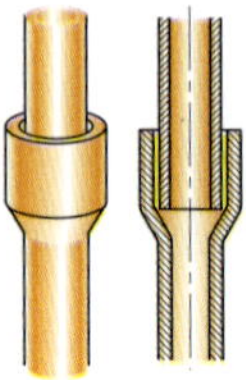

- Löt- oder Klebverbindung
- Stoffschluss
- unlösbar

j) 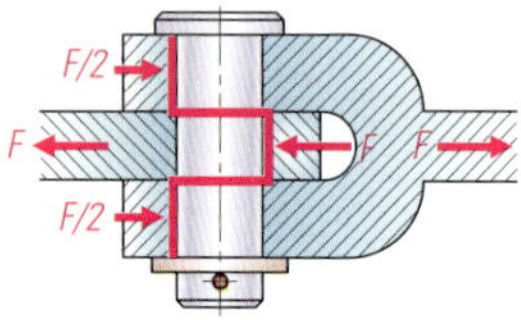

- Bolzenverbindung
- Formschluss
- lösbar

k) 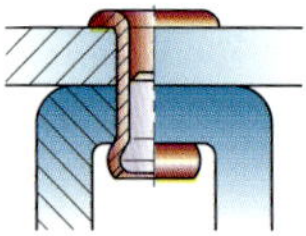

- Blindnietverbindung
- Formschluss
- unlösbar

l) 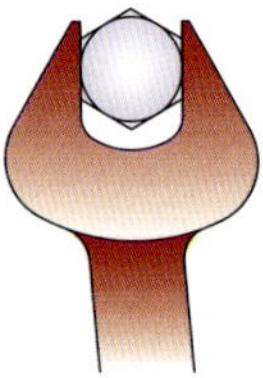

- Steckverbindung
- Formschluss
- lösbar

2.2 Schraubenverbindungen

1 Benennen Sie die Gewindegrößen der dargestellten Sechskantschraube.

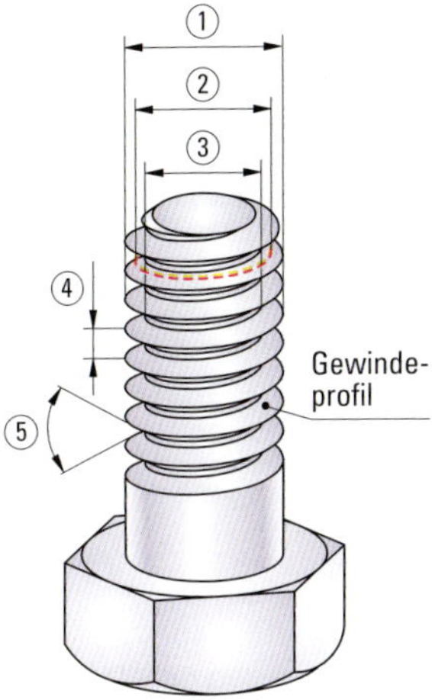

1: Außendurchmesser (Nenndurchmesser)
2: Flankendurchmesser
3: Kerndurchmesser
4: Steigung
5: Flankenwinkel

2 Beschreiben Sie mithilfe des dargestellten Bildes die Funktion der Schraubenverbindung.

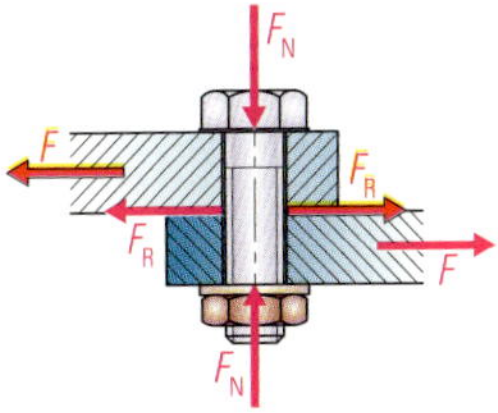

Wird die Schraubenverbindung fest angezogen, so werden die Fügeteile durch die Normalkraft F_N zusammengepresst. Dabei dehnt sich die Schraube geringfügig und presst die Bauteile gegeneinander. Die Schraube ist vorgespannt. Je höher die Schraube durch das Anziehen vorgespannt wird, umso größer wird die Normalkraft F_N. Mit steigender Normalkraft steigt die Reibkraft F_R. Ist die von den Bauteilen zu übertragende Kraft F nicht größer als die Reibkraft F_R, verschieben sich die Bauteile nicht gegeneinander. Damit ist die Funktion der kraft- bzw. reibschlüssigen Verbindung sichergestellt.

3 Geben Sie zu den dargestellten Schraubenarten eine Normbezeichnung und ein Anwendungsbeispiel an.

a) 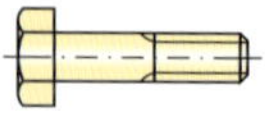

- Sechskantschraube
  ISO 4014 – M12x80 – 8.8
- meistverwendete Schraube

b) 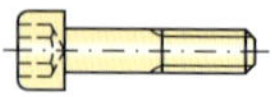

- Zylinderschraube
  ISO 4762 –M12x60 – 8.8
- Schraubenkopf wird meist versenkt

c) 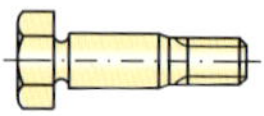

- Passschraube
  DIN 609 – M12x60 – 8.8
- Aufnahme von großen Querkräften

d) 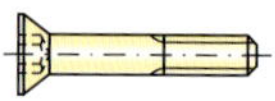

- Senkschraube
  ISO 10642 – M8x205 – 8.8
- Kopf schließt bündig mit der Oberfläche ab

e) 

- Gewindestift
  ISO 4028 – M6x16 – 45H
- Sichern von Bauteilen gegen z. B. Verschieben

f) 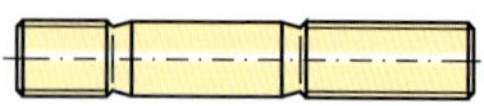

- Stiftschraube
  DIN 938 – M10x50 – 8.8
- für Verbindungen, die öfter gelöst werden

g) 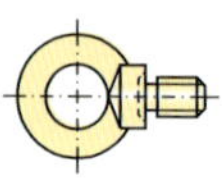

- Ringschraube
  DIN 582 – M20 – C15E
- für Transport von größeren Werkstücken

4 Geben Sie zu den dargestellten Muttern eine Normbezeichnung und ein Anwendungsbeispiel an.

a) 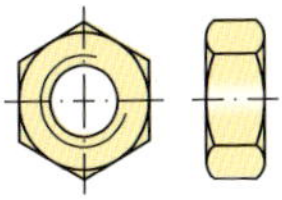

- Sechskantmutter
  ISO 4032 – M10 – 8
- Standardsechskantmutter

b) 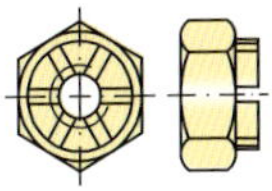

- Kronenmutter
  DIN 935 – M20 – 8
- mit Splint als Schraubensicherung geeignet

c) 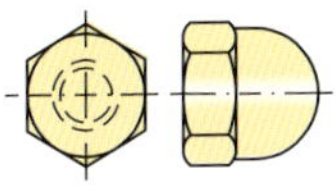

- Hutmutter
  DIN 1587 – M12 – SW18-6
- Schutz des Gewindeendes und Unfallschutz

d) 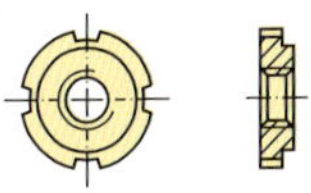

- Nutmutter
  DIN 1804 – M50 x 1,5 – h
- für Verschraubungen an Wellen und Achsen

5 Schlüsseln Sie die gekennzeichneten Größen der Zylinderschraube auf.

Zylinderschraube
ISO 4762 – M12 x 60 – 8.8
(M12 = ①, 60 = ②, 8.8 = ③)

1: Metrisches Gewinde mit einem Nenn- bzw. Außendurchmesser von 12 mm
2: Schaftlänge der Schraube: 60 mm
3: Festigkeitsklasse 8.8

6 Schlüsseln Sie die Angabe der Festigkeitsklasse der Schraube auf.

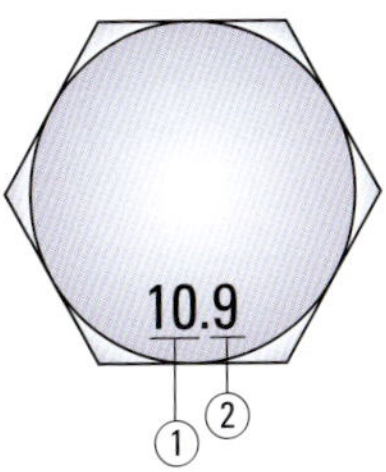

1: Mindestzugfestigkeit
$R_m = 10 \times 100\,N/mm^2$
$R_m = 1000\,N/mm^2$
2: Streckgrenze
$R_e = 10 \times 9 \times 10\,N/mm^2$
$R_e = 900\,N/mm^2$

7 Schlüsseln Sie die Festigkeitsklasse der dargestellten Mutter auf und geben Sie an, für welche Schraubenfestigkeit sie geeignet ist.

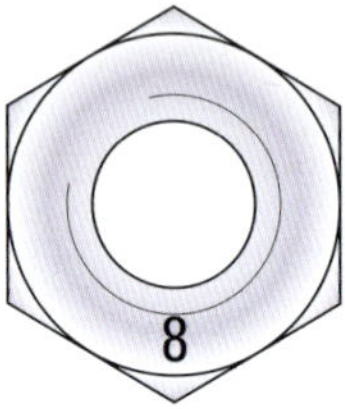

- Festigkeitsklasse 8
- Mutter für Schraube 8.8

8 Von welchen Faktoren ist die Mindesteinschraubtiefe l_e bei Schrauben abhängig? Formulieren Sie mit „je … desto“.

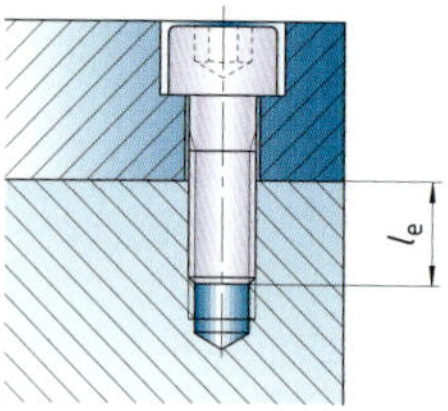

- Je geringer die Festigkeit des Bauteilwerkstoffs, desto größer die Mindesteinschraubtiefe.
- Je höher die Festigkeitsklasse der Schraube, desto größer die Mindesteinschraubtiefe.

9 Nennen Sie drei Gründe, warum Linksgewinde eingesetzt werden.

- um das selbstständige Lösen (Schleifbock) des Gewindes zu verhindern
- um die Funktion der Baugruppe (Spannschloss) zu gewährleisten
- um Verwechslungen bei Gasanschlüssen zu vermeiden

10 Geben Sie an, wie ein Linksgewinde von M20x2 auf einer Zeichnung für eine Welle benannt wird.

M20x2-LH

11 Das Lager ist mit zwei Zylinderschrauben ISO 4762 – M10x60 – 8.8 mit der Anlage verbunden. Wie groß darf die übertragbare Kraft *F* sein, wenn eine zweifache Sicherheit gegenüber der Streckgrenze gefordert ist?

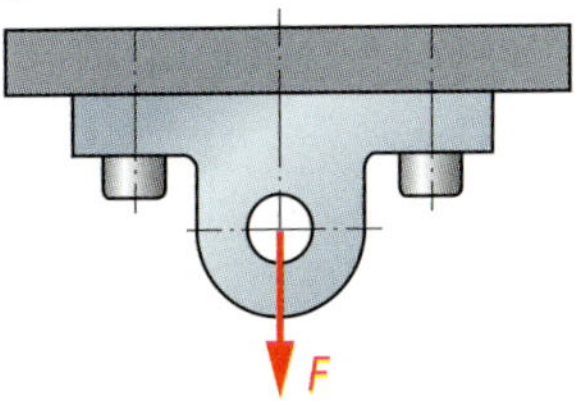

$F = \sigma_{zul} \cdot S$

$S = 2 \cdot 58\,mm^2 = 116\,mm^2$ (aus Tabellenbuch)

$\sigma_{zul} = \frac{R_e}{v}$

$\sigma_{zul} = \frac{640\,N}{mm^2 \cdot 2}$

$\sigma_{zul} = 320\,N/mm^2$

$F = \frac{320\,N \cdot 116\,mm^2}{mm^2}$

$\underline{\underline{F = 37{,}12\,kN}}$

12 Eine Schraube der Festigkeitsklasse 10.9 soll eine Zugkraft von 45 kN bei einer vierfachen Sicherheit gegenüber der Streckgrenze übertragen. Welches metrische Gewinde ist zu wählen?

$S = \frac{F}{\delta_{zul}}$

$\delta_{zul} = \frac{R_e}{v}$

$\delta_{zul} = \frac{900\,N}{mm^2 \cdot 4}$

$\underline{\delta_{zul} = 225\,N/mm^2}$

$S = \frac{45\,000\,N \cdot mm^2}{225\,N}$

$\underline{S = 200\,mm^2}$

$\underline{\underline{\text{gewählt: M20 mit } S = 245\,mm^2}}$

13 Der Deckel eines Druckbehälters, in dem ein Überdruck von 15 bar herrscht, soll mit 8 Sechskantschrauben der Festigkeitsklasse 8.8 befestigt werden. Welchen Nenndurchmesser müssen die Schrauben erhalten, wenn sie eine dreifache Sicherheit gegenüber der Streckgrenze aufweisen sollen?

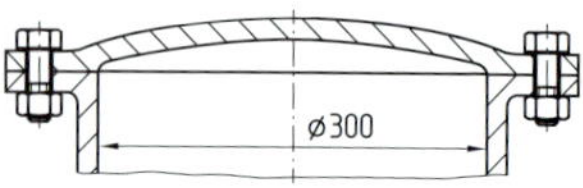

$F_{ges} = p \cdot A$

$F_{ges} = \frac{15\,\text{bar} \cdot 30^2\,\text{cm}^2 \cdot \pi}{4} \cdot \frac{10\,\text{N}}{1\,\text{bar} \cdot \text{cm}^2}$

$\underline{F_{ges} = 106\,028{,}75\,\text{N}}$

$F_{Sch} = \frac{F_{ges}}{n}$

$F_{Sch} = \frac{106\,028{,}75\,\text{N}}{8}$

$\underline{F_{Sch} = 13\,253{,}6\,\text{N}}$

$S = \frac{F_{Sch}}{\sigma_{zul}}$

$\sigma_{zul} = \frac{R_e}{\nu}$

$\sigma_{zul} = \frac{640\,\text{N}}{\text{mm}^2 \cdot 3}$

$\underline{\sigma_{zul} = 213\,\text{N/mm}^2}$

$S = \frac{13\,253{,}6\,\text{N} \cdot \text{mm}^2}{213\,\text{N}}$

$\underline{S = 62{,}1\,\text{mm}^2}$

gewählt: M12 mit $S = 84{,}3\,\text{mm}^2$

14 Nennen Sie zwei Gründe, warum bei Schraubenverbindungen Scheiben bzw. Unterlegscheiben eingesetzt werden.

- Scheiben sind erforderlich, wenn die Oberfläche des Bauteiles nicht beschädigt werden darf.
- Bei weichen Bauteilen bzw. bei der Verwendung hochfester Schrauben hat die Scheibe die Aufgabe, die Schraubenkraft über eine größere Fläche in das Bauteil zu leiten.

15 Beschreiben Sie die Funktion von Setzsicherungen und geben Sie zwei Beispiele dazu an.

Setzsicherungen sollen durch ihr elastisches Verhalten das Setzen der Bauteile ausgleichen und die Vorspannkraft erhalten. Federring, Zahnscheibe und Fächerscheibe sind Setzsicherungen.

16 Erläutern Sie, wann Losdrehsicherungen erforderlich sind und nennen Sie drei Beispiele dazu.

Bei ungünstigen Betriebsverhältnissen wie z. B. bei starken Erschütterungen bzw. dynamische Belastung muss eine Sicherung gegen Lösen verwendet werden.
Klebstoffsicherungen, Sperrzahnschrauben und Muttern mit Klemmteilen sind Losdrehsicherungen, die ein Lockern der Schraube verhindern.

17 Welche Aufgabe haben die Verliersicherungen bei Schraubenverbindungen? Geben Sie drei Beispiele an.

Verliersicherungen verhindern nach dem Lösen der Schraubenverbindung lediglich den Verlust der Schraube bzw. Mutter. Diese Sicherungen sind oft formschlüssig.
Zu ihnen gehören Kronenmutter mit Splint, Drahtsicherung und Sicherungsblech.

18 Nach welchem Wirkprinzip (kraft-, form- oder stoffschlüssig) funktioniert die Klebstoffsicherung?

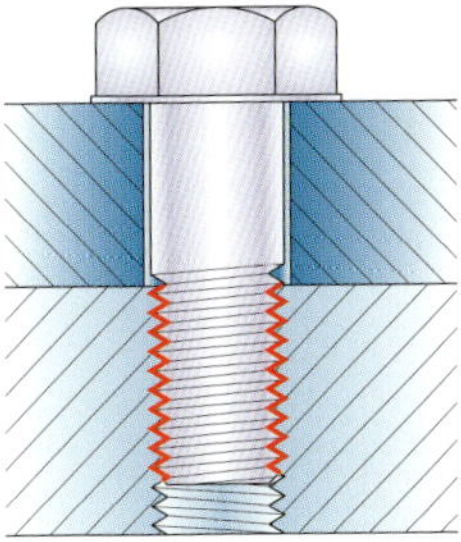

stoffschlüssige Schraubensicherung

19 Zur Montage von Sechskantschrauben werden unterschiedliche Werkzeuge eingesetzt. Benennen Sie die dargestellten Werkzeuge.

①:

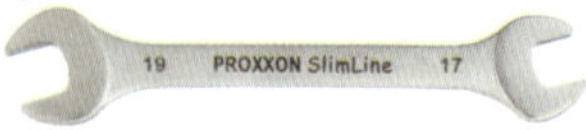

②:

③:

④:

①: Maulschlüssel
②: Doppelringschlüssel
③: Maulringschlüssel
④: Steckschlüsseleinsatz

20 Wozu dienen die dargestellten Werkzeuge und wie heißen sie normgerecht und wie werden sie meist in der Werkstatt genannt?

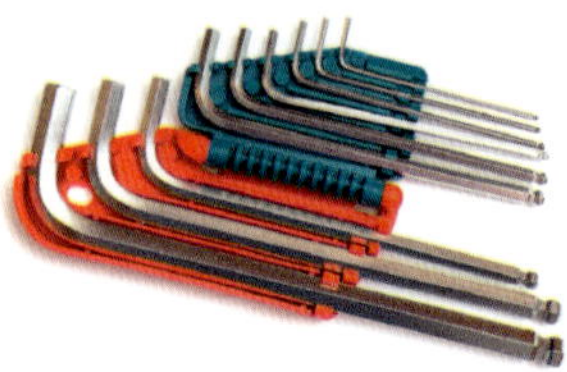

Die Winkelschraubendreher für Innensechskantschrauben werden oft als Inbusschlüssel bezeichnet.

21 Benennen Sie die Formen der Schraubendrehereinsätze.

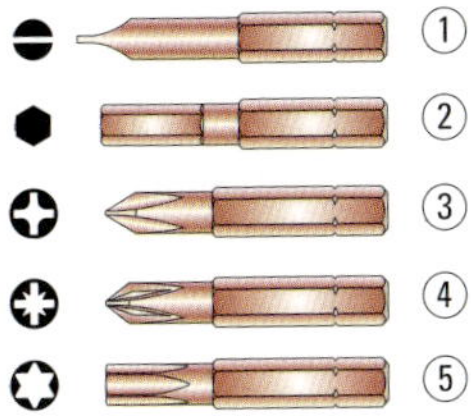

①: Schlitz
②: Sechskant
③: Kreuzschlitz
④: Pozidriv
⑤: Torx

22 Welchen Vorteil haben Kreuzschlitz- gegenüber Schlitzschraubendrehern?

Kreuzschlitzschraubendreher lassen sich wesentlich leichter zentrieren als Schlitzschraubendreher.

23 Nennen Sie einen Vorteil von Torx- gegenüber Kreuzschlitzschraubendrehern.

Torxschraubendreher benötigen gegenüber Kreuzschlitzschraubendrehern eine wesentlich geringere axiale Anpresskraft.

24 Wozu werden Hakenschlüssel genutzt?

Hakenschlüssel werden zum Verschrauben von Nutmuttern genutzt.

25 Der dargestellte Schraubenschlüssel wird mit einer Handkraft von 150 N angezogen. Welches Drehmoment wird aufgebracht?

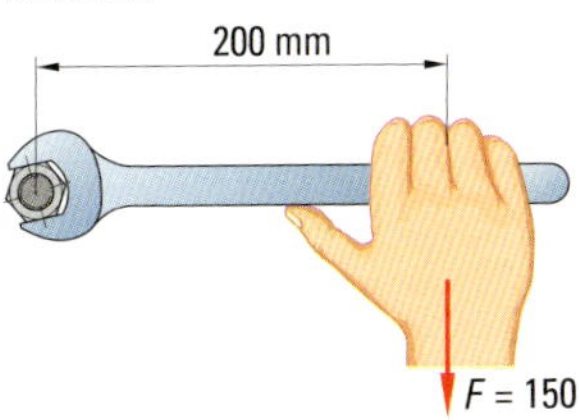

$M = F \cdot l$

$M = 150\,\text{N} \cdot 200\,\text{mm} \cdot \frac{1\,\text{m}}{1000\,\text{mm}}$

$\underline{\underline{M = 30\,\text{N} \cdot \text{m}}}$

26 Begründen Sie, warum und wie Drehmomentschlüssel eingesetzt werden.

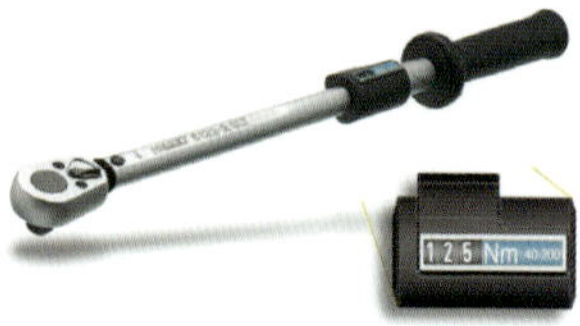

Um Schrauben mit einem bestimmten Drehmoment anzuziehen, werden Drehmomentschlüssel genutzt.
Das Drehmoment wird eingestellt. Wird es beim Anziehen erreicht, bekommt die Fachkraft einen fühlbaren Impuls durch das Werkzeug.

2.3 Stift- und Bolzenverbindungen

1 Nennen Sie zwei Aufgaben von Stiftverbindungen.

- Stiftverbindungen übertragen Kräfte oder Drehmomente formschlüssig.
- Stiftverbindungen fixieren die Lage von Bauteilen zueinander.

2 Geben Sie zu jeder der folgenden Stiftarten eine Normbezeichnung und ein Anwendungsbeispiel an.

a) 

b) 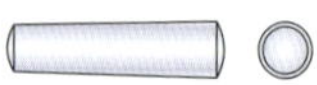

c) 

d) 

a) • Zylinderstift
ISO 2338 – 8m6 x 28
• Lagesicherung von Bauteilen

b) • Kegelstift
ISO 2339 – A – 5 x 50 – St
• sehr genaue Lagefixierung von Bauteilen

c) • Kerbstift ISO 8740 – 8 x 45 – St
• Übertragung von Querkräften, Sicherheitsstift

d) • Spannstift
ISO 8752 – 12 x 32 – St
• einfache Lagefixierung, Sicherheitsstift

3 Die dargestellte Handkurbel soll mit der Trapezgewindespindel mittels einem Kerbstift ISO 8740 – 6x28 – St verbunden werden. Schildern Sie stichpunktartig die Herstellung der Verbindung.

- Bohrungsmitte auf Handkurbel anreißen und körnen.
- Handkurbel auf den Absatz der Gewindespindel schieben.
- Durchgangsloch Ø8mm durch Handkurbel und Spindelabsatz bohren und entgraten.
- Kerbstift mit Hammer in die Durchgangsbohrung treiben.

4 Der Deckel soll mit Zylinderstiften Ø8m6x28 am Druckbehälter genau positioniert werden. Zum Festlegen der Stiftbohrungen stehen Ihnen die Positionen 1 und 2 zur Verfügung.

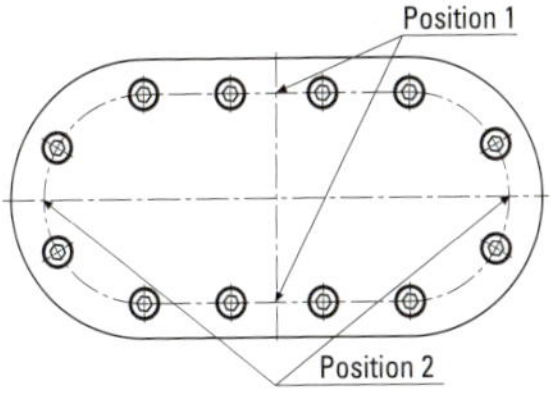

a) Begründen Sie, für welche Position Sie sich entscheiden.
b) Beschreiben Sie stichpunktartig die Herstellung der Stiftverbindung.

a) Um eine hohe Positionierungsgenauigkeit zu erhalten, sollen die Stifte möglichst weit voneinander entfernt liegen.
Gewählt: Position 2.

b)
- Zylinderschrauben nach dem Positionieren des Deckels anziehen.
- Bohrungsmittelpunkte anreißen und körnen.
- Durchgangsbohrungen mit Spiralbohrer Ø7,8mm bohren.
- Bohrungen mit Reibahle Ø8H7 reiben.
- Zylinderstifte mit Hammer einschlagen.

5 Welche Beanspruchungen treten bei der dargestellten Bolzenverbindung an dem Bolzen und den verbundenen Bauteilen auf?

- Der Bolzen wird hauptsächlich auf Abscherung beansprucht.
- An den Bohrungsinnenseiten entsteht eine Flächenpressung bzw. ein Lochleibungsdruck.

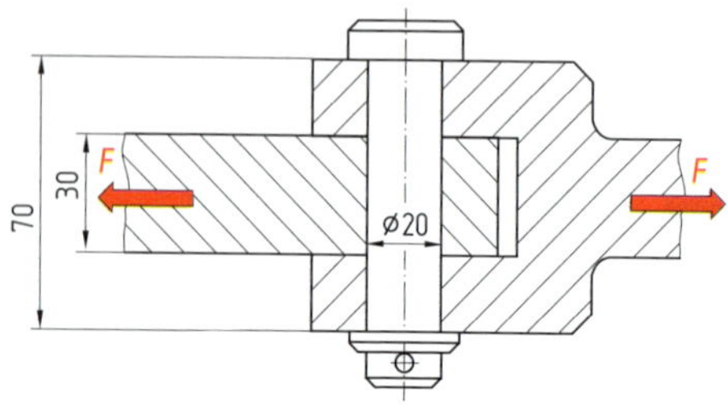

6 Bestimmen Sie für die oben dargestellte Bolzenverbindung die Abscherspannung und die Flächenpressung (Lochleibungsdruck), wenn sie mit einer Kraft von $F = 50\,\text{kN}$ beansprucht wird.

$$\tau_\alpha = \frac{F}{S}$$

$$S = 2 \cdot \frac{d^2 \cdot \pi}{4}$$

$$S = 2 \cdot \frac{20^2\,\text{mm}^2 \cdot \pi}{4}$$

$$\underline{S = 268\,\text{mm}^2}$$

$$\tau_\alpha = \frac{50\,000\,\text{N}}{268\,\text{mm}^2}$$

$$\underline{\underline{\tau_\alpha = 80\,\text{N/mm}^2}}$$

$$p_L = \frac{F}{d \cdot t_{min}}$$

$$p_L = \frac{50\,000\,\text{N}}{20\,\text{mm} \cdot 30\,\text{mm}}$$

$$\underline{\underline{p_L = 83{,}3\,\text{N/mm}^2}}$$

2.4 Welle-Nabe-Verbindungen

1 Welche Aufgabe übernehmen Welle-Nabe-Verbindungen?

Welle-Naben-Verbindungen übertragen Drehmomente.

2 **Benennen Sie die dargestellten Verbindungsarten fachgerecht.**

a)

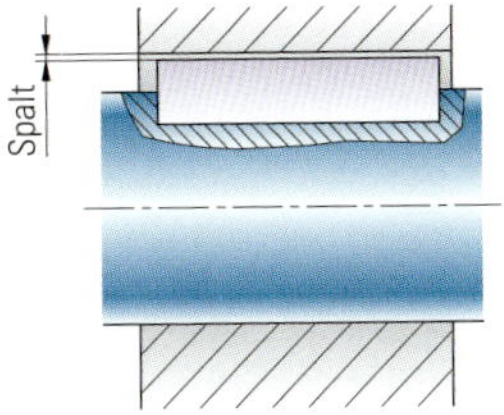

a) Passfederverbindung

b)

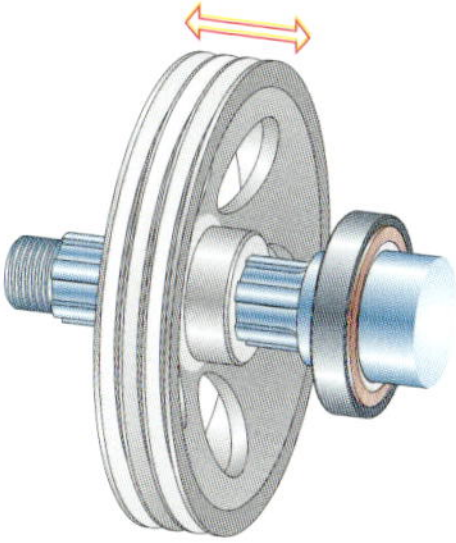

b) Keilwellenverbindung

c)

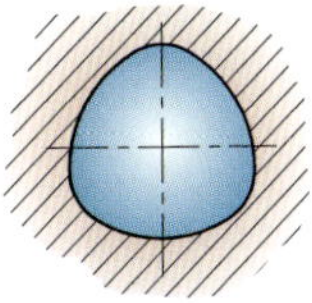

c) Polygonverbindung

d)

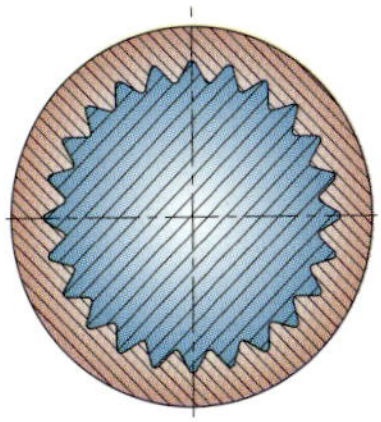

d) Kerbverzahnung

e)

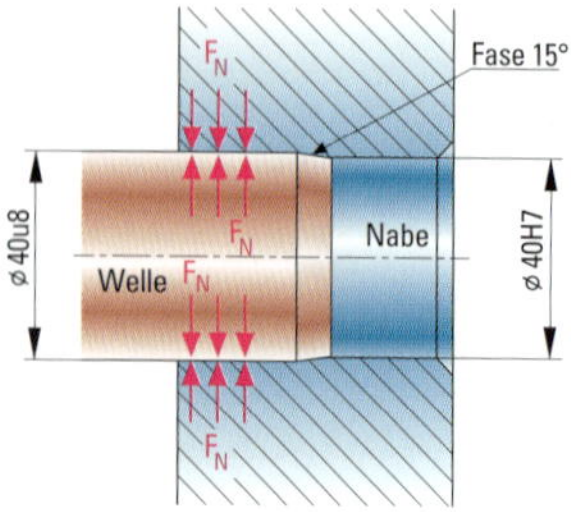

e) Pressverbindung

f)

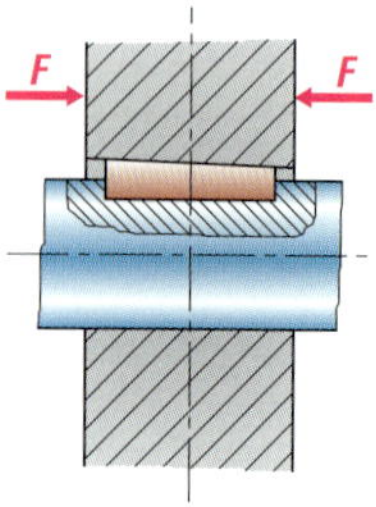

f) Keilverbindung

3 **Welche der dargestellten Welle-Nabe-Verbindungen können axial verschiebbar sein?**

Passfederverbindung, Keilwellenverbindung, Polygonverbindung, Kerbverzahnung

4 **Beschreiben Sie das Fügen von Pressverbindungen, ohne das Innenteil mit einer Presse in die Nabe zu drücken und erklären Sie die dabei ablaufenden Vorgänge.**

Die Nabe wird erwärmt. Dabei vergrößert sich der Nabendurchmesser. Die Nabe muss so hoch erwärmt werden, dass die Nabe mit Spiel auf die Welle geschoben werden kann. Beim Abkühlen der Nabe verkleinert sich der Nabendurchmesser und die Nabe presst sich auf die Welle.

2.5 Klebstoffverbindungen

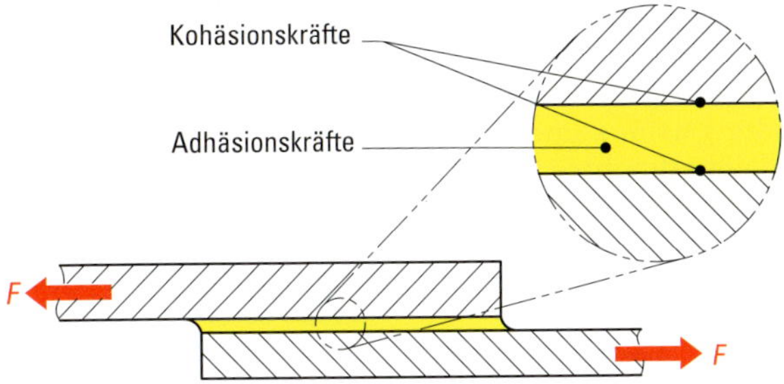

1 Bei der dargestellten Klebstoffverbindung wirken Adhäsionskräfte und Kohäsionskräfte. Erläutern Sie die Begriffe.

- Adhäsionskräfte sind Anhangskräfte, sie wirken als Haftkräfte zwischen Klebstoff und Bauteil.
- Kohäsionskräfte sind Zusammenhangskräfte, die im Inneren des Klebers wirken.

2 Begründen Sie die Aussage, dass ein idealer Klebstoff ein Gleichgewicht zwischen Adhäsions- und Kohäsionskräften besitzen soll.

Die Klebeverbindung reißt an der Stelle, an der die übertragbaren Kräfte am kleinsten sind. Sind die Kohäsionskräfte wesentlich größer als die Adhäsionskräfte, löst sich der Klebstoff von den Bauteilen. Deshalb sollten die Adhäsions- und Kohäsionskräfte möglichst gleich sein.

3 Die Kohäsionskräfte sind mit der Wahl des Klebstoffs weitgehend vorgegeben. Daher müssen Sie bei der Herstellung der Klebeverbindung dafür sorgen, dass die übertragbaren Adhäsionskräfte möglichst groß werden. Durch welche Maßnahmen erreichen Sie das?

- Klebflächen entfetten und sorgsam reinigen
- Klebeflächen durch Schmirgeln, Bürsten oder Feinsandstrahlen vergrößern
- Klebeflächen eventuell durch Beizen oder Ätzen chemisch behandeln
- vorbereitete Klebeflächen nicht mit bloßen Händen wegen Handschweiß berühren
- Haftvermittler (Primer) wird auf Fügeflächen aufgetragen, wenn zwischen Bauteiloberfläche und Klebstoff eine zusätzliche Haftschicht notwendig wird.

4 Beschreiben Sie stichpunktartig die Herstellung einer Klebeverbindung.

- Klebeflächen vorbereiten
- Klebstofffilm auftragen (ein- oder beidseitig)
- falls erforderlich, den Klebstofffilm ablüften lassen
- Werkstücke fügen und gleichmäßig Druck auf die Klebfläche ausüben
- überschüssigen Klebstoff entfernen

5 Unterscheiden Sie Ein- und Zweikomponentenklebstoffe.

- Einkomponentenklebstoffe enthalten alle zum Aushärten erforderliche Bestandteile.
- Zweikomponentenklebstoffe bestehen aus Harz und Härter, die vor dem Auftragen im angegebenen Verhältnis zu mischen und während der Topfzeit zu verarbeiten sind.

6 Nennen Sie drei Faktoren, die die Klebstoffauswahl bestimmen.

- Werkstoff der Fügeteile
- Aushärtebedingungen
- Einsatzbedingungen der gefügten Bauteile

7 Nennen Sie drei Vorteile von Klebeverbindungen.

- Unterschiedliche Materialien lassen sich ohne weitere Elemente fügen.
- Gewichtsersparnis (Leichtbau)
- keine Gefügeänderung der zu verbindenden Teile durch Wärme

8 Führen Sie zwei Maßnahmen zur Arbeitssicherheit beim Kleben auf.

- Arbeitsplatz sauber halten
- ausreichend für Entlüftung bzw. Absaugung der Dämpfe und Lösungsmittel sorgen

2.6 Lötverbindungen

1 Nennen Sie die beiden wichtigsten Lötverfahren und ordnen Sie denen die entsprechenden Arbeitstemperaturen zu.

- Weichlöten:
  Arbeitstemperatur < 450 °C
- Hartlöten:
  Arbeitstemperatur > 450 °C

2 Welche Kräfte bewirken die „Kapillarwirkung“ beim Löten?

Die Adhäsionskräfte zwischen der Bauteiloberfläche und dem Lot bewirken, dass das Lot in den Lötspalt eindringt.

3 Beschreiben Sie den Zusammenhang zwischen Spaltbreite und Kapillarwirkung.

Je größer die Spaltbreite, desto geringer ist die Kapillarwirkung.

4 Wie groß sollte der Spalt zwischen den Bauteilen beim Weichlöten sein?

Der Spalt sollte 0,05 bis 0,2 mm groß sein.

5 Die Oberflächen der zu lötenden Bauteile müssen vor und während des Lötens metallisch rein sein, damit die Kapillarwirkung eintritt und eine Legierungsbildung zwischen Lot und Grundwerkstoff eintritt. Durch welche Maßnahmen erreichen Sie das?	Vor dem Löten ist die Lotfläche zu säubern und mechanisch bzw. chemisch von Schmutz, Fett und Oxiden zu befreien. Das Flussmittel wird auf die behandelten Lotflächen aufgetragen und verhindert während des Lötens eine weitere Oxidbildung.
6 Warum ist beim Löten ein Flussmittel zu verwenden?	Flussmittel beseitigen die bei Erwärmung entstehende Oxidschicht der Lötflächen und verhindern deren Neubildung.
7 Nennen Sie zwei Faktoren, von denen die Wahl des Flussmittels abhängig ist.	• Arbeitstemperatur und • die zu verbindenden Metalle bestimmen das Flussmittel.
8 Wonach richtet sich die Auswahl des Lotes?	• Lötverfahren (Weich- oder Hartlöten) • geforderte Festigkeit der Lötverbindung
9 Schlüsseln Sie die folgenden Lotbezeichnungen auf und geben Sie die Arbeitstemperaturen an. a) S-Sn60Pb40 b) B-Ag44CuZn-675/735	a) Weichlot mit 60 % Zinn und 40 % Blei Arbeitstemperatur ca. 200 °C b) Silberhartlot mit 44 % Ag, 30 % Cu, 26 % Sn Arbeitstemperatur ca. 740 °C

10 Nennen Sie je zwei Wärmequellen zum Weich- und Hartlöten.

- Weichlöten: Propan-Sauerstoff-, Propan-Luft-Brenner oder Elektrolötkolben
- Hartlöten: Acetylen-Sauerstoff-Brenner oder Induktion

11 Welche Arbeitsschritte sind nach dem Abkühlen der gelöteten Teile durchzuführen?

- Entfernen der Flussmittelreste, die sonst Korrosion verursachen können
- optische Kontrolle der Lötnaht

12 Nennen Sie mindestens drei Unfallverhütungsvorschriften für das Löten.

- Schutzbrille und Schutzkleidung tragen
- Arbeitsplatz gut belüften bzw. absaugen
- erforderliche Brandschutzmaßnahmen ergreifen

2.7 Schweißverbindungen

1 Welche Werkstoffe lassen sich durch Gasschmelz- und Elektrohandschweißen verbinden?

Eisen- und Nichteisenmetalle

2 Nennen Sie vier Baustähle, die sich gut schweißen lassen.

S185, S235JR, S235J0, S275J0

3 Benennen Sie für die dargestellten Beispiele die Nahtbezeichnungen und die üblichen Wandstärken *t*.

a)

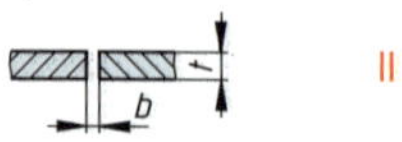

a) I-Fuge, einseitig geschweißt, $t \leq 4\,\text{mm}$

b)

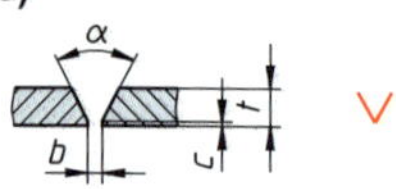

b) V-Fuge, einseitig geschweißt, $t = 3\,\text{mm}$ bis $10\,\text{mm}$

c)

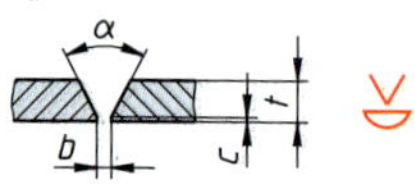

c) V-Fuge, mit Gegenlage geschweißt, $t = 3\,\text{mm}$ bis $40\,\text{mm}$

d)

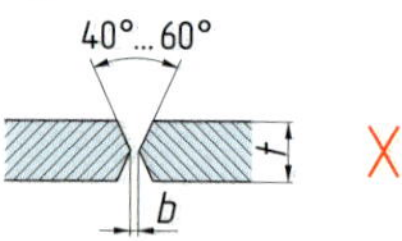

$t > 10\,\text{mm} \Rightarrow b \leq 1 \ldots 3\,\text{mm}$

d) Doppel-V-Fuge, beidseitig geschweißt, $t > 10\,\text{mm}$

2.7.1 Gasschmelzschweißen

1 Bei welchen Schweißarbeiten wird das Gasschmelzschweißen angewandt?

Das Gasschmelzschweißen ist für geringe Wanddicken (max. 4,5 mm) wirtschaftlich. Es wird oft in der Installationstechnik bzw. im Baustelleneinsatz angewandt.

2 Benennen Sie die beiden Verfahren des Gasschmelzschweißens, beschreiben Sie diese und geben Sie an, für welche Werkstoffdicken sie geeignet sind.

a)

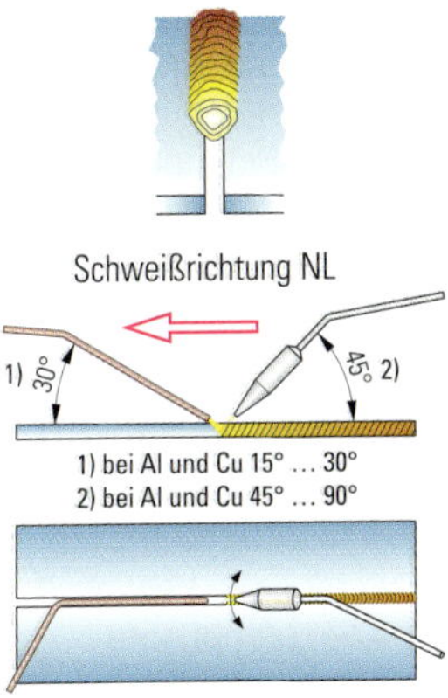

a) Nachlinksschweißen
Beim Nachlinksschweißen wird der Brenner nach links bewegt. Der Schweißstab wird vor der Flamme geführt. Die Flamme bläst das Schmelzbad in Schweißrichtung. Die Erhitzungsdauer an der Schweißstelle ist dadurch geringer. Dies ist gerade bei dünnen Blechen vorteilhaft, da diese besonders leicht „durchbrennen".

b)

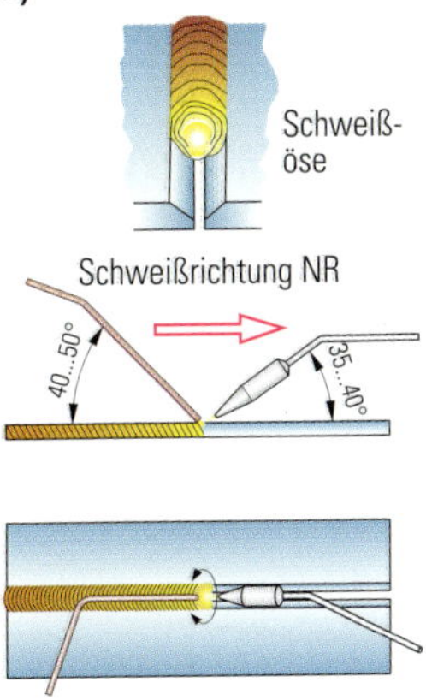

b) Nachrechtsschweißen
Beim Nachrechtsschweißen wird der Brenner nach rechts geführt. Die Flamme ist dabei auf die Schweißnaht gerichtet. Es entsteht eine höhere Schweißtemperatur als beim Nachlinksschweißen. Die Schweißnaht lässt sich auch bei dicken Blechen bis zur Wurzel durchschweißen.

3 Welche Gase werden zum Gasschmelzschweißen genutzt?

Acetylen und Sauerstoff

4 Begründen Sie, warum beim Gasschmelzschweißen von Stahl mit „neutraler Flamme“ gearbeitet wird.

Der Brenner ist so einzustellen, dass Acetylen und Sauerstoff im Verhältnis 1 : 1 gemischt werden. Dabei verbrennt das Acetylen nur unvollständig. Der für eine vollständige Verbrennung benötigte Sauerstoff wird dann der Umgebungsluft entzogen. Dadurch oxidiert die Schmelze nicht. Das Oxidieren hätte Poren in der Schweißnaht zur Folge, die die Naht schwächen. Sauerstoffüberschuss führt zu einer sehr hohen Flammentemperatur, wodurch ein Teil des Werkstoffes der Schweißnaht verbrennen kann. Acetylenüberschuss führt zum Aufkohlen des Schmelzbades. Dadurch werden die Festigkeit und Härte der Naht erhöht, ihre Zähigkeit jedoch stark vermindert.

5 Nennen Sie zwei Unfallverhütungsvorschriften zum Gasschmelzschweißen.

- Die Anschlüsse der Sauerstoffflaschen dürfen nicht geschmiert/gefettet werden.
- Geeignete Schutzkleidung (schwer-entflammbar) während des Schweißens tragen.

2.7.2 Lichtbogenhandschweißen

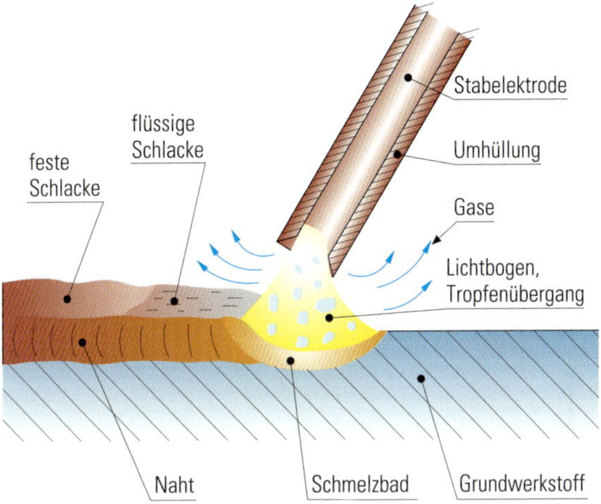

1 Erklären Sie stichpunktartig, welche Vorgänge beim Lichtbogenhandschweißen in der Schweißzone ablaufen.

Durch kurzes Antippen des Werkstücks mit der Stabelektrode entsteht ein elektrischer Kurzschluss. Beim Anheben der Elektrode entsteht ein leitender Lichtbogen, über den der Stromfluss erhalten bleibt. Die elektrische Energie wird in Wärmeenergie umgewandelt, sodass die Elektrode abschmilzt und ein Tropfenübergang zum Werkstück erfolgt. Die Umhüllung der Elektrode unterstützt den Stromfluss und schützt durch einen Gasmantel die Schweißstelle gegenüber dem Luftsauerstoff und bildet die Schlacke, die das flüssige Schweißgut schützt.

2 Nennen Sie zwei Faktoren, die die Wahl der Stabelektrode bestimmen.

Der Grundwerkstoff und die Schweißaufgabe bestimmen die Wahl der Stabelektrode.

3 Welche Schweißstromart (Gleich- oder Wechselstrom) stellt ein Schweißtransformator zur Verfügung und wie hoch darf seine maximale Leerlaufspannung sein?

Der Schweißtransformator stellt Wechselspannung mit maximal 80 V zur Verfügung.

2.7.3 Metall-Schutzgasschweißen

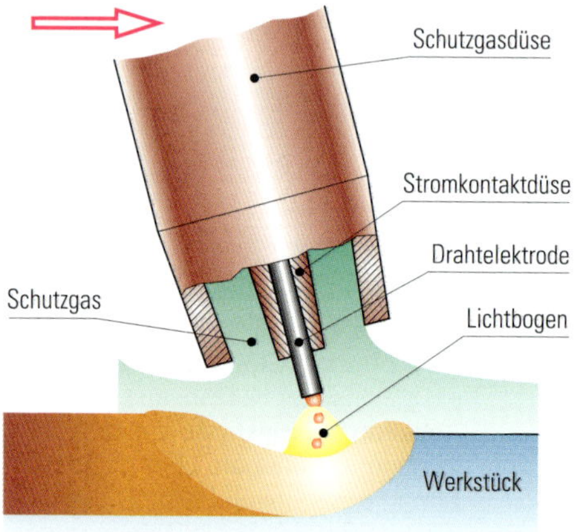

1 Beschreiben Sie den Vorgang beim Metallschutzgasschweißen in der Schweißzone.

Beim Metall-Schutzgasschweißen wird der Lichtbogen zwischen einer abschmelzenden Drahtelektrode und dem Werkstück gebildet. Der Draht wird kontinuierlich nachgeführt. Das Schutzgas schirmt den Sauerstoff der Luft von der Schweißstelle ab.

2 Unterscheiden Sie die Verfahren MIG und MAG.

- MIG: Metall-Inertgasschweißen. Inertgase wie z. B. Argon oder Helium reagieren kaum oder nicht mit dem Schweißbad.
- MAG: Metall-Aktivgasschweißen. Aktivgase wie z. B. Kohlendioxid CO_2 schützen das Schweißbad vor Sauerstoff, indem sie mit ihm reagieren.

3

2.7.4 Wolfram-Inertgasschweißen

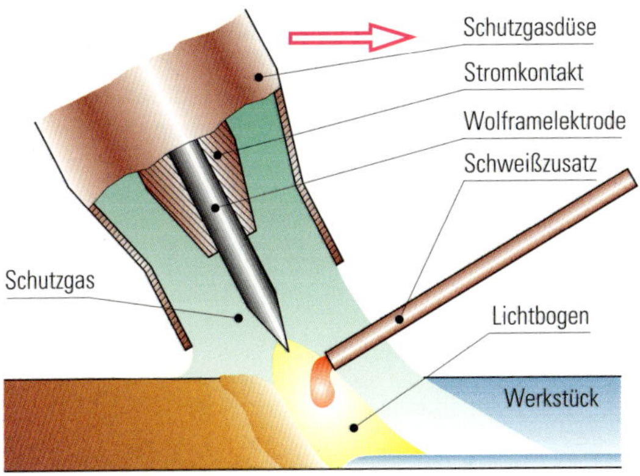

1 Beschreiben Sie den Vorgang beim Wolfram-Inertgasschweißen in der Schweißzone.

Beim Wolfram-Inertgasschweißen brennt ein Lichtbogen zwischen einer Wolframelektrode und dem Werkstück. Wegen der hohen Schmelztemperatur von Wolfram (ca. 3380 °C) schmilzt sie dabei kaum ab. Den Schutz vor dem umgebenden Luftsauerstoff erreicht ein inertes Schutzgas (Argon, Reinheit min. 99,99 Vol.-%). Vereinzelt wird auch Helium verwendet. Dünne Bleche werden ohne Schweißzusatz geschweißt. Bei dicken Blechen wird ein Massivdraht von Hand oder maschinell zugeführt.

2 Nennen Sie zwei Unfallverhütungsvorschriften zum Schweißen.

- Schutzkleidung tragen
- Schweißraum gut be- und entlüften
- Schweißplatz abschirmen

3 Nennen Sie drei Vorteile des Schweißens.

- Die Schweißnaht kann die Festigkeit des Grundwerkstoffes erreichen, da die gewählten Elektrodenwerkstoffe dem Grundwerkstoff entsprechen.
- Gegenüber Schraubenverbindungen kann an Gewicht und Platz eingespart werden, da keine Überlappungen notwendig sind.
- wirtschaftliches Verfahren, bedingt durch einfache Handhabung
- schnelle Durchführung der Verbindung

3 Gebundene Aufgaben zu Lernfeld 3, Kapitel 1 und 2

(Lösungen zu den gebundenen Aufgaben siehe Seite 161)

1 Wie groß ist die Streckgrenze R_e der Zylinderschraube ISO 4762 – M12 x 60 – 8.8?

1: 800 N/mm²
2: 880 N/mm²
3: 640 N/mm²
4: 480 N/mm²
5: 680 N/mm²

2 Welche der aufgeführten Verbindungen wirkt kraftschlüssig?

1: Passfederverbindung
2: Stiftverbindung
3: Schweißverbindung
4: Schraubverbindung
5: Polygonverbindung

3 Berechnen Sie die Spannkraft einer Sechskantschraube ISO 4014 – M10 x 60 – 8.8 bei einer Handkraft von 60 N und einer wirksamen Hebellänge des Ringschlüssels von 160 mm.

1: 30159 N
2: 6400 N
3: 335 N
4: 9600 N
5: 20106 N

4 Der Bohrungsdurchmesser 40,015 mm eines Zahnrads (α = 0,000015/K) soll zum Fügen einer Schrumpfpresspassung auf 40,060 mm geweitet werden. Auf welche Temperatur muss das Zahnrad mindestens erwärmt werden?

1: 75 °C
2: 75 K
3: 95 K
4: 95 °C
5: 120 °C

5 Welche Aussage ist richtig?

1: Stiftverbindungen fixieren die Lage von Bauteilen.
2: Bei Stiftverbindungen sollen die Stifte möglichst dicht zueinander angeordnet sein.
3: Stiftverbindungen wirken stoffschlüssig.
4: Stiftverbindungen wirken kraftschlüssig.
5: Bohrungen für Kerbstifte müssen gerieben werden.

6 Welche Kräfte wirken bei der Belastung von Klebverbindungen?

1: nur Reibkräfte
2: nur Adhäsionskräfte
3: nur Kohäsionskräfte
4: Adhäsionskräfte und Kohäsionskräfte
5: nur Torsionskräfte

7 Welche Aufgabe hat das Flussmittel beim Löten?

1: Es soll die Arbeitstemperatur erhöhen.
2: Es soll die Arbeitstemperatur senken.
3: Es soll die Kapillarwirkung erhöhen.
4: Es soll das Lot dünnflüssiger machen.
5: Es soll die beim Erwärmen entstehende Oxidschicht verhindern bzw. beseitigen.

8 Welche Aussage zu dem dargestellten Bild ist richtig?

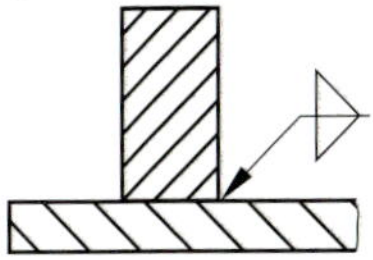

1: An jeder Seite der senkrechten Platte ist Kehlnaht zu schweißen.
2: An der gekennzeichneten Stelle ist eine große Dreiecknaht zu schweißen.
3: An der gekennzeichneten Stelle ist eine HV-Naht zu schweißen.
4: An der gekennzeichneten Stelle ist eine X-Naht zu schweißen.
5: An der gekennzeichneten Stelle ist eine doppelte Fase anzubringen.

9 Bei welchem Schweißverfahren wird mit einer Wolframelektrode geschweißt?

1: MIG
2: MAG
3: WIG
4: MAK
5: WAG

Lösungen zu den gebundenen Aufgaben:

1 3
2 4
3 5
4 4
5 1
6 4
7 5
8 1
9 3

4 Automatisierungstechnik

4.1 Grundlagen der Automatisierung

1 Welchen Zweck verfolgt die Automatisierung von Prozessen und welche Rolle spielt dabei der Mensch?

Automaten führen einen Ablauf ohne Bedienung des Menschen selbsttätig durch. Sie sind so programmiert, dass sie während eines Vorganges Entscheidungen im Sinne des Prozesszieles treffen. Bei Systemen mit hohem Automatisierungsgrad übernimmt der Mensch nur noch die Aufgabe der Programmierung, der Kontrolle, der Wartung und der Behebung von Störfällen.

2 Welche Argumente können Sie dafür nennen, dass das abgebildete Bearbeitungszentrum als Automat bezeichnet werden kann.

Das Bearbeitungszentrum ist ein Automat, der ein Werkstück z. B. durch Fräsen und Bohren selbsttätig bearbeiten kann und während des Bearbeitungsvorganges erforderliche Handhabungstätigkeiten ausführt, wie z. B. Werkzeuge wechseln, Frästisch schwenken und Kühlschmierung zuführen.

3 Beschreiben Sie das Bearbeitungszentrum in seiner Funktion entsprechend der systemtechnischen Grundlagen (siehe Aufgabe 1 Seite 126).

Das System Bearbeitungszentrum hat die Funktion, aus einem Rohling ein Fertigteil herzustellen. Beide Teile sind dem Bereich Stoff zuzuordnen. Das Bearbeitungszentrum gehört demnach zu den stoffumsetzenden Systemen. Seine Hauptfunktion ist das Herstellen eines Fertigteils aus einem Rohteil durch Zerspanung.

3

4 Automatisierte Maschinen und Vorrichtungen bestehen aus einer mechanischen und einer steuerungstechnischen Einrichtung. Beschreiben Sie, welche Aufgabe die mechanische Einrichtung hat.

Die mechanische Einrichtung einer automatisierten Maschine nimmt Kräfte auf, verbindet oder führt Bauteile und erzeugt Bewegungen. Sie erfüllt direkt die Hauptfunktion des Systems, sei es die Umformung oder, wie in Aufgabe 3., die Zerspanung eines Werkstücks.

5 Welche Arten von Antrieben für die mechanischen Einrichtungen kennen Sie?

Der geeignete Antrieb kann ein elektrischer, pneumatischer oder hydraulischer sein.

6 Beschreiben Sie kurz die abgebildeten Antriebstechnologien.

a)

b)

a) **Pneumatik:**
Technologie, die die Energie der Druckluft zum Antreiben von Maschinen und zum Übertragen und Verarbeiten von Signalen verwendet.

b) **Hydraulik:**
Technologie, die die Flüssigkeit als Energieträger zum Antreiben verwendet.

c)

c) **Elektrik:**
Technologie, die die elektrische Energie zum Antreiben von Maschinen und zum Übertragen und Verarbeiten von Signalen verwendet.

7 Beschreiben Sie, welche Aufgabe die steuerungstechnische Einrichtung eines automatisierten Systems hat.

Steuerungstechnische Einrichtungen eines automatisierten Systems lenken die mechanischen Einrichtungen eines Systems nach programmierten Vorgaben.

8 Es lassen sich grundlegend zwei verschiedene Steuerungsarten unterscheiden. Nennen Sie diese und erläutern Sie sie kurz.

Grundlegend lassen sich die Steuerungsarten nach verbindungs- und speicherprogrammierten Steuerungen (VPS/SPS) unterscheiden.

- **VPS:** In verbindungsprogrammierten Steuerungen werden Steuerfunktionen durch die Art der Verbindung von Baugruppen mit elektrischen Leitungen, Druckschläuchen oder Druckrohren erreicht.
- **SPS:** Speicherprogrammierte Steuerungen sind schnell veränderbare Steuereinrichtungen, deren Steuerfunktionen in einem geschriebenen Programm festgelegt sind.

9 Wie kann die Steuerungsfunktion einer VPS bzw. SPS geändert werden?

Soll die Steuerungsfunktion einer VPS geändert werden, so erfordert dies immer die Änderung der Verschlauchung, Verrohrung oder der Verdrahtung und eventuell die Verwendung anderer Steuerelemente. Bei einer SPS erfolgt die Änderung der Steuerfunktion durch Um- oder Neuschreibung des Programms.

10 Über Sensoren und Messsysteme steht die Steuerung eines automatisierten Systems in permanentem Kontakt mit den verschiedenen Funktionseinheiten des Systems. Sie können die Prozesszustände in zwei verschiedenen Arten von Signalen wiedergeben. Nennen und beschreiben Sie diese kurz.

Binäre (zweiwertige) Signale haben entweder einen großen Signalpegel, dem z. B. der Wert 1 zugeordnet wird oder einen kleinen bzw. gegen null gehenden Signalpegel, dem der Wert 0 zugewiesen wird. Analoge Signale verändern sich gleichmäßig mit der gemessenen physikalischen Größe.

11 Geben Sie für jede der beiden Signalarten aus Aufgabe 10 ein Beispiel.

- Analoges Signal: Bei einem Widerstandsthermometer wächst mit zunehmender Temperatur gleichmäßig der elektrische Widerstand der Messsonde.
- Binäres Signal: Eine Lichtschranke zur Absicherung eines Gefahrenraumes kann über die Zustände *Lichtstrahl unterbrochen* (1) und *Lichtstrahl nicht unterbrochen* (0) die erforderliche Information liefern.

12 Das System des Informationsumsatzes/-flusses arbeitet in automatisierten Systemen meist nach dem EVA-Prinzip. Erläutern Sie dieses Prinzip und geben Sie ein Beispiel.

Zur Verarbeitung der Informationen werden zunächst Eingangssignale aufgenommen (siehe Aufgabe 11.). Anschließend werden sie im Sinne der Steuerfunktionen zu Ausgangssignalen verarbeitet, die die Antriebe als Stellsignal erhalten. Dies ist die prinzipielle Arbeitsweise der meisten Steuerungen und wird EVA-Prinzip (**E**ingabe – **V**erarbeitung – **A**usgabe) genannt.
Beispiel: Durch Betätigung eines Starttasters erhält die Steuerung einer pneumatischen Spannvorrichtung ein Startsignal. Dieses verarbeiten die Signal- und Steuerglieder der Steuerung und geben es als Stellsignal an das Stellglied des pneumatischen Zylinders aus.

13 Welcher Unterschied besteht zwischen dem in Aufgabe 12 gezeigten Prinzip der Steuerung und dem Prinzip der Regelung? Geben Sie ein Beispiel.

Bei Regelungen wird über Sensoren der Istzustand der zu regelnden Größe erfasst und dem Regler gemeldet. Nach dem Vergleich von Soll- und Istzustand kann der Regler nachstellen. Störende Einflüsse werden ausgeglichen.
Beispiel: Der Kolben eines Zylinders soll bis zu einer bestimmten Position ausfahren. Ein Sensor meldet dem Regler ständig die Position des Zylinders. Er vergleicht den gemeldeten Wert mit dem Sollwert und stellt, wenn es erforderlich ist, die Zylinderposition nach.

14 Welche Aufgabe fällt der Prozessvisualisierung in der Automatisierung zu?

Liegen ausreichend genug Signale aus der Prozessüberwachung vor, kann der Ablauf auf einem Monitor abseits vom Ort des Prozesses dargestellt werden. Die Informationen des Prozesses können in einem Leitstand zusammengeführt, analysiert und zu Qualitätssicherungszwecken aufgezeichnet werden.

4.2 Planung einer Steuerung

1 Nennen Sie die Schritte, die zur Planung einer Steuerung gehören.

- Erstellen einer Zuordnungstabelle
- Analysieren, Beschreiben und Reduzieren der Steuerungsfunktionen auf Grundfunktionen
- Erstellen einer Funktionstabelle und eines Funktionsplans
- Umsetzung des Funktionsplans mit der entsprechenden Gerätetechnik

2 Die abgebildete Paneelsäge dient zum Ablängen von Paneelen.

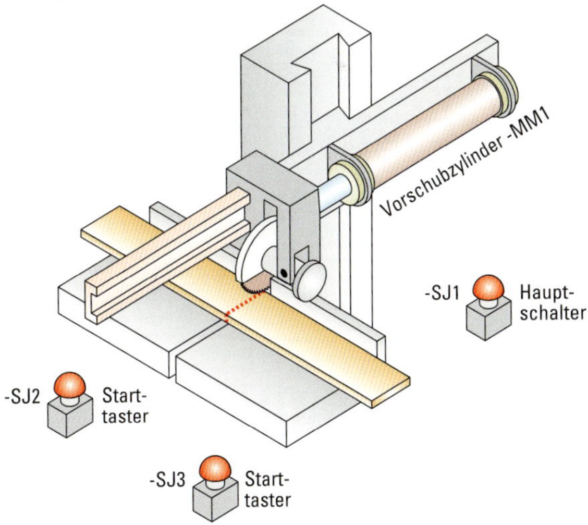

Eine einfache pneumatische Steuerung soll es dem Bediener ermöglichen, den Werkzeugschlitten durch Betätigung des Starttasters -SJ2 oder -SJ3 auf Knopfdruck auszufahren und nach Loslassen der Knöpfe sofort wieder einzufahren. Erstellen Sie die Zuordnungstabelle, die die beteiligten Signalgeber und Antriebe, sowie die logische Zuordnung der Signalzustände definiert.

Bauteil	Signal	Beschreibung
-SJ1: Handschalter	E1	E1 = 1: -SJ1 ist handbetätigt
-SJ2: Handtaster	E2	E2 = 1: -SJ2 ist handbetätigt
-SJ3: Handtaster	E3	E3 = 1: -SJ3 ist handbetätigt
-MM1: doppeltwirkender Zylinder	A1	A1 = 1: -MM1 fährt aus

3 Beschreiben Sie die gewünschten Steuerfunktionen und reduzieren Sie diese auf die Grundfunktionen.

Der Vorschubzylinder der Säge fährt aus, wenn der Signalgeber -SJ1 **und** entweder -SJ2 **oder** -SJ3 betätigt werden.

4 Erstellen Sie die Funktionstabelle und den Funktionsplan zur Steuerung der Paneelsäge.

E3	E2	E1	A1	E3	E2	E1	A1
0	0	0	0	1	0	0	0
0	0	1	0	1	0	1	1
0	1	0	0	1	1	0	0
0	1	1	1	1	1	1	1

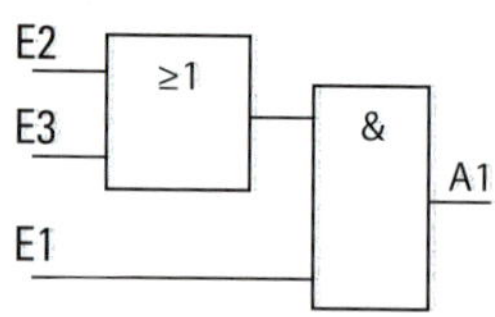

5 **Nennen Sie zwei Gründe für die Verwendung der pneumatischen Gerätetechnik bei die Umsetzung der Steuerung für die Paneelsäge.**

- Pneumatische Antriebe können schnelle Bewegungen mit mittleren Kräften erzeugen.
- Pneumatische Steuerungen eignen sich für kleine Steuerungen mit kurzen pneumatischen Wegen.

6 **Erstellen Sie den pneumatischen Schaltplan für die Steuerung der Paneelsäge unter Verwendung einer Wartungseinheit und eines 5/2-Wegeventils als Stellglied für den doppelt wirkenden Zylinder -MM1.**

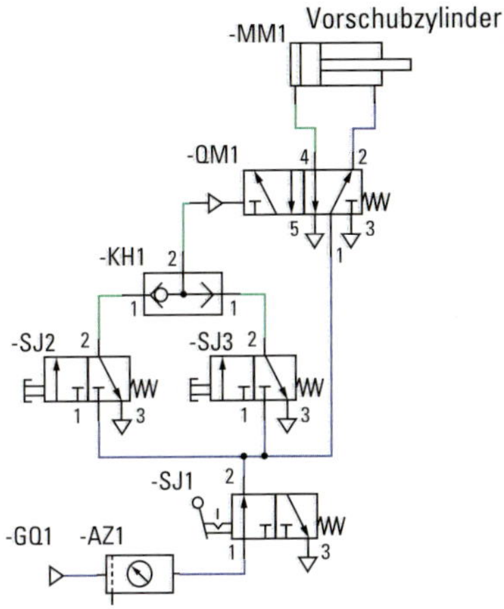

5 Pneumatik

5.1 Grundlagen der Pneumatik

1 Beschreiben Sie die grundlegende Funktionsweise pneumatischer Steuerungen.

In pneumatischen Einrichtungen strömt Druckluft durch Schläuche oder Rohre zu pneumatischen Baugruppen. Die Energie der Druckluft bewirkt, dass Ventile schalten und Antriebsglieder sich bewegen.
Die Antriebsglieder setzen die in der Druckluft befindliche Energie in mechanische Energie um.

2 Nennen Sie besondere Eigenschaften des bei der Pneumatik verwendeten Fluids und daraus entstehende Verwendungsmöglichkeiten. Geben Sie zwei Einsatzgebiete pneumatischer Anlagen.

Die besonderen Eigenschaften der Druckluft sind ihre geringe Dichte, Ungiftigkeit und Komprimierbarkeit, aber auch ihre Sicherheit vor Funkenbildung. Auf Grund der geringen Dichte der Druckluft können mit pneumatischen Antrieben hohe Geschwindigkeiten erzielt werden. Ihre Komprimierbarkeit verhindert das Erzeugen von hohen Kräften. Dies kann jedoch für ein dämpfendes Verhalten genutzt werden. Da pneumatische Bauteile keine Funken erzeugen, sind sie häufig für den explosionsgefährdeten Bereich zugelassen. Beispiel: Sie werden unter anderem für Pressen und Vorrichtungen zum Spannen von Werkstücken, der Montage elektronischer Bauteile und in der Lebensmittelindustrie verwendet.

3 Die Bauteile des pneumatischen Schaltplans der Paneelsäge können aufgrund ihrer Funktion verschiedenen Funktionsebenen zugeordnet werden. Nennen Sie diese Ebenen und ordnen Sie die Bauteile des Schaltplans auf Seite 169 diesen Ebenen zu.

Funktionsebene der
- Versorgungsglieder: -GQ1, -AZ1, -SJ1
- Signalglieder: -SJ2, -SJ3
- Steuerglieder: -KH1
- Stellglieder: -QM1
- Antriebsglieder: -MM1

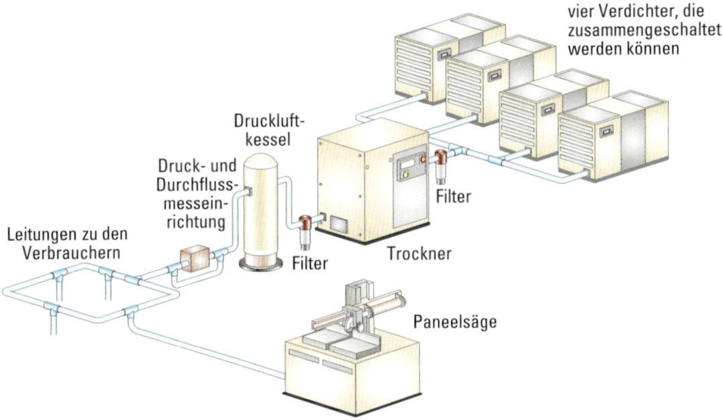

4 Beschreiben Sie anhand des Bilds den Weg, den die Luft aus der Umgebung nimmt, um bis zum Zylinder an der Paneelsäge zu gelangen. Beschreiben Sie auch, welche Funktion dabei die einzelnen Komponenten übernehmen.

Eine Drucklufterzeugungsanlage besteht aus mehreren Baugruppen. Ein Elektromotor treibt einen der Verdichter an. Die Umgebungsluft strömt in den Verdichter und wird dort komprimiert und erwärmt sich dabei. Anschließend strömt sie zum Trocknen durch einen Kühler. Vor und nach dem Trocknen passiert sie einen Filter. Zur Speicherung strömt sie in einen Druckkessel, von dort aus gelangt sie durch die Messeinrichtungen für den Druck und den Durchfluss zum Verteilernetz und schließlich zur Paneelsäge.

5 Im Pneumatikschaltplan der Paneelsäge erscheint die Wartungseinheit in vereinfachter Form. Skizzieren Sie die ausführliche symbolische Darstellung einer Wartungseinheit und beschreiben Sie die Aufgabe der einzelnen Komponenten.

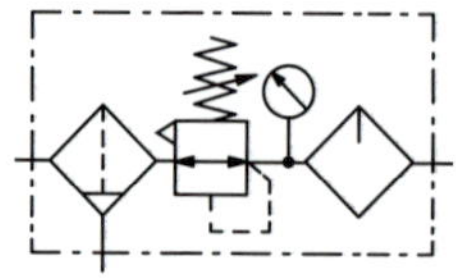

In der Wartungseinheit einer pneumatischen Steuerung wird die Druckluft in einem Filter von Verschmutzungen und Feuchtigkeit gereinigt. Ein integriertes Druckreduzierventil hält den Luftdruck konstant und ein Öler zerstäubt Öl in der Druckluft.

6 Nennen Sie vier Regeln, die es beim Umgang mit Druckluft und druckluftbetätigten Anlagen zu beachten gilt.

- Brennbare Flüssigkeiten dürfen nicht mittels Druckluft aus Behältern gedrückt werden. Es besteht Explosionsgefahr.
- Wird Druckluft in dünnwandige Behälter (z. B. aus Blech, Kunststoff oder Glas) eingeblasen, um diese zu trocknen oder auf Dichtigkeit zu prüfen, besteht die Gefahr des explosionsartigen Bruches des Behälters.
- Maschinen dürfen nicht mit Druckluft gereinigt werden, da sonst Späne und andere Partikel zwischen Führungen und in Lager gedrückt werden können.
- Arbeiten an pneumatischen Baugruppen dürfen nur an entlüfteten Anlagen durchgeführt werden.
- Nach Arbeiten an der Anlage zunächst mit geringerem Druck starten.

5.2 Baugruppen zur Signaleingabe und -verarbeitung

1 Welche Aufgabe haben in der Automatisierungstechnik Sensoren?

Sensoren sind in diesen Systemen die Eingabebaugruppen der Steuerung. Sie erfassen Zustände ihrer Umgebung oder sie werden betätigt. Sie wandeln relevante Prozessdaten in verwertbare Signale für die Steuerung um.

2 In der Automatisierungstechnik gibt es eine Fülle unterschiedlicher Sensoren bzw. komplexer Sensorsysteme. Ihr Funktionsprinzip ist jedoch immer gleich. Erläutern Sie dies mithilfe eines Blockschaltdiagramms.

Die Sensoren nehmen eine physikalische Größe auf und wandeln diese in eine andere physikalische Größe um, die als Signal in der Steuerung weiterverarbeitet werden kann.

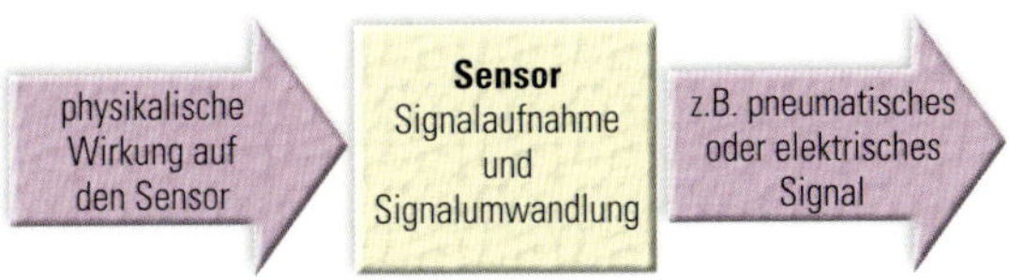

3 Die Abbildungen zeigen vier Sensoren mit dem jeweiligen Schaltzeichen und Symbolen. Erläutern Sie unter Verwendung des Blockdiagramms aus Aufgabe 2. das jeweilige Funktionsprinzip.

a)

a) Kipphebel
   – wandelt mechanische Energie (Bewegung) in elektrisches Signal

b)

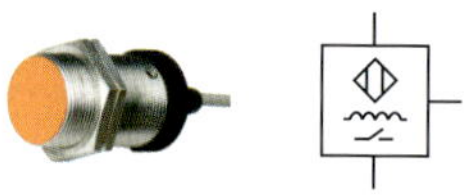

b) induktiver Näherungssensor
   – wandelt Änderung des magnetischen Streuwechselfeldes in elektrisches Signal

c)

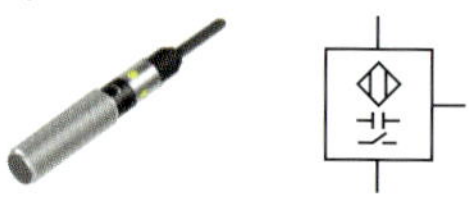

c) kapazitiver Näherungssensor
   – wandelt Änderung des elektrischen Streuwechselfeldes in elektrisches Signal

d)

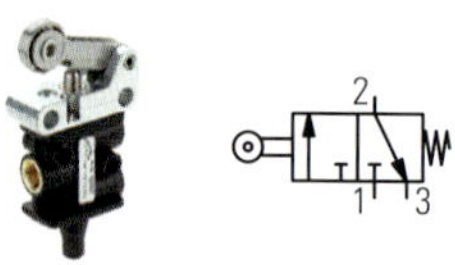

d) pneumatisches rollenbetätigtes Wegeventil
   – wandelt mechanische Energie (Bewegung) in pneumatisches Signal

4 Welche der abgebildeten Sensoren in Aufgabe 3. arbeiten berührungslos, welche berührend (taktil)?

- berührungslos: b), c)
- taktil: a), d)

5 Welche Aufgabe haben Wegeventile in der Pneumatik und wie erfolgt deren Bezeichnung?

Wegeventile haben die Aufgabe, den Durchfluss der Druckluft entweder zu sperren oder ihn in bestimmte Luftwege zu leiten. Die Anzahl der Anschlussleitungen und die Anzahl der Schaltstellungen ergeben zusammen die Ventilbezeichnung. Diese kann durch die Art der Betätigung ergänzt werden.

6 Bezeichnen Sie die abgebildeten Ventile.

a)

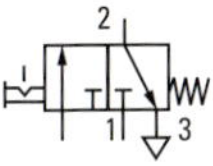

a) 3/2-Wegeventil mit Schlagtaster und federrückgestellt, in Ruhestellung gesperrt

b)

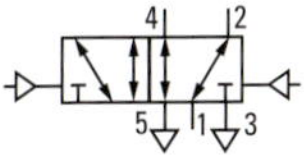

b) 5/2-Wegeventil beidseitig pneumatisch betätigt

c)

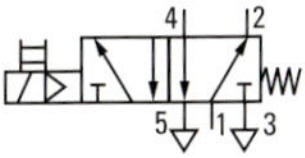

c) 5/2 Wegeventil vorgesteuert, elektromagnetisch bestätigt, Handhilfsbetätigung, federrückgestellt

7 Das in Aufgabe 6 Bild b) abgebildete 5/2-Wegeventil wird in seiner Funktion auch als Impulsventil bezeichnet. Erläutern Sie diese Bezeichnung.

Ventile ohne Federrückstellung speichern ihre Schaltstellung und benötigen nur eine kurzzeitige Betätigung (Impuls). Sie werden daher Impulsventile genannt.

8 Wegeventile können in Steuerungen in Bezug auf ihren Umgang mit Signalen unterschiedliche Funktionen übernehmen (siehe Aufgabe 3 Seite 171).

Als Signalgeber liefern sie Eingangssignale, als Verarbeitungsglied nehmen sie an der Verknüpfung von Signalen teil und als Stellglied weisen sie dem Antriebsglied eine Aktion zu, indem sie die Antriebsenergie steuern.

9 Erläutern Sie die Funktion und Verwendung des abgebildeten Wechselventils.

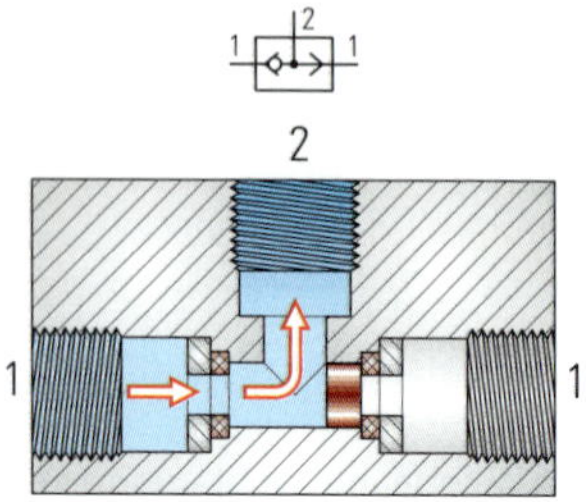

Druckbeaufschlagung von links ⇒ Durchfluss

Mit dem Wechselventil, das auch ODER-Ventil genannt wird, wird eine ODER-Verknüpfung erstellt. Sobald ein Signal an den Eingängen (1) anliegt, wird es zum Ausgang (2) geführt, während der Luftweg zum anderen Eingang gesperrt wird. Dies wird dadurch erreicht, dass die Druckluft einen Ventilkörper in den Ventilsitz des gegenüber liegenden Eingangs presst und ihn abdichtet.

5.3 Baugruppen zur Signalausgabe

1 Erläutern Sie das grundlegende Funktionsprinzip pneumatischer Antriebe.

Pneumatische Antriebe wandeln die Energie der Druckluft um und erzeugen Bewegungen und Kräfte.

2 Geben Sie je ein Beispiel für einen rotatorischen und einen linearen pneumatischen Antrieb und stellen Sie das zugehörige Schaltzeichen dar. Nennen Sie auch die Kennzeichnung der Antriebe nach DIN EN 81346-2.

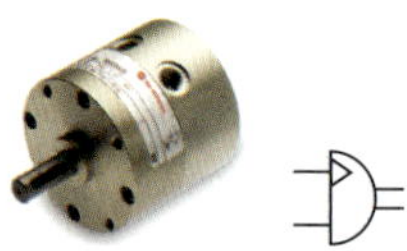

Schwenkantrieb mit Drehwinkel bis 270°, Kurzhubzylinder (Symbol mit Dauermagnet)

3 Geben Sie mögliche Verwendungszwecke für die abgebildeten Zylinder und den Kurzhubzylinder aus Aufgabe 2 an.

a)

b)

a) Balgzylinder für kurze Hübe mit möglicher Schrägstellung und hoher Dämpfung
b) Führungs- und Stoppzylinder mit hoher Führungs- und Verdrehsicherheit
c) Kurzhubzylinder für einen Kolbenhub von wenigen Zentimetern und sehr große Kräfte

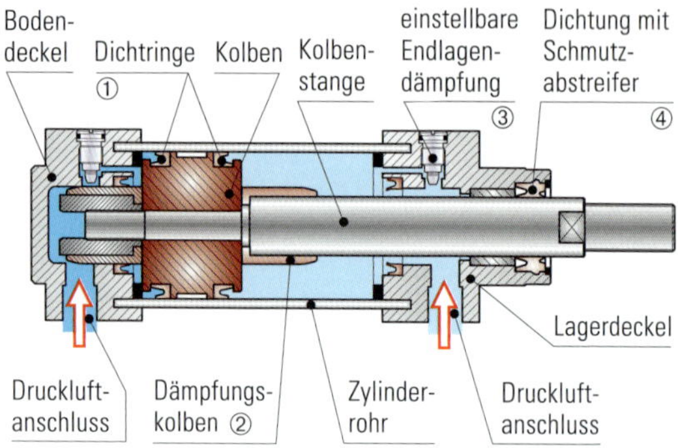

4 Beschreiben Sie kurz die Funktion eines doppelt wirkenden Zylinders und die der Elemente ① bis ④.

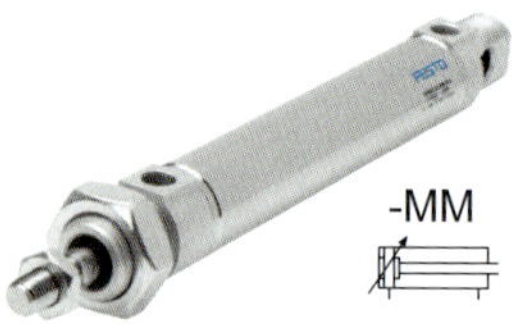

Bei doppelt wirkenden Zylindern können beide Kolbenkammern mit Druckluft beaufschlagt werden, die wechselseitig beide Bewegungen erzeugen.

① Dichtringe dichten den druckbeaufschlagten Zylinderraum dynamisch ab.

② Wenige Millimeter vor Erreichen der Endlage beginnt die Endlagendämpfung. Ein Dämpfungskolben verschließt den direkten Weg zum Ausgang.

③ Ist der direkte Weg zum Ausgang verschlossen, kann die Luft nur durch den mit dem Gewindestift einstellbaren Spalt entweichen.

④ Die Dichtung mit Schmutzabweiser dichtet den Zylinderraum nach außen ab und verhindert das Eindringen von Schmutz.

3

5 Berechnen Sie die Kraft F_1 beim Ausfahren und die Kraft F_2 beim Einfahren eines Pneumatikzylinders, wenn der Betriebsdruck p_e = 6 bar, der Kolbendurchmesser D = 20 mm, der Kolbenstangendurchmesser d = 8 mm und der Wirkungsgrad μ = 88 % beträgt.

$$F_1 = p_e \cdot A_{\text{Kreisfläche}} \cdot \eta$$
$$= p_e \cdot \frac{\pi \cdot (D)^2}{4} \cdot \eta$$
$$F_1 = 60 \frac{N}{cm^2} \cdot \frac{\pi \cdot (2\,cm)^2}{4} \cdot 0{,}88 = \underline{\underline{166\,N}}$$
$$F_2 = p_e \cdot A_{\text{Kreisfläche}} \cdot \eta$$
$$= p_e \cdot \frac{\pi \cdot (D^2 - d^2)}{4} \cdot \eta$$
$$F_2 = 60 \frac{N}{cm^2} \cdot \frac{\pi \cdot ((2\,cm)^2 - (0{,}8\,cm)^2)}{4} \cdot 0{,}88$$
$$= \underline{\underline{139\,N}}$$

6 Nennen Sie drei Möglichkeiten, die Geschwindigkeit des Kolbens eines Zylinders durch zusätzliche Bauteile zu beeinflussen.

Kolbengeschwindigkeiten werden mit externen Drosseln, Drosselrückschlagventilen und Schnellentlüftungsventilen verringert oder erhöht.

7 Erläutern Sie die Funktion des Drosselrückschlagventils.

a)

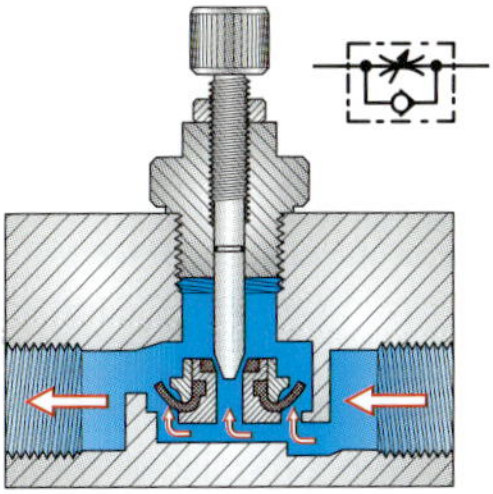

a) In der Öffnungsrichtung des Rückschlagventils durchströmt die Luft beinahe ungehindert das Drosselrückschlagventil von rechts nach links.

b)

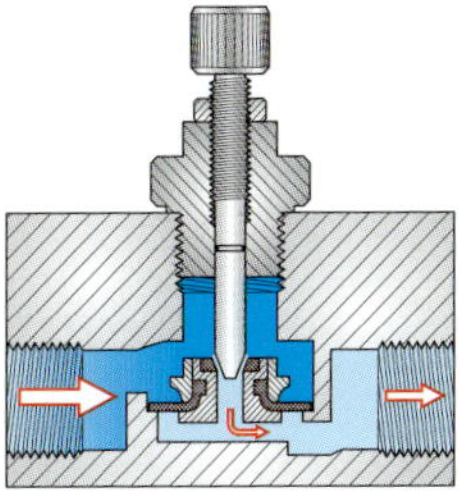

b) Strömt die Luft hingegen in die Gegenrichtung, muss sie durch die Verengung der Drossel und wird so gebremst.

8 Wie wird das in Aufgabe 7 dargestellte Drosselrückschlagventil zum Einstellen der Ausfahrgeschwindigkeit des Vorschubzylinders -MM1 in Aufgabe 6 Seite 169 eingesetzt? Zeichnen Sie den abzuändernden Teil des Pneumatikplans.

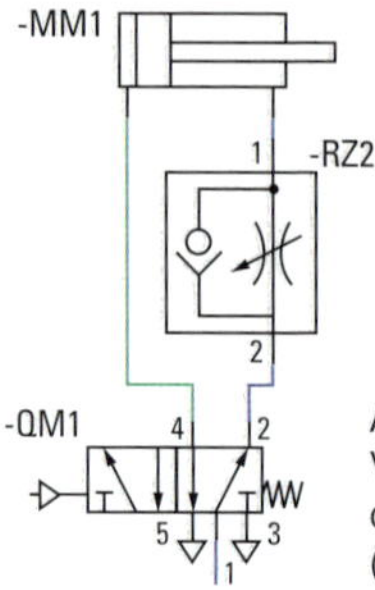

Abluftdrosselung des Vorschubzylinders der Paneelsäge (Ausschnitt)

9 Aus welchem Grund ist die Abluftdrosselung der Zuluftdrosselung eines Pneumatikzylinders vorzuziehen?

Bei einer Drosselung der Abluft stehen beide Zylinderkammern unter Druck. Der Kolben wird pneumatisch eingespannt. Die Kolbenbewegung verläuft deshalb bei wechselnden Kräften gleichmäßiger. Der Stick-Slip-Effekt wird so vermieden.

10 Beschreiben Sie die Funktion und Verwendung von Schnellentlüftungsventilen.

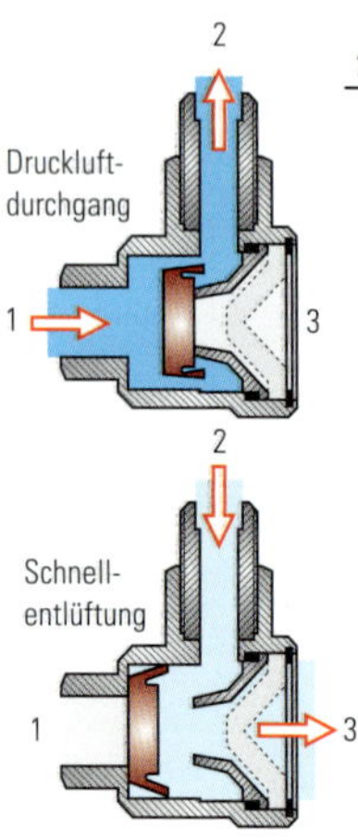

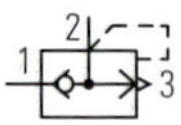

Schnellentlüftungsventile erhöhen Kolbengeschwindigkeiten. Mit ihnen werden lange Rückhubzeiten besonders bei einfach wirkenden Zylindern verkürzt. Die Abluft des Zylinders am Anschluss 2 strömt in diesem Ventil über einen großen Querschnitt und bei geringem Luftwiderstand direkt nach außen. Es ist deshalb sinnvoll, das Ventil möglichst nahe an den Zylinder zu montieren. Bei Richtungsänderung sperrt es die Auslassöffnung 3 und führt die vom Wegeventil 1 kommende Druckluft in den Zylinder.

5.4 Grundregeln pneumatischer Schaltpläne

1 Ein Schaltplan einer pneumatischen oder hydraulischen Steuerung erfasst die Betriebsmittel und ihre Verschlauchung. Bei der Erstellung dieser Pläne sind Regeln einzuhalten. Nennen Sie vier Regeln zur Erstellung der Schaltpläne.

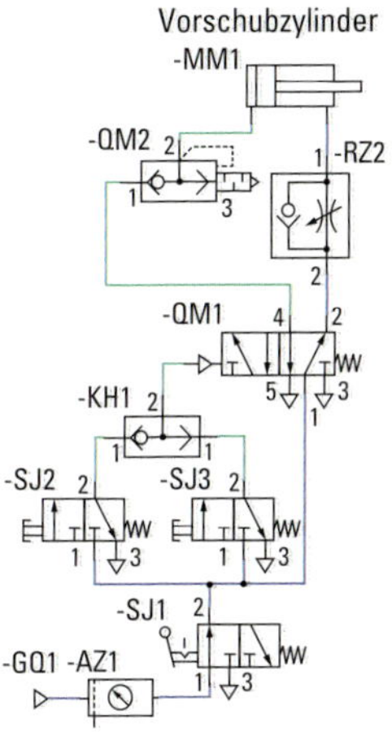

1: Geordnet nach Baugruppen der Druckluftenergieversorgung, Signaleingabe, Verarbeitung und Antrieb erfolgt eine von unten nach oben strukturierte Darstellung.

2: Zur Darstellung der Baugruppen werden Symbole nach ISO 1219-1[1] verwendet.

3: Zylinder und Ventile werden in der Stellung dargestellt, in der sie sich vor dem Start der Steuerung befinden. Zylinder können deshalb im ausgefahrenen Zustand gezeichnet werden. Vor dem Start betätigte Ventile werden mit einem Schaltnocken gekennzeichnet.

4: Druckluftleitungen werden rechtwinklig zueinander als Volllinien gezeichnet.

[1] ISO 1219-1 Fluidtechnik – Graphische Symbole und Schaltpläne

2 Innerhalb eines Planes und in der zugehörigen Dokumentation müssen Bauteile mit einem Bezeichnungsschlüssel kenntlich gemacht werden. Die Kennzeichnung der Bauteile erfolgt meist nach DIN EN 81346-2. Erläutern Sie den Aufbau einer solchen Kennzeichnung anhand eines der beiden Starttaster der Paneelsäge in Aufgabe 1.

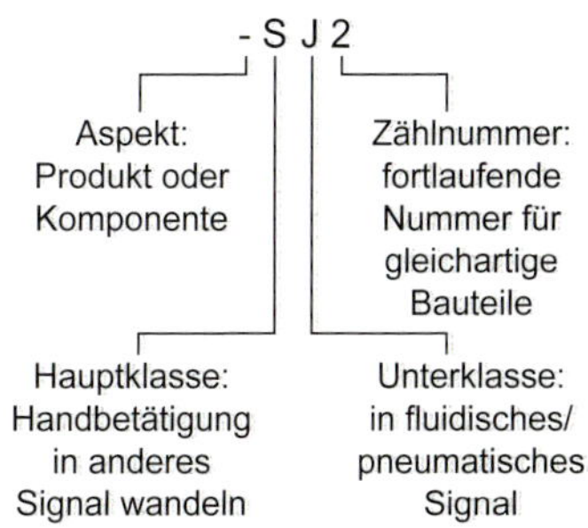

3 Kann die Kennzeichnung von elektrischen Bauteilen auch nach der in Aufgabe 2 gezeigten Systematik erfolgen? Geben Sie ein Beispiel.

Ja, die Kennzeichnung elektrischer Geräte unterscheidet sich von denen der fluidtechnischen nicht.

- -MB: Betätigungsspule eines Magnetventils
- -KF: Relais
- -BG: Positionsschalter, Näherungssensor

4 Zur Bauteilekennzeichnung in Schaltplänen werden die beiden Normen ISO 1219-2 und DIN EN 81346-2 verwendet. Erläutern Sie kurz den Unterschied.

Während die Norm ISO 1219-2 [1] keine genauere Aussagekraft über die Funktion eines Bauelements hat, bezeichnet die Norm DIN EN 81346-2 das Bauelement in Bezug auf Funktion, Komponente und Ort sehr viel umfassender. Hierbei können alle Komponenten aus dem Bereich der Elektrotechnik, Hydraulik und Pneumatik widerspruchsfrei und schlüssig bezeichnet werden.

[1] siehe Aufgabe 3 Seite 191

5.5 Montage pneumatischer Einrichtungen

1 Pneumatische Leitungen können Schläuche aus Kunststoff oder Gummi, aber auch Rohre aus Stahl, Kupfer oder Aluminium sein. Geben Sie je ein positives Merkmal für die beiden Materialgruppen Metall bzw. Kunststoff.

- Metallrohre sind gegen äußere thermische und mechanische Einwirkungen widerstandsfähiger als Kunststoffrohre.
- Pneumatikleitungen aus Kunststoff zeichnen sich durch ihre hohe Biegsamkeit, Vielfalt und ihren verhältnismäßig geringen Preis aus, was ihre häufige Verwendung begründet.

2 Die Abbildung zeigt pneumatische Leitungen aus Kunststoffrohr mit verschiedenen Steckverbindungen. Erläutern Sie, wie die fachgerechte Montage und Demontage solcher Kunststoffrohre erfolgt.

- Rohrenden rechtwinklig Ablängen und außen sowie innen entgraten
- Rohrende durch den Lösering schieben
- leichten Widerstand vom O-Ring überwinden und Rohrende bis zum Anschlag in die Steckverbindung schieben
- zur Demontage Lösering gegen die Steckverbindung drücken und Kunststoffrohr herausziehen.

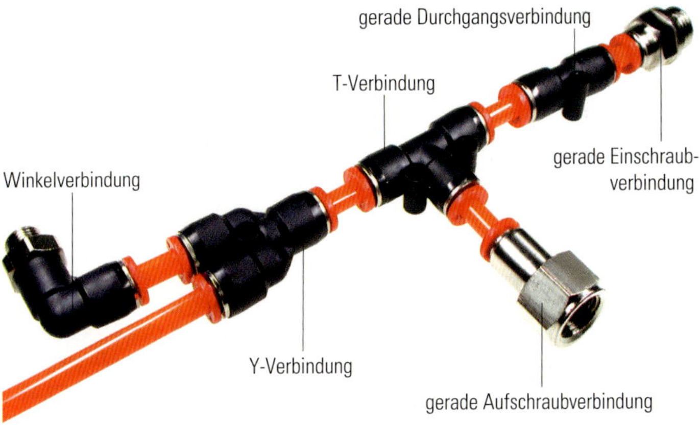

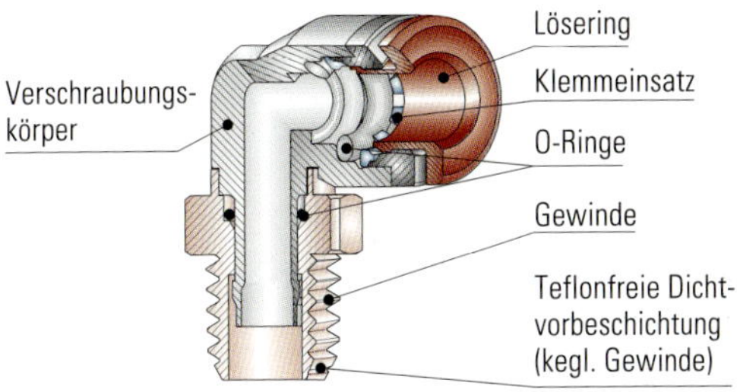

6 Elektropneumatik

1 Erläutern Sie, wo im Unterschied zu pneumatischen Steuerungen in elektropneumatischen Steuerungen elektrische Energie eingesetzt wird.

In elektropneumatischen Steuerungen wird im Unterschied zu pneumatischen Steuerungen elektrische Energie eingesetzt, um Signale zu erfassen, sie zu verarbeiten und als Befehle auszugeben.

2 Welche beiden Vorteile ergeben sich aus der elektrischen Signalverarbeitung?

Die elektrische Signalverarbeitung bietet den Vorteil, dass sie Informationen schneller verarbeiten und übertragen kann als es mit Druckluft möglich wäre. Dieser Vorteil wird besonders bei langen Wegen deutlich. Weitere Vorteile sind der geringe Wartungsaufwand und die im Verhältnis kostengünstigeren elektrischen Baugruppen.

3 Welche Bauteile stellen das Bindeglied zwischen der elektrischen Signalverarbeitung und dem pneumatischen Antrieb dar?

Das Bindeglied zwischen elektrischer Signalverarbeitung und dem pneumatischen Antrieb ist das elektrisch betätigte Wegeventil, das Magnetventil. Als Bindeglied erscheint es im Pneumatikplan und im Stromlaufplan.

4 Mechanische Signalgeber in elektrischen Steuerungen haben Kontaktpaare, die entweder als Schließer, Öffner oder Wechsler funktionieren. Erläutern Sie diese Funktionen kurz und geben Sie das jeweilige Schaltzeichen an.

Signalgeber	Schaltzeichen	Funktion
Schließer		Schließer schließen den Stromkreis. Kontaktbezeichnung 3 und 4
Öffner		Öffner öffnen den Stromkreis. Kontaktbezeichnung 1 und 2
Wechsler	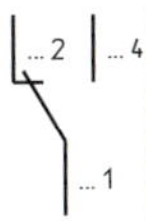	Wechsler wechseln zwischen zwei Strompfaden, indem sie einen Strompfad öffnen und den anderen schließen.

5 Welche Bedeutung hat in einem Stromlaufplan ein doppelter Pfeil neben einem elektrischen Signalgeber?

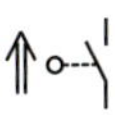

Es handelt sich bei dem dargestellten Signalgeber um einen Öffner, der momentan betätigt dargestellt ist. Er ist in Ruhestellung geschlossen.

6 Erläutern Sie den Unterschied zwischen Tastern bzw. Tastschaltern und Stellschaltern.

Taster oder Tastschalter (a) stellen sich nach dem Abbruch der Betätigung wieder zurück. Stellschalter (b) haben eine Raste und verbleiben in der Schaltstellung, bis sie erneut betätigt werden.

a)  b) 

7 Beschreiben Sie den Aufbau und die Funktion des abgebildeten elektrischen Bauteils.

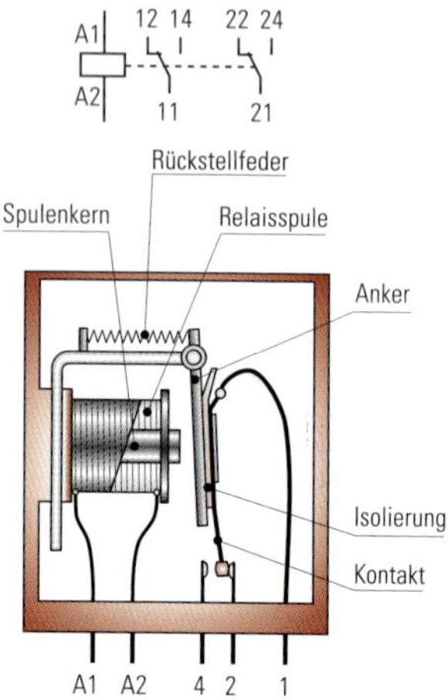

Ein Relais schaltet mechanische Kontakte elektrisch. Sie bestehen aus einer Magnetspule und mechanisch gekoppelten Kontaktpaaren. Wenn an die Relaisspule (Kontakte A1 und A2) eine Spannung angelegt wird, werden auf Grund der magnetischen Wirkung über einen Anker elektrische Kontakte betätigt. Diese sind entsprechend der Kennzeichnung in Aufgabe 4. gekennzeichnet, erhalten aber zusätzlich eine Ordnungsnummer.

8 Um eine einheitliche Darstellung von Stromlaufplänen zu ermöglichen, gelten allgemeine Regeln für das Erstellen. Nennen Sie vier der geltenden Regeln.

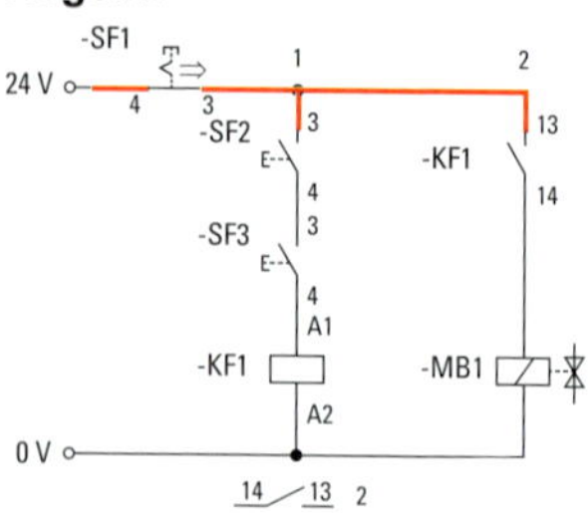

1. Im Stromlaufplan verläuft der Signalfluss von oben nach unten.
2. Die obere waagerechte Leiterbahn ist mit dem Pluspol einer Spannungsquelle verbunden, die untere mit dem Minuspol.
3. Die Stromwege sind geradlinig und im Verlauf parallel zu zeichnen und von links nach rechts fortlaufend zu nummerieren.
4. Schaltzeichen und Schaltelemente sind senkrecht darzustellen.
5. Die verwendeten Betriebsmittel werden mit einem Symbol dargestellt und sind zu kennzeichnen (siehe Aufgabe 2. Seite 181.).
6. Hauptstromkreis und Steuerstromkreis können getrennt angeordnet werden.

9 **Der Stromlaufplan der Paneelsäge in Aufgabe 60 zeigt als Alternative zur ODER-Verknüpfung aus Aufgabe 16. die logische UND-Verknüpfung der beiden Starttaster. Beschreiben Sie Umsetzung dieser Verknüpfung.**

Die beiden Taster -SF2 UND -SF3 sind in Reihe geschaltet. Erst wenn beide Taster betätigt werden, wird der Anschluss des Relais -KF1 mit Strom versorgt.

3

10 **Erstellen Sie den Stromlaufplan für eine logische ODER-Verknüpfung zum Betätigen eines Magnetventils mit der Spulenbezeichnung -MB2.**

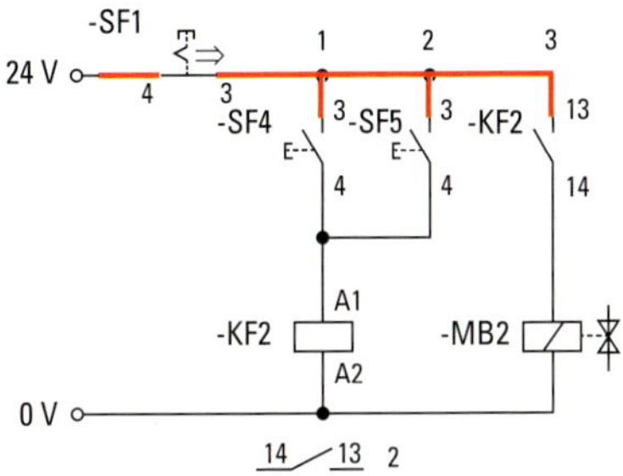

11 **Beschreiben Sie stichpunktartig die Planungsschritte für eine elektropneumatische Kontaktsteuerung.**

- Festlegen des Antriebsteils
- Analyse der Signalverknüpfungen
  a) Erstellen einer Zuordnungsliste
  b) Herausarbeiten der logischen Grundfunktionen und Erstellen eines Funktionsplans und einer Funktionstabelle
- Entwickeln der Steuerung
  a) Erstellen einer Geräteliste
  b) Erstellen des Pneumatikplans
  c) Erstellen des Stromlaufplans
  d) Kontrollieren der Steuerung mit einem Simulationsprogramm.

7 Speicherprogrammierte Steuerung (SPS)

1 Nennen Sie vier Gründe, die den immer stärkeren Verbreitungsgrad von speicherprogrammierten Steuerungen (SPS) im Vergleich zu verbindungsprogrammierten Steuerungen (VPS) erklären können.

- Mit einer SPS können umfangreiche Abläufe gesteuert und Signalgeber mit analogen und digitalen Eingängen erfasst und verarbeitet werden.
- Verzögerungen sind einfach zu programmieren und Signale können gezählt werden.
- SPS sind vernetzungsfähig (siehe Lernfeld 13 in Band 2) und können so über eine Datenleitung mit anderen Maschinen verbunden werden. Auch ein Zugriff von außen ist möglich.
- Die meisten SPS sind modular erweiterungsfähig und können der Steueraufgabe angepasst werden.
- Eine Großzahl von Bauteilen kann eingespart werden: Relais zur Signalspeicherung und Zeitsteuerung, Zweidruckventile, Wechselventile und aufwendige Verdrahtungen oder Verschlauchungen.

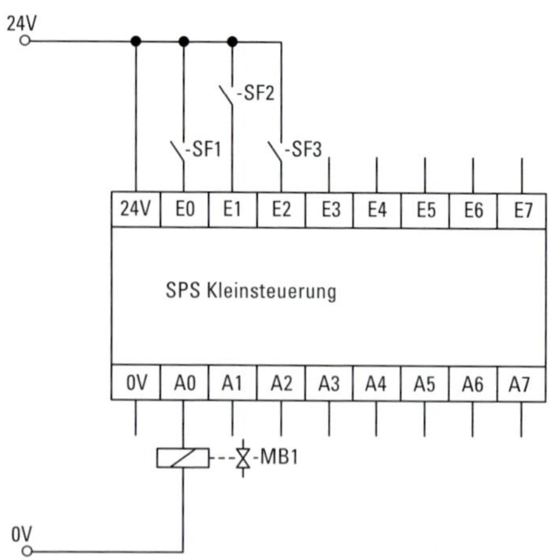

2 Auf welche Art von Tätigkeiten reduziert sich das Anschließen einer SPS im Vergleich zu einer VPS?

Der Anschluss einer SPS beschränkt sich auf das Verdrahten der Eingänge und der Ausgänge, das Anlegen einer Versorgungsspannung und gegebenenfalls das Aufstecken einer Datenleitung.

3 Die Programmierung einer SPS kann auf verschieden Art und Weise erfolgen. Nennen Sie zwei Möglichkeiten.

Für die Eingabe des Steuerprogramms, der Programmierung, dient ein PC, ein Handprogrammiergerät oder die Programmeingabe erfolgt direkt an der SPS.

4 Programme können in graphischen Sprachen, in Textsprachen und in einer Kombination aus beiden geschrieben werden. Nennen Sie ein Beispiel für eine graphische und eins für die Programmierung mit Text.

Die in der Fertigungstechnik gebräuchlichste graphische Programmiersprache ist die Funktionsbausteinsprache (FBS). Eine gebräuchliche Textsprache ist die Programmierung einer Anweisungsliste (AWL).

5 Welche Aussage lässt sich mit Bezug auf die Betriebssicherheit einer SPS im Vergleich zu einer VPS treffen?

Speicherprogrammierte Steuerungen besitzen eine höhere Betriebssicherheit, da weniger mechanische Bauteile zu weniger Betriebsausfällen führen.

8 Hydraulik

1 Grenzen Sie die Fluidtechnik der Hydraulik gegen die der Pneumatik ab.

- In hydraulischen Systemen wird Hydraulikflüssigkeit durch Rohre und Schläuche in einem geschlossenen Kreislauf aus einem Tank zu Antrieben und wieder zurück in den Tank gepumpt.
- Die Hydraulikflüssigkeit besitzt eine hohe Druckstabilität und ist so gut wie nicht komprimierbar. Sie kann zähflüssig sein und ihre Umweltschädlichkeit erfordert besondere Maßnahmen.
- Hydraulische Antriebe werden mit hohem Druck (p_e = 40 bis 250 bar) beaufschlagt und erzeugen bei kleinen Baugrößen hohe Kräfte.
- Weiterhin können sie Positionen auch unter Last genau anfahren. Die Kolbengeschwindigkeiten sind allerdings geringer als die der pneumatischen Antriebe.

2 Beide Techniken haben aber Gemeinsamkeiten. Nennen Sie zwei.

- In hydraulischen und pneumatischen Systemen gibt es viele Übereinstimmungen. So sind die verwendeten Symbole im Hydraulikplan nahezu identisch mit denen in der Pneumatik.
- Der Schaltplanaufbau gliedert sich ebenfalls von unten nach oben in einen Versorgungsteil, Steuerteil und Antriebsteil.

3 **Welche Aufgaben haben im folgenden Schaltplan die Bauteile:**

Hydraulische Steuerung mit Kennzeichnung nach ISO 1219-2 (siehe Aufgabe 4. Seite 182)

0.5, 0.3, 0.4, 0.1, 0.6, 0.2

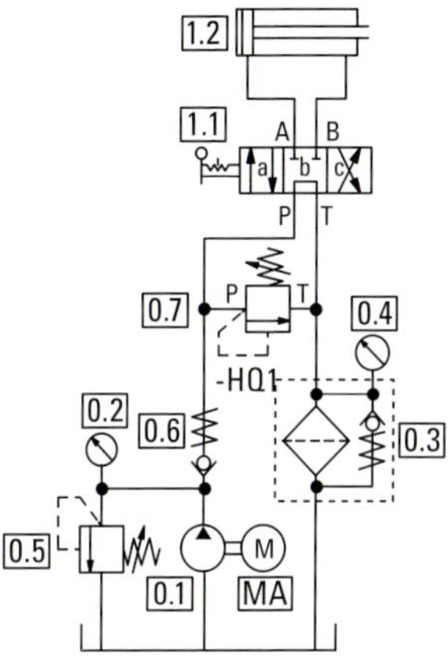

0.1 Pumpe: Alle Hydraulikpumpen arbeiten nach dem gleichen Prinzip. Das in der Saugleitung aufsteigende Öl wird in kleinen Kammern verschlossen und zur Druckseite gedrängt. Dort öffnen sich die Kammern und geben das Öl in die Förderleitung frei.

0.2 Druckanzeige: Manometer zur Überwachung des Drucks in den Hydraulikleitungen und zur Kontrolle der Funktion des Druckbegrenzungsventils 0.5

0.4 Manometer: Manometer sind Anzeigegeräte, die den in den Leitungen herrschenden Betriebsdruck anzeigen.

0.5 Druckbegrenzungsventil: Es befindet sich an der Pumpeneinheit und erfüllt im Normalbetrieb eine Sicherheitsfunktion. Es schützt die Pumpe, indem es sich beim Überschreiten des maximal zulässigen Pumpendruckes öffnet und unzulässige Druckspitzen abbaut.

0.3 Rücklauffilter mit Rückschlagventil: Er sitzt in der Rücklaufleitung zum Tank. Festpartikel im Hydrauliköl verursachen Verschleiß und führen zu Störungen. Filter fangen sie ab und erhöhen so die Betriebssicherheit der Anlage.

0.6 Rückschlagventil: Im ausgeschalteten Zustand verhindert das Rückschlagventil, dass Flüssigkeit durch die Pumpe in den Tank zurückläuft.

4 Vervollständigen Sie die Bezeichnungen der hydraulischen Versorgungseinheit und erläutern Sie die Funktion der Bauteile ① und ②.

① An einer Füllstandsanzeige kann die vorhandene Flüssigkeitsmenge abgelesen werden und ein Thermometer gibt die Öltemperatur an.
② Das Absetzblech im Tank baut die schnellen Bewegungen der zurückströmenden Flüssigkeit ab und fördert das Entweichen von Gasen und die Rückbildung eventuell vorhandenen Schaums.
③ Saugfilter
④ Hydropumpe
⑤ Elektromotor

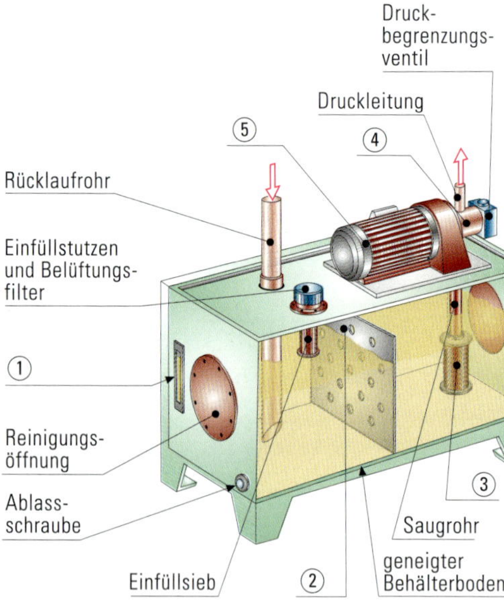

5 Welcher Druck ist dafür verantwortlich, dass bei laufender Hydraulikpumpe die Hydraulikflüssigkeit in der Saugleitung aufsteigt?

Der atmosphärische Druck p_{amb} der Luft ist verantwortlich für das Aufsteigen der Flüssigkeit in die Saugleitung. Er drückt das Öl durch die Saugleitung hoch zur Pumpe.

6 Welche Gefahr entsteht für die Hydropumpe, wenn das Fördervolumen der Pumpe zu groß wird?

Bei zu großen Fördermengen der Pumpe fließt zu wenig Flüssigkeit nach, sodass sich Gasbläschen bilden können, die in der Pumpe zu Druckschlägen führen und diese beschädigen können.

7 Beschreiben Sie mithilfe der Abbildung die Funktion der außenverzahnten Zahnradpumpe.

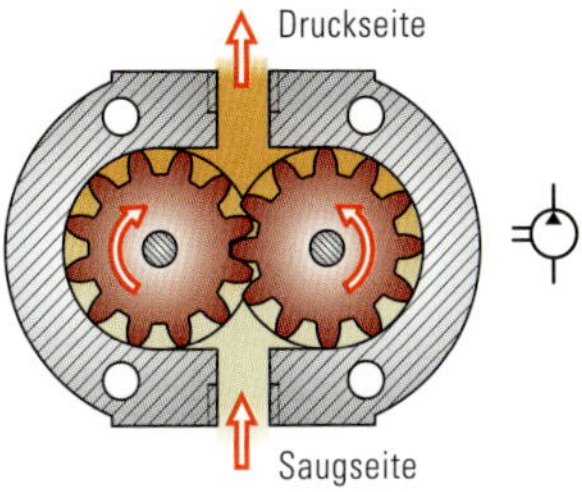

Der Antriebsmotor treibt über eine elastische Kupplung eines der beiden Zahnräder an. Auf der Saugseite öffnen sich durch die Drehbewegung Zahnkammern. Der atmosphärische Druck p_{amb} füllt sie mit Flüssigkeit. Die Zahnräder drängen die Flüssigkeit zur Druckseite und geben sie dort frei.

8 Beschreiben Sie die Funktionsweise eines Druckbegrenzungsventils in hydraulischen Systemen.

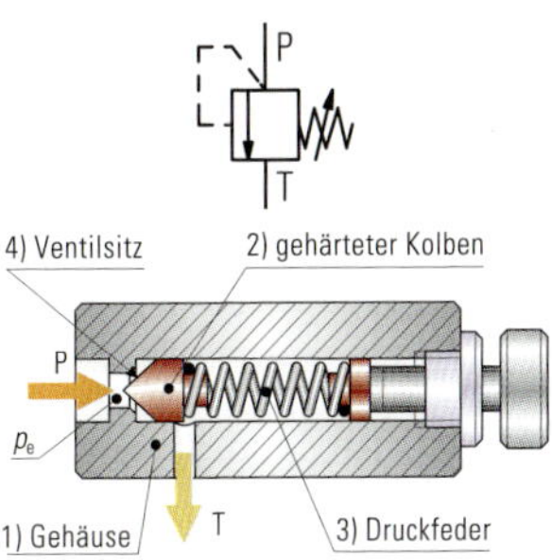

Erreicht der Flüssigkeitsdruck den Öffnungsdruck p_e, so wird der Kegel gegen die Federkraft abgehoben und der Weg zur Tankleitung (T) wird frei. Der überschüssige Volumenstrom fließt ab und der Druck steigt nicht weiter an. Die einstellbare Vorspannung der Feder bestimmt die Höhe des Öffnungsdruckes.

9 Begründen Sie, warum im hydraulischen Schaltplan in Aufgabe 3 zwei Druckbegrenzungsventile eingebaut sind.

Eingestellt auf den maximalen Betriebsdruck begrenzt das Druckbegrenzungsventil 0.7 die Belastung des Gesamtsystems und die Höhe der Kolbenkraft. Fällt das Ventil jedoch aus oder ist es falsch eingestellt, so kann der Druck in einem System so stark ansteigen, dass die Pumpe zerstört wird. Als Überlastungsschutz ist deshalb ein weiteres Druckbegrenzungsventil 0.5 zusammen mit einem Manometer 0.2 zur Überwachung montiert.

10 Nehmen Sie zu der Aussage Stellung, dass Flüssigkeiten, also auch Hydraulikflüssigkeiten, nicht komprimierbar (inkompressibel) sind, da sich die Moleküle von Flüssigkeiten sehr nahe beieinander befinden.

Gasmoleküle können sich völlig frei bewegen, wodurch sie sehr gut komprimierbar sind. Obwohl es heißt, dass Flüssigkeiten nicht komprimierbar sind, verringert sich ihr Volumen pro 100 bar um ca. 1 %. In langen Rohrleitungen mit geringem Querschnitt wirkt die Flüssigkeit deshalb bei hohem Druck wie eine Druckfeder. Dieser Effekt wird verstärkt, wenn elastische Schlauchleitungen statt Rohrleitungen verwendet werden.

11 Nennen Sie zwei Eigenschaften, die eine gute Hydraulikflüssigkeit ausmachen.

Hydraulikflüssigkeiten sollten alterungsbeständig und korrosionshemmend sein und eine möglichst konstante Viskosität (Zähflüssigkeit) besitzen.

9 Gebundene Aufgaben zu Lernfeld 3, Kapitel 4 bis 8

(Lösungen zu den gebundenen Aufgaben siehe Seite 198)

1 Der Zylinder -MM1 soll, nachdem die Ventile -SJ1 und -SJ2 gleichzeitig kurz betätigt werden, ausfahren und nach Erreichen der vorderen Endlage wieder einfahren. Welchen Fehler hat die abgebildete Schaltung?

1: Die Anschlüsse der Arbeitsleitungen zwischen dem Ventil -QM2 und dem Zylinder -MM1 sind vertauscht.
2: Das Ventil -BG2 wird erst kurz vor Erreichen der vorderen Endlage betätigt.
3: Es ist keine Zuführleitung zwischen der Druckquelle und dem Ventil -KH1 vorgesehen.
4: Es ist als Stellglied ein 5/2-Wegeventil vorgesehen.
5: Das Ventil -BG1 ist in der Ausgangsstellung nicht betätigt.

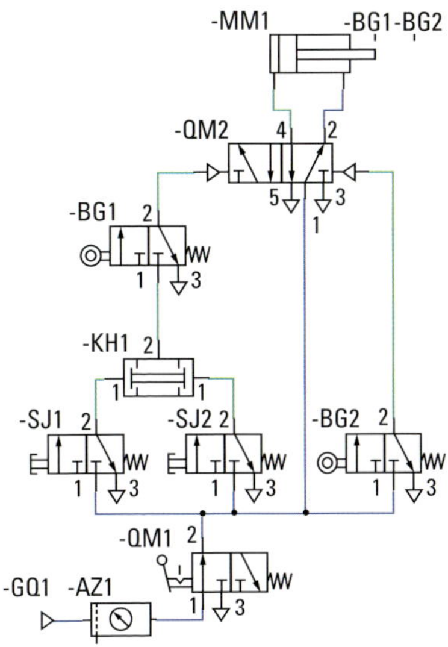

2 Durch eine Verengung in einem Rohr fließt eine Flüssigkeit. Welche Behauptung ist richtig?

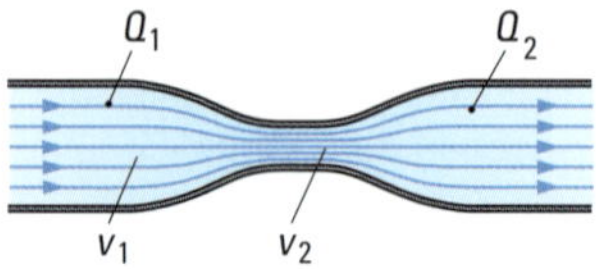

1: In der Verengung sinkt die Viskosität der Flüssigkeit.
2: Der Volumenstrom Q_2 hinter der Verengung ist kleiner als der Volumenstrom Q_1 vor der Verengung.
3: Die Strömungsgeschwindigkeit v_2 ist kleiner als v_1.
4: Die Strömungsgeschwindigkeit v_2 ist größer als v_1.
5: In der Verengung tritt keine Reibung auf.

3 Welche Aussage über Steuern und Regeln ist richtig?

1: Unter Steuern versteht man die automatische Einstellung eines Sollwerts durch eine Rückkopplung.
2: Unter Regeln versteht man die kontinuierliche Erfassung einer physikalischen Größe.
3: Unter Regeln versteht man die Umformung analoger in digitale Signale.
4: Unter Regeln versteht man die Einhaltung von Sollwerten durch kontinuierliches Messen und Vergleichen von Soll- und Istwerten.
5: Bei einem Härteofen mit Thermostat ist der Temperaturfühler eine Regelgröße.

4 Eine Pneumatikanlage hat gegenüber einer Hydraulikanlage Vorteile und Nachteile. Was muss als großer Nachteil bewertet werden?

1: die Kompressibilität der Druckluft
2: die großen Kolbengeschwindigkeiten
3: die fehlenden Rücklaufleitungen
4: die Notwendigkeit der Druckluftfilterung
5: die Überlastbarkeit der Anlage

5 Der Zylinder -MM2 fährt ein. Durch welche Bauteile strömt das Hydrauliköl in den Tank zurück?

1: Ventil -RM1, Ventil -QM1, Tank
2: Ventil -BG1, Ventil -QM1, Filter -HQ1
3: Ventil -RM1, Ventil -QM1, Pumpe
4: Ventil -BG1, Ventil -QM1, Tank
5: Ventil -RM1, Ventil -QM1, Filter -HQ1

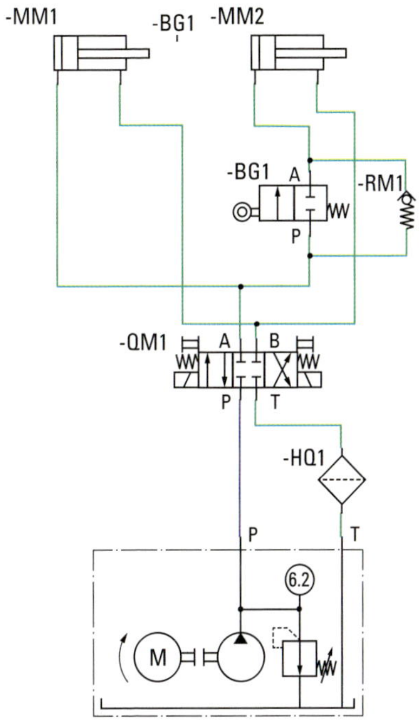

Lösungen zu den gebundenen Aufgaben:

1 5

2 4

3 4

4 1

5 5

1 Warten technischer Systeme

1.1 Grundlagen der Instandhaltung

1 Erläutern Sie, warum ein Betrieb im Rahmen des Qualitätsmanagements Instandhaltungsmaßnahmen durchführen sollte.

Störungen können den betrieblichen Ablauf empfindlich beeinflussen. Diese Störungen ziehen zusätzliche Kosten nach sich. Zudem können Lieferverzögerungen und Ärger mit Kunden entstehen.

2 Welche direkte Konsequenz hat es für Sie, wenn das Qualitätsmanagement Instandhaltungsmaßnahmen vorsieht?

Für mich bedeutet das, dass ich zunächst einmal dafür verantwortlich bin, dass die Betriebsmittel, also Werkzeuge, Anlagen usw., mit denen ich selbst arbeite, durch fachgerechte Wartung einsatzbereit sind und bleiben.

3 Wie wird verfahren, wenn trotz vorbeugender Maßnahmen Werkzeuge oder Anlagen ausfallen?

Sollten diese trotz aller vorbeugenden Maßnahmen schadhaft oder sogar unbrauchbar sein, müssen sie unverzüglich instandgesetzt werden.

4 Alle Maßnahmen, die im Zuge von Instandhaltungsmaßnahmen erfolgen, können einem von vier Bereichen zugeordnet werden. Nennen Sie diese vier Bereiche.

- Wartung
- Inspektion
- Instandsetzung
- Verbesserung

5 Nennen Sie wenigstens drei Instandhaltungstechniken.

- Instandhaltungstätigkeiten wie Reinigen, Schmieren, Inspizieren
- Zustandsüberwachung
- Analyse von Ausfallursachen
- instandhaltungsgerechte Konstruktion

6 Nennen Sie zwei Gründe für den Wandel und die Entwicklung der Instandhaltungskonzepte.

- zunehmende Komplexität und Mechanisierung der Betriebsmittel
- Ausfälle führen zu immer höheren Kosten
- zunehmende Kosten der Instandhaltung

7 Nennen Sie zwei Bereiche innerhalb einer Betriebsstruktur, die entscheidenden Einfluss auf die Instandhaltung innerhalb eines Betriebs haben.

Das Qualitätsmanagement und die Konstruktion haben entscheidenden Einfluss auf die Instandhaltung.

8 Wie kann die Konstruktion positiven Einfluss auf die Instandhaltung nehmen?

Der Instandhaltungsaufwand wird verringert, wenn bei der Konstruktion eines technischen Systems auf eine instandhaltungsarme Konstruktion geachtet wird.

1.2 Arbeitssicherheit im Instandhaltungswesen

1 Die Grafik zeigt die prozentuale Verteilung von tödlichen Arbeitsunfällen in den verschiedenen Bereichen eines industriellen Betriebs. Nennen Sie die drei Bereiche, in denen die meisten Unfälle passieren.

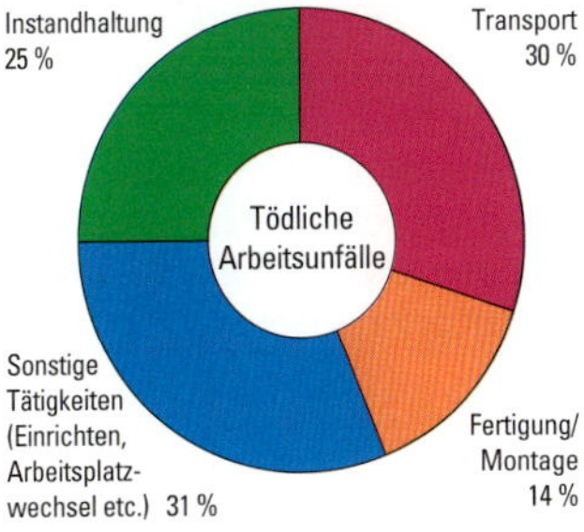

Im Bereich Transport geschehen 30 % aller Arbeitsunfälle.
Im Bereich Instandhaltung geschehen 25 % aller Arbeitsunfälle.
Im Bereich Fertigung geschehen 14 % aller Arbeitsunfälle.

2 Die hohe Prozentzahl der tödlichen Arbeitsunfälle im Instandhaltungsbereich ist darauf zurückzuführen, dass die Instandhalter besonderen Gefahren ausgesetzt sind. Nennen Sie mindestens fünf dieser Gefahren.

- Arbeiten mit gefährlichen Stoffen
- Prüfen anlaufender Maschinen
- Gefahr durch Improvisation
- Gefahr durch mangelnde organisatorische und technische Vorbereitung
- Arbeiten unter schwierigen Bedingungen
- Arbeiten unter Zeitdruck

3 Nennen Sie drei Stoffe, die immer wieder zu schweren Arbeitsunfällen im Bereich der Instandhaltung führen.

- giftige Gase
- giftige oder heiße Dämpfe
- heiße Flüssigkeiten

4 Instandhaltungsarbeiten unter Zeitdruck auszuführen führt oftmals zu folgeschwerem Fehlverhalten des Instandhaltungspersonals. Geben Sie drei Beispiele für ein solches Fehlverhalten.

- Steuerungselemente werden unbeabsichtigt ausgelöst
- Sicherungsmaßnahmen gegen selbsttätiges Einschalten von Anlage werden nicht ergriffen
- fehlende Sicherungen gegen Einschalten von Anlagen durch Dritte werden nicht gesetzt

5 Da Instandhalter bei ihrer Arbeit besonderen Gefahren ausgesetzt sind, gibt es eine Rangfolge der Sicherheit zum Schutz vor gefährlichen Maschinenbewegungen. Nennen Sie die ersten beiden Maßnahmen.

Rang 1: Um die Gefährdung möglichst niedrig zu halten, sind während der Instandhaltungsarbeiten die Anlagen stillzulegen.
Rang 2: Wenn der Arbeitsablauf zur Fehlersuche an einer laufenden Maschine beobachtet werden muss, ist ein Sicherheitsabstand einzuhalten. Ist die Beobachtung aus einer sicheren Entfernung nicht möglich, so sind dieselben Schutzeinrichtungen zu verwenden, die auch beim Fertigungsablauf erforderlich sind.

6 Erläutern Sie, was vor geplanten Instandhaltungstätigkeiten zu tun ist, um die Forderung von Rang 1 zu erfüllen?

Die Anlage muss gegen selbstständiges Einschalten gesichert sein. Ebenso muss ein Einschalten der Anlage durch unbefugte Personen verhindert werden.

7 Wie kann der abgebildete Hauptschalter einer Anlage vor geplanten Instandhaltungsmaßnahmen gegen das unbeabsichtigte Einschalten gesichert werden?

Ein unbefugtes, irrtümliches und unerwartetes Ingangsetzen von Anlagen kann nur durch Ausschalten und Abschließen des Hauptschalters sichergestellt werden. Zusätzlich ist eine Beschriftung anzubringen, die aussagt, wer die Berechtigung zum Öffnen des Schlosses hat.

8 Nennen Sie zwei Schutzeinrichtungen für den Rang 2 von Instandhaltungsmaßnahmen.

- trennende Schutzeinrichtungen (Verkleidungen, Verdeckungen, Umzäunungen oder Umwehrungen
- ortsbindende Schutzeinrichtungen, insbesondere Zweihandschaltungen
- Schutzeinrichtungen mit Annäherungsreaktion, insbesondere Lichtvorhang, Lichtschranke oder Schaltmatte

9 Wie verhalten sich die Wichtigkeit der Ränge und die Gefährdung des Personals zueinander?

Sie verhalten sich zueinander gegenläufig.

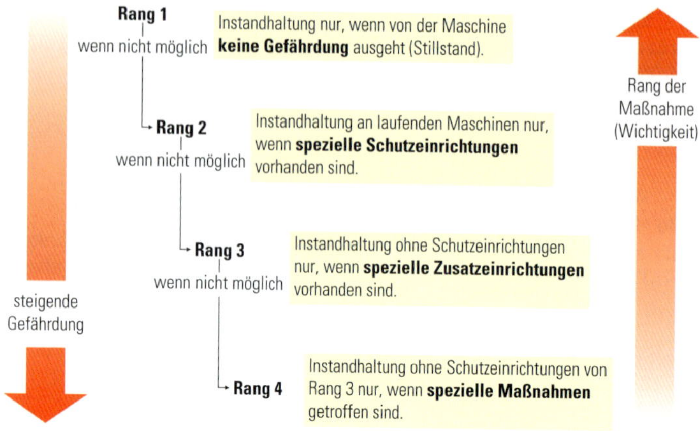

10 In welcher Relation steht der Schutz des Instandhaltungspersonals zum Schutz der Anlage?

Es gilt bei Instandhaltungsmaßnahmen der Grundsatz: Personenschutz geht vor Anlagenschutz.

11 Welche Bedeutung hat das abgebildete Gebotszeichen?

Das technische System ist vor Wartung oder Reparatur freizuschalten.

1.3 Grundlegende Begriffe der Instandhaltungstechnik

1 Definieren Sie den Begriff der Instandhaltung.

Die Instandhaltung umfasst alle Maßnahmen, die ein technisches System in einem funktionsfähigen Zustand erhalten oder diesen wieder herstellen.

2 Welches ist das oberste Ziel aller Instandhaltungsmaßnahmen?

Durch die Instandhaltungsmaßnahmen soll die Verfügbarkeit einer Anlage gesichert werden.

3 Erläutern Sie den Begriff der Verfügbarkeit von technischen Betriebsmitteln.

Die Verfügbarkeit einer Anlage oder eines Betriebsmittels ist ein Maß für die Dauer der Einsatzbereitschaft.

4 Welcher Zusammenhang besteht zwischen der Ausfallwahrscheinlichkeit und der Zuverlässigkeit eines technischen Systems?

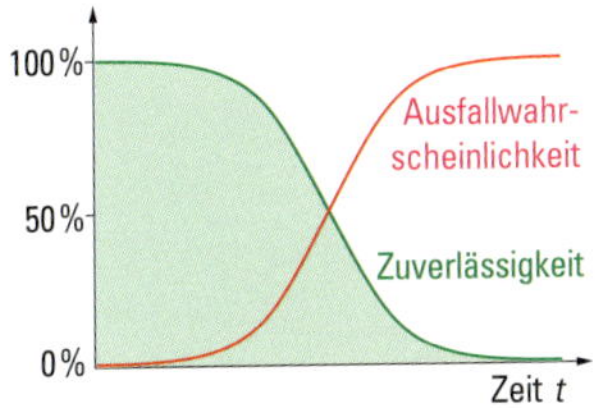

Zu Beginn des betrieblichen Einsatzes eines technischen Systems ist es unwahrscheinlich, dass es ausfällt. Im Laufe der betrieblichen Nutzung nimmt die Zuverlässigkeit ab, während die Ausfallwahrscheinlichkeit zunimmt.

5 Verfügbarkeitswerte von technischen Systemen über 85 % sind wünschenswert. Wie wird die Verfügbarkeit rechnerisch bestimmt?

Die Verfügbarkeit bestimmt sich aus der Einsatzzeit und Ausfallzeit.

$$\text{Verfügbarkeit} = \frac{\text{Einsatzzeit}}{\text{Einsatzzeit} + \text{Ausfallzeit}} \cdot 100\,\%$$

6 Beschreiben Sie den Begriff des *Abnutzungsvorrats*.

Der Abnutzungsvorrat eines technischen Systems ist ein Maß für die noch zu erwartende Lebensdauer. Je größer der Abnutzungsvorrat, desto länger kann ein technisches System seine Funktion erfüllen.

7 Welche der beiden Kurven zeigt den zeitlichen Verlauf des Abnutzungsvorrats eines technischen Systems, das gewartet wird?

Kurve ② zeigt ein technisches System, bei dem Instandhaltungsmaßnahmen durchgeführt werden.

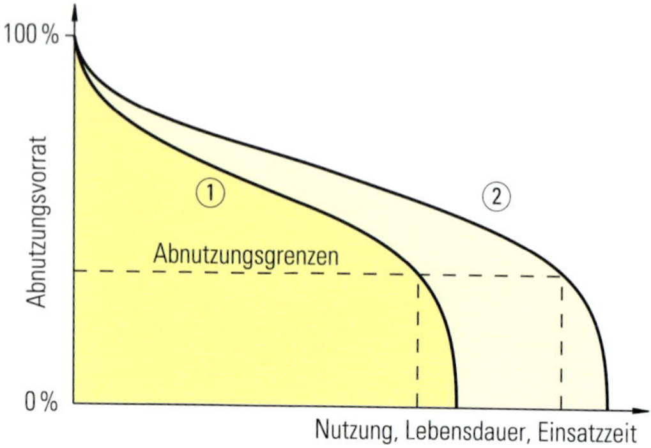

8 Lässt sich die Abnutzung eines technischen Systems komplett vermeiden? Begründen Sie.

Jedes technische System nutzt sich im Laufe der Zeit ab. Das heißt, Abnutzung ist unvermeidbar. Abnutzungsvorgänge können z. B. hervorgerufen werden durch Reibung oder Korrosion.

9 Jedes technische System hat eine begrenzte Lebensdauer. Nennen Sie drei Einflussfaktoren, die die Lebensdauer eines Systems negativ beeinflussen.

- Die gewünschte Lebensdauer wird nicht erreicht, wenn das System zu hoch beansprucht wird.
- Die angestrebte Lebensdauer wird nicht erreicht, wenn ein ungeeigneter Werkstoff ausgewählt wurde.
- Wenn bei der Fertigung die vorgeschriebenen Toleranzen, Oberflächengüten und Fertigungsverfahren (Produktionsqualität) nicht eingehalten werden, sinkt die Lebensdauer eines technischen Systems.

10 Nennen Sie drei Einflussfaktoren, die die Lebensdauer eines Systems positiv beeinflussen.

- Geeignete Instandhaltungsmaßnahmen verlängern die Lebensdauer.
- Fachgerechte Lagerung und fachgerechter Transport verlängern die Lebensdauer.
- Ein Unternehmen, das die Anforderungen der Kunden berücksichtigt, wird bei den hergestellten Produkten Qualitätsprüfungen durchführen. Dadurch ist eine höhere Lebensdauer gewährleistet.

1.4 Ziele der Instandhaltung

1 Welche Ziele neben der Sicherung der Verfügbarkeit eines technischen Systems (siehe Aufgabe 2 Seite 204) verfolgt die Instandhaltung noch?

Neben der Funktionsfähigkeit verfolgt die Instandhaltung das Ziel, die Betriebssicherheit sicherzustellen. Ebenso muss die Instandhaltung, wie alle anderen Unternehmensbereiche, die entstehenden Kosten möglichst geringhalten (Gewinnmaximierung).

2 Welche der aufgeführten Aussagen helfen, die in Aufgabe 1 genannten Ziele zu erreichen?

a) Arbeitssicherheit kostet unnötig Geld.

b) Die Kosten für die Instandhaltung müssen zwingend geringgehalten werden.

c) Instandhaltungsmaßnahmen sichern den Wert der technischen Systeme eines Betriebs und gewährleisten ihre Betriebssicherheit.

Aussage c)

1.5 Instandhaltungskosten

1 Die Kosten der Instandhaltung hängen unmittelbar von der Anzahl der Instandhaltungsmaßnahmen und der Länge der Instandhaltungsintervalle ab. Beschreiben Sie mit *je …, desto …* die direkten Auswirkungen der beiden Einflüsse auf die Instandhaltungskosten.

Je länger die Instandhaltungsintervalle sind, desto geringer sind die Instandhaltungskosten.
Je weniger Instandhaltungsmaßnahmendurchgeführt werden, desto geringer sind die Instandhaltungskosten.

2 Beschreiben Sie anhand des Bilds, welche Konsequenz es hat, wenn die Instandhaltungskosten durch lange Instandhaltungsintervalle oder wenig Instandhaltungsmaßnahmen geringgehalten werden.

Durch die langen Instandhaltungsintervalle und geringe Anzahl an Instandhaltungsmaßnahmen treten mehr Maschinenausfälle ein und die Ausfallkosten sind sehr hoch.

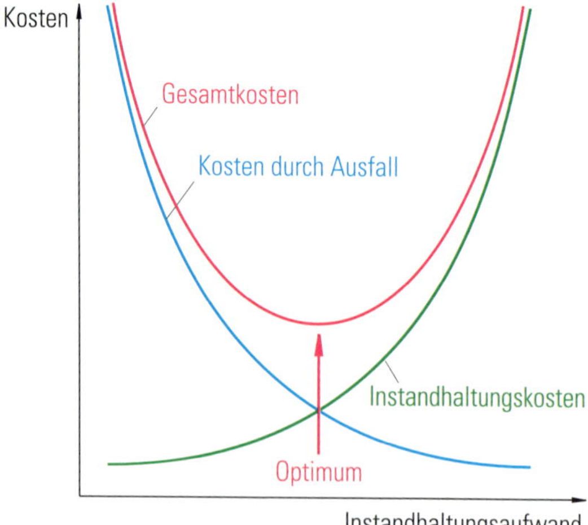

3 Wie lässt sich der Punkt des Optimums der Gesamtkosten im Bild von Aufgabe 2 beschreiben?

Das Optimum der Gesamtkosten stellt den Punkt dar, bei dem die Summe aus den Kosten für die Instandhaltungsaktionen und den Kosten für die Ausfälle ein Minimum betragen.

4

a) Stellen Sie den Betrag der Gesamtkosten der Instandhaltung als mathematische Summe dar.

b) Nennen Sie zudem den Kostenbereich, dem diese Kosten bei einer Kalkulation zugerechnet werden.

a) Gesamtkosten = Instandhaltungskosten + Kosten durch Ausfall

b) Die Instandhaltungskosten werden nicht dem Produkt direkt zugerechnet, sondern gehören innerhalb einer Kalkulation zu den Gemeinkosten.

5 Der Kostenaufwand für Instandhaltungsmaßnahmen verhindert in etwa Kosten in drei- bis fünffacher Höhe, die bei der Beseitigung von Störungen und Systemausfällen entstehen. Wie viel Prozent der dabei entstehenden Personalkosten entfallen auf Personen, die ausschließlich Instandhaltungsmaßnahmen durchführen?

81 % der durch Instandhaltung entstehenden Personalkosten entfallen auf Personen, die ausschließlich Instandhaltungsmaßnahmen durchführen.

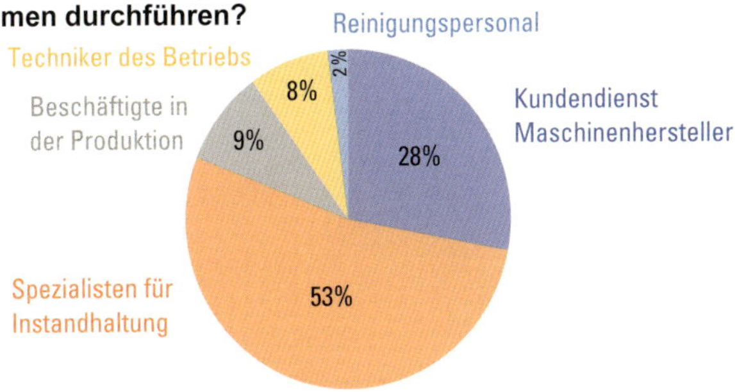

1.6 Instandhaltungsmaßnamen

1 Warum ist es sinnvoll zwischen verschiedenen Instandhaltungsmaßnahmen zu unterscheiden?

Eine Unterscheidung ist nötig, da die Kosten für die vier Grundmaßnahmen Wartung, Inspektion, Instandsetzung und Verbesserung getrennt abgerechnet werden.

2 Welchem der vier in Aufgabe 1 genannten Bereiche sind die Instandhaltungsmaßnahmen, die bei den abgebildeten technischen Systemen nötig sind, zugeordnet?

a)

b)

c)

a) Wartung

b) Verbesserung

c) Inspektion

2. Wartung

1 Beschreiben Sie, welche Gemeinsamkeiten alle Tätigkeiten haben, die im Zusammenhang mit Wartung an einem technischen Gerät durchgeführt werden.

Alle Tätigkeiten und Maßnahmen des Wartens sind regelmäßige und vorbeugende Instandhaltungsmaßnahmen, die Ausfälle verhindern sollen. Routinemäßige Wartungstätigkeiten pflegen die Anlagen. Die Lebensdauer eines technischen Systems wird dadurch verlängert.

2 Nennen Sie fünf Tätigkeiten, die unter den Begriff der Wartung fallen.

- Reinigung z. B. von Werkzeugen, Arbeitsflächen, Produktionsmaschinen, Kontakten und Sichtfenstern
- Austausch z. B. von Schläuchen und Filtern
- Konservierung von Maschinenelementen
- Kontrolle von Ölständen
- Ergänzung z. B. von Fetten, Ölen und Kühlschmierstoffen
- Schmierung z. B. von Lagern und Führungen

3 Welchen Stellenwert hat bei anstehenden Wartungstätigkeiten der Wartungsplan?

Damit technische Systeme fachgerecht gewartet werden können, ist als erstes der Wartungsplan zu lesen.

4 Welche Inhalte stellt ein Wartungsplan bereit?

Der Wartungsplan beschreibt, wann welche Anlagenteile zu warten sind. Er nennt die dabei zu beachtenden Sicherheitshinweise und enthält oftmals auch Hinweise zur Durchführung der Wartung.

5 Welche Maßnahmen gehören neben dem Lesen des Wartungsplans noch zur Vorbereitung von Wartungstätigkeit?

Vor Beginn der Tätigkeiten müssen die notwendigen Betriebsmittel bereitgestellt werden und alle festgelegten Sicherheitshinweise eingehalten werden.

2.1 Wartungstätigkeiten

1 Eine der wichtigsten Maßnahmen zur Funktionserhaltung ist das Reinigen der Arbeits- und Produktionsmittel nach deren Benutzung. Nennen Sie Gründe dafür, warum das Reinigen der Arbeits- und Produktionsmittel als Wartungsmaßnahme direkten Einfluss auf die Produktivität und damit den Erfolg eines Unternehmens hat.

Während der Produktionsprozesse entstehen durch Verschleiß sowohl an Maschinen, Anlagen als auch im Produktionsumfeld Rückstände und Ablagerungen. Diese Verschmutzungen haben Auswirkungen auf die Qualität der Produkte und können zu Anlagenausfällen führen, die den gesamten Produktionsprozess behindern.

2 Nennen Sie zwei weitere positive Effekte, die das Reinigen als Wartungsmaßnahme, neben dem Erhalt der Produktivität hat.

Saubere und gereinigte Produktionsanlagen und -mittel leisten einen wichtigen Beitrag zur Arbeitssicherheit und zum Umweltschutz.

3 Aus welchem Grund darf zur Reinigung von Werkzeugmaschinen keine Druckluft eingesetzt werden?

Bei Werkzeugmaschinen darf zur Reinigung der Arbeitsflächen keine Druckluft verwendet werden, weil die Späne leicht zwischen Führungsbahnen gedrückt werden können. Dies führt zur Beschädigung der Flächen und damit zu erhöhter Abnutzung.

4 Bohrmaschinen, Drehmaschinen und Fräsmaschinen müssen von Spänen befreit werden. Nennen Sie drei Hilfsmittel, mit denen Sie die Späne fachmännisch entfernen können.

Zum Reinigen dieser Maschinen werden Spanhaken, Pinsel, Handfeger und Schaufel benutzt. An schwer zugänglichen Stellen kann ein Industriestaubsauger benutzt werden.

5 Aus welchem Grund dürfen Späne niemals von Hand entfernt werden?

Wegen der Verletzungsgefahr sind Späne niemals mit der Hand zu entfernen.

6 Wie wird ein solch abgebildeter Metallfilter gereinigt und welche persönliche Schutzausrüstung ist dabei zwingend zu tragen?

Metallfilter werden meist mit Druckluft gereinigt. Dabei ist zwingend eine Schutzbrille zu tragen.

In einigen Fällen wird warmes Wasser oder eine Seifenlauge verwendet. Bei der Reinigung mit Seifenlauge ist das Filterelement anschließend mit klarem Wasser auszuspülen. Nach der Reinigung dürfen die Filter nur im trockenen Zustand montiert werden.

7 Zur Reinigung des Arbeitsraumes einer Werkzeugmaschine werden häufig elektrisch angetriebene Geräte verwendet. Nennen Sie drei solcher Geräte.

Elektrisch betriebene Reinigungsgeräte sind Wasserhoch- und höchstdruckreiniger, Dampfreinigungsgeräte und Trockeneisstrahlgeräte.

8 Angetrocknete bzw. hartnäckige Verunreinigungen an Arbeitsgeräten und -maschinen werden oftmals mit den von den Herstellern empfohlenen Reinigungsmitteln entfernt. Nennen Sie zwei Gruppen von Reinigungsmitteln, die dabei eingesetzt werden.

Das ungefährlichste Reinigungsmittel ist Wasser. Stark fetthaltige Verschmutzungen können jedoch mit Wasser nicht entfernt werden. Deshalb werden häufig chemische Reinigungsmittel verwendet.

9 Chemische Reinigungsmittel unterscheiden sich in ihrer Zusammensetzung stark. Von der jeweiligen Zusammensetzung hängt der Gefährdungsgrad und das Anwendungsgebiet des Reinigungsmittels ab. Wo und welche Art von Informationen können Sie über den Gefährdungsgrad eines Reinigungsmittels finden? Wer hat Zugang zu diesen Informationen?

Für jedes chemische Reinigungsmittel gibt es ein Sicherheitsdatenblatt. Es informiert über:

- die chemische Zusammensetzung
- Eigenschaften wie Dichte oder Zündtemperatur
- Erste-Hilfe-Maßnahmen
- Transport-, Lagerungs- Entsorgungsvorschriften
- Verhaltensregeln beim Verschütten, Vergießen oder Verdampfen des Reinigungsmittels (unbeabsichtigte Freisetzung).

Es ist Pflicht, das Sicherheitsdatenblatt zu dem jeweiligen gefährlichen Stoff entlang der Lieferkette weiterzugeben. Der Ersteller bzw. Importeur ist verpflichtet, das Sicherheitsdatenblatt zu erstellen. Ein Lieferant muss es an seine Abnehmer weitergeben.

10 Was gilt es zu beachten, wenn wegen eines Unfalls mit einem Reinigungsmittel ein Arzt aufzusuchen ist?

Wenn ein Arzt aufzusuchen ist, muss ihm der Name des Reinigungsmittels genannt und das Sicherheitsdatenblatt überreicht werden.

11 Welches Reinigungsmittel wird als ungefährlich bezeichnet? Welche Verschmutzungsarten lassen sich damit jedoch nicht reinigen?

Das ungefährlichste Reinigungsmittel ist Wasser. Stark fetthaltige Verschmutzungen können jedoch mit Wasser nicht entfernt werden.

12 Welche Erste-Hilfe-Maßnahmen sind gegebenenfalls beim Umgang mit einem Kohlenwasserstoffreiniger einzuhalten?

- verunreinigte Kleidungsstücke sofort wechseln
- bei Hautkontakt betroffene Stellen mit Wasser und Seife reinigen und anschließend einfetten
- bei Augenkontakt gründlich mit viel Wasser spülen und Arzt aufsuchen
- bei Verschlucken reichlich Wasser in kleinen Schlücken trinken, nicht Erbrechen, sofort Arzt aufsuchen

13 Nennen und erläutern Sie vier Wartungstätigkeiten, bei denen der Austausch von Teilen oder Betriebsstoffen der vorbeugenden Instandhaltung der technischen Systeme dient.

Wartungstätigkeiten der vorbeugenden Instandhaltung:

- Überalterte Kühlschmiermittel können ihre Funktion nicht erfüllen. Sie müssen abgesaugt und fachgerecht entsorgt werden.
- Filter schützen Druckluft und Öl vor Verschmutzungen. Sie sind regelmäßig auszutauschen.
- Schläuche von hydraulischen oder pneumatischen Anlagenkönnen mit zunehmender Einsatzzeit undicht werden. Das bedeutet eine Druckminderung im System. Sie sind deshalb regelmäßig zu kontrollieren und gegebenenfalls auszutauschen.
- Wendeschneidplatten eines Messerkopfes sind auszutauschen, wenn sie ihre Standzeit überschritten haben bzw. verschlissen sind.

14 Bei der Inspektion einer Säulenbohrmaschine entdecken Sie einen porösen Keilriemen und starken Abrieb im Gehäusedeckel. Wie verhalten Sie sich?

Er muss ausgetauscht werden. Nach Betätigen des NOT-AUS-Schalters, dem Lösen des Spannhebels und dem Wegschwenken der Schutzhaube kann der Keilriemen entfernt werden.

15 Worauf ist beim Einbau des neuen Keilriemens zu achten?

Beim Einbau des neuen Keilriemens ist darauf zu achten, dass:

- der Abrieb entfernt wird,
- die Keilriemenscheiben sauber sind,
- die Keilriemensorte des Ersatzriemens richtig gewählt wird,
- nach dem Spannen der eingebaute Keilriemen auf der Antriebs- und der Abtriebsseite auf gleicher Höhe ist.

16 Im Pneumatikplan einer Produktionsmaschine ist das abgebildete Symbol zu sehen. Um welchen Bestandteil der Wartungseinheit handelt es sich bei Komponente ① und welche Wartungstätigkeit muss an dieser von Zeit zu Zeit durchgeführt werden?

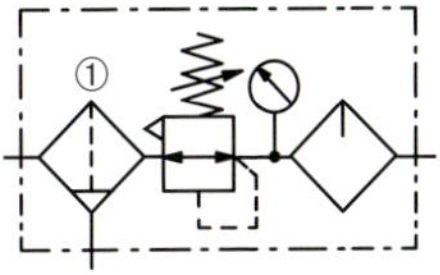

Komponente ① ist ein Filter mit Wasserabscheider. Sie hat die Aufgabe, Verunreinigungen sowie Kondensat aus der durchströmenden Druckluft zu entfernen. Das Kondenswasser muss in regelmäßigen Abständen abgelassen und der Filter gereinigt werden.

17 Wie verfahren Sie mit dem abgelassenen Kondenswasser aus Aufgabe 14?

Das Kondensat muss in einem geeigneten Behälter aufgefangen werden. Es muss fachgerecht entsorgt werden, weil es Ölrückstände beinhalten kann.

18 Aus welchem Grund ist jeder pneumatischen Anlage ein Filter mit Wasserabscheider vorgeschaltet?

Zu große Feuchtigkeitsmengen in der Druckluft setzen die Lebensdauer pneumatischer Systeme durch Korrosionsbildung herab. Ungefilterte Luft enthält Partikel, die den Verschleiß an bewegten Teilen der pneumatischen Anlage erhöhen und damit die Lebensdauer der Komponenten verringern können.

19 Welchen Grund hat es, dass Werkzeuge und Bauteile, die für den Verkauf gedacht sind oder längere Zeit gelagert werden, konserviert werden und wie kann dies praktisch durchgeführt werden?

Die genannten Teile werden konserviert, um sie vor Korrosion zu schützen. Das kann z. B. durch Einölen mit Korrosionsschutzöl oder durch Eintauchen in Korrosionsschutzlack erfolgen. Metalloberflächen sind nach der Reinigung einzuölen, um Korrosion zu vermeiden.

20 Beschreiben Sie, welchem Zweck das abgebildete Schauglas an einer Werkzeugmaschine dient?

Der Ölstandanzeiger dient zur Kontrolle des Ölstands in der Werkzeugmaschine (z. B. Getriebe). Die vorhandene Ölmenge muss zwischen den beiden Begrenzungslinien liegen. Ist der Ölstand unterhalb der unteren Begrenzungslinie, muss Öl nachgefüllt werden, ist er oberhalb der oberen Begrenzungslinie ist zu viel Öl im Behälter. Um die Funktionsfähigkeit einer Anlage gewährleisten zu können, ist bei einem erhöhten Ölstand Öl abzulassen oder abzusaugen.

21 Wie hoch muss der Ölstand mindestens sein, wenn keine Begrenzungslinien am Schauglas angebracht sind?

Wenn an einem Ölschauglas keine Begrenzungslinie vorhanden sind, muss der Ölstand bis zur Mitte des Ölschauglases reichen.

22 Sollte die Kontrolle des Ölstands vor oder nach Benutzung der Maschine erfolgen? Begründen Sie.

Der Ölstand wird immer zu Beginn einer Arbeit kontrolliert, wenn sich die Maschine noch im Stillstand befindet. Während und direkt nach dem Einsatz ist das Öl in Bewegung und verteilt sich beispielsweise im Getriebegehäuse. Es würden dann falsche Ergebnisse abgelesen werden.

23 Bei dem abgebildeten Vorschubgetriebe einer Drehmaschine muss ein Ölwechsel durchgeführt werden. Beschreiben Sie wann und wie Sie vorgehen.

Da betriebswarmes Öl besser fließt, ist der Ölwechsel direkt nach der Arbeit mit der Maschine durchzuführen. Schritte beim Ölwechsel:

1. Maschine ausschalten und gegen Einschalten sichern!
2. Die Öleinfüllschraube wird mit einem entsprechenden Schraubenschlüssel zur Belüftung herausgeschraubt.
3. Die Ölablassschraube wird mit einem entsprechenden Schraubenschlüssel gelöst und herausgedreht.
4. Das abfließende Öl wird in einem geeigneten Auffangbehälter gesammelt.
5. Ölschlamm wird mit frischem Getriebeöl ausgespült.
6. Die Ölablassschraube wird wieder mit einer neuen Dichtung eingeschraubt.
7. Die entsprechende Ölmenge wird mithilfe eines Trichters eingefüllt.
8. Die Öleinlassschraube wird wieder mit einer neuen Dichtung eingeschraubt.
9. Das Altöl wird fachgerecht gesammelt und entsorgt.

24 Einige Maschinenelemente, wie z. B. die Vorschubspindel einer Fräsmaschine, werden über Schmiernippel geschmiert. Die Reibstellen werden mithilfe einer Öl- oder Fettpresse geschmiert. Beschreiben Sie, wann dabei die richtige Menge an Schmierstoff erreicht ist.

Die richtige Schmierstoffmenge ist erreicht, wenn der Schmierstoff aus den Fügestellen herauszuquellen beginnt (drei bis vier Hübe mit der Öl- bzw. Fettpresse). Die Schmiernippel werden anschließend mit einem nichtfasernden Tuch gereinigt.

4

25 Die Abbildung zeigt den Schnitt durch einen Schmiernippel mit der Kupplung der Fettpresse. Beschreiben Sie, wie das Schmierfett aus der Fettpresse an die zu schmierende Reibstelle gelangt.

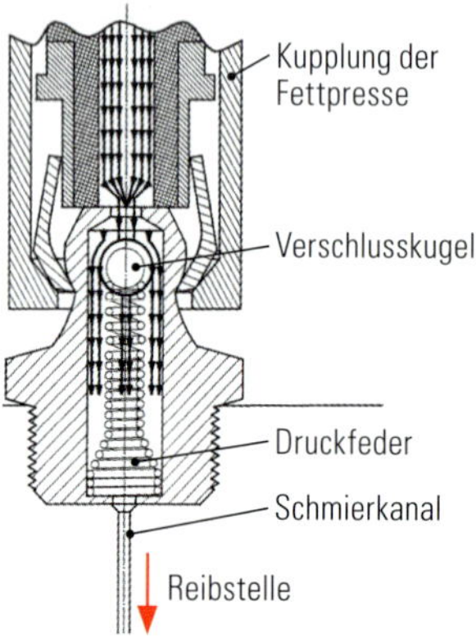

Im Vorratsbehälter der Fettpresse wird Druck aufgebaut. Dadurch fließt der Schmierstoff durch die Kupplung. Der fließende Schmierstoff drückt die Verschlusskugel gegen die Kraft der Druckfeder nach unten. So wird der Weg entlang der Druckfeder und durch den Schmierkanal zur Reibstelle freigegeben. Wird die Kupplung der Fettpresse vom Schmiernippel abgezogen, verschließt eine Druckfeder die Öffnung des Schmiernippels und verhindert so, dass Fremdkörper eindringen können und Fett austritt.

26 Welche Wartungstätigkeit ist vor dem Schmieren von Maschinenelementen durchzuführen? Nennen Sie zudem Hilfsmittel, die zum Schmieren von Maschinenelementen benötigt werden.

Die zu schmierenden Maschinenelemente müssen von Spänen und Schmutz befreit werden. Die benötigten Hilfsmittel sind Ölflasche mit Zerstäuber, Ölpressen, Fettpressen, Pinsel und nichtfasernde Tücher.

2.2 Sammlung und Entsorgung

1 Beschreiben Sie stichpunktartig den sachgerechten Umgang mit umweltbelastenden Abfällen wie Altöl und Reinigungsmitteln.

- Umweltbelastende Abfälle müssen gesondert gesammelt werden, sie dürfen auf keinen Fall in die Kanalisation gelangen.
- Lösungs- und Reinigungsmittel bestehen häufig aus Chlorwasserstoffen und sind besonders gefährlich, eingeatmete Dämpfe können Schädigungen an den Organen verursachen.
- Arbeiten mit Lösungs- und Reinigungsmitteln nur in gut durchlüfteten Räumen oder im Freien ausführen.
- Für die verschiedenen Stoffe sind unterschiedliche Behälter vorgesehen, sie dürfen nicht vermischt werden.

2 Nennen Sie drei gesundheitliche Gefahren, die beim Sammeln und Entsorgen von umweltbelastenden Abfällen bestehen.

- Überalterte Öle und Kühlschmierstoffe können Hauterkrankungen und juckende Ekzeme verursachen, wenn sie mit der Haut in Berührung kommen. Der Heilungsprozess der erkrankten Haut kann Jahre dauern!
- Reinigungsmittel können dauerhaft die Augen schädigen. Kommt es dennoch zu einem Unfall, ist das betroffene Auge sofort mit klarem Wasser auszuwaschen. Ein Augenarzt muss umgehend aufgesucht werden.
- In Werkstätten sind Getränke sowie der Verzehr von Lebensmitteln verboten, weil die schädigende Wirkung von chemischen Substanzen auch über Nahrungsmittel transportiert werden kann.

4

3 Wie werden überwachungsbedürftige Stoffe entsorgt?

Überwachungsbedürftige Stoffe werden zur Aufbereitung oder endgültigen Entsorgung als Sonderabfälle Spezialbetrieben wie z. B. Deponien oder Verbrennungsanlagen zugeführt.

4 Wer ist für den Nachweis der fachgerechten Entsorgung überholungsbedürftiger Stoffe verantwortlich?

Der Kunde, der die Entsorgung in Auftrag gegeben hat, ist nachweispflichtig.

5 Ordnen Sie den hier aufgeführten besonders überwachungsbedürftigen Abfällen die jeweils richtige Art der Entsorgung zu.

a) schmierstoffverunreinigte Papierfilter
b) schmierstoffverunreinigte Putzlappen und Pinsel
c) Metalldosen z. B. von Farben, Reinigern, Klebern, Rostentfernern
d) Getriebeöle, Hydrauliköle, Kompressoröle von Verdichtern und Verbrennungsmotoren
e) überalterte Kühlschmierstoffe aus mineralischen Ölen
f) Kondensate aus Kompressoren und Druckluftaufbereitungseinheiten

a) Sonderabfall, Abgabe an Spezialbetrieb
b) Sonderabfall, Abgabe an Spezialbetrieb
c) entleerte Dosen beim Schrotthändler abgeben
d) Rückgabe an den Lieferanten, nicht mit anderen Stoffen mischen
e) Rückgabe an den Lieferanten zur Verwertung, nicht mit Ölen Wasser, Emulsionen, Reinigern usw. mischen, weil sonst keine Verwertung möglich ist
f) Sonderabfall, Abgabe an Spezialbetrieb

6 Beschreiben Sie die fachgerechte Entsorgung von metallischen Spänen.

Späne sind ein wertvoller Rohstoff. Sie sind nicht wie Abfall zu behandeln. Späne sollten sortenrein in einem öldichten Behälter gesammelt werden, der ein Abtropfen des Kühlschmieröles ermöglicht. Das aufgefangene Öl kann aufbereitet wieder in den Kühlschmiermittelkreislauf zurückgeführt werden. Späne müssen sortenrein gesammelt werden, da eine Vermengung die Qualität des Rohstoffs beeinträchtigt.

7 Beschreiben Sie die fachgerechte Entsorgung von Kunststoffen.

Viele Kunststoffarten sind wiederverwertbar. Deshalb sollten Kunststoffe gesondert gesammelt werden. Die vorübergehende Lagerung von Kunststoffen ist relativ unproblematisch. Gefährlich werden Kunststoffe erst bei Bränden. Dann entstehen gesundheitsschädigende Flüssigkeiten, Gase und Dämpfe.

8 Beschreiben Sie die Bedeutung der folgenden Warn-, Verbots- und Gebotszeichen.

a) 
b) 
c) 
d) 

a) Augenschutz tragen
b) Schutzhandschuhe tragen
c) Essen und Trinken verboten
d) Warnung vor ätzenden Stoffen

2.3 Wartungspläne, Schmierpläne

1 Wo können Sie sich über die Wartungsvorschriften und die erforderlichen Wartungstätigkeiten an einer Anlage informieren?

Angaben über erforderliche Wartungstätigkeiten können Wartungsplänen, Handbüchern und Bedienungsanleitungen entnommen werden.

2 Welche Angaben sind immer in einem Wartungsplan enthalten?

Es sind immer Informationen über die zu wartenden Komponenten, der Zeitpunkt der Wartung und die auszuführenden Tätigkeiten aufgeführt.

3 Ist die Darstellung der Angaben aus Aufgabe 2 genormt?

Nein, Wartungspläne sind nicht genormt. Sie können je nach Hersteller unterschiedlich aussehen. Oftmals werden Wartungsangaben durch eine schematische oder fotografische Darstellung der Gesamtanlage und einem dazugehörigen Text beschrieben. Dieser kann auch tabellarisch angeordnet sein.

4 Verschleißerscheinungen, die durch Reibung verursacht werden, können durch fachgerechte Schmierung reduziert werden. Nennen Sie die wichtigsten Aufgaben, die Schmierstoffe erfüllen müssen.

Die wichtigsten Aufgaben, die Schmierstoffe erfüllen müssen, sind:

- Verminderung der Reibung (schmieren)
- Dämpfung von dynamischer Belastung (dämpfen)
- Wärmeabfuhr (kühlen)
- Abtransport von Verschleißteilchen (transportieren)
- Korrosionsschutz (schützen)

5 Beschreiben Sie, wo Sie nähere Informationen über die Schmierung eines technischen Systems finden und wie diese Informationen dargeboten werden.

Gesonderte Schmierpläne werden häufig den Wartungsplänen beigefügt. Ein Schmierplan besteht z. B. aus einer schematischen Darstellung der Anlage und einer ergänzenden Tabelle. Durch unterschiedliche Symbole auf den Zuordnungslinien kann sicher erkannt werden, wann gewartet werden muss und welche Art von Schmiermittel (Öl, Fett oder Kühlschmierstoff) zu benutzen ist bzw. ob eine Kontrolle durchgeführt werden muss.

6 In Schmierplänen werden oftmals Bildzeichen benutzt. Erläutern Sie kurz die Bedeutung der folgenden Symbole in Schmierplänen.

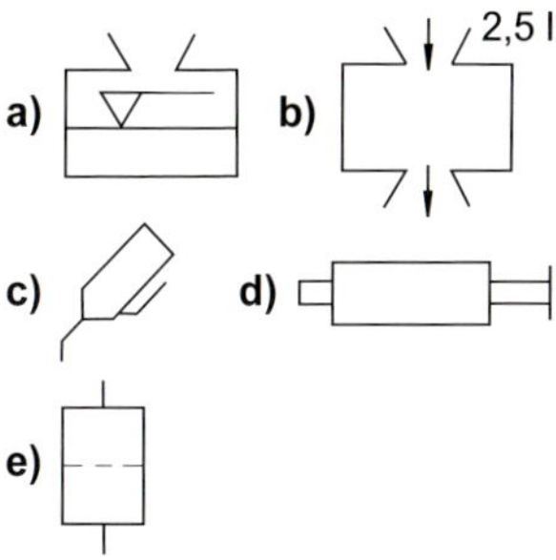

a) Ölstand prüfen
b) Behälterinhalt austauschen, Angabe der Füllmenge in Litern
c) Automatische Zentralschmiereinrichtung mit Öl
d) Fettschmierung mit Fettpresse
e) Filter auswechseln, Filtergehäuse reinigen

7 Welchen Vorteil hat die Verwendung von Symbolen, wie beispielsweise in Schmierplänen, gegenüber der Verwendung von Texten?

Die dargebotenen Informationen sind international nutzbar.

2.4 Schmierstoffe

1 Nennen Sie vier verschiedene Schmierstoffarten.

- Kühlschmierstoffe
- flüssige Schmierstoffe z. B. Öle
- Schmierfette z. B. Pasten
- Festschmierstoffe z. B. Grafit

2 Welche Aufgabe haben Kühlschmierstoffe?

Kühlschmierstoffe werden bei der spanenden Bearbeitung benutzt. Beim Zerspanen haben sie die Aufgabe zu schmieren und zu kühlen. Ferner sollen sie entstehende Späne abtransportieren.

3 Welche drei physikalischen Größen haben Einfluss auf die Auswahl und den Einsatz von Festschmierstoffen, flüssigen Schmierstoffen und Schmierfetten?

Die genannten Schmierstoffarten werden je nach beim Einsatz herrschenden Temperatur-, Geschwindigkeits- und Druckbedingungen eingesetzt.

4 Welche Schmierstoffart kommt an Schmierstellen wie beispielsweise Getrieben oder Führungsbahnen an Werkzeugmaschinen zum Einsatz, an denen hohe Temperaturen und schnelle Bewegungen herrschen?

An Schmierstellen, an denen hohe Geschwindigkeiten und/oder Temperaturen herrschen, kommen Schmieröle zum Einsatz.

5 Welche Eigenschaften zeichnen Schmierfette aus? Geben Sie ein Anwendungsbeispiel.

Schmierfette sind für Schmierstellen geeignet, an denen hohe Drücke (z. B. Lagerdrücke) herrschen. Zudem haften sie gut an Bauteiloberflächen und werden daher hauptsächlich für Gleit- und Wälzlager verwendet.

6 Unter welchen Betriebsbedingungen werden Festschmierstoffe wie beispielsweise Grafit oder Molybdändisulfid (MoS_2) eingesetzt? Geben Sie ein Anwendungsbeispiel.

Festschmierstoffe kommen bei sehr niedrigen Geschwindigkeiten, bei sehr hohen Drücken (z. B. sehr hoch belastete Lager) und bei sehr niedrigen (ca. −180 °C) oder hohen (ca. 500 °C) Betriebstemperaturen zum Einsatz.

7 Entschlüsseln Sie mithilfe des Tabellenbuchs die beiden Schmierstoffangaben:

a) CL 68

b) K 3K-30

a) C: Schmieröl auf Mineralölbasis für Umlaufschmierung;
L: mit Wirkstoffen zum Erhöhen des Korrosionsschutzes und/oder Alterungsbeständigkeit;
68: ISO Viskositätsklasse

b) K: Schmierfett für Wälzlager, Gleitlager und Gleitflachen;
3: Konsistenzkennzahl/Walkpenetration 220 bis 250;
K: obere Gebrauchstemperatur +120 °C;
-30: untere Gebrauchstemperatur −30 °C

8 Translate the following instructions into German.

Always read the manual carefully before operating or maintaining the device. In case maintenance work has be conducted the following steps have to be taken:
1. ***gather and read the available information presented in the manual***
2. ***find out relevant safety regulations***
3. ***put out all tools and equipment needed***
4. ***clear workplace and put away obstacles.***

Achtung: Lesen Sie das Handbuch sorgfältig bevor Sie das Gerät betreiben oder warten. Falls Wartungsarbeiten ausgeführt werden müssen, müssen die folgenden Schritte beachtet werden:
1. Berücksichtigen und lesen Sie alle im Handbuch aufgeführten Informationen.
2. Berücksichtigen Sie die Sicherheitsvorschriften.
3. Bereiten Sie die nötigen Werkzeuge und Gerätschaften vor.
4. Räumen Sie den Arbeitsplatz frei und beseitigen Sie Hindernisse.

3 Inspektion

1 Welche Aufgabe hat die Instandhaltungsmaßnahme der Inspektion und welche Ziele werden damit verfolgt?

Die Aufgabe der Inspektion ist es, den Zustand einer Anlage festzustellen und zu beurteilen. Das Ziel ist dabei, Abnutzungserscheinungen möglichst früh zu erkennen und deren Ursachen zu bestimmen. Dann können geeignete Instandhaltungsmaßnahmen veranlasst werden, die die Abnutzung reduzieren.

2 Was ist nach dem abgebildeten Ablaufplan zur Inspektion des Ölstandes an einer Werkzeugmaschine zu tun, wenn festgestellt wird, dass der Ölstand zu hoch ist?

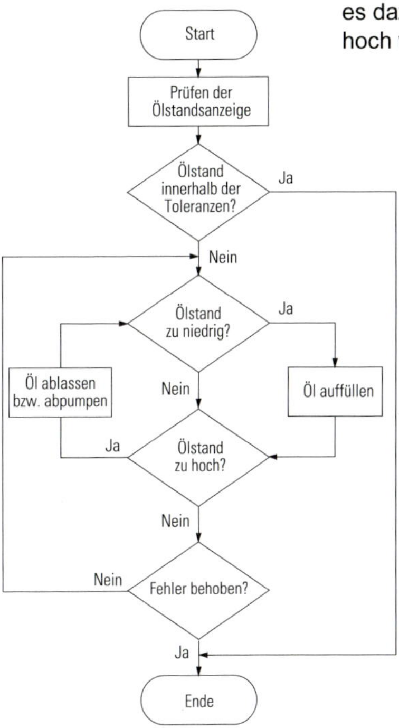

Wird bei der Inspektion festgestellt, dass der Ölstand zu hoch ist, muss Öl abgelassen oder abgepumpt werden. Anschließend muss erneut geprüft werden, ob der Ölstand nicht zu niedrig oder immer noch zu hoch ist. Es sollte auch geklärt werden, wie es dazu kam, dass der Ölstand zu hoch war.

4

3 Aus welchem Grund werden in der Praxis Wartungspläne und Inspektionspläne oftmals kombiniert?

Wartungstätigkeiten sind oftmals Ergebnisse von Inspektionen. Gesonderte Wartungspläne werden somit aus Inspektionsplänen entwickelt. Beide Instandhaltungsmaßnahmen können somit nicht isoliert betrachtet werden. Ferner kann aus einer Wartungstätigkeit eine Inspektion entstehen.

4 Instandsetzung

1 Nennen Sie ausschlaggebende Ursachen, die dazu führen, dass eine Instandsetzung durchgeführt wird.

Eine Instandsetzung wird durchgeführt

- aufgrund der Ergebnisse einer Inspektion (vorbeugende Instandsetzung) oder
- wenn ein Störungsfall aufgetreten ist und die Instandsetzung wirtschaftlich ist (störungsbedingte Instandsetzung).

2 Instandsetzungsmaßnahmen wie eine Reparatur oder der Austausch von Teilen werden immer im Stillstand der Maschine oder Anlage durchgeführt. Wann werden solche Maßnahmen bei der vorbeugenden bzw. störungsbedingten Instandsetzung durchgeführt, um die Ausfallkosten gering zu halten?

Bei der vorbeugenden Instandsetzung muss für die Durchführung der Maßnahmen ein für die Produktion günstiger Zeitpunkt gewählt werden, damit die Ausfallzeiten minimiert werden. Bei der störungsbedingten Instandsetzung ist ein technisches System meist vorher unerwartet ausgefallen. Hier sind die Instandsetzungsmaßnahmen unverzüglich durchzuführen. Die schnellstmögliche Instandsetzung reduziert die Ausfallkosten.

3 Die vorbeugende Instandsetzung erfolgt nach Herstellerangaben oder in regelmäßigen Abständen nach einer Inspektion. Nennen Sie je vier oftmals durchgeführte Maßnahmen an:
a) mechanischen Systemen
b) hydraulischen und pneumatischen Systemen
c) elektrischen Systemen

a) Austausch von Wälzlagern
- Austausch von Dichtungen, Splinte, Sicherungsringe usw.
- Reparatur von Verbindungen
- Zurückbiegen verformter Bleche
- Nachspannen bzw. Erneuern von Riemen
- Austauschen von Buchsen

b) lose Verschraubungen nachziehen, gegebenenfalls erneuern
- Ventile und Zylinder austauschen
- fehlerhafte Schläuche austauschen
- Dichtungen erneuern
- Hydraulikpumpen austauschen

c) Verbinden gelöster Leitungen
- Austausch schadhafter Leitungen
- Austausch schadhafter Sensoren
- Auswechseln abgenutzter Kohlebürsten und Schleifringe

4

4 Nennen Sie mögliche Ursachen für die durch störungsbedingte Instandsetzung behobenen Fehler.
a) Bruch einer Schraube
b) Verformung einer Welle
c) Riss eines Keilriemens

a) Belastung der Schraube zu hoch oder falsche Schraubenfestigkeitsklasse verwendet
b) Belastung der Welle zu hoch
c) Vorspannung zu gering, Spannrolle defekt

5 Verbesserung

1 Wann werden Störungen als *chronische Störungen* oder *Schwachstellen* bezeichnet?

Sie werden so bezeichnet, wenn sie regelmäßig an derselben Stelle mit den gleichen Symptomen auftreten und nicht auf Bedienerfehler zurückzuführen sind.

2 Chronische Störungen sind in der Regel durch technische Verbesserungen behebbar. Auch organisatorische Verbesserungen steigern die Produktivität und die Sicherheit von Anlagen. Geben Sie je drei Beispiele für technische und organisatorische Verbesserungen.

Technische Verbesserungen zur Behebung von chronischen Störungen können sein:

- Zahnräder aus verschleißbeständigerem Werkstoff einbauen
- Wälzlager mit besseren Laufeigenschaften montieren
- Neukonstruktion eines Bauteils
- qualitativ höherwertige Schmierstoffe einsetzen

Organisatorische Verbesserungen zur Behebung von chronischen Störungen können sein:

- Ändern von Instandhaltungsplänen
- Planen von Terminen
- Vereinbarungen über das Einhalten von Terminen
- Durchführen von Funktionsprüfungen
- Montage von Schutzeinrichtungen

6 Verschleiß und Reibung

1 Nennen Sie drei Folgen, die Verschleiß an Anlagen, Maschinenelementen und Gebrauchsgegenständen haben können.

Verschleiß verringert die Lebensdauer technischer Systeme. Zudem beeinträchtigt er die Funktionsfähigkeit der Maschinenelemente und führt im Extremfall zum Ausfall der Anlagen.

2 Durch welche beiden Kenngrößen wird die Reibung an Bauteilen, die sich gegeneinander bewegen, bestimmt?

Wichtige Kenngrößen für die Reibung sind:

- die Reibkraft
- die Reibzahl

3 Erläutern Sie, ob Reibkräfte immer unerwünscht sind. Geben Sie Beispiele.

Reibkräfte sind unerwünscht, wenn Bauteile aufeinander gleiten sollen (z. B. ein Reitstock auf dem Maschinenbett).
Reibkräfte sind erwünscht, wenn Bauteile durch Kraftschluss miteinander verbunden werden sollen (z. B. bei Klemmverbindungen).

4 Wie wird das Verhältnis zwischen der Reibkraft F_R und der Anpresskraft F_N genannt und wie wird diese Zahl ermittelt?

Das Verhältnis zwischen der Reibkraft F_R und der Anpresskraft F_N wird Reibzahl μ genannt. Die Reibzahl μ wurde in zahlreichen Versuchen für die verschiedensten Anwendungsfälle ermittelt und kann Tabellenbüchern entnommen werden.

5 Von welchen drei Faktoren ist die Reibzahl μ abhängig?

Die einheitslose Reibzahl μ wird von folgenden Faktoren beeinflusst:

- Werkstoffpaarung
- Bewegungszustand (stillstehend, gleitend oder rollend)
- Schmierungszustand (trocken oder gefettet)

6 Welche der beiden Aussagen ist richtig?
a) Verschleiß kann verringert werden, wenn die Reibzahl der Werkstoffpaarung klein ist.
b) Verschleiß kann verringert werden, wenn die Reibzahl der Werkstoffpaarung groß ist.

Die Aussage a) ist richtig. Verschleiß kann verringert werden, wenn die Reibzahl der Werkstoffpaarung klein ist.

7 Ordnen Sie die die Reibungsarten der Größe nach. Beginnen Sie mit der größten Reibungsart.

Die Haftreibung ist immer größer als die Gleitreibung.
Die Rollreibung ist immer kleiner als die Gleitreibung.

8 Welche der drei Reibungsarten lassen sich durch geeignete Schmiermittel minimieren?

Die Haft- und Gleitreibung können durch geeignete Schmiermittel minimiert werden.

9 Bei der abgebildeten Tischbohrmaschine ist die Führung der Höhenverstellung schwergängig. Nennen Sie mit Bezug auf den Schmierzustand eine mögliche Ursache und eine Abhilfe.

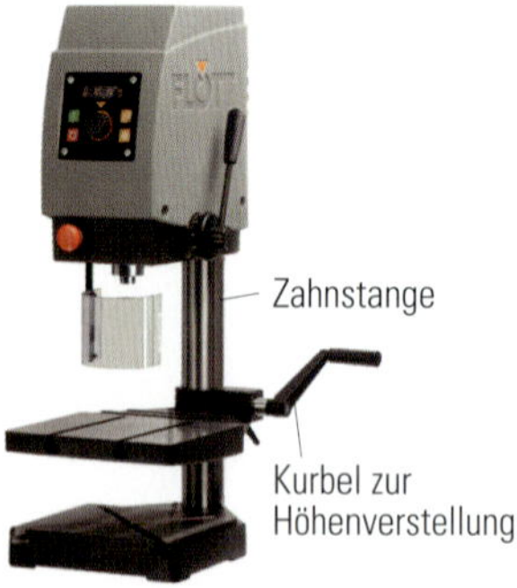

Eine Ursache einer schwergängigen Tischführung könnte sein, dass die Zahnstange nicht geschmiert wurde (Trockenreibung). Die Reibpartner haben dadurch direkten Kontakt und verschleißen früher. Im geschmierten Zustand ist die Tischführung leichtgängig, weil ein Schmierfilm die Reibkörper trennt.

10 Eine pneumatische Einscheibenkupplung wird pneumatisch mit einer Normalkraft F_N = 2,4 kN beaufschlagt. Wie groß ist die Reibungskraft F_R bei einer Reibungszahl μ = 0,66 und wie groß das übertragbare Drehmoment *M*?

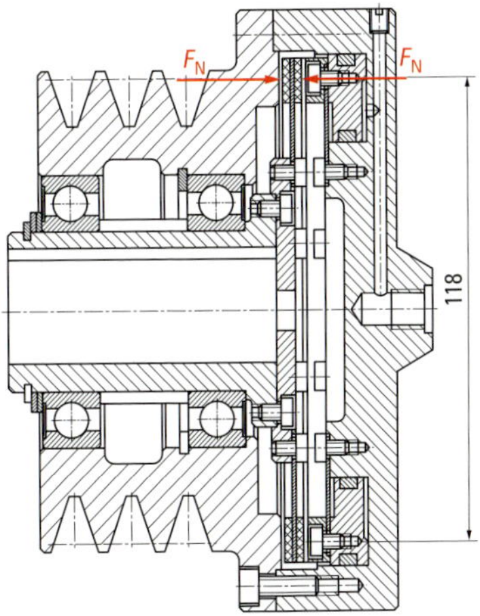

Die Reibungskraft F_R:

$F_R = \mu \cdot F_N = 0{,}66 \cdot 2400\,\text{N} = \underline{\underline{1584\,\text{N}}}$

Das übertragbare Drehmoment *M* bei zwei Reibflächen:

$M = 2 \cdot M_R = 2 \cdot F_R \cdot r$

$M = 2 \cdot 1584\,\text{N} \cdot 59\,\text{mm} \cdot \frac{1\,\text{m}}{1000\,\text{mm}}$
$= \underline{\underline{184\,\text{N} \cdot \text{m}}}$

4

7 Korrosion

1 Erläutern Sie den Begriff der Korrosion.

Korrosion ist die chemische, elektrochemische oder metallphysikalische Reaktion eines Werkstoffs mit seiner Umgebung.

2 Welche Folgen am Werkstoff können durch Korrosion eintreten?

Der Werkstoff kann vollkommen zerstört werden. Durch Korrosionsschäden können sich z. B. die Festigkeit und Zähigkeit des Werkstoffs vermindern und der Werkstoff kann an Glanz verlieren. Am Umgebungsmedium können z. B. Verunreinigungen und Verfärbungen entstehen.

3 Nennen Sie drei Korrosionsursachen, die zu Korrosionsschäden führen können, und ordnen Sie diesen den Abbildungen zu.

a) Endmaße

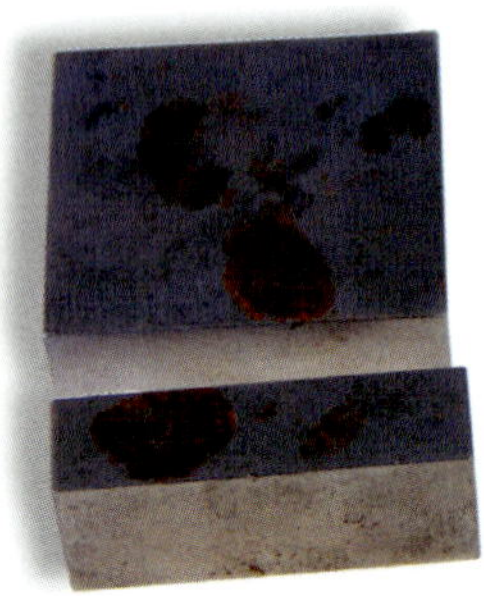

Korrosionsschäden entstehen, wenn:

a) Metalloberflächen feuchten Räumen, feuchter Witterung aber auch Handschweiß ausgesetzt sind. Korrosionsprodukt ist dabei überwiegend Rost.

b) warmgeschmiedetes Bauteil

b) Metalloberflächen hohen Temperaturen ausgesetzt sind. Korrosionsprozesse dieser Art entstehen beim Glühen, Härten und Schmieden. Es entsteht eine Zunderschicht.

c) Verschraubung zweier verschiedener Werkstoffe

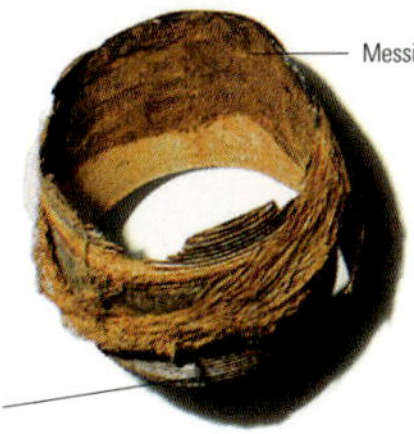

c) an die Berührungsstelle zweier verschiedener Metalle eine elektrisch leitende Substanz (Elektrolyt), wie z. B. Wasser, Schmierstoffe oder wässrige Kühlschmierstoffe, gelangt.

4

4 Erläutern Sie, wie es zu elektrochemischer Korrosion kommen kann.

Elektrochemische Korrosion tritt ein, wenn an die Berührungsstelle zweier verschiedener Metalle ein Elektrolyt gelangt, wie z. B. elektrisch leitende Flüssigkeiten, Säuren oder Salze. Elektrisch leitende Flüssigkeiten können z. B. Wasser, Schmierstoffe oder Kühlschmierstoffe sein. Es liegt dann ein kurzgeschlossenes galvanisches Element vor.

5 Bei der elektrochemischen Korrosion wird von *edlen* und *unedlen* Metallen gesprochen. Erläutern Sie die beiden Begriffe (siehe auch Grafik Aufgabe 7.).

Metalle, die ein kleineres Standardpotenzial als Wasserstoff haben, werden als unedel bezeichnet. Metalle, die ein größeres Standardpotenzial als Wasserstoff haben, werden als edel bezeichnet.

6 Ist es vorhersehbar, welches von beiden Metallen bei einer elektrochemischen Reaktion durch Korrosion zerstört wird?

Elektrochemische Korrosionsvorgänge sind vorhersagbar, weil das jeweils unedlere Metall durch Korrosion zerstört wird.

7 Erklären Sie anhand der Grafik, wovon die Stärke der Korrosionsreaktion im Falle einer elektrochemischen Korrosion abhängt.

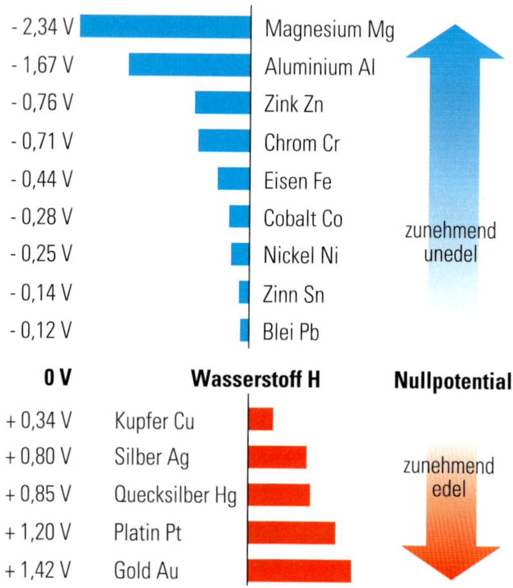

Die Korrosionsreaktion hängt von der Potenzialdifferenz der Metalle ab. Je größer diese Differenz ist, desto heftiger sind die Korrosionsprozesse. Der Potenzialunterschied[1] wird aus der Differenz der Standardpotenziale berechnet. Die Standardpotenziale sind der elektrochemischen Spannungsreihe der Metalle zu entnehmen.

[1] auch Elektromotorische Kraft (EMK) genannt

So hat die Kombination zweier Metalle wie Kupfer und Zink bei Vorhandensein eines Elektrolytes eine elektromotorische Kraft EMK = +0,34 V − (−0,76 V) = 1,1 V. Die Kombination aus Kupfer und Aluminium hat hingegen eine größere elektromotorische Kraft EMK = +0,34 V − (−1,67 V) = 2,01 V. Die elektrochemische Korrosion der Werkstoffpaarung Cu/Al wird stärker ausfallen.

8 Korrosionsschutz ist ein wesentlicher Aspekt der Instandhaltungsaufgaben eines Unternehmens. Denn die Lebensdauer und die Betriebssicherheit von Bauteilen hängt häufig davon ab, in welchem Maße Korrosion verhindert werden kann. Nach welchem Prinzip funktionieren alle Maßnahmen des Korrosionsschutzes?

Alle Maßnahmen des Korrosionsschutzes beruhen darauf, die ablaufenden chemischen, metallphysikalischen und elektrochemischen Vorgänge zu unterbinden.

9 Wenn die Korrosionsursachen bekannt sind, können Bauteile durch relativ einfache Maßnahmen vor Korrosion geschützt werden. Nennen Sie drei Möglichkeiten metallische Oberflächen vor Korrosion zu schützen.

- Einölen oder Einfetten mit Korrosionsschutzmittel
- chemische Oberflächenbehandlung z. B. mit Chrom, Zink, Zinn
- Korrosionsschutzanstrich mit Korrosionsschutzfarbe
- Kunststoffüberzug mit Korrosionsschutzlacken

10 Es gibt grundsätzlich einige Merkmale und Methoden, die dem Schutz vor Korrosion dienen können. Dazu zählt die richtige Lagerung, richtige Auswahl von Werkstoffen, fachgerechte Montage und der Schutz der Oberflächen. Nennen Sie zu jedem der vier genannten Punkte ein Beispiel.

- Lagerung: Wälzlager müssen in einem trockenen, frostfreien Raum gelagert werden.
- Werkstoffe: Verwendung von gleichen Metallen oder Verwendung von Stählen mit geeigneten Legierungselementen.
- Montage: Schrauben so einbauen, dass sie mit Feuchtigkeit nicht in Berührung kommen oder Zwischenstücke aus Kunststoff verwenden.
- Schutz der Oberfläche: Fernhalten von Elektrolyten wie z. B. Wasser, Säuren, Kühlschmierstoffe.

11 Um Metalle in aggressiven Umgebungen, wie z. B. im Behälter- und Turbinenbau, zu schützen, werden Opferanoden verwendet. Erklären Sie dieses Prinzip des Korrosionsschutzes von Funktionsteilen.

Beim Korrosionsschutz mittels Opferanode werden die natürlichen elektrochemischen Prozesse ausgenutzt. Das gefährdete Metall wird mit einem unedleren Metall gemäß der elektrochemischen Spannungsreihe verbunden (siehe Aufgabe 7.). Das unedlere Metall – die Opferanode – korrodiert. Das andere Metall wird nicht angegriffen.

12 Welcher regelmäßigen Inspektionsmaßnahme muss eine Opferanode unterzogen werden?

Die Opferanode muss in regelmäßigen Abständen erneuert werden, weil sie sich im Umgebungsmedium auflöst.

13 Welches Material sollte eine Opferanode, die zum Schutz einer Stahlkonstruktion eingesetzt werden soll, haben?

Für Eisen kommen als Opferanode z. B. die Metalle Aluminium, Zink oder Magnesium infrage.

14 Wie müssen Oberflächen vorbereitet werden, auf die ein Korrosionsschutzmittel aufgetragen werden soll?

Die Oberflächen müssen:
- fettfrei
- trocken
- schmutzfrei und
- rostfrei sein.

15 Nennen Sie drei Möglichkeiten metallische Oberflächen von Korrosionsrückständen zu säubern.

- Oberflächliche Roststellen können manuell, z. B. mit Schleifpapier oder Bürsten, entrostet werden.
- Tiefer in die Werkstückoberfläche eingedrungener Korrosionsbelag muss maschinell entfernt werden, z. B. mit rotierenden Schleifbürsten oder Schleifscheiben.
- Große Bauteile und Bauteile mit komplizierten Formen können durch Strahlen gereinigt werden.

16 Für welche Zwecke sind Korrosionsschutzöle gedacht? Geben Sie Beispiele.

Metallflächen, z. B. von Gleitbahnen, Führungen, Messzeugen, werden mit säurefreien Korrosionsschutzölen (oder Fetten) überzogen. Diese Korrosionsschutzöle werden auch für Bauteile verwendet, die zum Transport oder zur kurzfristigen Lagerung bestimmt sind. Voraussetzung ist, dass die Bauteile keinen besonderen Belastungen ausgesetzt sind.

17 Korrosionsschutzfarben können auf verschiedene Art und Weise auf die zu schützenden metallischen Oberflächen aufgebracht werden. Nennen Sie drei Möglichkeiten.

Anstriche werden entweder durch
- Streichen mit Pinsel oder Rollen
- Tauchen
- Sprühen mit Sprühdosen oder Spritzpistolen
- elektrostatische Spritzverfahren

aufgebracht.

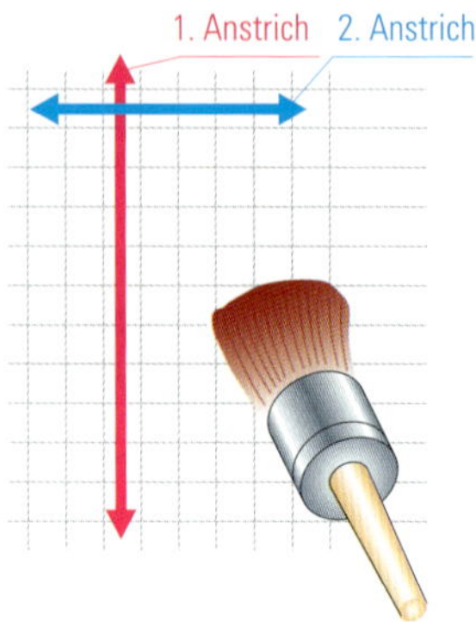

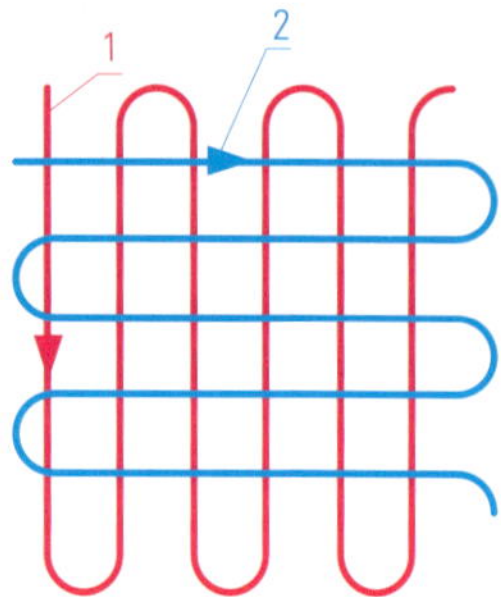

18 Beim Auftragen von Korrosionsschutzfarbe mit dem Pinsel oder der Spritzpistole gilt es, eine gewisse Auftragsreihenfolge einzuhalten, um den bestmöglichen Schutz zu erzielen. Schildern Sie anhand der beiden Abbildungen die nötigen Arbeitsschritte.

Beim Auftragen von Korrosionsschutzfarbe mit dem Pinsel muss die erste Schicht und zweite Schicht in entgegengesetzter Richtung aufgebracht werden. Dies gilt auch für den Auftrag mit der Spritzpistole. Dabei ist zu beachten, dass der Sprühvorgang außerhalb der Fläche begonnen und beendet wird, um unschöne Materialanhäufungen zu vermeiden.

19 Schildern Sie, in welchen Fällen Kupfer- und Aluminiumpasten beim Schutz gegen Korrosion eingesetzt werden. Geben Sie je eine Beispiel.

Kupferpasten schützen eine blanke Metalloberfläche, weil Kupfer als edles Metall kaum mit der Umgebung reagiert. Anwendungsgebiete sind Bauteile, die extremen Drücken, Medien und Temperaturen ausgesetzt sind, wie z. B. im Kesselbau. Aluminiumpasten schützen eine blanke Metalloberfläche, weil Aluminium bei normaler Temperatur mit dem Sauerstoff aus der Luft eine Schutzschicht (Oxidschicht) bildet. Anwendungsgebiete sind z. B. Schraubenverbindungen, die extremen Drücken oder Temperaturen ausgesetzt sind.

20 Wie erfolgt der Auftrag der in Aufgabe 19 genannten Pasten?

Pasten werden stets als dünne Filme mit einem nicht fasernden Tuch oder einem Schwamm aufgetragen. An schwer zugänglichen Stellen ist eine Sprühdose oft geeigneter.

21 Warum und wie werden Kunststoffe zum Zweck des Korrosionsschutzes eingesetzt?

Kunststoffe sind gegenüber vielen Chemikalien und Umwelteinflüssen korrosionsbeständig. Sie werden daher zum Beschichten von Metallen verwendet. Mithilfe eines Lösungsmittels werden die Kunststoffe in flüssige oder pastenartige Form gebracht. Durch verschiedene Verfahren werden diese Lacke aufgebracht. Anschließend verdunstet das Lösungsmittel und der zurückbleibende Kunststoff härtet aus.

22 Nennen Sie vier Erscheinungsformen von Korrosionsschäden und skizzieren Sie diese.

Korrosionsschäden können als
a) Risse, b) Löcher, c) Mulden,
d) Flächenkorrosion oder
e) innere Korrosion auftreten.

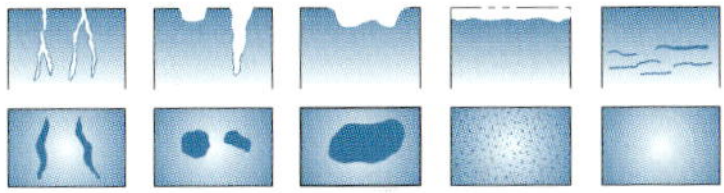

a) b) c) d) e)

8 Elektrotechnik

1 Elektrisch betriebene Maschinen und Werkzeuge werden in der Produktion und bei Wartungs- und Reparaturarbeiten eingesetzt. Beschreiben Sie diese elektrisch betriebenen Maschinen unter der Berücksichtigung ihres Energieflusses.

Elektrisch betriebene Maschinen und Werkzeuge nehmen elektrische Energie auf und wandeln sie z. B. in mechanische oder thermische Energie um. Der Einsatz elektrischer Geräte ist deshalb besonders vorteilhaft, weil elektrische Energie sehr einfach in andere Energiearten umgewandelt werden kann.

2 Aus welchem Grund kann behauptet werden, dass elektrische Energie gefährlich ist?

Wirkt elektrische Energie auf den menschlichen Körper ein, so kann es zu lebensgefährlichen Folgen kommen. Für den Einsatz und den Umgang mit elektrischen Anlagen und Geräten sind deshalb die geltenden Vorschriften der Unfallverhütung zu befolgen.

8.1 Grundzusammenhänge des elektrischen Stromkreises

1 Die Abbildung zeigt einen geöffneten Akkuschrauber. Stellen Sie den Energiefluss vom Akkumulator ① bis zum Spannfutter ③ in einem Blockschaltbild dar.

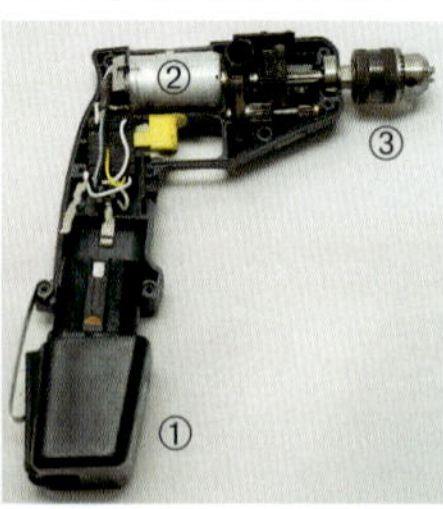

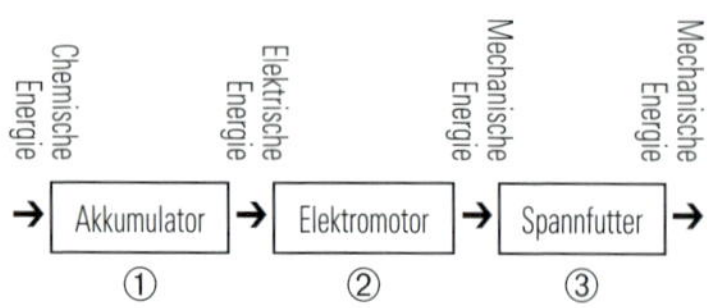

2 Welche Funktion haben elektrische Schaltpläne?

In elektrischen Schaltplänen werden die Funktionszusammenhänge oder die Verdrahtung einer Anlage oder eines Gerätes zeichnerisch dargestellt.

3 Schaltpläne in der Elektrotechnik stellen die zu einem Stromkreis zusammen geschalteten elektrischen Bauteile mit Hilfe von genormten Symbolen[1] dar. Benennen Sie die abgebildeten Schaltzeichen mit Hilfe des Tabellenbuchs.

a) 

b) 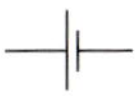

c) 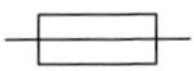

d) 

[1] DIN EN 60617

a) Lampe (Verbraucher)
b) Spannungsquelle
c) Sicherung
d) Schließer

4 Beschreiben Sie in Worten den grundlegenden Aufbau des abgebildeten einfachen geschlossenen Stromkreises.

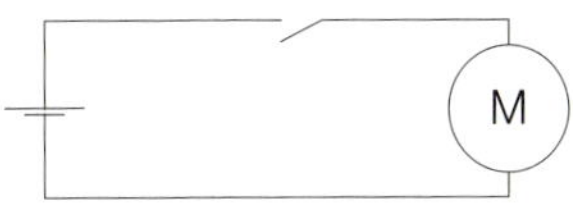

Eine Spannungsquelle stellt elektrische Energie zur Verfügung. Diese wird über Leitungen zum Verbraucher geführt und kann dort in andere Energieformen wie z. B. mechanische Energie umgewandelt werden. Damit ein elektrischer Strom fließt, muss eine Rückleitung vom Verbraucher zur Spannungsquelle angeschlossen sein. Es entsteht ein geschlossener Stromkreis. Mit einem Schalter lässt sich ein Stromkreis einfach und gefahrlos schließen oder unterbrechen.

8.2 Elektrische Spannung

1 Um ein elektrisches Gerät oder eine elektrische Anlage betreiben zu können, ist eine Spannungsquelle notwendig. Diese ermöglicht einen Stromfluss durch die Leitungen und den Verbraucher. Bezeichnen Sie die typischen Spannungsquellen und geben Sie je ein Beispiel.
a) 400 V Wechselspannung
b) 230 V Wechselspannung
c) 42 V Wechselspannung
d) 12 V Gleichspannung

	Bezeichnung	Beispiel
a)	Dreiphasen-Niederspannungsnetz	Haushalt, Betrieb
b)	Einphasen-Niederspannungsnetz	Haushalt, Betrieb
c)	Schutzkleinspannung	Handgeräte in leitfähiger Umgebung, Automatisierungssysteme
d)	Gleichspannungsversorgung	Halogenbeleuchtung, Kfz-Elektrik

2 Nennen Sie drei Geräte, die elektrische Spannung bereitstellen.

- Generatoren
- Akkumulatoren
- Batterien
- Solarzellen

3 Welches Formelzeichen, welche Maßeinheit und welches Einheitenzeichen werden für die elektrische Spannung benutzt?

Für die elektrische Spannung wird das Formelzeichen U, die Maßeinheit Volt und das Einheitenzeichen V verwendet.

4 Erklären Sie den Begriff der *elektrischen Spannung* und das grundlegende Wirkprinzip.

Hinter allen Verfahren zur Spannungserzeugung steht das Prinzip der Trennung von Ladungsträgern (freie Elektronen). Der entstehende Ladungsträgerunterschied wird als elektrische Spannung bezeichnet. Wird ein elektrischer Verbraucher an der Spannungsquelle betrieben, fließt ein elektrischer Strom. Der Ladungsträgerunterschied wird dadurch ausgeglichen.

5 An den Anschlussklemmen (Polen) einer Spannungsquelle liegen unterschiedliche Anzahlen freier Ladungsträger (Potentiale) an. Beschreiben Sie die Anzahlen der freien Ladungsträger an den beiden Polen einer Spannungsquelle.

Der Minuspol (−) besitzt gegenüber dem Pluspol (+) eine höhere Anzahl von freien Ladungsträgern (Elektronen). Am Pluspol herrscht Ladungsträgermangel. Bei Wechselspannungen verändern sich die Polaritäten ständig.

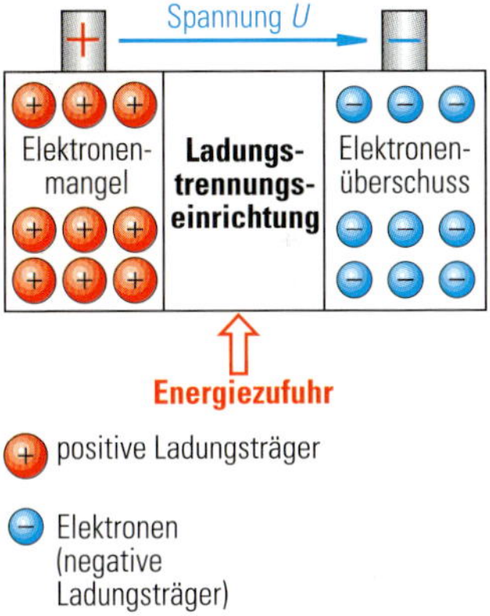

6 Wie wird eine Spannung genannt, bei der sich Polarität nicht wechselt bzw. eine bei der sich die Polarität mit einer festen Frequenz ändert?

Eine Spannung, deren Polarität sich nicht ändert, heißt Gleichspannung. Eine Spannung, deren Polarität sich ändert, heißt Wechselspannung.

Gleichspannung

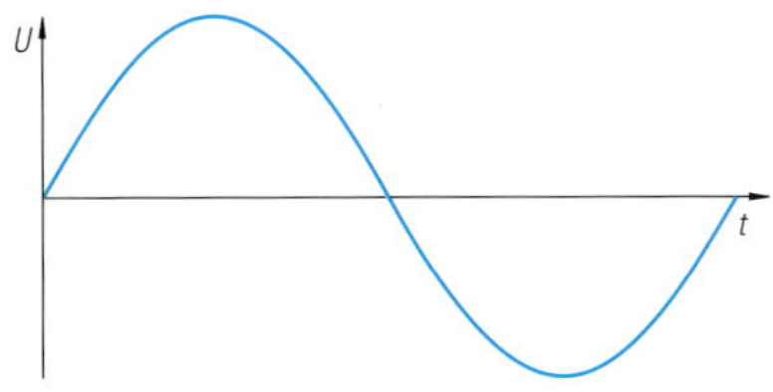

Wechselspannung

4

7 Skizzieren Sie und beschreiben Sie, wie die Messung der elektrischen Spannung *U* in einem elektrischen Stromkreis mit einem Verbraucher erfolgt.

Um eine Spannung zu messen, werden die entsprechenden Anschlüsse des Spannungsmessgeräts so in den Stromkreis geschaltet, dass die Spannung über dem Messgerät abfällt. Das Messgerät und der Verbraucher sind somit parallelgeschaltet.

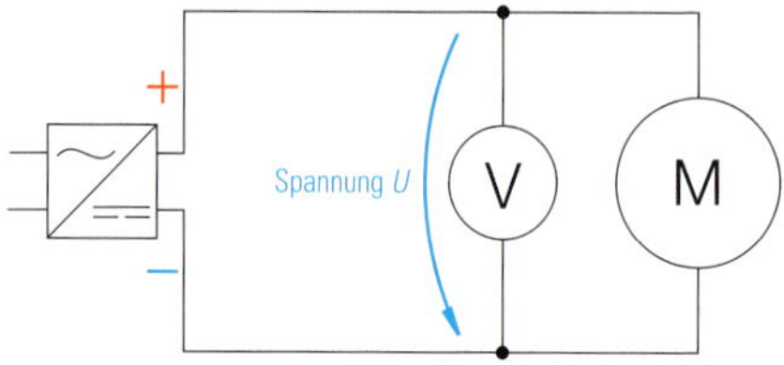

8.3 Elektrische Stromstärke

1 Erläutern Sie den Begriff des *elektrischen Stroms* und die Richtung, in der er durch einen Stromkreis mit einer Gleichspannungsquelle fließt.

Die gerichtete Bewegung elektrischer Ladungsträger heißt elektrischer Strom. In Metallen ist dies die Fortbewegung der quasi-freien Elektronen der Metallatome. Die Richtung des Stromes ist als *Technische Stromrichtung* festgelegt, wenn der Strom vom Pluspol einer Gleichspannungsquelle über Leitungen und Verbraucher zum Minuspol fließt, also stets die gleiche Richtung hat.

2 Zeigen Sie die Kennzeichnung für Gleichstrom und Wechselstrom auf.

Gleichstrom:
Kennzeichnung — oder == oder DC (Direct Current)
Wechselstrom:
~ oder AC (Alternating Current)

3 Welches Formelzeichen, welche Maßeinheit und welches Einheitenzeichen werden für die elektrische Stromstärke benutzt?

Die Stromstärke hat das Formelzeichen *I* und wird in der Einheit Ampere angegeben. Das Einheitenzeichen ist A.

4 Skizzieren Sie und beschreiben Sie, wie die Messung der elektrischen Stromstärke / in einem elektrischen Stromkreis mit einem Verbraucher erfolgt.

Um einen Strom zu messen, werden die entsprechenden Anschlüsse des Strommessgeräts so in den Stromkreis geschaltet, dass der Strom durch das Messgerät fließt. Das Messgerät und der Verbraucher sind somit in Reihe geschaltet.

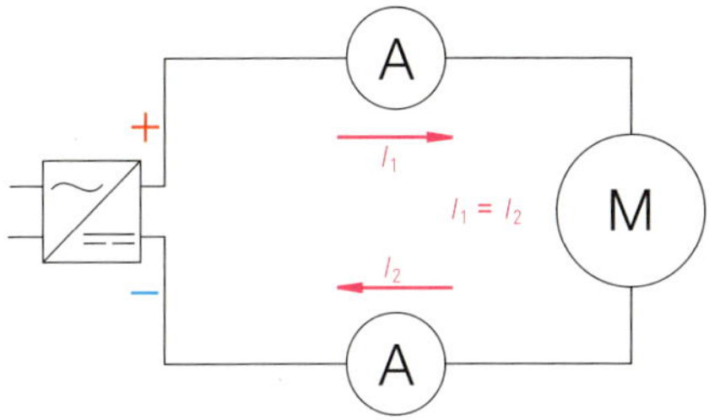

8.4 Elektrischer Widerstand

1 Erläutern Sie den Begriff des *elektrischen Widerstands*.

Alle Bestandteile eines Stromkreises, die vom Strom durchflossen werden, hemmen diesen auf seinem Weg. Sie setzen dem Strom Widerstand entgegen. Die Eigenschaften eines Körpers, z. B. eines Drahtes, den elektrischen Strom zu hemmen, werden als elektrischer Widerstand bezeichnet.

2 Welches Formelzeichen, welche Maßeinheit und welches Einheitenzeichen werden für den elektrischen Widerstand benutzt?

Der elektrische Widerstand hat das Formelzeichen R und die Einheit Ohm mit dem Einheitenzeichen Ω.

3 Beschreiben Sie, wie die Messung des elektrischen Widerstands eines Verbrauchers erfolgt.

Für Widerstandsmessungen werden die Anschlüsse des elektrischen Widerstandes mit den Anschlüssen des Widerstandsmessgerätes verbunden. Die Widerstandsmessung ist meist Bestandteil von Mehrbereichsmessgeräten, die mehrere elektrische Größen (z. B. *U*, *I*, *R*) messen können.

4 Die Bestimmung eines Widerstandswertes kann auch auf einer gleichzeitigen Strom- und Spannungsmessung basieren. Über das Ohmsche Gesetz ist dann der konkrete Widerstandswert rechnerisch zu ermitteln. Skizzieren Sie die dazu notwendige Schaltung und stellen Sie das Ohm'sche Gesetz als Formel dar.

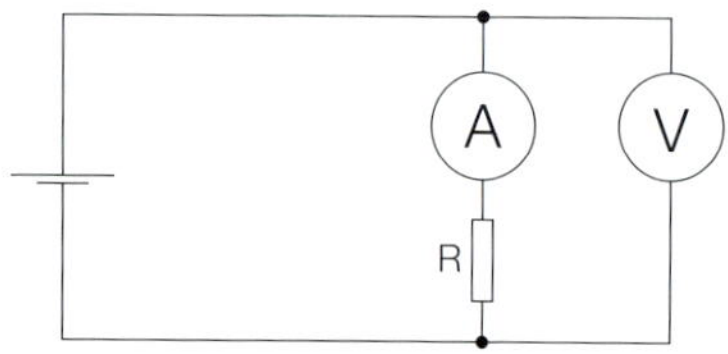

$$R = \frac{U}{I}$$

R: Widerstand in Ω
U: Spannung in V
I: Stromstärke in A

8.5 Fehler in elektrischen Anlagen

1 Beschreiben Sie, welche Aufgabe der abgebildete Sicherungsautomat in einer elektrischen Installation hat.

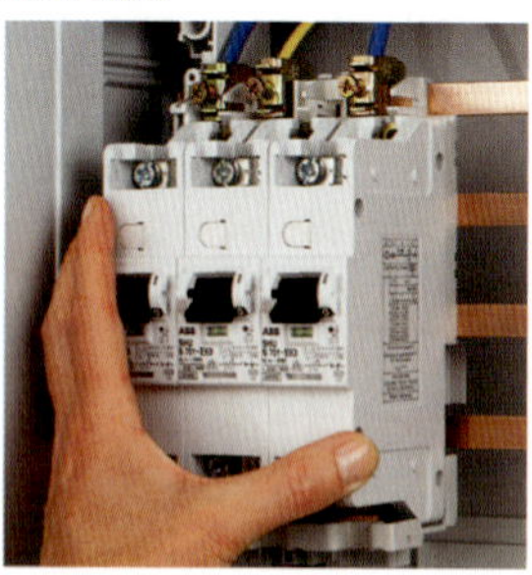

Der abgebildete Sicherungsautomat wird in elektrischen Installationen als Leitungsschutzschalter verwendet. Leitungsschutzschalter sind Überstromschutzeinrichtungen und verhindern durch Abschaltung das Auftreten von zu hohen Strömen. Somit schützen sie bei Überlastung und Kurzschluss. Üblicherweise werden Sicherungsautomaten eingesetzt, die nach dem Auslösen und dem Beheben des Fehlers wieder eingeschaltet werden können.

2 Welche Aufgaben haben Schmelzsicherungen?

Sie dienen ebenfalls als Leitungsschutzschalter. Schmelzsicherungen werden aber im Vergleich zu Sicherungsautomaten durch den Auslösestrom thermisch zerstört und müssen ersetzt werden.

3 Beim Betrieb elektrischer Anlagen und Geräte kann es durch Verschleiß oder Fehlbedienung zu Störungen und Fehlern kommen. Nennen Sie vier Ursachen für das Auftreten von Fehlern in elektrischen Anlagen.

- Dauerbetrieb führt zu thermischer Überlastung und/oder Schäden an der Isolation
- Überlast führt zur Materialüberlastung und/oder thermischen Überlastung
- Eindringen von Feuchtigkeit führt zu Kurzschlüssen
- durchtrennte Zuleitungen führen zu Kurzschlüssen

4

4 Nennen Sie zwei schwerwiegende Gefahren, die durch Kurzschlüsse entstehen können.

Werden keine Sicherungsmaßnahmen eingesetzt, so fließt bei einem Kurzschluss ein so hoher Strom, dass die Leitungen schmelzen können. Es besteht dann die Gefahr eines Brandes.
Bei Kurzschlüssen können zudem so große mechanische Kräfte auftreten, dass Leitungen oder Anlagenteile aus ihren Befestigungen gerissen und Personen gefährdet werden können, wie zum Beispiel beim Brand von Notre-Dame.

5 Nennen Sie die Aufgabe der folgenden Schutzeinrichtungen.
a) Feinsicherungen in Geräten
b) Motorschutzschalter
c) Fehlerstromschutzschalter

a) Feinsicherungen werden in elektrischen Geräten als Geräteschutz eingesetzt.
b) Motorenschutzschalter schützen Motoren gegen thermische Überlastung. Tritt dauerhaft ein zu hoher Strom auf, löst der Schutzschalter aus.
c) Fehlerstromschutzschalter dienen nicht dem Geräte- oder Leitungsschutz, sondern dem Personenschutz.

8.6 Anschluss von elektrischen Anlagen

1 Elektrische Anlagen und Verbraucher können in unterschiedlicher Form an eine Spannungsquelle angeschlossen werden. Dies gilt zum Beispiel, wenn mehrere Verbraucher an einer Spannungsquelle angeschlossen werden. Vervollständigen Sie die folgenden Aussagen bei der Annahme, dass alle Verbraucher parallel an die Spannungsquelle angeschlossen sind.
a) Die Spannung an allen Verbrauchern …
b) Die Summe der Einzelströme durch die Verbraucher …
c) Der Ersatzwiderstand einer Parallelschaltung ist kleiner als …

a) Die Spannung an allen Verbrauchern ist gleich hoch.
$U_{Versorgung} = U_1 = U_2 = U_3 = \ldots$
b) Die Summe der Einzelströme durch die Verbraucher ist gleich dem Gesamtstrom.
$I_{gesamt} = I_1 + I_2 + I_3 \ldots$
c) Der Ersatzwiderstand einer Parallelschaltung ist kleiner als der kleinste Einzelwiderstand.
$$\frac{1}{R_{gesamt}} = \frac{1}{R_1} + \frac{1}{R_2} + \frac{1}{R_3} + \ldots$$

2 **Warum sollten Sie sich beim Anschluss mehrerer Handgeräte an eine Kabeltrommel vor der Inbetriebnahme der Geräte über deren Stromaufnahme informieren?**

Der Gesamtstrom durch die Zuleitung zur Kabeltrommel ergibt sich aus der Summe der Teilströme der angeschlossenen Geräte. Wird der Gesamtstrom zu hoch, kann dies zur Überlastung der Zuleitung führen. Dies könnte zum Auslösen des Sicherungsautomats führen.

3 **Sie arbeiten bei der Instandhaltung an einer Maschine und leuchten ihren Arbeitsplatz mit der in Aufgabe 4 abgebildeten Arbeitsleuchte aus. Nach geraumer Zeit stellen Sie fest, dass die Zuleitung der Arbeitsleuchte sehr warm wird. Liegt hier ein technischer Fehler vor?**

Nein, es liegt kein technischer Defekt vor. Die notwendige Spannung für den Betrieb der Arbeitsleuchte wird über die Hin- und Rückleitungen hergestellt. Dazu werden Leitungsmaterialien verwendet, die einen besonders hohen Widerstandswert besitzen. Dies ist der Grund dafür, dass sich im Betrieb die Zuleitungen erwärmen.

4 **Welche Art von Schaltung liegt bei der in Aufgabe 3 beschriebenen Arbeitsleuchte vor? Skizzieren Sie die Schaltung als elektrischen Schaltplan.**

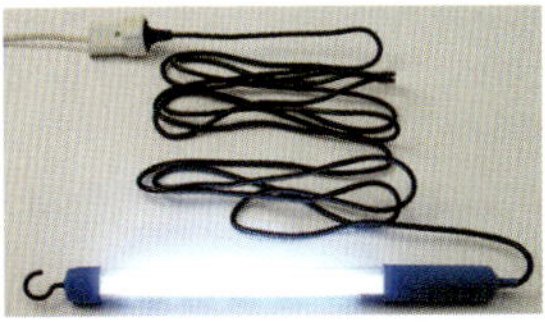

Es liegt eine Reihenschaltung, bestehend aus den Widerständen der Kabel und der Handleuchte, vor.

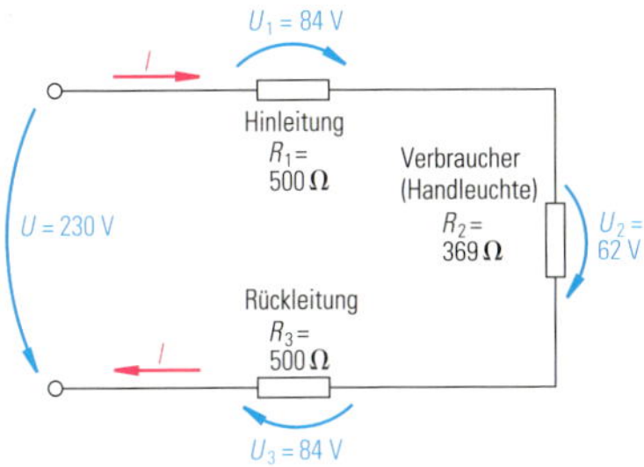

5 Vervollständigen Sie die folgenden Aussagen bei der Annahme, dass alle Verbraucher in Reihe angeschlossen sind.

a) Die Summe aller Teilspannungen ...

b) Der Gesamtwiderstand einer Reihenschaltung ist ...

c) In einer Reihenschaltung werden alle Verbraucher vom ... (Strom)

a) Die Summe aller Teilspannungen in einer Reihenschaltung ist gleich der Gesamtspannung.
$U_{gesamt} = U_1 + U_2 + U_3 \ldots$

b) Der Gesamtwiderstand einer Reihenschaltung ist gleich der Summe der Teilwiderstände.
$R_{gesamt} = R_1 + R_2 + R_3 \ldots$

c) In einer Reihenschaltung werden alle Verbraucher vom gleichen Strom durchflossen.
$I_1 = I_2 = I_3 = \ldots$

6 Bestimmen Sie für die in Aufgabe 4 abgebildete Schaltung den Gesamtstrom I_{gesamt}.

$$I_{gesamt} = \frac{U_{gesamt}}{R_{gesamt}} = \frac{230\,\text{V}}{1369\,\Omega} = 0{,}168\,\text{A} = \underline{\underline{168\,\text{mA}}}$$

7 Wie verändern sich der Gesamtwiderstand, der Gesamtstrom und die Einzelspannungen im verwendeten Beispiel in Aufgabe 4, wenn durch eine nicht zulässige Kürzung der Leitungen diese nur noch einen Widerstand von 200 Ω haben?

$$R_{gesamt} = R_1 + R_2 + R_3 = 200\,\Omega + 369\,\Omega + 200\,\Omega = \underline{\underline{769\,\Omega}}$$

$$I_{gesamt} = \frac{U}{R_{gesamt}} = \frac{230\,\text{V}}{769\,\Omega} = 0{,}299\,\text{A} = \underline{\underline{300\,\text{mA}}}$$

$$U_1 = U_3 = I_{ges} \cdot R_1 = 0{,}3\,\text{A} \cdot 200\,\Omega = \underline{\underline{60\,\text{V}}}$$

$$U_2 = I_{ges} \cdot R_2 = 0{,}3\,\text{A} \cdot 369\,\Omega = \underline{\underline{110{,}7\,\text{V}}}$$

oder

$$U_2 = 230\,\text{V} - 2 \cdot 60\,\text{V} = \underline{\underline{110\,\text{V}}}$$

8 Welchen Einfluss können sehr lange Leitungen auf den Betrieb elektrischer Geräte haben?

Aufgrund des Leitungswiderstandes kann die anliegende Spannung am Gerät zu gering sein. Außerdem kann es zu Erwärmung der Leitung kommen.

9 Geben Sie Anwendungen für Reihenschaltungen und Parallelschaltungen aus der Praxis.

Reihenschaltung: Schaltung von Strommessgerät und Verbraucher; Vorwiderstand zur Strombegrenzung
Parallelschaltung: Einzelkomponenten in einem PC wie Mainboard, Festplatte etc.

8.7 Betrieb von elektrischen Anlagen

1 Viele elektrische Maschinen besitzen ein Leistungsschild, dessen Aufbau genormt ist und Auskunft über wichtige Kenndaten gibt. Beschreiben Sie, welche Aussage die Punkte ① bis ⑧ liefern.

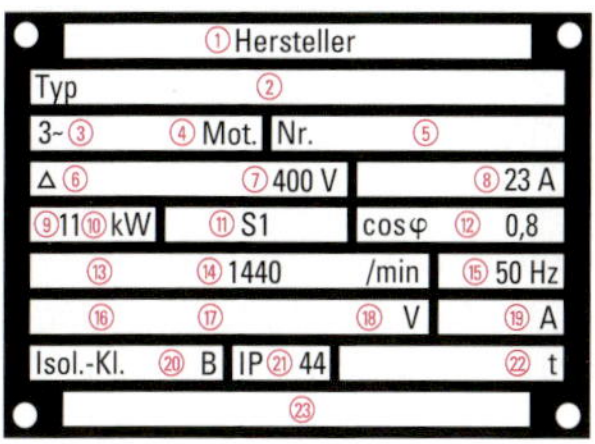

① Stromart: Drehstrom
② Art der Maschine: Motor
③ Nennspannung: 400 V (Versorgungsspannung)
④ Nennstrom: 23 A (im laufenden Betrieb)
⑤ Nennleistung: 11 kW (im laufenden Betrieb)
⑥ Nennbetriebsart: 1 (Dauerbetrieb)
⑦ Nenndrehfrequenz: 1440 1/min
⑧ Schutzart: IP 44 (Schutz gegen kornförmige Fremdkörper, Schutz gegen Spritzwasser)

2 Beschreiben Sie die Größe der *elektrischen Leistung* und deren Abhängigkeit von der Spannung *U* und der Stromstärke *I*.

Die Leistung steht im Zusammenhang mit der verrichteten Arbeit. Mit der Leistung *P* wird die Arbeit innerhalb einer bestimmten Zeit angegeben. Die Leistung eines elektrischen Gerätes ist umso höher, je höher die anliegende Spannung und je höher der Strom ist.

$$P = U \cdot I$$

P: Leistung in W
U: Spannung in V
I: Stromstärke in A

3 Welches Formelzeichen, welche Maßeinheit und welches Einheitenzeichen werden für die elektrische Leistung benutzt?

Die elektrische Leistung hat das Formelzeichen P und die Einheit Watt mit dem Einheitenzeichen W.

4 Welches Formelzeichen, welche Maßeinheit und welches Einheitenzeichen werden für die elektrische Arbeit benutzt?

Die elektrische Arbeit hat das Formelzeichen W und die Einheit Watt · Sekunde mit dem Einheitenzeichen W · s.

5 Der Stromanbieter einer Firma verlangt 0,23 €/kW · h. Wie viel kostet der Betrieb des Motors aus Aufgabe 1 bei einer Betriebszeit von 12 Stunden?

Die vom Motor verrrichtete Arbeit berechnet sich aus: $W_{\text{elektrisch}} = P \cdot t$

$W_{\text{elektrisch}} = 11\,\text{kW} \cdot 12\,\text{h} = 132\,\text{kW} \cdot \text{h}$

Die Kosten berechnen sich aus:

$$\text{Kosten} = W_{\text{elektrisch}} = \frac{\text{Preis}}{1\,\text{kW} \cdot \text{h}}$$

$$\text{Kosten} = 132\,\text{kW} \cdot \text{h} \cdot 0{,}23 \frac{€}{\text{kW} \cdot \text{h}} = \underline{\underline{30{,}36\,€}}$$

6 Beschreiben Sie, was unter dem Begriff des Wirkungsgrads *μ* eines technischen Systems verstanden wird, welches Formelzeichen und welche Einheit er hat.

Der Wirkungsgrad hat das Formelzeichen η und wird ohne Einheit oder in Prozent angegeben. Er berechnet sich aus dem Verhältnis der abgegebenen Leistung zur zugeführten Leistung.

$$\eta = \frac{P_{\text{ab}}}{P_{\text{zu}}}$$

η: Wirkungsgrad
P_{ab}: abgeführte Leistung
P_{zu}: zugeführte Leistung

8.8 Unfallgefahr durch elektrischen Strom

1 Ein defektes elektrisches Gerät soll nach der Reparatur wieder im Betrieb eingesetzt werden. Worauf ist dabei zu achten?

Dies darf nur nach einer vorschriftsmäßigen Überprüfung des Gerätes geschehen. Einschlägige Normen und Vorschriften regeln, wer die Reparatur und Wartung ausführen darf.

2 Von defekten oder unsachgemäß reparierten elektrischen Geräten gehen große Gefahren aus. Im Berührungsfall fließt durch den menschlichen Körper ein elektrischer Strom. Welche Folgen kann dies für den menschlichen Organismus haben?

An Folgen können auftreten:

- Muskelverkrampfungen
- Herz- und Atemstillstand
- Gleichgewichtsstörungen
- Verbrennungen
- Zersetzungen von Körperzellen
- Verblitzungen (Lichtbogen)
- Tod

3 Welche Konsequenzen haben die in Aufgabe 2 genannten Folgen für die Arbeiten an elektrischen Geräten und für dessen Freischaltung nach einer Reparatur?

Daraus folgt, dass keine Arbeiten an Anlagen durchgeführt werden dürfen, die unter elektrischer Spannung stehen. Elektrische Anlagen dürfen nach einer Reparatur nur von Elektrofachkräften freigeschaltet werden.

4 Was ist zu berücksichtigen, wenn es trotz aller Vorsichtsmaßnahmen zu einer Unfallsituation, ausgelöst durch Elektrizität, kommt?

Die elektrische Anlage bzw. das elektrische Gerät sind als erstes spannungsfrei zu schalten. Weiter gilt, dass persönlicher Schutz immer vor Rettung eines Verunglückten geht. Eine verunglückte Person darf man erst berühren, wenn die elektrische Anlage, mit der sie in Verbindung ist, spannungsfrei geschaltet wurde. Nach einem elektrischen Schlag sind unverzüglich Erste-Hilfe-Maßnahmen durchzuführen.

5 Wie lässt sich ein elektrisches Gerät im Falle eines Unfalls spannungsfrei schalten?

Wenn vorhanden, ist der NOT-AUS-Schalter zu betätigen, der Netzstecker zu ziehen oder der Leitungsschutzschalter auszuschalten.

6 Bei der Kennzeichnung von elektrischen Betriebsmitteln wird durch Symbole auch auf die Einhaltung von Sicherheitsvorschriften und Schutzmaßnahmen hingewiesen. Erläutern Sie die Bedeutung der folgenden Symbole.

a) 

b) 

c) 

Schutzklasse I:
Schutzmaßnahme mit Schutzleiter, z. B. an Geräten mit Metallgehäusen
Schutzklasse II:
Schutzisolierung, z. B. an Geräten mit Kunststoffgehäusen
Schutzklasse III:
Schutzkleinspannung AC < 50 V und DC < 120 V, z. B. an einer Arbeitsleuchte

9 Gebundene Aufgaben zu Lernfeld 4

(Lösungen zu den gebundenen Aufgaben siehe Seite 262)

1 Welche Aussage zum Umgang mit Korrosionsschutzölen ist richtig?

1: Korrosionsschutzöle wirken bei Metallen und Kunststoffen gleichgut
2: Korrosinsschutzöle sind ungiftig
3: Korrosionsschutzöle sollten möglichst nicht benutzt werden, da sie sehr teuer sind
4: Korrosionsschutzöle enthalten keine gesundheits- und umweltgefährdende Substanzen
5: Korrosionsschutzöle enthalten gesundheits- und umweltgefährdende Substanzen

4

2 Wobei handelt es sich nicht um ein Instandhaltungskonzept?

1: zustandsabhängige Instandhaltung
2: risikobasierte Instandhaltung
3: sicherheitsbasierte Instandhaltung
4: intervallabhängige Instandhaltung
5: störungsbedingte Instandhaltung

3 Nach dem Stillsetzen und Sichern der Drehmaschine und Öffnen des Deckels des Spindelstocks zeigt sich in der Verteilerrinne dunkler Abrieb. Welche Schlüsse für eine Schadensanalyse können Sie daraus nicht ziehen?

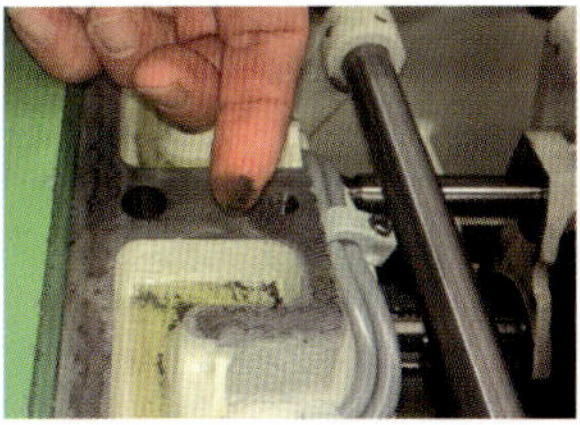

1: Der Siebfilter könnte verdreckt sein.
2: Das Öl im Spindelkasten wurde nicht entsprechend den Herstellerangaben gewechselt.
3: Das Spiel der Wälzlager wurde nicht laut Herstellerangaben eingestellt.
4: Das Wartungsintervall der Maschine könnte zu groß gewesen sein.
5: Die Raumtemperatur in der Werkstatt ist zu gering.

4 Welche der Aussagen zur Schmieranleitung einer Säulenbohrmaschine ist falsch?

1: Die Berührstelle zwischen Tisch und Säule soll alle 50 Betriebsstunden geölt werden.
2: Die Pinole soll alle 8 Betriebsstunden gefettet werden.
3: Die Füllmenge für das Vorschubgetriebe beträgt 0,5 Liter.
4: Die Berührstelle zischen Tischhubgetriebe und Zahnstange soll mit K2K-20 gefettet werden.
5: Für das Getriebe muss ein Öl mit der Spezifikation CL 68 verwendet werden.

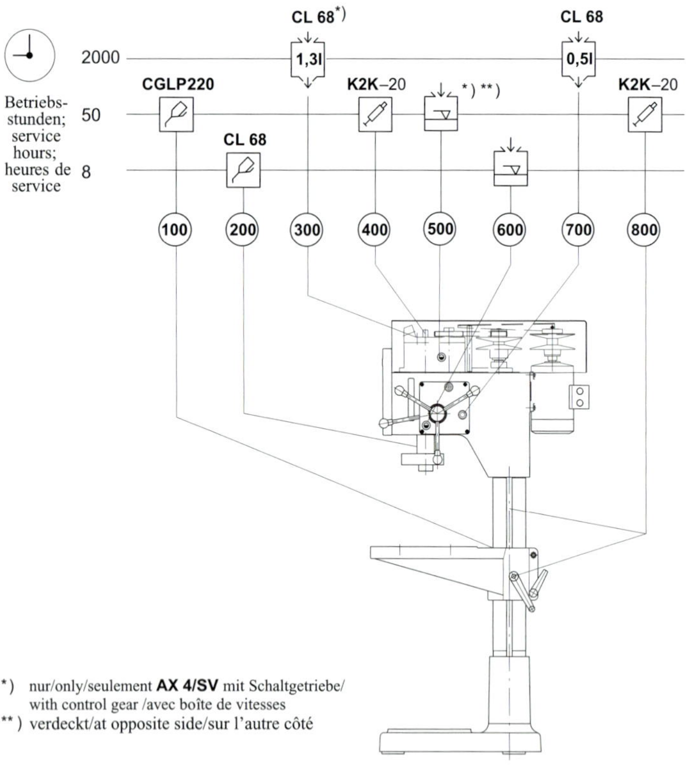

*) nur/only/seulement **AX 4/SV** mit Schaltgetriebe/with control gear /avec boîte de vitesses
**) verdeckt/at opposite side/sur l'autre côté

5 Welche Bezeichnungen der drei Leitungen eines Einphasen-Wechselstromkabels sind richtig?

1: I = Schutzleiter; II = Neutralleiter; III = Außenleiter
2: I = Außenleiter; II = Neutralleiter; III = Schutzleiter
3: I = Schutzleiter; II = Außenleiter; III = Neutralleiter
4: I = Schutzleiter; II = Außenleiter; III = Außenleiter
5: I = Neutralleiter; II = Schutzleiter; III = Außenleiter

6 Welches sind die Spannungen, ab denen nur noch eine Elektrofachkraft Arbeiten ausführen darf?

1: 220 V Wechselspannung; 24 V Gleichspannung
2: 24 V Wechselspannung; 220 V Gleichspannung
3: 50 V Wechselspannung; 120 V Gleichspannung
4: 50 V für beide Spannungsarten
5: Es gibt keine Grenzen

7 Welche Aussage zu der gezeigten Schaltung ist richtig?

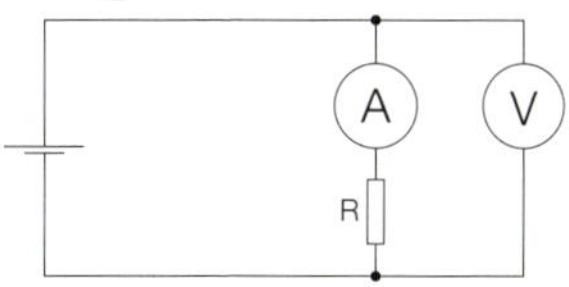

1: Sie dient der Bestimmung des Widerstandswertes.
2: Sie dient der Kalibrierung der Messgeräte.
3: Sie dient der Bestimmung der Leistung der Spannungsquelle.
4: Beide Messgeräte dienen der Messung ein und derselben Größe.
5: Der Strom durch den Spannungsmesser ist gleich dem Strom durch das Amperemeter.

8 **Welche Aussage ist falsch, wenn alle Verbraucher eines einfachen Stromkreises parallel an die Spannungsquelle angeschlossen sind?**

1: Die Spannung an allen Verbrauchern ist gleich groß.
2: Alle Verbraucher müssen den gleichen Widerstand haben.
3: Die Summe der Einzelströme durch die Verbraucher ist gleich dem Gesamtstrom.
4: Der Ersatzwiderstand einer Parallelschaltung ist kleiner als der kleinste Einzelwiderstand.
5: Eine Parallelschaltung verschiedener Verbraucher ist möglich.

Lösungen zu den gebundenen Aufgaben:

1	5	5	1
2	3	6	3
3	5	7	1
4	2	8	2

1 Einflussgrößen beim maschinellen Zerspanen mit geometrisch bestimmter Schneide

1 Benennen Sie für das Drehen und Fräsen die gekennzeichneten Bewegungen und Geschwindigkeiten.

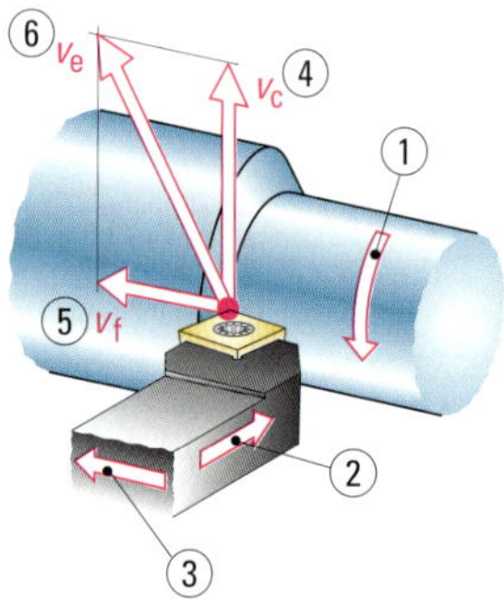

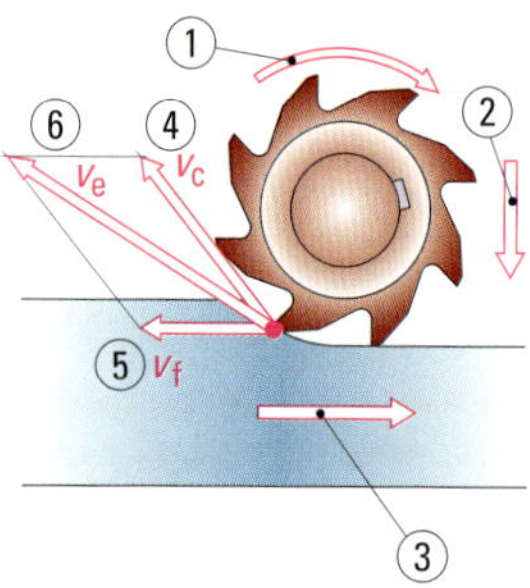

①: Schnittbewegung
②: Zustellbewegung
③: Vorschubbewegung
④: Schnittgeschwindigkeit
⑤: Vorschubgeschwindigkeit
⑥: Wirkgeschwindigkeit

2 Nennen Sie vier Faktoren und geben Sie an, wie sie sich auf die Wahl der Schnittgeschwindigkeit (v_c) auswirken.

- Schneidstoff: je härter und verschleißfester, desto höher v_c.
- Werkstoff des Werkstücks: je härter und fester, desto niedriger v_c.
- Art der Zerspanung: bei Feinbearbeitung ist v_c höher als bei Grobbearbeitung
- Kühlschmierung: mit Kühlschmierung kann v_c höher als ohne gewählt werden.

3 Benennen Sie die mit 1 bis 5 gekennzeichneten Zerspanungsgrößen mit den dazugehörenden Formelzeichen.

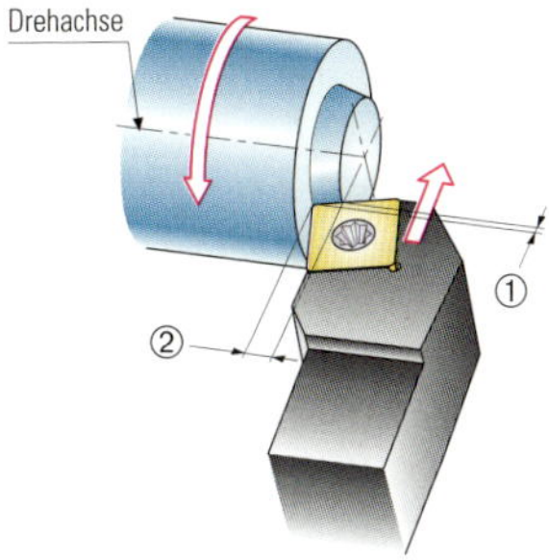

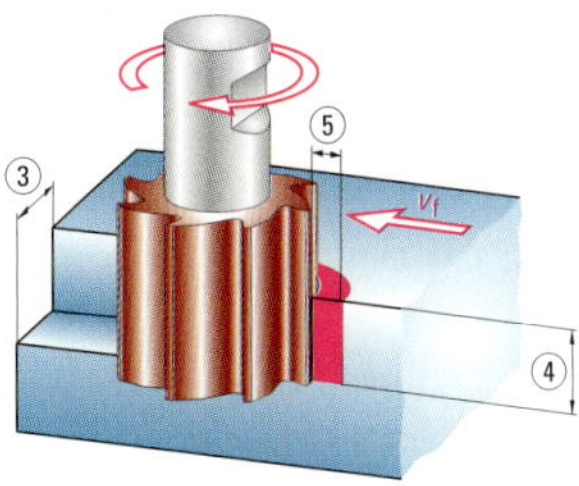

①: Vorschub f
②: Schnitttiefe a_p
③: Arbeitseingriff a_e
④: Schnitttiefe a_p
⑤: Vorschub f

4 Nennen Sie vier Einflüsse und geben Sie an, wie sie sich auf die Wahl des Vorschubs (f) bzw. der Vorschubgeschwindigkeit (v_f) auswirken.

- Gewünschte Oberflächenqualität: je besser die Oberfläche, desto niedriger f
- Art der Zerspanung: bei Feinbearbeitung ist f niedriger als bei Grobbearbeitung
- Werkstoff des Werkstücks: je härter und fester, desto niedriger f.
- Schneidstoff: je härter und verschleißfester, desto höher kann f gewählt werden.

5 **Eine Welle aus 34CrMo4 mit 80 mm Durchmesser soll durch Längsrunddrehen geschruppt werden. Als Schneidstoff wurde die Hartmetallsorte P40 gewählt, der Vorschub beträgt 0,8 mm. Berechnen Sie für eine Schnittgeschwindigkeit von 150 m/min die Umdrehungsfrequenz *n* und die Vorschubgeschwindigkeit v_f.**

$$n = \frac{v_c}{d \cdot \pi}$$

$$n = \frac{150\,\text{m}}{\text{min} \cdot 80\,\text{mm} \cdot \pi} \cdot \frac{1000\,\text{mm}}{1\,\text{m}}$$

$$\underline{\underline{n = 596/\text{min}}}$$

$$v_f = n \cdot f$$

$$v_f = \frac{596 \cdot 0{,}8\,\text{mm}}{\text{min}}$$

$$\underline{\underline{v_f = 477\,\text{mm/min}}}$$

6 **Mit einem Vollhartmetallfräser mit 16 mm Durchmesser und 4 Schneiden ist eine Platte aus 42CrMo4 zu bearbeiten. Die Schnittwertempfehlung des Werkzeugherstellers schlägt eine Schnittgeschwindigkeit von 110 m/min und einen Vorschub pro Zahn von 0,08 mm vor. Bestimmen Sie die Umdrehungsfrequenz *n* für den Fräser und seine Vorschubgeschwindigkeit v_f.**

$$n = \frac{v_c}{d \cdot \pi}$$

$$n = \frac{110\,\text{m}}{\text{min} \cdot 16\,\text{mm} \cdot \pi} \cdot \frac{1000\,\text{mm}}{1\,\text{m}}$$

$$\underline{\underline{n = 2188/\text{min}}}$$

$$v_f = n \cdot z \cdot f_z$$

$$v_f = \frac{2188 \cdot 4 \cdot 0{,}08\,\text{mm}}{\text{min}}$$

$$\underline{\underline{v_f = 700\,\text{mm/min}}}$$

7 **Nennen Sie drei typische Spanarten.**

Reißspan, Scherspan und Fließspan

8 **Welche Faktoren begünstigen eine Fließspanbildung?**

- zunehmende Verformbarkeit des zu bearbeitenden Werkstoffs
- steigende Schnittgeschwindigkeit
- zunehmender Spanwinkel
- abnehmender Vorschub
- abnehmende Schnitttiefe

9 Geben Sie vier gewünschte Spanformen an.

Bröckelspäne, Spiralspäne, kurze Wendelspäne und Spiralwendelspäne

10 Das Brechen der Fließspäne übernehmen Spanformer bzw. Spanleitstufen. Begründen Sie aufgrund der Spanbruchdiagramme, welche der beiden Schneidplatten zum Schlichten geeignet ist.

Die untere Wendeschneidplatte eignet sich zum Schlichten, weil der Spanbruch bei einer Schnitttiefe von 0,5 bis 1,5 mm und einem Vorschub von 0,1 bis 0,4 mm erfolgt.

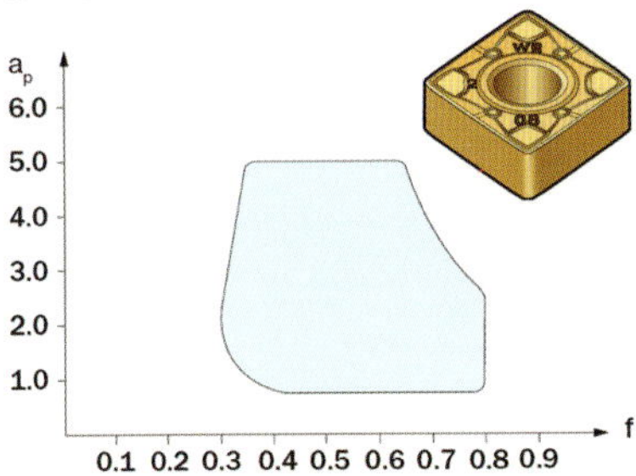

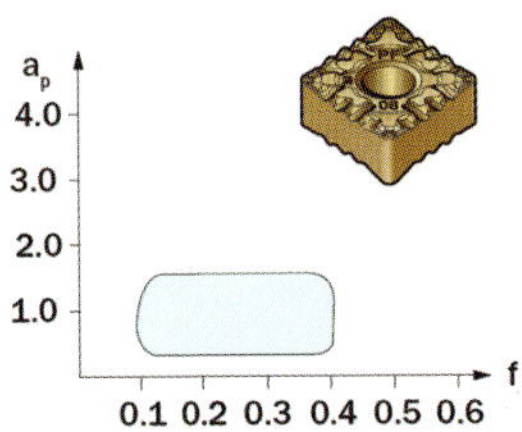

11 Welches Ziel wird mit der Schruppbearbeitung angestrebt und wie sind die Einstellwerte (a_p, a_e, f, f_z und v_c) zu wählen?

Ziel des Schruppens ist es, das gewünschte Spanvolumen in möglichst kurzer Zeit abzunehmen. Dazu werden große Schnitttiefen a_p, Arbeitseingriffe a_e, Vorschübe f, und Vorschübe pro Zahn f_z bei niedrigen Schnittgeschwindigkeiten v_c gewählt.

12 Welche Ziele werden mit der Schlichtbearbeitung angestrebt und wie sind die Einstellwerte (a_p, a_e, f, f_z und v_c) zu wählen?

Ziel des Schlichtens ist es, die geforderten Maßtoleranzen, Oberflächenqualitäten und Form- und Lagetoleranzen zu erzielen. Dazu werden kleine Schnitttiefen a_p, Arbeitseingriffe a_e, Vorschübe f, und Vorschübe pro Zahn f_z bei höheren Schnittgeschwindigkeiten v_c gewählt.

13 Welchen Einfluss hat der Schneidenradius auf die Oberflächenqualität der Arbeitsfläche?

Je größer der Schneidenradius, desto besser die Oberflächenqualität der Arbeitsfläche.

14 Welcher Vorschub ist beim Drehen mit einer Wendeschneidplatte, die einem Schneidenradius von 0,8 mm besitzt, zu wählen, wenn eine maximale Rautiefe von 6 µm gefordert ist?

$$f = \sqrt{\frac{R_{max} \cdot 8 \cdot R}{1000}}$$

$$f = \sqrt{\frac{6 \cdot 8 \cdot 0{,}8}{1000}}$$

$$\underline{\underline{f = 0{,}2\,\text{mm}}}$$

15 Nennen Sie zwei Verschleißarten an der Werkzeugschneide und geben Sie die Gründe für ihr Entstehen an.

- Freiflächenverschleiß entsteht durch die Reibung zwischen Frei- und Arbeitsfläche.
- Kolkverschleiß entsteht durch die Reibung zwischen Span und Spanfläche.

16 Was wird beim Zerspanen unter dem Begriff Standzeit verstanden?

Standzeit ist die Zeit, die eine Schneide ununterbrochen im Einsatz ist.

17 Wie wirkt sich eine Verminderung der Schnittgeschwindigkeit auf die Standzeit aus?

Mit der Reduzierung der Schnittgeschwindigkeit erhöht sich die Standzeit.

1.1 Schneidstoffe und Wendeschneidplatten

1 Nennen Sie Eigenschaften, über die ein idealer Schneidstoff verfügen sollte.

- große Härte
- hohe Warmhärte
- große Druckfestigkeit
- entsprechende Zähigkeit
- ausreichende Biegefestigkeit
- hohe Verschleißfestigkeit
- gute Temperaturwechselbeständigkeit

2 Aus welchen Gründen werden Werkzeuge aus Schnellarbeitsstahl (HSS) gegenüber Hartmetallen bevorzugt?

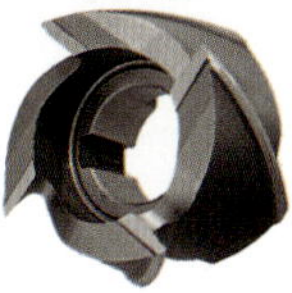

Schnellarbeitsstahl ist im Vergleich zu Hartmetallen sehr zäh und unempfindlich gegenüber Stößen und Schnittkraftschwankungen. HSS wird für Zerspanungsaufgaben gewählt, bei denen scharfe Schneiden und große Spanwinkel nötig sind. Die Werkzeuge lassen sich gut nachschleifen und sind preisgünstig.

3 Welche Vorteile haben Hartmetalle gegenüber Schnellarbeitsstahl?

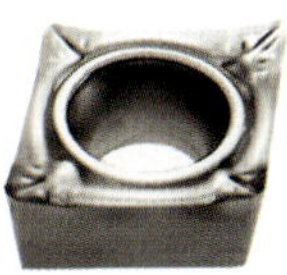

Hartmetalle sind gegenüber HSS verschleißfester und besitzen eine höhere Warmhärte (ca. 900 °C). Deshalb können wesentlich höhere Schnittgeschwindigkeiten gewählt werden.

5

4 Welchen Einfluss hat ein steigender Bindemittelanteil auf die Härte, Biegesteifigkeit und Verschleißfestigkeit der Hartmetalle?

Die Härte und Verschleißfestigkeit nehmen ab, die Biegefestigkeit nimmt zu.

5 Legen Sie die Hauptanwendungsgruppen für die Hartmetalle fest, die für die Zerspanung von E235, X2CrNiMo17-12-2 und EN AW-AlMg3 geeignet sind.

- E235: P
- X2CrNiMo17-12-2: M
- EN AW-AlMg3: N

6 Welche Eigenschaften werden durch die Beschichtung von Hartmetallwerkzeugen verändert?

Durch die Beschichtung der Hartmetalle wird die Härte und Verschleißfestigkeit der Schneidstoffoberfläche erhöht. Gleichzeitig sinkt die Reibung auf Span- und Freifläche.

7 Woraus bestehen Cermets und welche Eigenschaften zeichnen sie aus?

Cermets sind harte keramische Stoffe in einem metallischen Binder. Sie zeichnen sich durch hohe Verschleißfestigkeit, Warmhärte und chemische Stabilität, gutes Reibverhalten und eine geringe Neigung zur Aufbauschneidenbildung aus.

8 Nennen Sie zwei Vorteile und einen Nachteil von Schneidkeramik gegenüber Hartmetallen.

Keramikschneidwerkstoffe sind härter, warmhärter (ca. 1200 °C) und verschleißfester als Hartmetalle. Nachteilig ist die geringere Zähigkeit und Biegefestigkeit, wodurch der Schneidstoff sehr stoßempfindlich ist.

5

9 Schlüsseln Sie für die Wendeschneidplatte die Bezeichnung SNMA 15-05-08 E N P30 auf.

Grundform: 90°, Freiwinkel: 0°; Toleranzklasse: M; Spanformer und Befestigung: A; Plattengröße: 15 mm; Plattendicke: 5 mm; Eckenradius: 0,8 mm; Schneide: gerundet; Schneidrichtung: links und rechts; Hartmetallgruppe: P30

1.2 Kühlschmierstoffe

1 Kühlschmierstoffe transportieren beim Zerspanen die Wärmeenergie von der Wirkstelle. Welche Bedeutung hat das Kühlen und Schmieren für Werkzeug und Werkstück?

Durch das Kühlen soll die Warmhärte des Werkzeugs nicht überschritten und Gefügeveränderungen des Werkstücks vermieden werden. Das Schmieren vermindert die Reibung an Werkzeug und Werkstück, wodurch die Standzeit des Werkzeugs erhöht und die Oberflächenqualität des Werkstücks verbessert wird.

2 Woraus bestehen wassermischbare Kühlschmierstoffe, welche Vorteile haben sie und bei welchen Zerspanungsaufgaben werden sie eingesetzt?

Sie bestehen aus Konzentraten, die mit Wasser gemischt werden. Dabei kann der Wasseranteil bis zu 98 % betragen. Die Konzentrate haben die Aufgabe, die Schmier- und Benetzungsfähigkeit der Mischung zu verbessern und die Korrosion zu verhindern. Der hohe Wasseranteil garantiert eine gute Kühlwirkung. Sie werden bei Zerspanungsaufgaben eingesetzt, bei denen die Kühlung wichtiger als die Schmierung ist.

3 Woraus bestehen nichtwassermischbare Kühlschmierstoffe und welche Vorzüge haben sie?

Sie sind Mineralöle, die entsprechende Zusätze zur Verbesserung der Schmierfähigkeit, des Korrosionsschutzes, der Alterungsbeständigkeit und des Schaumverhaltens beinhalten. Sie zeichnen sich durch gutes Schmierverhalten und Druckaufnahmefähigkeit aus.

4 Nennen Sie drei Zerspanungsaufgaben, bei denen Sie nichtwasserlösliche Kühlschmiermittel einsetzen würden.

- Gewindeschneiden von Stahl
- Zahnradfräsen von Stahl
- Honen von Gusseisen

5 Ein großer Teil der anerkannten Haut-Berufskrankheiten entstehen durch Kühlschmierstoffe. Welche Ursachen können dafür verantwortlich sein?

- Zusätze in den Kühlschmierstoffen können hautreizend sein.
- Kühlschmierstoff ist von Mikroorganismen (Bakterien und Pilze) befallen.
- sehr häufiger Hautkontakt mit dem Kühlschmierstoff
- fehlender oder ungenügender Hautschutz
- Mikroverletzungen der Haut
- ungenügende Hautpflege und -reinigung vor und nach Kühlschmiermittelkontakt

6 Was sind die Gründe für den Einsatz einer Minimalmengen-Kühlschmierung und wie funktioniert sie?

Wegen der Kühlmittelkosten für Beschaffung, Aufbereitung und Entsorgung, zum Schutz der Mitarbeiter und der Umwelt wird die Minimalmengen-Kühlschmierung eingesetzt. Dabei sprühen geeignete Düsen das Kühlschmiermittel direkt auf Span- und Freifläche. Die Schmierwirkung ist dabei auch mit sehr geringen Mengen gewährleistet. Die Kühlwirkung ist nicht erforderlich, wenn der Schneidstoff den auftretenden Temperaturen standhält.

7 Was wird unter Trockenbearbeitung verstanden und unter welchen Bedingungen kann sie eingesetzt werden?

Bei der Trockenbearbeitung erfolgt das Zerspanen ohne Kühlschmierung. Das ist bei sehr verschleißfesten Schneidstoffen, wie z. B. Oxidkeramik, und CBN und selbstschmierenden Werkstückwerkstoffen, wie z. B. Gusseisen, möglich.

5

2 Drehen

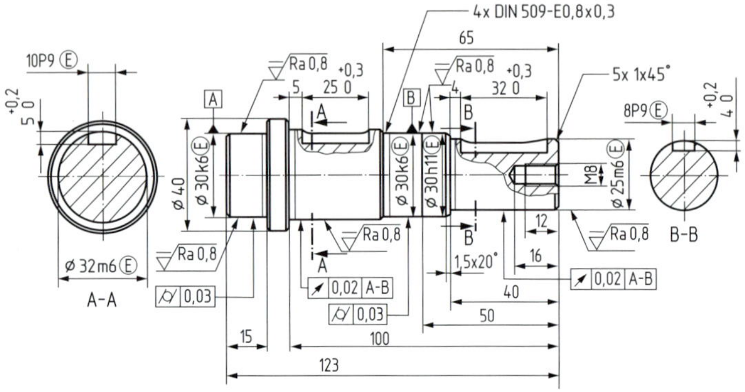

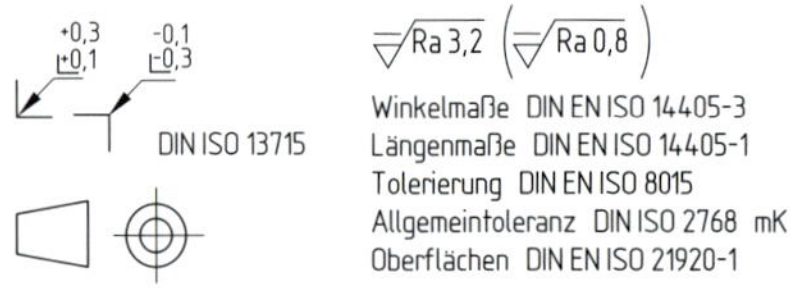

Die dargestellte Antriebswelle aus 50CrMo4 ist aus einem Rohling von Ø45x148 auf einer konventionellen Zugspindel-Leitspindel-Drehmaschine herzustellen. Nach dem Drehen werden abschließend die beiden Passfedernuten auf der Fräsmaschine gefertigt.

1 Die eng tolerierten Wellenabschnitte nehmen zwei Kugellager, ein Zahnrad, einen Wellendichtring und eine Keilriemenscheibe auf. Welche Anforderungen werden an deren Oberflächen gestellt und wie müssen die restlichen Oberflächen sein?

Die Oberflächen der betrachteten Wellenabschnitte müssen einen arithmetischen Mittenrauwert von 0,8 µm erhalten. Für die restlichen Oberflächen muss ein arithmetischer Mittenrauwert von 3,2 µm erreicht werden.

2 In der Zeichnung sind Angaben zur Formtoleranz und zur Lagentoleranz vorhanden. Erläutern Sie die beiden Toleranzarten.

Formtoleranzen begrenzen die zulässige Abweichung eines Werkstückelements von seiner geometrischen Idealform. Lagetoleranzen begrenzen die zulässige Abweichung zweier oder mehrerer Werkstückelemente von einer idealen Lage zueinander.

3 Schlüsseln Sie die folgenden Toleranzangaben auf.

⌭	0,03

↗	0,02	A-B

a) Die Zylindermantelfläche muss zwischen zwei koaxialen Zylindern vom Abstand von 0,03 mm liegen.
b) Bei Drehung um die Bezugsachse A-B darf die Rundlaufabweichung 0,02 mm nicht überschreiten.

4 Die Antriebswelle wird mit drei Spannungen im Dreibackenfutter gedreht. Beschreiben Sie die Arbeitsschritte zum Drehen der Antriebswelle.

Erste Spannung im Dreibackenfutter mit harten Backen:
- Querplandrehen der Stirnfläche
- Zentrieren
- Bohren
- Gewindeschneiden

Zweite Spannung im Dreibackenfutter mit harten Backen und mitlaufender Zentrierspitze im Reitstock:
- Schruppen der Kontur
- Schlichten der Kontur

Dritte Spannung im Dreibackenfutter mit weichen Backen:
- Querplandrehen der Stirnfläche
- Schruppen der Kontur
- Schlichten der Kontur

5 Welche Einflüsse haben die Führungen bei der Drehmaschine auf die Qualität des Drehteils?

Schlechte Führungen können zu Schwingungen (Rattern) und schlechten Oberflächenqualitäten führen. Außerdem können Formfehler am Drehteil auftreten.

6 Nennen Sie zwei Funktionen, die die Arbeitsspindel der Drehmaschine übernimmt.

Sie nimmt die Spannvorrichtung für das Werkstück auf und leitet die Energie für den Zerspanungsprozess an die Wirkstelle von Werkstück und Werkzeug weiter.

7 Welche Aufgaben übernimmt der Reitstock bei der Herstellung der Antriebswelle?

Der Reitstock nimmt einerseits den Zentrierbohrer, den Bohrer und den Gewindeschneidapparat für M10 zur Bearbeitung des Drehteils auf. Andererseits nimmt er die Zentrierspitze als Gegenlager bei der zweiten Spannung des Drehteils auf.

8 Wird bei der Zerspanung der Antriebswelle die Zug- oder die Leitspindel genutzt?

Es kommt die Zugspindel zum Einsatz, weil sie beim Längsrund- und Querplandrehen die Vorschubbewegung vom Vorschubgetriebe zum Werkzeugschlitten überträgt. Die Leitspindel dient zum Gewindedrehen.

9 Benennen Sie für das dargestellte Längsrunddrehen die markierten Schneiden und Winkel.

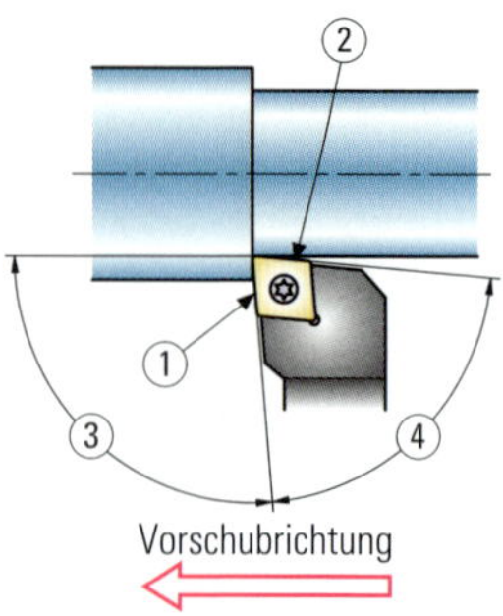

①: Hauptschneide
②: Nebenschneide
③: Einstellwinkel
④: Eckenwinkel

10 Welchen Einfluss hat der Eckenwinkel auf die Werkzeugschneide?

Je größer der Eckenwinkel (ε), desto stabiler ist die Werkzeugspitze und umso geringer ist die Gefahr des Werkzeugbruchs. Deshalb werden große Eckenwinkel beim Schruppen gewählt.

11 Beschreiben Sie mit „je…desto“, wie sich bei gleichbleibendem Vorschub *f* und Schnitttiefe a_p die Spanungsdicke *h* und die Spanungsbreite *b* verändern, wenn der Einstellwinkel κ von 90° auf 45° abnimmt?

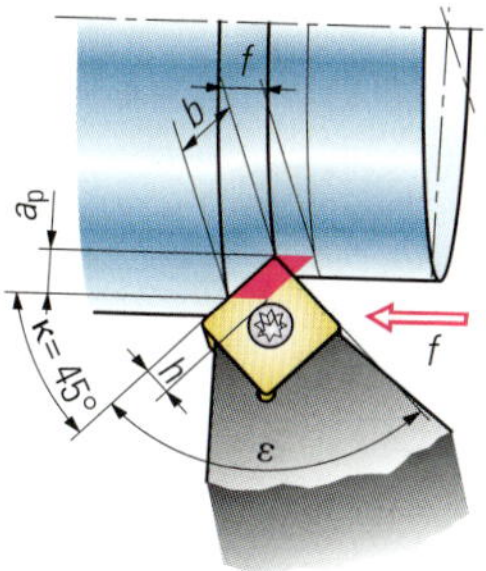

Je kleiner der Einstellwinkel κ, desto kleiner die Spanungsdicke *h* und desto größer die Spanungsbreite *b*.

5

12 Welche Auswirkungen hat eine Abnahme der Spanungsdicke und eine Zunahme der Spanungsbreite auf die Belastung der Hauptschneide und auf die Standzeit des Werkzeugs?

Es verlängert sich die im Eingriff befindliche Hauptschneide, der Verschleiß wird dadurch geringer und die Standzeit steigt.

13 Welche Auswirkungen kann eine geringe Spanungsdicke auf die Spanbildung haben?

Bei geringen Spanungsdicken kann der Bereich des kontrollierten Spanbruchs verlassen werden, wodurch es zu ungewünschten, langen Fließspänen kommen kann.

14 Begründen Sie, ob Sie beim Längsschruppen einen negativen oder positiven Neigungswinkel λ bevorzugen.

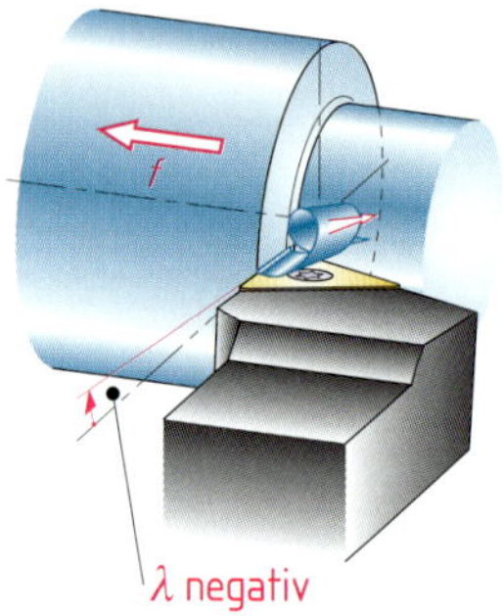

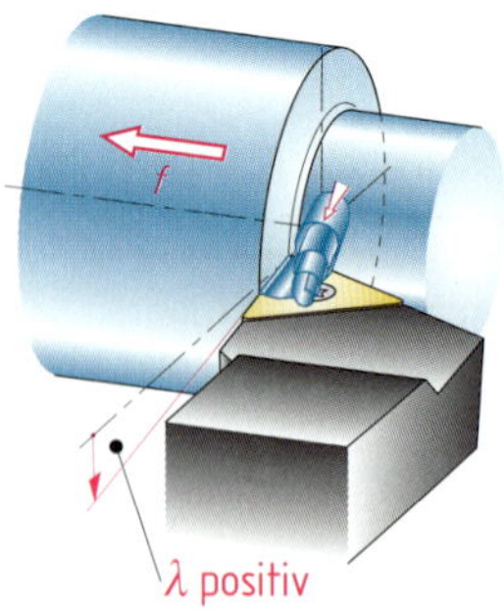

Beim negativen Neigungswinkel λ wird eine negativer Schneidplatte gewählt, die stabil ist und nicht mit der Schneidenspitze anschneidet, was die Bruchgefahr mindert.

15 Von welchen Faktoren hängt die Größe der Schnittkraft F_c ab?

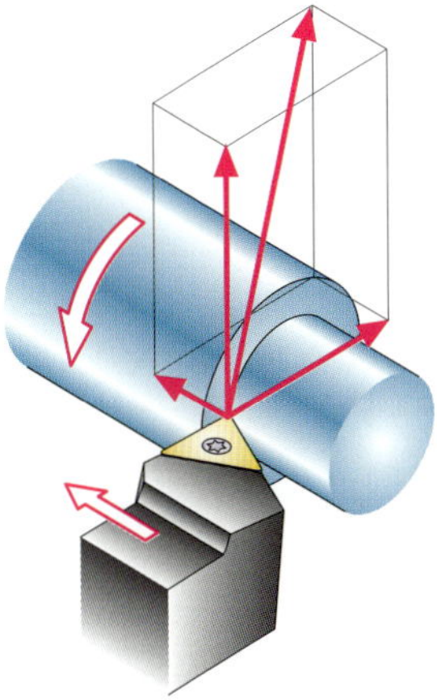

Die Schnittkraft F_c ist von der Schnitttiefe a_p, dem Vorschub f und dem Werkstückwerkstoff abhängig.

5

16 Welchen Einfluss hat die Abnahme des Einstellwinkels κ von 90° zu 30° auf die Passivkraft F_p?

Mit abnehmendem Einstellwinkel k nimmt die Passivkraft F_p zu.

17 Welchen Einstellwinkel wählen Sie beim Drehen von langen, dünnen Wellen, um die Passivkraft möglichst gering zu halten?

Bei einem Einstellwinkel $k = 90°$ ist die Passivkraft am kleinsten.

18 Was bedeutet die Angabe der spezifischen Schnittkraft k_c von 1950 N/mm² für den Stahl 42CrMo4?

Pro Quadratmillimeter Spanquerschnitt sind 1950 N zum Spanen nötig.

19 Bestimmen Sie die Schnittkraft F_c, die beim Schruppen der Antriebsspindel aus 50CrMo4 nötig ist, wenn der Vorschub 0,8 mm und die Schnitttiefe 5 mm beträgt.

$$F_c = A \cdot k_c$$
$$F_c = f \cdot a_p \cdot k_c$$
$$F_c = \frac{0{,}8\,\text{mm} \cdot 5\,\text{mm} \cdot 1950\,\text{N}}{\text{mm}^2}$$
$$\underline{\underline{F_c = 7800\,\text{N}}}$$

20 Wie groß ist die Schnittleistung beim Schruppen der Antriebswelle, wenn mit einer Schnittgeschwindigkeit von 150 m/min zerspant wird?

$$P_c = F_c \cdot v_c$$
$$P_c = \frac{7800\,\text{N} \cdot 150\,\text{m}}{\text{min}} \cdot \frac{1\,\text{min}}{60\,\text{s}} \cdot \frac{1\,\text{kW} \cdot \text{s}}{1000\,\text{N} \cdot \text{m}}$$
$$\underline{\underline{P_c = 19{,}5\,\text{kW}}}$$

21 An einer Drehmaschine steht eine Antriebsleistung von 40 kW zur Verfügung. Es soll eine Schnittgeschwindigkeit von 220 m/min bei f = 0,5 mm und a_p = 5 mm eingehalten werden. Die spezifische Schnittkraft beträgt 1800 N/mm² und der Wirkungsgrad der Maschine ist 0,75. Sind diese Schnittbedingungen zu realisieren?

$$P_{zu} = \frac{f \cdot a_p \cdot k_c \cdot v_c}{\eta}$$
$$P_{zu} = \frac{0{,}8\,\text{mm} \cdot 5\,\text{mm} \cdot 1800\,\text{N} \cdot 220\,\text{m}}{\text{mm}^2 \cdot 0{,}75 \cdot \text{min}} \cdot \frac{1\,\text{min}}{60\,\text{s}} \cdot \frac{1\,\text{kW} \cdot \text{s}}{1000\,\text{N} \cdot \text{m}}$$
$$\underline{\underline{P_{zu} = 35{,}2\,\text{kW} < P_{Maschine} = 40\,\text{kW}}}$$

22 Für welche Rohlingformen eignet sich das Vierbackenfutter zum Drehen?

Quadratische, achteckige, zwölfeckige und sechzehneckige Profilquerschnitte der Rohlinge lassen sich im Vierbackenfutter spannen.

23 Nennen Sie einen Vorteil des Stirnseitenmitnehmers.

Die Kontur des Drehteils lässt sich komplett in einer Spannung bearbeiten.

24 Bei welchen Drehteilen ist es sinnvoll, Spanndorne einzusetzen?

Drehteile, bei denen die Achsen von Außenzylindern und Bohrung in engen Toleranzen koaxial sein müssen.

25 Nennen Sie drei Maßnahmen zur Unfallverhütung beim Drehen.

- Werkstück und Werkzeug fest einspannen
- enganliegende Kleidung tragen
- bei langen Haaren Haarnetz oder Mütze tragen

26 Erstellen Sie den Bearbeitungsplan zum Drehen der Antriebswelle für die in Aufgabe 4 genannten drei Werkstückspannungen.

Lösung zu Aufgabe 26:

Lfd. Nr.	Fertigungsschritt	Werkzeuge und Hilfsmittel	Technologische Daten
1	1. Spannung	Dreibackenfutter mit harten Backen	
2	Schruppen der Stirnfläche mit 0,5 mm Aufmaß	Schruppdrehmeißel P30 beschichtet, $\varepsilon = 80°$, $\lambda = 95°$, $r = 1{,}6$ mm Kühlmittel	$v_c = 150$ m/min $n = 1060$/min $a_p = 2{,}0$ mm $f = 0{,}8$ mm
3	Schlichten der Stirnfläche	Schlichtdrehmeißel P20 beschichtet, $\varepsilon = 80°$, $\lambda = 95°$, $r = 0{,}8$ mm Kühlmittel	$v_c = 250$ m/min $n = 1770$/min $a_p = 0{,}5$ mm $f = 0{,}4$ mm
4	Zentrieren der Kernlochbohrung für M8	Zentrierbohrer Ø5/Ø12,5 HSS, Kühlmittel	$v_c = 10$ m/min $n = 640$/min $f = 0{,}05$ mm
5	Bohren der Kernlochbohrung für M10	Bohrer Ø6,8 HSS, Kühlmittel	$v_c = 12$ m/min $n = 560$/min $f = 0{,}08$ mm
6	Gewindeschneiden M8	Gewindebohrer M8 HSS, Kühlmittel, Gewindeschneidapparat	$v_c = 4$ m/min $n = 160$/min
7	2. Spannung	Harte Backen, mitlaufende Zentrierspitze	

8	Schruppen der Kontur mit 0,5 mm Aufmaß	Schruppdrehmeißel P30 beschichtet, $\varepsilon = 80°$, $\lambda = 95°$, $r = 1{,}6\,mm$ Kühlmittel	$v_c = 150\,m/min$ $n = 1060/min$ $a_p = 5{,}0\,mm$ $f = 0{,}8\,mm$
9	Schlichten der Kontur	Schlichtdrehmeißel P20 beschichtet, $\varepsilon = 80°$, $\lambda = 95°$, $r = 0{,}8\,mm$ Kühlmittel	$v_c = 250\,m/min$ $n = 1770/min$ $a_p = 0{,}5\,mm$ $f = 0{,}15\,mm$
10	Fasen 1x45° drehen	Schlichtdrehmeißel P20 beschichtet, $\varepsilon = 90°$, $\lambda = 45°$, $r = 0{,}8\,mm$ Kühlmittel	$v_c = 200\,m/min$ $n = 1600/min$ $f = 0{,}1\,mm$
11	Freistiche einstechen	Formdrehmeißel HSS	$v_c = 30\,m/min$ $n = 320/min$
12	3. Spannung	Dreibackenfutter mit weichen Backen	
13	Schruppen der zweiten Stirnfläche mit 0,5 mm Aufmaß	Schruppdrehmeißel P30 beschichtet, $\varepsilon = 80°$, $\lambda = 95°$, $r = 1{,}6\,mm$ Kühlmittel	$v_c = 150\,m/min$ $n = 1060/min$ $a_p = 2{,}0\,mm$ $f = 0{,}8\,mm$
14	Schlichten der zweiten Stirnfläche	Schlichtdrehmeißel P20 beschichtet, $\varepsilon = 80°$, $\lambda = 95°$, $r = 0{,}8\,mm$ Kühlmittel	$v_c = 250\,m/min$ $n = 1770/min$ $a_p = 0{,}5\,mm$ $f = 0{,}4\,mm$
15	Schruppen der Kontur mit 0,5 mm Aufmaß	Schruppdrehmeißel P30 beschichtet, $\varepsilon = 80°$, $\lambda = 95°$, $r = 1{,}6\,mm$ Kühlmittel	$v_c = 150\,m/min$ $n = 1060/min$ $a_p = 2{,}0\,mm$ $f = 0{,}8\,mm$
16	Schlichten der Kontur	Schlichtdrehmeißel P20 beschichtet, $\varepsilon = 80°$, $\lambda = 95°$, $r = 0{,}8\,mm$ Kühlmittel	$v_c = 250\,m/min$ $n = 1770/min$ $a_p = 0{,}5\,mm$ $f = 0{,}15\,mm$
17	Fasen 1x45° drehen	Schlichtdrehmeißel P20 beschichtet, $\varepsilon = 90°$, $\lambda = 45°$, $r = 0{,}8\,mm$ Kühlmittel	$v_c = 200\,m/min$ $n = 1600/min$ $f = 0{,}1\,mm$
18	Freistich einstechen	Formdrehmeißel HSS	$v_c = 30\,m/min$ $n = 320/min$

27 Auf welche Art werden auf konventionellen Drehmaschinen meist die Kegel gedreht?

Sie werden meist durch das Verstellen des Oberschlittens gedreht.

28 Interpretieren Sie auf dem unteren Bild das folgende Zeichen.

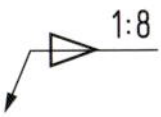

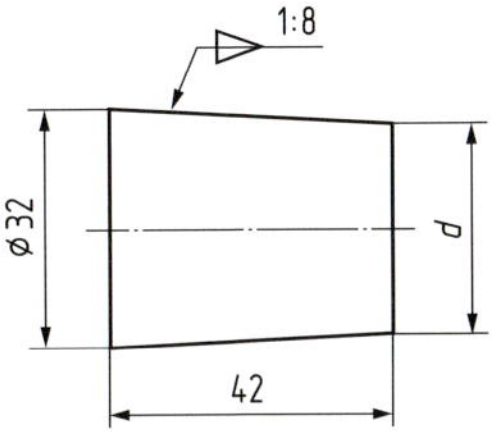

Es handelt sich um die Kegelverjüngung *C*, die in diesem Fall angibt, dass der Kegel sich auf 8 mm Kegellänge im Durchmesser um 1 mm verändert.

29 Wie groß sind bei der vorherigen Aufgabe die Neigung *C*/2, der Einstellwinkel *α*/2 und der kleine Kegeldurchmesser *d*?

$$C = 1 : 8 \rightarrow \underline{\underline{\frac{C}{2} = 1 : 16}}$$

$$\tan\frac{\alpha}{2} = \frac{C}{2} = \frac{1}{16}$$

$$\frac{\alpha}{2} = 3{,}58°$$

$$C = \frac{D - d}{L}$$

$$d = D - C \cdot L$$

$$d = 32\,\text{mm} - \frac{1 \cdot 42\,\text{mm}}{8}$$

$$\underline{\underline{d = 26{,}75\,\text{mm}}}$$

30 Bestimmen Sie für den dargestellten Kegel den Einstellwinkel, die Verjüngung und die Neigung.

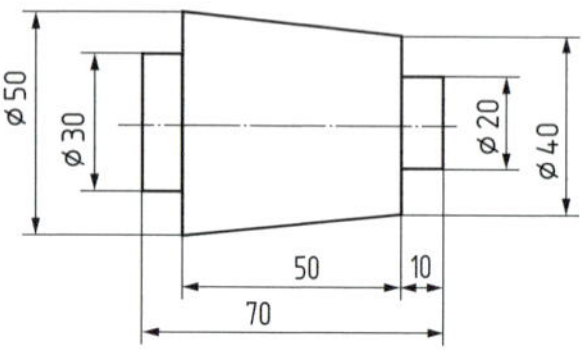

$$\tan\frac{\alpha}{2} = \frac{D-d}{2 \cdot L}$$

$$\tan\frac{\alpha}{2} = \frac{50\,\text{mm} - 40\,\text{mm}}{2 \cdot 50\,\text{mm}}$$

$$\underline{\underline{\frac{\alpha}{2} = 5{,}71°}}$$

$$C = \frac{D-d}{L}$$

$$C = \frac{50\,\text{mm} - 40\,\text{mm}}{50\,\text{mm}}$$

$$C = 1:5 \rightarrow \underline{\underline{\frac{C}{2} = 1:10}}$$

31 Zum Gewindedrehen werden meist Wendeschneidplatten eingesetzt, wobei die drei dargestellten Typen zur Auswahl stehen. Geben Sie Vor- und Nachteile für die Typen an.

Vollprofil

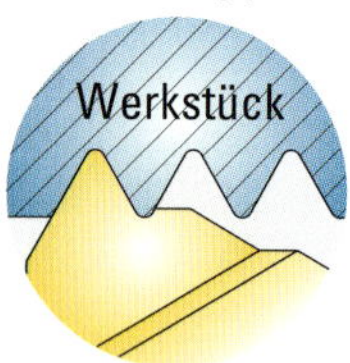

- Beim Vollprofil wird ein vollständiges Profil geschnitten, aber jede Gewindesteigung benötigt eine besondere Platte.

Teilprofil

- Beim Teilprofil ist die Platte für verschiedene Steigungen geeignet, aber die Gewindespitze wird nicht geschnitten.

Mehrfachzahnprofil

- Beim Mehrfachzahnprofil wird ein vollständiges Profil mit mehreren Schneiden geschnitten, es sind wenige Schnitte erforderlich, aber jedes Gewindeprofil benötigt eine Platte.

3 Fräsen

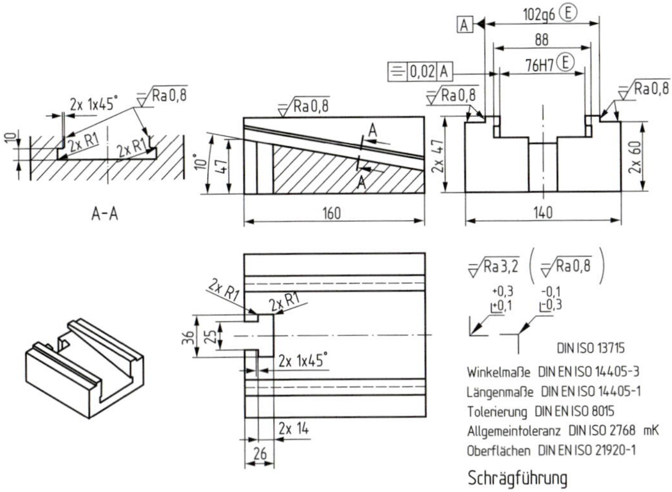

Die Schrägführung aus 30CrNiMo8 ist auf einer konventionellen Fräsmaschine mit spielfreien Vorschubantrieben zu fertigen.
Dafür steht ein Rohling von 164 x 144 x 70 mm zur Verfügung.

1 Geben Sie an, zu welcher Werkstoffgruppe der Stahl 30CrNiMo8 gehört und schlüsseln Sie die Werkstoffbezeichnung auf.

Legierter Vergütungsstahl mit 0,3 % C, 2 % Cr und Anteile von Ni und Mo.

2 Welche Bedeutung hat das folgende Symbol, das zweimal in der Zeichnung vorhanden ist?

[≡ | 0,02 | A]

Die Symmetrieebenen der Nuten 25H7 und 76H7 sollen innerhalb zweier Ebenen vom Abstand 0,02 mm liegen, die symmetrisch zur Mittelebene des Absatzes 102g6 sind.

3 Interpretieren Sie die beiden folgenden Maße und zeigen Sie auf, welche Anforderungen sich daraus für die Fertigung der beiden ergeben.

102g6 Ⓔ 76H7 Ⓔ

Das E in der Angabe weist auf die Hüllbedingung hin, die nach DIN EN ISO 14405 genormt ist. Die Hülle des Außenmaßes 102g6 darf nicht größer als das Höchstmaß 101,988 mm sein. Die Hülle des Innenmaßes 76H7 darf nicht kleiner als das Mindestmaß 76,000 mm sein.

4 Nummerieren Sie in der richtigen Reihenfolge aufsteigend die vorgegebenen Arbeitsschritte zum Fräsen der Schrägführung.

Lfd. Nr.	Arbeitsschritt
	Planfräsen der vier Seitenflächen
	Nutenfräsen der Aussparungen (25 mm)
	Eckfräsen der Absätze (76g6)
	Planfräsen der Grund- und Deckfläche
	Fräsen der T-Nuten (88 mm)
	Nutenfräsen (Schruppen) der Aussparungen (76H7)
	Fräsen der Fasen 1 x 45°
	Fräsen der T-Nuten (36 mm)
	Schlichtfräsen von 76H7
	Fräsen der Fasen 1 x 45° an den T-Nuten (36 mm)

Lfd. Nr.	Arbeitsschritt
2	Planfräsen der vier Seitenflächen
8	Nutenfräsen der Aussparungen (25 mm)
3	Eckfräsen der Absätze (76g6)
1	Planfräsen der Grund- und Deckfläche
5	Fräsen der T-Nuten (88 mm)
4	Nutenfräsen (Schruppen) der Aussparungen (76H7)
6	Fräsen der Fasen 1 x 45°
9	Fräsen der T-Nuten (36 mm)
7	Schlichtfräsen von 76H7
10	Fräsen der Fasen 1 x 45° an den T-Nuten (36 mm)

5 Begründen Sie, warum das Stirnfräsen dem Umfangsfräsen meist vorgezogen wird.

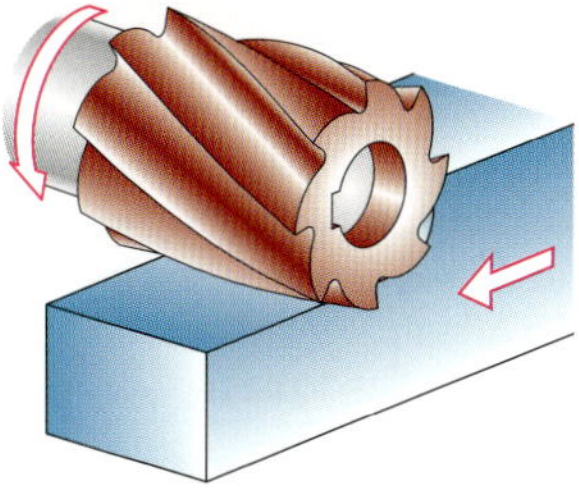

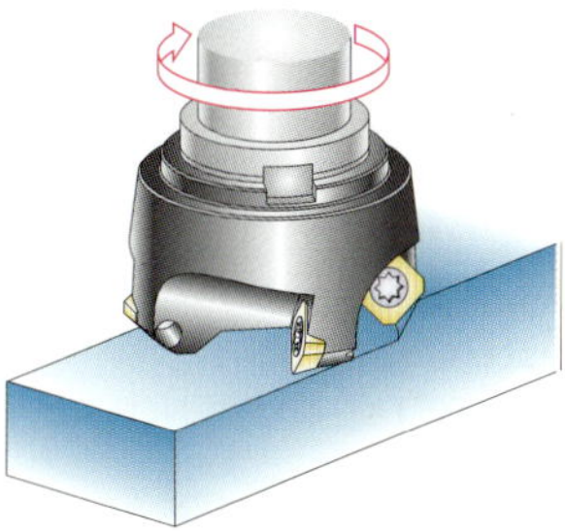

Beim Stirnfräsen entsteht eine fast gleichbleibende Spanungsdicke gegenüber kommaförmigen Spänen beim Umfangsfräsen. Es sind mehrere Schneiden im Eingriff, wodurch es zu geringeren Schnittkraftschwankungen und geringener Vibrationsgefahr kommt. Das Zeitspanvolumen ist beim Stirnfräsen größer als beim Umfangsfräsen. Das führt zu einer erhöhten Wirtschaftlichkeit.

6 Aus welchem Grund wird das Gleichlauffräsen bzw. das Gegenlauffräsen vorgezogen?

Das Gleichlauffräsen wird wegen der besseren zu erzielenden Oberflächenqualität dem Gegenlauffräsen vorgezogen, wenn ein spielfreier Vorschubantrieb vorhanden ist.
Bei nicht spielfreiem Vorschubantrieb und bei Werkstücken mit sehr harten, das Werkzeug verschleißenden Oberflächen kommt das Gegenlauffräsen zum Einsatz.

7 **Das Bild zeigt eine Schneidplatte eines Messerkopfs.**

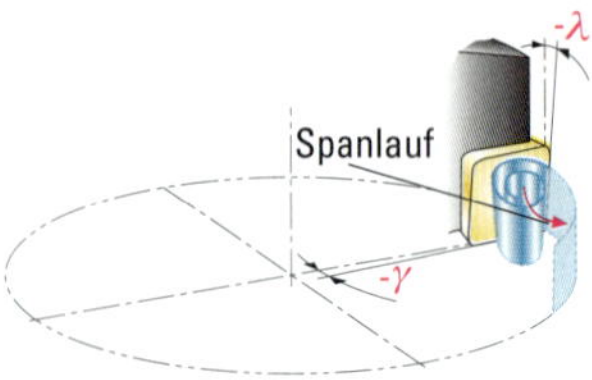

a) Benennen Sie die dargestellten Winkel.
b) Welche Schneidengeometrie liegt vor?
c) Welche Vorteile hat sie?
d) Für welche Fräsbedingungen ist sie geeignet?

a) negativer Spanwinkel (–γ) an der Hauptschneide, negativer Neigungswinkel (–λ) an der Nebenschneide
b) doppelt-negative Schneidengeometrie
c) Negative Wendeschneidplatten kommen mit einem Keilwinkel von 90° zum Einsatz, wodurch ein stabiler Schneidkeil vorliegt und sich die Anzahl der Schneiden durch beidseitige Nutzung verdoppelt.
d) Bei sehr harten Werkstoffen oder verschleißfesten Werkstückoberflächen ist der Einsatz einer doppelt-negativen Schneidengeometrie vorteilhaft.

8 **Das Bild zeigt eine Schneidplatte eines Messerkopfs.**

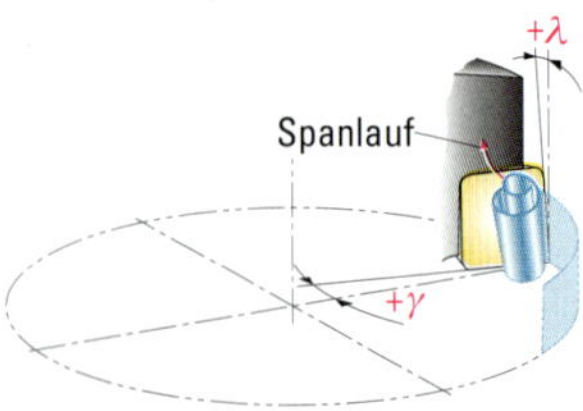

a) Benennen Sie die dargestellten Winkel.
b) Welche Schneidengeometrie liegt vor?
c) Welche Vorteile hat sie?
d) Für welche Fräsbedingungen ist sie geeignet?

a) positiver Spanwinkel (+γ) an der Hauptschneide, positiver Neigungswinkel (+λ) an der Nebenschneide
b) doppelt-positive Schneidengeometrie
c) Positive Wendeschneidplatten mit einem Keilwinkel $<90°$ führen zu kleineren Schnittkräften und die Späne werden gut nach oben abgeführt. Es liegen die günstigsten Schnittbedingungen vor.
d) Die doppelt-positive Schneidengeometrie ist möglichst zu bevorzugen.

9 Aus welchen Gründen sollte der Durchmesser des Messerkopfs bei etwa 130 % des Arbeitseingriffs a_e sein?

Bei kleineren Durchmessern liegen Anschnittbedingungen wie beim Gegenlauffräsen vor. Der damit verbundene „Gleiteffekt“ wird durch größere Durchmesser vermieden. Größere Fräser bringen für die Zerspanung keine Vorteile, sind nur merklich teurer und das erforderliche Drehmoment ist größer.

10 Wie wirkt sich der Einstellwinkel κ auf die Vorschubkraft F_f und die Passivkraft F_p aus?

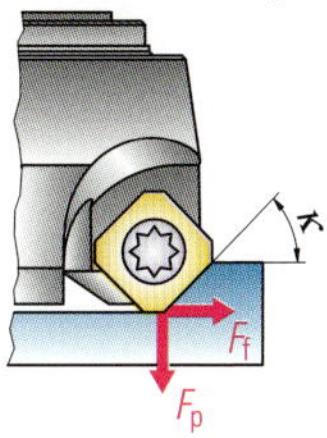

Mit abnehmendem Einstellwinkel nimmt die Vorschubkraft F_f ab und die Passivkraft F_p zu.

11 Bei einem Messerkopf wird eine Wendeschneidplatte mit einer Planfase eingesetzt.

a) Welche Aufgabe hat die Planfase?

b) Wie ist die Schneidplatte mit Planfase im Messerkopf positioniert?

c) Wie groß muss die Planfase mindestens sein, wenn bei einem Vorschub von 0,2 mm pro Zahn und 8 Schneidplatten der Vorschub pro Umdrehung nicht größer als 80 % der Planfase sein soll?

a) Mithilfe der Planfase werden planare Flächen mit hoher Oberflächenqualität hergestellt.

b) Sie steht gegenüber den anderen Schneidplatten ca. 0,05 mm vor.

$$b_{min} = \frac{f_z \cdot z}{80\,\%}$$

c) $$b_{min} = \frac{0{,}2\,\text{mm} \cdot 8}{0{,}8}$$

$$\underline{\underline{b_{min} = 2\,\text{mm}}}$$

12 Welche Schnittgeschwindigkeiten und Vorschübe werden beim Hochgeschwindigkeitsfräsen angewandt?

Je nach dem zu bearbeiteten Werkstoff werden Schnittgeschwindigkeiten zwischen 1000 und 7000 m/min bei Vorschüben bis zu 10 m/min realisiert.

13 Welche Ziele werden mit dem Hochgeschwindigkeitsfräsen angestrebt?

- Reduzierung der Bearbeitungszeit
- Verringerung der Zerspankräfte durch kleine Vorschübe pro Zahn bei hohen Umdrehungsfrequenzen
- Abnahme der Werkstückerwärmung durch vorrangige Wärmeabfuhr über die Späne sowie Kühlung mittels Druckluft
- Verbesserung der Werkstückoberflächenqualität beim Schlichten durch die höheren Schnittgeschwindigkeiten und die damit verbundene bessere Spanbildung

14 Welche Anforderungen werden an das Spannen der Werkzeuge beim Fräsen gestellt?

- sehr gute Plan- und Rundlaufgenauigkeit
- hohe Wiederholgenauigkeit in der Positionierung beim Werkzeugwechsel
- gute Biege- und Verdrehsteifigkeit
- sehr hohe Umdrehungsfrequenzen ermöglichen

15 Die Verbindung zwischen Fräser und Frässpindel erfolgt meist über kegelförmige Elemente. Welche zwei Vorteile haben sie?

- gute Zentrierung
- große Reibkräfte bei kleiner Axialkraft zwischen Arbeitsspindel und Kegel

16 Vergleichen Sie die Drehmomentübertragung bei Steil- und Hohlschaftkegel.

- Steilkegel: formschlüssig durch Nuten und Nutensteine an der Arbeitsspindel
- Hohlschaftkegel: kraftschlüssig wegen des kleinen Kegelwinkels

17 Begründen Sie zwei Vorteile des dargestellten Hohlschaftkegel gegenüber Steilkegeln.

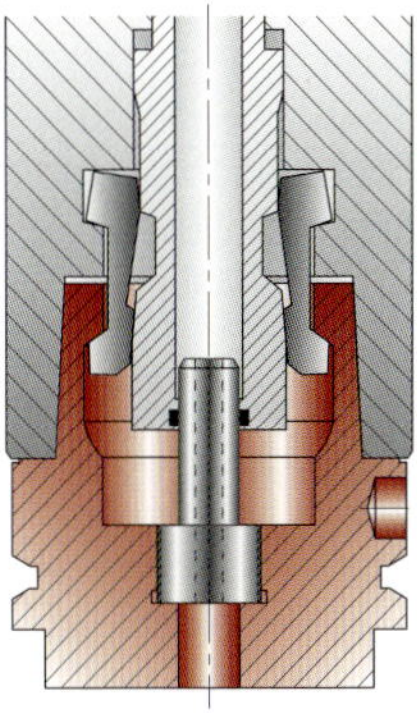

- für höhere Umdrehungsfrequenzen geeignet wegen der Spannelemente und der Plananlage
- bessere axiale Wechselgenauigkeit wegen der Plananlage

18 Führen Sie vier Möglichkeiten auf, wie die Fräser z. B. in den Steilkegeln gespannt werden.

Aufsteckdorne, Spannzangen, zylindrische Aufnahmen, Schrumpffutter, Hydrodehnspannfutter

19 Wie werden Rundlaufgenauigkeit und Drehmomentübertragung bei zylindrischen Werkzeugaufnahmen erzielt?

Zylindrische Aufnahmen sind im Durchmesser sehr eng toleriert. Der Werkzeugschaft, der ebenfalls eng toleriert und mit einer Abflachung versehen ist, wird über einen Gewindestift gegen Verdrehen gesichert, wodurch die Übertragung des Drehmoments gewährleistet ist. Der Rundlauf des Werkzeuges ist besser als bei der Spannzange, weil weniger Bauteile beteiligt sind.

20 Wie spannt ein Schrumpffutter den Fräser und welche Vorteile hat es?

Es wird kontrolliert erwärmt, wodurch sich der Innendurchmesser weitet. Nach dem Einsetzen des Werkzeugs kühlt die Werkzeugaufnahme in wenigen Sekunden ab und schrumpft auf den Werkzeugschaft.
Vorteilhaft ist die sehr hohe Rundlaufgenauigkeit, weil keine weiteren Verbindungselemente eingesetzt sind. Ebenso entstehen fast keine Unwuchten.

21 Beschreiben Sie das Spannen des Werkzeugs im Hydro-Dehnspannfutter.

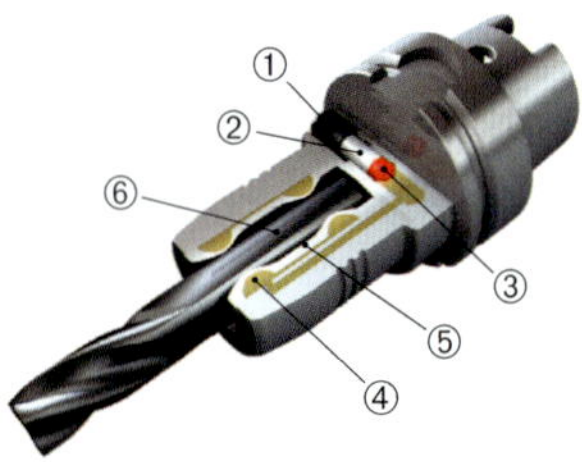

Mit einem Sechskantschlüssel wird die Spannschraube ① bis zum Anschlag eingedreht. Der Spannkolben ② drückt über ein Dichtelement ③ das Öl in die Dehnkammer ④ und bewirkt einen Druckanstieg. Die dünnwandige Dehnbuchse ⑤ spannt den Werkzeugschaft ⑥ sicher und mit hoher Rundlaufgenauigkeit.

22 Was ist beim Spannen des Werkstücks beim Fräsen zu beachten?

Das Spannmittel muss das Werkstück so aufnehmen, dass die Zerspankraft es nicht verschieben kann. Gleichzeitig darf das Werkstück durch die Spannkräfte nicht beschädigt werden. Zur sicheren Spannung des Werkstücks ist die Größe und Richtung der auf das Werkstück resultierenden Kraft zu beachten. Diese Kraft sollte möglichst formschlüssig aufgenommen werden.

4 Schleifen

Von dem Nutenstein aus 16MnCr5 soll eine Serie von 500 Stück nach dem Einsatzhärten hergestellt werden.

1 Auf welche Maße ist der Nutenstein zu fräsen?

16,4 x 10,2 x 22 mm

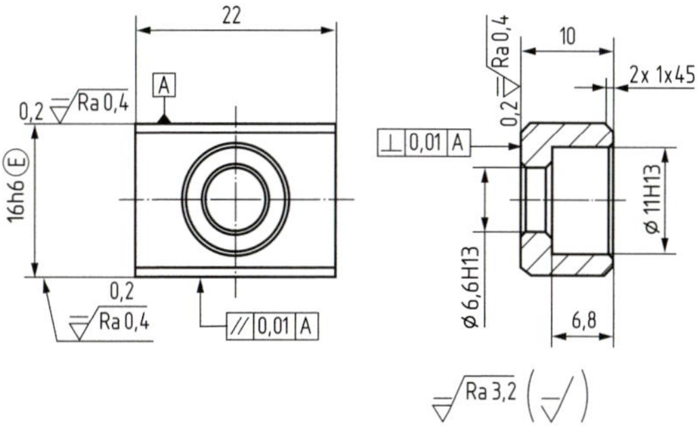

2 Welche Lagetoleranzen sind auf der Zeichnung angegeben?

Die gekennzeichneten Flächen sollen parallel und rechtwinklig zu der Bezugsfläche A sein, sodass sie innerhalb zweier paralleler Ebenen mit dem Abstand von 0,01 mm liegen.

3 Die mit Ra 0,4 gekennzeichneten Flächen werden nach dem Einsatzhärten geschliffen. Definieren Sie das Fertigungsverfahren Schleifen.

Schleifen ist Spanen mit einem vielschneidigen Werkzeug und geometrisch unbestimmten Schneiden.

4 Welches Schleifverfahren ist für das Schleifen der Nutensteine zu wählen?

Planschleifen mit Längsvorschub

5 Benennen Sie die markierten Elemente.

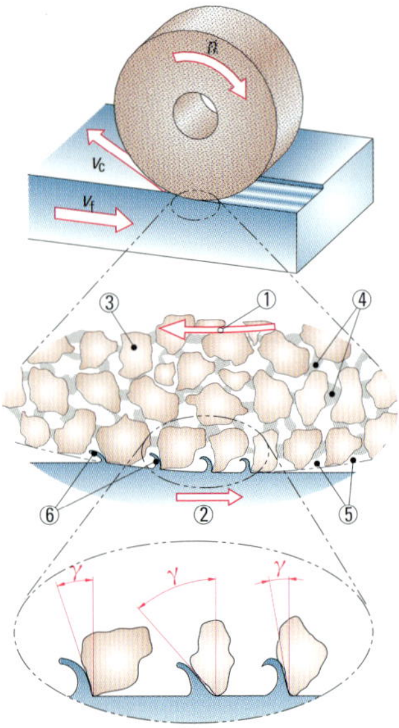

①: Schnittgeschwindigkeit
②: Vorschubgeschwindigkeit
③: Schleifkorn
④: Bindemittel
⑤: Poren
⑥: Späne

6 Wonach richtet sich die Auswahl des Schleifmittels und welches wählen Sie für das Schleifen der Nutensteine aus? Nennen Sie zwei weitere.

- Die Auswahl der Schleifmittel richtet sich nach dem zu bearbeitenden Werkstoff.
- Edelkorund
- Siliziumcarbid und Bornitrid

7 Was wird bei der Schleifscheibe unter Körnung verstanden?

Die Körnung ist ein Maßstab für die Größe der Schleifkörner. Die Korngröße gibt die Maschenzahl des Siebes pro Inch an, mit dem die Schleifkörner aussortiert wurden.

8 Begründen Sie mit „je … desto" zwei Faktoren, die die zu wählende Körnung bestimmen.

- Je besser die geforderte Oberflächenqualität, desto feiner die zu wählende Körnung.
- Je größer das Spanvolumen pro Minute, desto grober die zu wählende Körnung.

9 Welche Körnung schlagen Sie zum Schleifen der Nutensteine vor?

Körnung 80

10 Welche Aufgabe hat das Bindemittel bzw. die Bindung bei der Schleifscheibe?

Diese Bindung soll am Schleifkorn haften und die Schnitt- und Fliehkräfte aufnehmen, nicht zu spröde, manchmal sogar elastisch sein, unempfindlich gegenüber Kühlschmiermitteln sein, Poren zwischen den Körnern bilden und temperaturbeständig sein.

11 Begründen Sie, welche Bindungsart Sie für die Schleifscheibe zum Bearbeiten der Nutensteine auswählen.

Es wird eine keramische Bindung (V) gewählt, weil sie form-, wasser-, und öl- und temperaturbeständig ist und für Schrupp- bis Feinschleifen geeignet ist.

12 Worauf bezieht sich der Härtegrad einer Schleifscheibe?

Die Härte der Schleifscheibe bezieht sich nicht auf die Härte der Schleifkörner, sondern sie ist der Widerstand, den die Bindung dem Ausbrechen des Schleifkorns entgegensetzt.

13 Begründen Sie, welcher Härtegrad bei
a) harten und
b) weicheren
zu schleifenden Werkstoffen zu wählen ist.

a) Harte Werkstoffe werden mit weichen Scheiben (geringer Härtegrad) bearbeitet, weil die Schleifkörner schnell stumpf werden und von der Bindung früher freigegeben werden müssen.
b) Weiche Werkstoffe werden mit harten Scheiben bearbeitet, weil die Schleifkörner nicht so schnell abstumpfen und somit von der Bindung länger gehalten werden können.

14 Was wird bei Schleifkörpern unter Gefüge verstanden?

Das Gefüge bzw. die Struktur eines Schleifkörpers wird durch das Verhältnis von Schleifkörnern, Bindung und Poren bestimmt. Die Angabe des Gefüges geschieht über Zahlen. Mit steigender Zahl werden die Poren größer.

15 Geben Sie jeweils ein Bearbeitungsbeispiel für die Wahl von offenen und dichten Gefügen an.

Offene Gefüge ermöglichen beim Schruppen ein großes Zeitspanungsvolumen. Dichte Gefüge werden z. B. beim Außenrundschleifen mit kleiner Eingriffslänge des Schneidkorns und sehr guten Oberflächenqualitäten gewählt.

16 Aus welchem Grunde werden Schleifscheiben abgerichtet, wann geschieht das und was ist dabei zu beachten?

Durch das Abrichten wird der Schleifkörper in die gewünschte Form gebracht und gleichzeitig geschärft. Das Abrichten geschieht vor dem Auswuchten und nach entsprechender Abnutzung. Diamantabrichter sollen im ziehenden Schnitt arbeiten, damit der Diamant nicht aus der Fassung bricht.

17 Beschreiben Sie mithilfe des Bildes das statische Auswuchten einer Schleifscheibe.

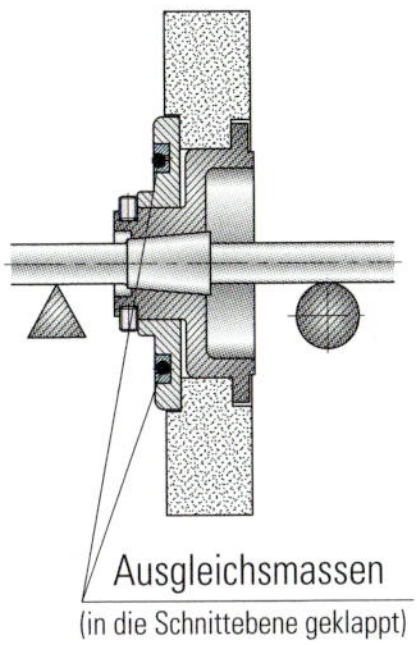

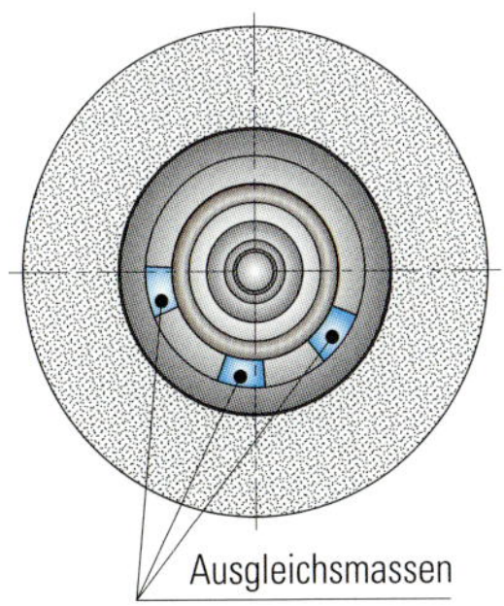

Die Ausgleichsmassen sind so anzubringen, dass die Schleifscheibe in jeder Stellung in Ruhe bleibt.

18 Eine Schleifscheibe von 200 mm Durchmesser soll mit einer Schnittgeschwindigkeit von 35 m/s arbeiten. Welche Umdrehungsfrequenz ist einzustellen?

$$n = \frac{v_c}{d \cdot \pi}$$

$$n = \frac{35\,\text{m}}{\text{s} \cdot 200\,\text{mm} \cdot \pi} \cdot \frac{1000\,\text{mm}}{1\,\text{m}} \cdot \frac{60\,\text{s}}{1\,\text{min}}$$

$$\underline{\underline{n = 3342/\text{min}}}$$

19 Nennen Sie mindestens vier Unfallverhütungsmaßnahmen zum Schleifen.

- Klangprobe an der Schleifscheibe durchführen.
- Bei vorhandener Unwucht ist die Scheibe auszuwuchten.
- Mindestgrößen der Flansche zum Befestigen nicht unterschreiten.
- Nach jeder Aufspannung der Scheibe ist ein Probelauf von mindestens fünf Minuten bei der höchstzulässigen Umdrehungsfrequenz durchzuführen.
- Schutzbrille tragen

20 Warum ist eine intensive Kühlschmierung beim Schleifen nötig?

Ohne Kühlschmierung können Temperaturen über 1000 °C an der Wirkstelle entstehen. Das schnelle Aufheizen und Abkühlen der Randzone kann zu Brandflecken, Spannungsrissen und zu Gefügeveränderungen führen. Bei den hohen Umfangsgeschwindigkeiten wird das Kühlschmiermittel unter hohem Druck zugeführt, wodurch die Poren der Schleifscheibe gereinigt werden.

5 Feinbearbeitung

1 Welche Ziele werden mit dem Langhubhonen erreicht?

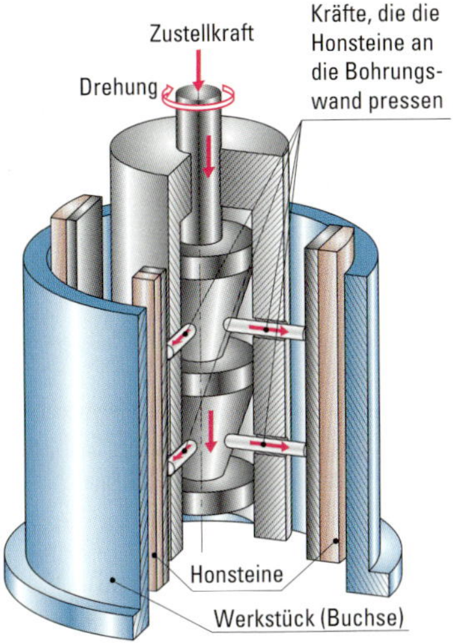

gehonte Fläche:

- hohe Oberflächenqualitäten bis R_z < 1 µm mit gekreuzten Bearbeitungsriefen
- kleine Maßtoleranzen
- Enge Rundheits- und Zylinderformtoleranzen werden durch Langhubhonen erreicht.

2 Aus welchen Gründen wird Kurzhubhonen eingesetzt?

Mit dem Kurzhubhonen sind sehr hohe Oberflächenqualitäten (R_z bis 0,1 µm), eine erhebliche Verbesserung der Rundheit, aber keine nennenswerte Verbesserung der Zylinderform möglich.

3 Beschreiben Sie den Läppprozess und die damit angestrebten Ziele.

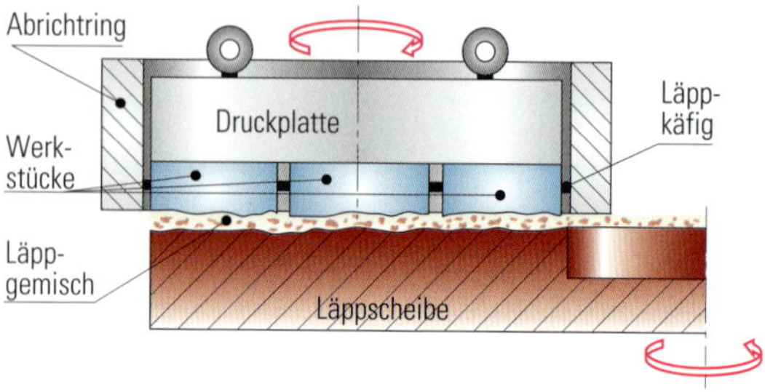

Beim Läppen wird auf einer Läppscheibe das Läppmittel dünn aufgetragen, das aus einer Paste oder Flüssigkeit und feinsten Schleifkörnern besteht. Eine Druckplatte drückt die Werkstücke auf die Läppscheibe. Läppscheibe und Abrichtring rotieren und sorgen so für einen gleichmäßigen Abtrag. Es werden sehr gute Oberflächenqualitäten (R_z < 0,1 µm), höchste Maßgenauigkeit und hervorragende Formtoleranzen erzielt.

4 Welchen Vorteil hat das Feinschleifen gegenüber dem Läppen?

Das Feinschleifen hat gegenüber dem Läppen höhere Abtragraten. Durch das gebundene Schleifkorn sind die Entsorgungskosten und der Reinigungsaufwand von Werkstück und Maschine deutlich geringer.

6 Betriebsmittelhauptnutzungszeit

1 In den Deckel aus EN-GJL-250 sind die dargestellten Bohrungen mit einem HSS-Bohrer mit einer Schnittgeschwindigkeit von 25 m/min und einem Vorschub von 0,4 mm zu bohren. Wie groß ist die Hauptnutzungszeit, wenn An- und Überlaufweg jeweils 2 mm betragen?

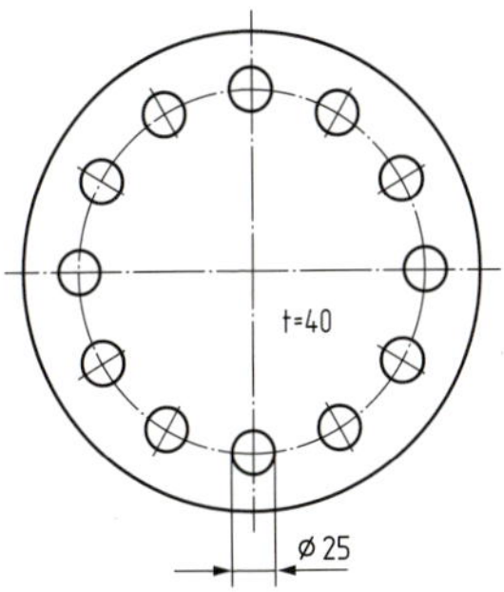

$$t_h = \frac{d \cdot \pi \cdot L \cdot i}{v_c \cdot f}$$

$$L = l_w + l_s + l_a + l_ü$$

$$L = 40\,\text{mm} + 0{,}3 \cdot 25\,\text{mm} + 2\,\text{mm} + 2\,\text{mm}$$

$$\underline{L = 51{,}5\,\text{mm}}$$

$$t_h = \frac{25\,\text{mm} \cdot \pi \cdot 51{,}5\,\text{mm} \cdot 12 \cdot \text{min}}{25\,\text{m} \cdot 0{,}4\,\text{mm}} \cdot \frac{1\,\text{m}}{1000\,\text{mm}}$$

$$t_h = 4{,}85\,\text{min}$$

$$\underline{\underline{t_h = 4\,\text{min}\ 51\,\text{s}}}$$

5

2 Eine 500 mm lange, zwischen den Spitzen gespannte Spindelwelle von 200 mm Durchmesser soll längsrund geschruppt werden. Dabei werden eine Schnittgeschwindigkeit von 250 m/min und ein Vorschub von 0,8 mm gewählt. Wie groß ist dafür die Hauptnutzungszeit, wenn An- und Überlauf jeweils 3 mm betragen?

$$t_h = \frac{d \cdot \pi \cdot L \cdot i}{v_c \cdot f}$$

$$t_h = \frac{200\,\text{mm} \cdot \pi \cdot 506\,\text{mm} \cdot 1 \cdot \text{min}}{250\,\text{m} \cdot 0{,}8\,\text{mm}} \cdot \frac{1\,\text{m}}{1000\,\text{mm}}$$

$$t_h = 1{,}59\,\text{min}$$

$$\underline{\underline{t_h = 1\,\text{min}\ 35\,\text{s}}}$$

3 **Eine Achse von Ø160 mm wird an der Stirnseite mit einer Umdrehungsfrequenz von 500/min und einem Vorschub von 0,15 mm querplangedreht. Wie lange dauert der Vorgang, wenn ein Anlaufweg von 2 mm und ein Überlaufweg von 1 mm eingehalten werden?**

$L = 2\,\text{mm} + 80\,\text{mm} + 1\,\text{mm}$

$\underline{L = 83\,\text{mm}}$

$t_h = \frac{L \cdot i}{n \cdot f}$

$t_h = \frac{83\,\text{mm} \cdot 1 \cdot \text{min}}{500 \cdot 0{,}15\,\text{mm}}$

$t_h = 1{,}11\,\text{min}$

$\underline{\underline{t_h = 1\,\text{min}\ 6\,\text{s}}}$

4 **Die Stirnseite einer Hohlwelle mit 100 mm Außen- und 30 mm Innendurchmesser wird mit konstanter Schnittgeschwindigkeit von 250 m/min bei einem Vorschub von 0,1 mm geschlichtet. Wie lange dauert dies bei einem An- und Überlauf von jeweils 2 mm?**

$L = 35\,\text{mm} + 2\,\text{mm} + 2\,\text{mm}$

$\underline{L = 39\,\text{mm}}$

$d_m = \frac{d_a + d_i}{2}$

$d_m = \frac{100\,\text{mm} + 30\,\text{mm}}{2}$

$\underline{d_m = 65\,\text{mm}}$

$n_m = \frac{v_c}{d_m \cdot \pi}$

$n_m = \frac{250\,\text{m}}{\text{min} \cdot 65\,\text{mm} \cdot \pi} \cdot \frac{1000\,\text{mm}}{1\,\text{m}}$

$\underline{\underline{n_m = 1224/\text{min}}}$

$t_h = \frac{L \cdot i}{n_m \cdot f}$

$t_h = \frac{39\,\text{mm} \cdot 1 \cdot \text{min}}{1224 \cdot 0{,}1\,\text{mm}}$

$\underline{\underline{t_h = 0{,}24\,\text{min}}}$

5 Eine Stahlplatte mit 500 mm x 130 mm soll mit einem Messerkopf Ø160 geschlichtet werden. Der An- und Überlauf beträgt jeweils 5 mm. Als Schnittdaten werden gewählt: Schnittgeschwindigkeit: 220 m/min, Vorschub je Schneide: 0,3 mm, Schneidenzahl: 8. Wie groß ist die Hauptnutzungszeit für diese Bearbeitung?

$L = l + d + l_a + l_ü$

$L = 500\,\text{mm} + 160\,\text{mm} + 5\,\text{mm} + 5\,\text{mm}$

$\underline{L = 670\,\text{mm}}$

$t_h = \frac{L \cdot i}{v_f}$

$v_f = \frac{v_c \cdot f_z \cdot z}{d \cdot \pi}$

$v_f = \frac{220\,\text{m} \cdot 0{,}3\,\text{mm} \cdot 8}{\text{min} \cdot 160\,\text{mm} \cdot \pi} \cdot \frac{1000\,\text{mm}}{1\,\text{m}}$

$\underline{v_f = 1050\,\text{mm/min}}$

$t_h = \frac{670\,\text{mm} \cdot 1 \cdot \text{min}}{1050\,\text{mm}}$

$t_h = 0{,}64\,\text{min} = \underline{\underline{38{,}3\,\text{s}}}$

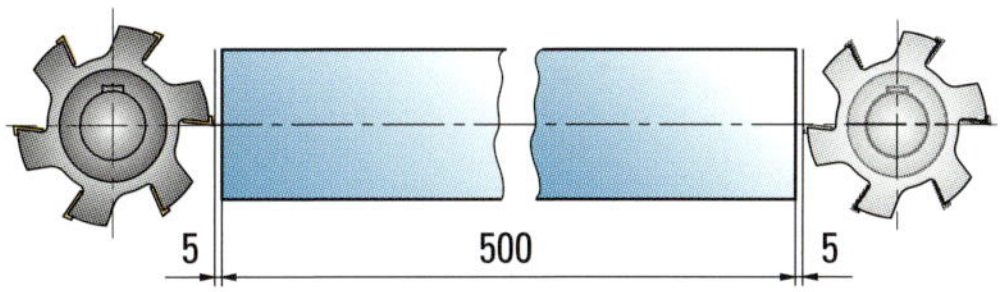

5

6 Mit einem Scheibenfräser wird eine 15 mm tiefe Nut in das dargestellte Werkstück gefräst. Der Fräser hat einen Durchmesser von 160 mm und 14 Zähne. Die Schnittgeschwindigkeit beträgt 180 m/min, der Vorschub pro Zahn 0,2 mm. Wie groß ist der Fräsweg *L* und die Hauptnutzungszeit?

$$L = l_f + l_a + l_ü + 2 \cdot l_f$$

$$l_f = \sqrt{a_e \cdot (d - a_e)}$$

$$l_f = \sqrt{15\,\text{mm} \cdot (160\,\text{mm} - 15\,\text{mm})}$$

$$\underline{l_f = 46{,}6\,\text{mm}}$$

$$L = 200\,\text{mm} + 5\,\text{mm} + 5\,\text{mm} + 2 \cdot 46{,}6\,\text{mm}$$

$$\underline{\underline{L = 303{,}2\,\text{mm}}}$$

$$v_f = \frac{v_c \cdot f_z \cdot z}{d \cdot \pi}$$

$$v_f = \frac{180\,\text{m} \cdot 0{,}2\,\text{mm} \cdot 14}{\text{min} \cdot 160\,\text{mm} \cdot \pi} \cdot \frac{1000\,\text{mm}}{1\,\text{m}}$$

$$\underline{v_f = 1002{,}7\,\text{mm/min}}$$

$$t_h = \frac{L \cdot i}{v_f}$$

$$t_h = 0{,}3\,\text{min}$$

$$\underline{\underline{t_h = 18\,\text{s}}}$$

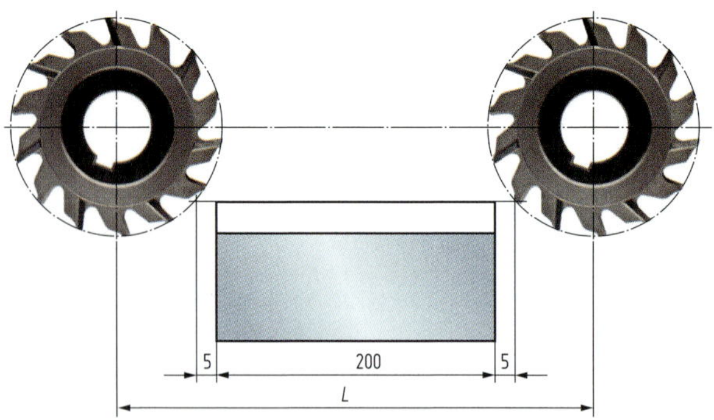

7 Prüftechnik

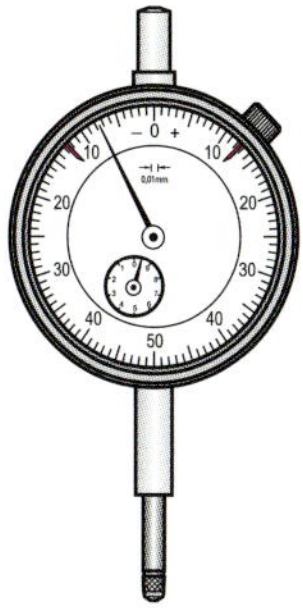

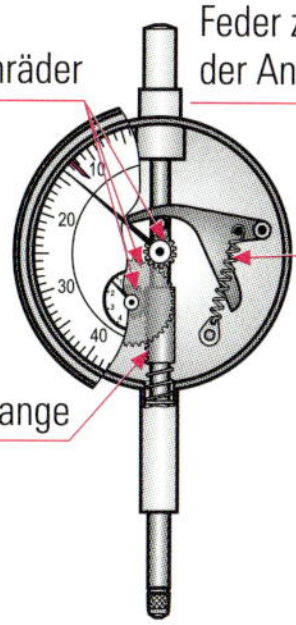

1 Viele Messsysteme können in Untersysteme gegliedert werden, die nach dem Prinzip „Messgröße → Umsetzung → Verstärkung → Anzeige → Messwert“ funktionieren. Zeigen Sie die Untersysteme anhand der Messuhr auf.

Die Messgröße wird durch die lineare Bewegung des Tasters erfasst. Die Umsetzung der Linearbewegung des Tasters in eine Drehbewegung erfolgt durch Zahnstange und Zahnrad. Die Verstärkung geschieht durch eine weitere Übersetzung und über die Länge des Zeigers. Mit Zeiger und Skala kann der Messwert abgelesen werden.

2 Unterscheiden Sie, wer bzw. wodurch die Zeitpunkte zum Prüfen und Prüfmittel in der Einzelfertigung und in der Serienfertigung festgelegt werden.

- In der Einzelfertigung entscheidet die Fachkraft während der Fertigung des Werkstücks, wann und womit geprüft wird.
- In der Serienfertigung bestimmt ein vom Qualitätsmanagement erstellter Prüfplan Zeitpunkt der Prüfung und die Prüfmittel.

3 Begründen Sie, warum Zwischenprüfungen erfolgen, anstatt nur eine Endprüfung durchzuführen.

Durch Zwischenmessungen wird vermieden, dass Fehler erst bei der Endkontrolle festgestellt werden. Fehlerhafte Teile würden sonst unnötigerweise weiterbearbeitet, wodurch zusätzliche Kosten entstehen.

4 Vergleichen Sie eine 100-%-Prüfung mit einer Stichprobenprüfung und geben Sie Beispiele für beide an.

- Bei der 100-%-Prüfung wird jedes hergestellte Bauteil detailliert geprüft. Das geschieht z. B. bei sicherheitsrelevanten Bauteilen.
- Bei der Stichprobenprüfung wird z. B. jedes fünfzigste Teil geprüft. Das geschieht z. B. in der Massenproduktion von Normteilen.

5 In der Messtechnik soll die „Eins-zu-Zehn"-Regel angewandt werden.
a) Was wird unter dieser Regel verstanden?
b) Welche Konsequenzen ergeben sich aus dieser Regel beim Messen des Maßes Ø50h6 und welches Messwerkzeug ist geeignet?

a) Der Skalenwert oder Ziffernschrittwert des Messwerkzeugs sollte 1/10 der Toleranz betragen.
b) Die Toleranz von Ø50h6 beträgt 16 µm. Der Skalenwert oder Ziffernschrittwert sollte 1,6 µm nicht überschreiten. Eine Messschraube mit einem Ziffernschrittwert von 1 µm ist geeignet.

7.1 Prüfen von Längen

1 Wie groß ist der Skalenwert des Feinzeigers?

1 µm

2 Benennen Sie die markierten Elemente des Feinzeigers.

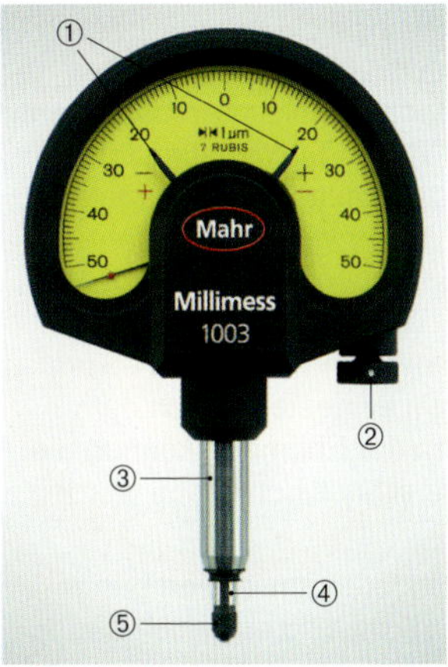

①: einstellbare Toleranzmarken
②: fixierbare Feineinstellung
③: Einspannschaft
④: Messbolzen
⑤: Messeinsatz

3

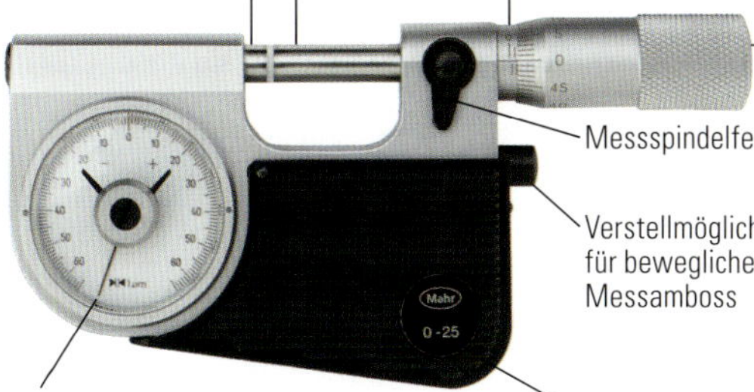

5

Mit der Feinzeiger-Messschraube soll in der Serienfertigung an einem Drehteil das Maß Ø15f7 geprüft werden. Beschreiben Sie das Justieren des Messgeräts.

Das Sollmaß soll möglichst in der Toleranzmitte liegen, es beträgt 14,975 mm und wird als Endmaßkombination abgebildet. Der Feinzeiger ist am beweglichen Messamboss befestigt. Dieser lässt sich über einen Hebel in Längsrichtung vor und zurück bewegen. Die Messkraft ist auf einen konstanten Wert begrenzt. Zum Justieren wird Maß 14,975 an der Bügelmessschraube eingestellt und dann mit einem Klemmhebel fixiert. Der bewegliche Amboss dient jetzt als Taster. Er wird zurückgezogen, das Endmaß wird eingelegt und der Taster wieder vorgefahren. Der Messamboss wird so eingestellt, dass der Zeiger auf Null steht. Die Toleranzmarken werden auf –9 µm und +9 µm eingestellt. Nach dem Entfernen der Endmaße können die Drehteile schnell gemessen werden.

4 Aus welchem Grunde wird das Messen oft dem Lehren vorgezogen?

Um Veränderungen im Fertigungsprozess rechtzeitig erkennen zu können, wird dem kostengünstigen Lehren häufig das Messen vorgezogen.

5 Welche Aufgabe übernehmen elektronische Messwertaufnehmer?

Elektronische Messwertaufnehmer stellen elektrische Signale zur unmittelbaren Weiterverarbeitung mit Messwertprogrammen zur Verfügung.

7.2 Prüfen von Gewinden

1 Welche Gewindegrößen lassen sich mit einer Gewindeschablone erfassen?

- Gewindesteigung
- Gewindetiefe
- Flankenwinkel

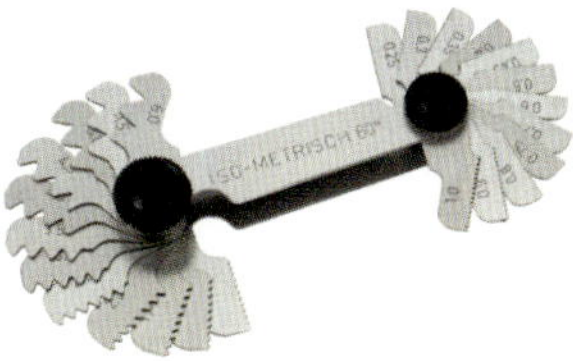

2 Was kann nicht mit der Gewindeschablone geprüft werden?

Es kann mit der Gewindeschablone nicht festgestellt werden, ob sich das Innen- oder Außengewinde verschrauben lässt.

3 Welche Gewindeeigenschaft wird mit Gewindelehrdornen bzw. Gewindelehrringen überprüft?

Es wird die Verschraubbarkeit des hergestellten Außen- bzw. Innengewindes mit dem Gewindelehrring bzw. dem Gewindelehrddorn geprüft.

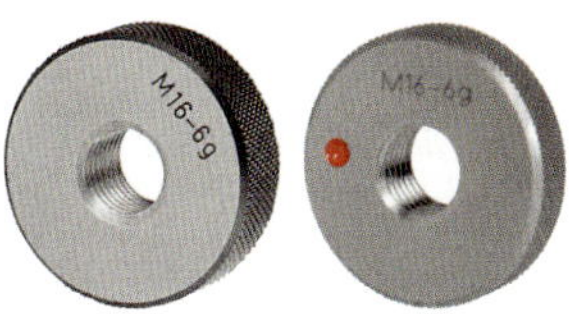

4 Wie wird ein hergestelltes Außengewinde mit einem Gewindelehrring geprüft?

Die Gutseite des Gewindelehrrings muss sich auf das hergestellte Außengewinde leicht aufschrauben lassen. Damit ist gewährleistet, dass Kern- und Nenndurchmesser des Gewindes nicht zu groß sind. Die Ausschussseite darf sich nicht auf das Gewinde schrauben lassen. Damit wird festgestellt, dass Kern- und Nenndurchmesser des Gewindes nicht zu klein sind.

5 Welche Vorteile hat eine Gewindegrenzrachenlehre und wie wird sie eingesetzt?

Mit Gewindegrenzrachenlehren können längere Gewinde sehr schnell an verschiedenen Stellen überprüft werden. Gut- und Ausschussseite liegen übereinander, sodass in einem Arbeitsgang das Ergebnis des Lehrens ermittelt wird. Als Prüfkraft darf nur das Gewicht der Lehre wirken. Die Gutseite muss über das Gewinde gleiten, die Ausschussseite nicht.

6 Nennen Sie zwei Methoden, um den Flankendurchmesser des Gewindes zu bestimmen.

Messschraube mit Kegel-Kimme-Verfahren oder Dreidraht-Methode

7.3 Prüfen mit dem Sinuslineal

Von dem dargestellten Pyramidenstumpf soll der tolerierte Winkel mithilfe des Sinuslineals überprüft werden.

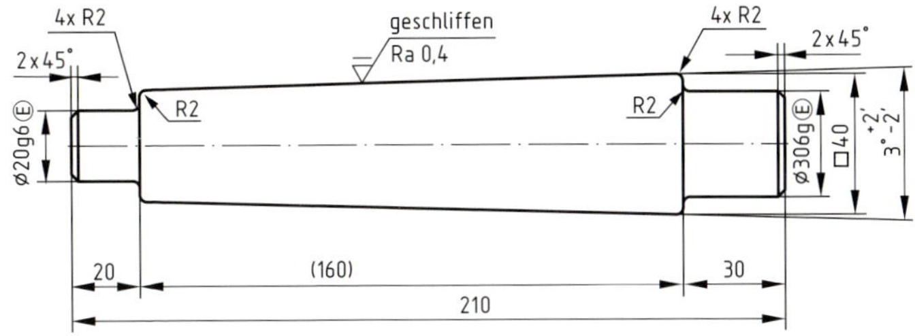

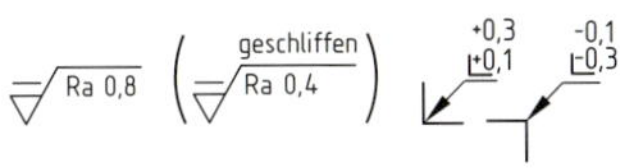

Winkelmaße DIN EN ISO 14405-3
Längenmaße DIN EN ISO 14405-1
Tolerierung DIN EN ISO 8015
Allgemeintoleranz DIN ISO 2768 mK
Oberflächen DIN EN ISO 21920-1

1 Nennen Sie die Geräte, die Sie zum Überprüfen des tolerierten Winkels benötigen.

Anreißplatte, Sinuslineal, Endmaße, Messuhr oder Feinzeiger mit Halterung

2 Bestimmen Sie die Gesamthöhe *H* der Endmaße, die unterlegt werden müssen, um den Winkel von 3° mit einem Sinuslineal von 200 mm zu überprüfen.

$\sin\alpha = \frac{H}{l}$

$H = \sin\alpha \cdot l$

$H = \sin 3° \cdot 200\,\text{mm}$

$\underline{\underline{H = 10{,}467\,\text{mm}}}$

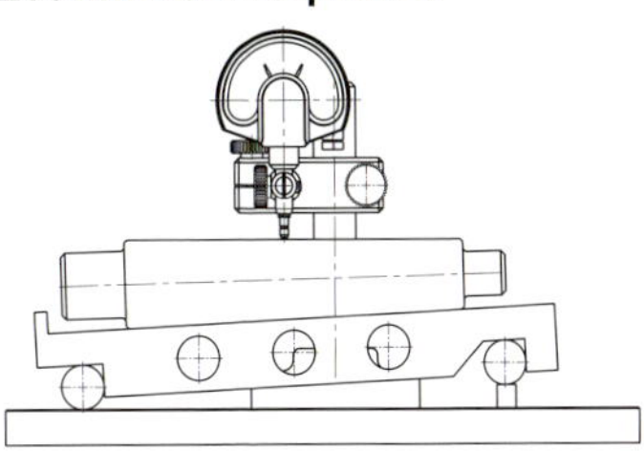

3 Welche Differenz darf die Messuhr maximal anzeigen, damit der Winkel innerhalb der Toleranz liegt?

$\Delta h = \tan 2' \cdot 160\,\text{mm}$
$\Delta h = 0{,}093\,\text{mm}$
Beim Abfahren der Kegelstumpflänge darf der Zeiger der Messuhr oder des Feinzeigers um –0,093 mm oder +0,093 mm ausschlagen.

7.4 Prüfen von Oberflächen

1 Interpretieren Sie die folgende Grafik.

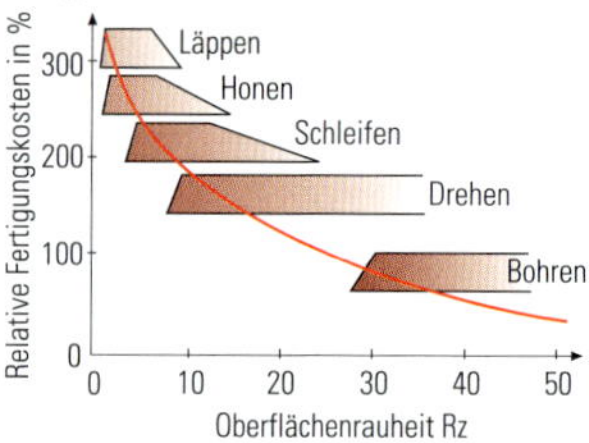

Die Grafik zeigt die relativen Fertigungskosten in Abhängigkeit von verschiedenen spanenden Fertigungsverfahren mit den damit zu erreichenden Oberflächenqualitäten. Je besser die gewünschte Oberflächenqualität, umso höher die Fertigungskosten.

2 Beschreiben Sie die maximale Rautiefe R_t.

Die maximale Rautiefe R_t ist der Abstand zwischen der höchsten Spitze und der tiefsten Riefe auf der geprüften Bezugsstrecke.

3 Definieren Sie die gemittelte Rautiefe R_z.

Zur Bestimmung der gemittelten Rautiefe R_z wird die Messstrecke in fünf gleiche Teilstücke unterteilt. Für jedes Teilstück wird der Abstand zwischen der jeweils höchsten Spitze und der tiefsten Riefe bestimmt. Aus den fünf Rautiefen wird der Mittelwert für die Gesamtmessstrecke bestimmt.

4 Wie groß ist die gemittelte Rautiefe R_z bei $R_{z_1} = 9\,\mu\text{m}$, $R_{z_2} = 6\,\mu\text{m}$, $R_{z_3} = 8\,\mu\text{m}$, $R_{z_4} = 7\,\mu\text{m}$ und $R_{z_5} = 10\,\mu\text{m}$?

$$R_z = \frac{R_{z_1} + R_{z_2} + R_{z_3} + R_{z_4} + R_{z_5}}{5}$$

$$R_z = \frac{9\,\mu\text{m} + 6\,\mu\text{m} + 8\,\mu\text{m} + 7\,\mu\text{m} + 10\,\mu\text{m}}{5}$$

$$\underline{\underline{R_z = 8\,\mu\text{m}}}$$

5 In der Einzelteilzeichnung ist eine Oberfläche mit $\sqrt{\text{Rz 6}}$ angegeben. Was sagt das Symbol und die Beschriftung aus?

Die Oberfläche ist materialabtragend mit einer gemittelten Rautiefe von 6 µm herzustellen.

6 Erklären Sie mithilfe des Bildes die Glättungstiefe R_p.

Die Bestimmung der „mittleren Linie“ erfolgt durch die Berechnung der Flächen der Profil-„Berge“ und der Profil-„Täler“. Die „mittlere Linie“ teilt die Flächenanteile so auf, dass die oberhalb liegenden Anteile – im Bild gelb – gleich den untenliegenden Flächen – im Bild grün – sind. R_p ist der Wert für den Abstand von der größten Spitzenhöhe bis zur „mittleren Linie“.

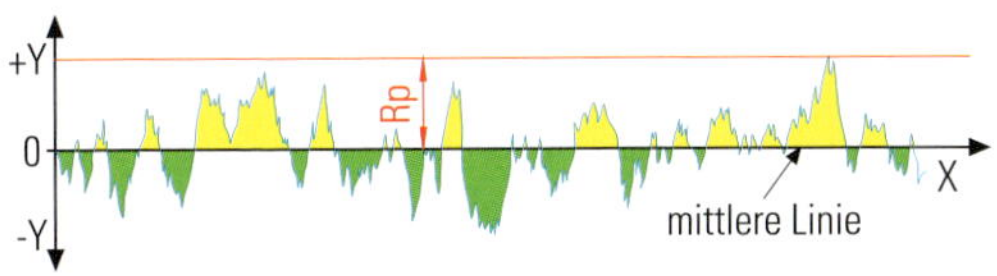

7 Welcher Zusammenhang besteht zwischen dem Verhältnis von R_p zu R_z und dem Traganteil einer Fläche?

Bei kleinerem Verhältnis R_p/R_z ist der Traganteil der Fläche größer und deren Verschleiß geringer.

8 Eine Werkstückoberfläche ist mit $\sqrt{\text{Ra 0,8}}$ gekennzeichnet. Beschreiben Sie, wie die Fläche herzustellen ist und welche Anforderungen an sie gestellt werden.

Die Fläche wird durch materialabtragende Fertigungsverfahren hergestellt und soll mindestens einen arithmetischen Mittenrauwert von 0,8 µm erhalten.

9 Durch Längsrunddrehen soll eine Oberfläche mit R_z 16 erreicht werden. Schätzen Sie mithilfe des Tabellenbuchs den R_a-Wert für diese Fläche ab und geben Sie das Verhältnis vom R_z zu R_a an.

R_z 16 entspricht etwa R_a 3,2. Verhältnis von R_z zu R_a beträgt etwa 5 : 1.

10 Nennen Sie zwei Verfahren zur subjektiven Prüfung von Oberflächen.

- Sichtprüfung
- Prüfung mithilfe von Oberflächenvergleichsmustern

11 Welchen wesentlichen Vorteil hat das Lichtschnittverfahren gegenüber dem Tastschrittverfahren?

Das Lichtschnittverfahren ist ein optisches Verfahren, das berührungslos die Oberfläche misst, ohne die Oberfläche zu beschädigen.

12 Beschreiben Sie stichpunktartig das Tastschrittverfahren.

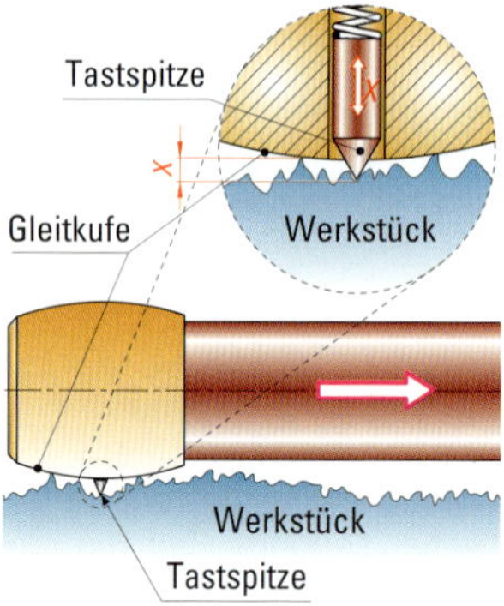

Die Oberfläche wird mechanisch mit einer Diamantspitze abgetastet. Gemessen werden die horizontale und die vertikale Bewegung der Tastspitze sowie die Messstrecke. Die Messergebnisse werden grafisch als Oberflächenprofil mit allen gewünschten Werten wie z. B. R_t, R_z und R_a ausgegeben.

13 Auf einer Teilzeichnung ist das nebenstehende Wellenende bemaßt. Begründen Sie, ob die beiden Angaben bezüglich der Durchmessertoleranz und Oberflächenqualität aufeinander abgestimmt sind.

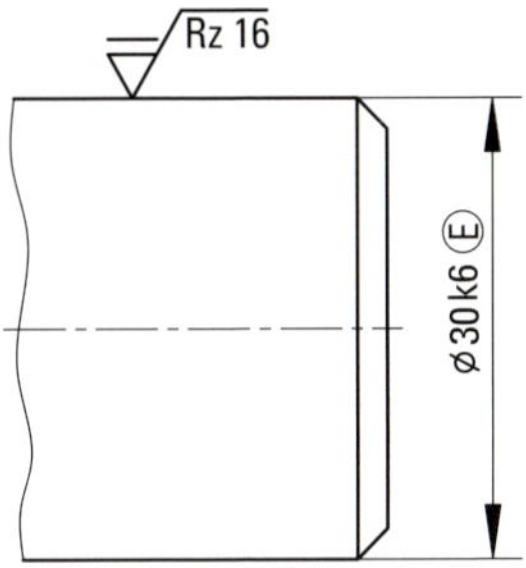

Die Durchmessertoleranz beträgt 13 µm. Damit ist sie kleiner als die gemittelte Rautiefe R_z von 16 µm. Das ist nicht sinnvoll, denn die Oberflächenspitzen verschleißen und der Durchmesser verringert sich, wodurch die Funktion nicht mehr gewährleistet ist.

14 Welche R_z- bzw. R_a-Werte halten Sie für sinnvoll?

R_z sollte bei 30 bis 50 % der Maßtoleranz liegen → R_z = 4 µm; R_a = 0,8 µm.

5

7.5 Prüfen von Form- und Lagetoleranzen

Im folgenden Bild ist ein Prüfgerät mit Touchscreen zum Feststellen von Form- und Lagetoleranzen dargestellt. Weiterhin sind die Symbole für die Form- und Lagetoleranzen aufgeführt, die sich mit dem Prüfgerät ermitteln lassen.

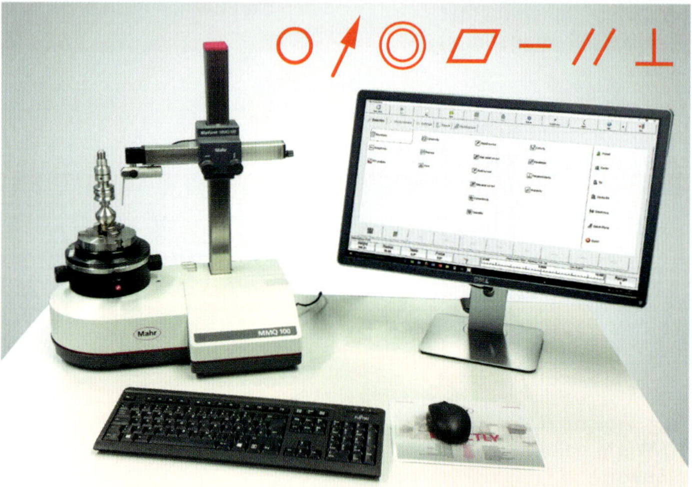

1 Welche Form- und Lagetoleranzen lassen sich mit dem Gerät feststellen?

Rundheit, Rundlauf, Koaxialität, Ebenheit, Geradheit, Parallelität, Rechtwinkligkeit

2 Beschreiben Sie den Unterschied von Form- und Lagetoleranzen.

- Formtoleranzen beziehen sich lediglich auf geometrische Elemente, die nicht im Zusammenhang mit anderen Geometrieelementen stehen.
- Lagetoleranzen beziehen sich auf andere Geometrieelemente, die als Bezugselemente bei der Lagetoleranz aufgeführt sind.

3 Ordnen Sie die in Aufgabe 1 aufgeführten Toleranzen den Form- bzw. Lagetoleranzen zu.

- Formtoleranzen: Rundheit, Ebenheit, Geradheit
- Lagetoleranzen: Rundlauf, Koaxialität, Parallelität, Rechtwinkligkeit

4 Bei den Lagetoleranzen werden drei Untergruppen unterschieden. Geben Sie zu jeder Untergruppe ein bis zwei Beispiele, die bislang noch nicht aufgeführt wurden, mit den entsprechenden Symbolen an.

- Richtungstoleranzen:
  Neigung ∠
- Lauftoleranzen:
  Planlauf ↗;
  Gesamtrundlauf ⌰
- Ortstoleranzen:
  Symmetrie ⌯;
  ⌖
  Position Position

5 Skizzieren und ergänzen Sie die folgende Darstellung so, dass die Achse des Zylinders mit Ø20k6 sich innerhalb eines Zylinders von Ø0,02 mm befindet, dessen Achse mit der des Zylinders mit Ø30k6 identisch ist.

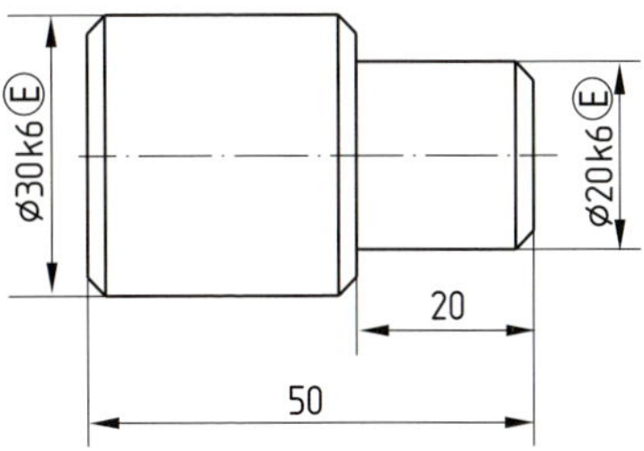

Lösung:

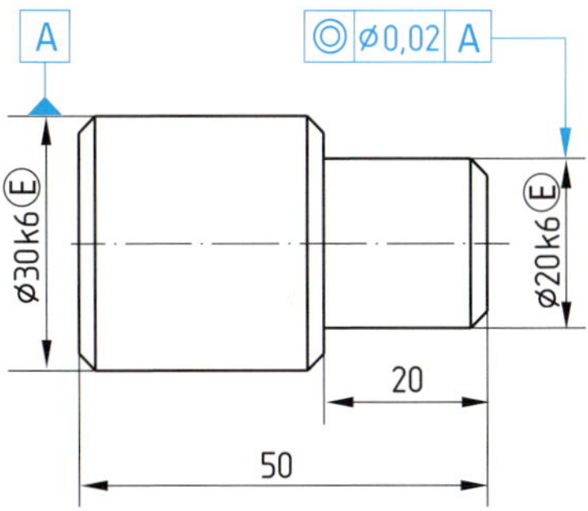

7.6 Prüfen mit Messeinrichtungen

1 Wo werden pneumatische Längenmessungen eingesetzt und welche Vorteile bieten sie?

Pneumatische Längenmessungen werden vorrangig in der Serienfertigung eingesetzt. Vorteilhaft ist die schnelle, berührungslose und verschleißfeie Messwerterfassung. Zusätzlich wird die Messstelle durch den Luftstrahl von Schmutz, Öl, Kühlschmierstoff usw. weitgehend gereinigt.

2 Beschreiben Sie das Prinzip der pneumatischen Längenmessung.

Beim pneumatischen Messen wird durch eine Messdüse ein dünner Druckluftstrahl auf die Messstelle geblasen. Druckänderungen des auftreffenden Luftstrahls lassen Rückschlüsse auf die gemessene Länge zu. Es handelt sich um eine indirekte Längenmessung.

3 Beschreiben Sie den prinzipiellen Aufbau und Funktion einer Koordinatenmessmaschine.

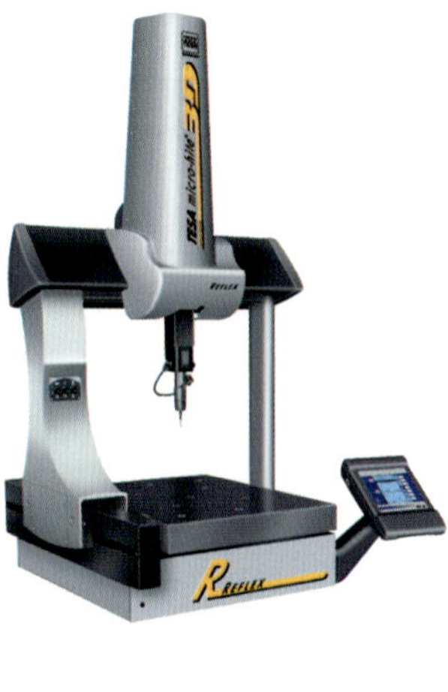

Die Messeinrichtung ist an einem Portal bzw. einem Ausleger befestigt. Der Messtaster ist in der Tasteraufnahme befestigt und lässt in X-, Y- und Z-Richtung bewegen. Auf diese Weise ist es möglich, den Taster entweder manuell an das Werkstück heranzufahren oder mithilfe eines Messprogrammes in kurzer Zeit viele Messpunkte anzufahren und aufzunehmen. Die Auswertung der Messwerte erfolgt durch des Messprogramm, das die Werte anzeigt bzw. speichert oder ausgibt.

4 Beschreiben Sie einen Prüfvorgang mit der Koordinatenmessmaschine.

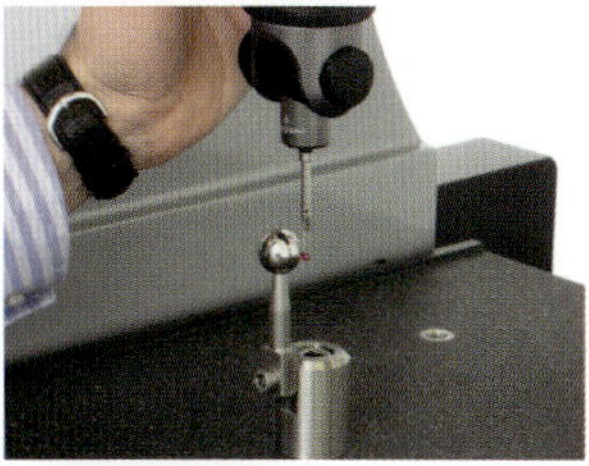

Das Werkstück muss gegen Lageänderung gesichert werden, z. B. mit Modellierwachs. Nach Auswahl eines geeigneten Messtasters wird dieser mit einem Vergleichsnormal kalibriert. Anschließend werden mehrere Messpunkte angefahren. Die Software verarbeitet alle Messwerte und gibt z. B. die Rundheit, Ebenheit o. ä. aus.

5

5 Wie viele Punkte müssen am Zylindermantel angetastet werden, damit der Durchmesser der Säule bestimmt werden kann?

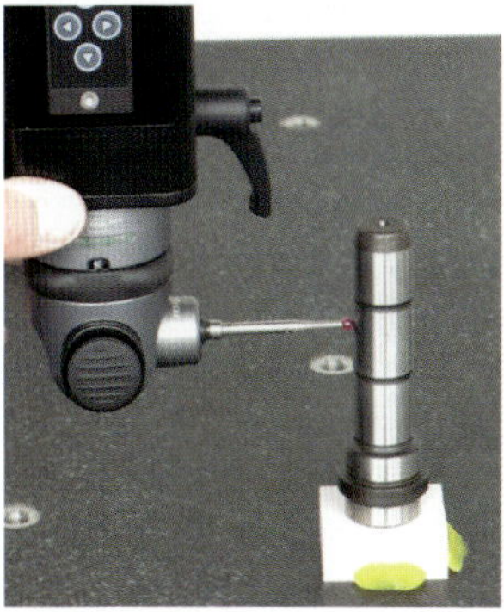

Mindestens drei Punkte, die den Kreis und damit den Durchmesser bestimmen, müssen angetastet werden. Bei mehreren Punkten ermittelt die Software den Kreis, der am nächsten an den erfassten Punkten liegt.

8 Werkstofftechnik

8.1 Eisenwerkstoffe

1 Welche Werkstoffe gehören zu den Eisenwerkstoffen?

Stahl und Gusseisen gehören zu den Eisenwerkstoffen.

2 Wie lautet die Definition für Stahl?

Stahl ist ein Eisenwerkstoff mit einem Kohlenstoffgehalt bis 2,06 %.

3 Unterscheiden Sie Edel- und Qualitätsstähle.

Edelstähle sind Stähle, deren Gehalt an Phosphor und Schwefel 0,02 % nicht überschreiten und deren Zusammensetzung in engen Grenzen festgelegt ist. Die übrigen Stähle werden als Qualitätsstähle bezeichnet.

4 In welchen Formen werden unlegierte Baustähle geliefert und wofür sind sie besonders geeignet?

Unlegierte Baustähle werden meist durch Warmwalzen als Profile und Bleche geliefert. Sie eignen sich besonders für Schweißkonstruktionen.

5 Wie hoch ist der Kohlenstoffgehalt der meisten unlegierten Baustähle?

Der Kohlenstoffgehalt der meisten unlegierten Baustähle liegt bei ≤ 0,2 %.

6 Eignen sich unlegierte Baustähle für eine Wärmebehandlung?

Unlegierte Baustähle sind für eine Wärmebehandlung nicht geeignet.

7 Schlüsseln Sie die Werkstoffbezeichnung S235JR auf.

Unlegierter Baustahl mit einer Streckgrenze von 235 N/mm² mit einer Kerbschlagarbeit von 27 J bei 20 °C.

8 Wie groß ist der Kohlenstoffgehalt von Einsatzstählen?

Der Kohlenstoffgehalt von Einsatzstählen ist meist ≤ 0,2 %.

9 Für welche Wärmebehandlung sind Einsatzstähle vorgesehen?

Einsatzstähle eignen sich für das Einsatzhärten, wobei die Oberfläche gehärtet wird.

10 Schlüsseln Sie die Werkstoffbezeichnung 18CrNiMo7-6 auf.

Einsatzstahl mit 0,18 % C, 1,75 % Cr und 1,5 % Ni.

11 Welchen Kohlenstoffgehalt haben Vergütungsstähle?

Der Kohlenstoffgehalt der Vergütungsstähle liegt meist zwischen 0,2 % und 0,6 %.

12 Schlüsseln Sie die beiden Werkstoffbezeichnungen auf.
a) C45 und
b) 30NiCrMo16-6.

a) Unlegierter Vergütungsstahl mit 0,45 % C.
b) Legierter Vergütungsstahl mit 0,3 % C, 4 % Ni, 1,5 % Cr und geringen Anteilen von Mo.

13 Was sind Nitrierstähle und welche Kohlenstoffgehalte und Legierungselemente enthalten sie?

Nitrierstähle eignen sich zum Nitrieren, einem Verfahren zur Oberflächenhärtung. Ihr Kohlenstoffgehalt liegt meist zwischen 0,2 % und 0,4 %. Sie enthalten oft Chrom, Aluminium und Vanadium als Legierungselemente zur Bildung der Nitride.

14 Schlüsseln Sie die Werkstoffbezeichnung 34CrAlNi7-10 auf.

Nitrierstahl mit 0,34 % C, 1,75 % Cr, 1 % Al und Beimengungen von Ni.

15 Welche besondere Eigenschaft hat ein Automatenstahl?

Automatenstähle enthalten bis zu 0,3 % Schwefel. Schwefel lässt den Werkstoff warmbrüchig werden, d. h. es entstehen durch die Erwärmung des Spans kurzbrüchige Fließspäne, die sich leicht von der Wirkstelle entfernen lassen. Automatenstähle enthalten oft auch Bleizugaben, die schmierend wirken. Dadurch lässt sich eine gute Oberfläche erreichen. Aufgrund ihrer guten Zerspanbarkeit eignen sich Automatenstähle besonders für die spanende Fertigung.

16 Schlüsseln Sie die Werkstoffbezeichnung 35S20 auf.

Automatenstahl mit 0,35 % C und 0,2 % S.

17 Wodurch wird ein Stahl nicht rostend?

Nichtrostende Stähle haben einen Chromgehalt von über 10,5 %.

18 Welche drei Stahlgruppen gehören zu den Werkzeugstählen?

Kaltarbeitsstähle, Warmarbeitsstähle und Schnellarbeitsstähle gehören zu den Werkzeugstählen.

19 Schlüsseln Sie die folgenden Werkzeugstähle auf und geben Sie die Stahlsorten an.
a) C90U
b) 102Cr6
c) X30WCrV9-3
d) HS10-4-3-10

a) Unlegierter Kaltarbeitsstahl mit 0,9 % C
b) Legierter Kaltarbeitsstahl mit 1,02 % C und 1,5 % Cr
c) Legierter Warmarbeitsstahl mit 0,3 % C, 9 % W, 3 % Cr und Anteilen von Vanadium
d) Schnellarbeitsstahl mit 10 % W, 4 % Mo, 3 % V, 10 % Co und ca. 0,9 % C sowie ca. 4 % Cr

20 Nennen Sie zwei Anwendungsbereiche für Warmarbeitsstähle.

Formen für Druck- und Spritzguss sowie Schmiedegesenke werden aus Warmarbeitsstählen gefertigt.

21 Was wird unter Stahlguss verstanden?

Stahlguss ist in Formen vergossener Stahl, wobei komplizierte Werkstücke hergestellt werden können.

22 Schlüsseln Sie die Werkstoffbezeichnung GX5CrNi19-10 auf.

Nichtrostender austenitischer Stahlguss mit 0,05 % C, 19 % Cr und 10 % Ni.

23 Wie groß ist der Kohlenstoffgehalt im Gusseisen und welche Auswirkungen hat er?

Gusseisen ist ein Eisenwerkstoff mit über 2,06 und bis ca. 5 % Kohlenstoff. Der Kohlenstoff senkt die Schmelztemperatur. Deshalb lassen sich diese Werkstoffe gut gießen.

24 Vergleichen Sie Gusseisen mit Lamellengrafit und Gusseisen mit Kugelgrafit hinsichtlich Bruchdehnung, Zugfestigkeit und Schwingungsdämpfung.

Gusseisen mit Lamellengrafit hat eine niedrigere Bruchdehnung und Zugfestigkeit und eine bessere Schwingungsdämpfung als Gusseisen mit Kugelgrafit.

25 Schlüsseln Sie die folgenden Werkstoffbezeichnungen.
a) EN-GJL-200
b) EN-GJS-350

a) Gusseisen mit Lamellengrafit mit einer Zugfestigkeit von 200 N/mm²
b) Gusseisen mit Kugelgrafit mit einer Zugfestigkeit von 350 N/mm²

8.2 Eisen-Kohlenstoff-Diagramm

1 Wenn der unlegierte Stahl von der Schmelze bis zur Raumtemperatur abkühlt, liegen die dargestellten Gitterformen vor. Benennen Sie die Gitterformen und beschreiben Sie deren Aufbau und Eigenschaften.

a)

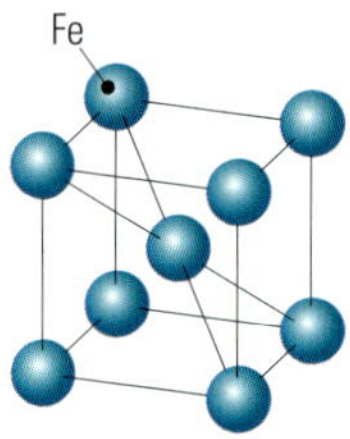

b)

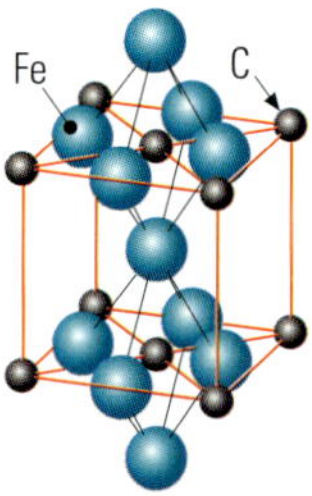

c)

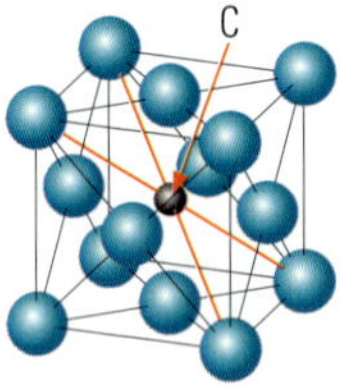

a) Ferrit bzw. α-Eisen ist reines Eisen, es kann quasi keinen Kohlenstoff aufnehmen. Es ist leicht umformbar, magnetisierbar und kubisch-raumzentriert.

b) Zementit ist die chemische Verbindung Fe_3C mit 6,67 % C.
Es ist sehr hart, verschleißfest, spröde, magnetisierbar und schlecht umformbar.

c) Austenit bzw. γ-Eisen ist kubisch-flächenzentriert mit eingelagertem C, das über 723 °C auftritt. Es ist zäh, leicht umformbar, aber nicht magnetisierbar.

2 Beschreiben Sie, woraus Perlit besteht und wie es aufgebaut ist.

Perlit besteht aus Ferrit und Zementit und ist schichtenförmig aufgebaut.

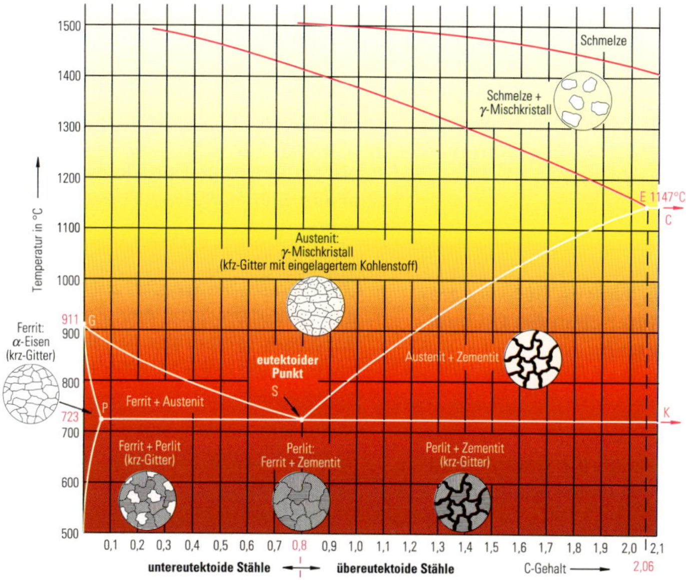

3 Bestimmen Sie für die folgenden Angaben, aus welchen Bestandteilen die Stahlgefüge aufgebaut sind.

a) 0,3 % C bei 20 °C
b) 0,3 % C bei 800 °C
c) 0,8 % C bei 20 °C
d) 0,8 % C bei 800 °C
e) 1,2 % C bei 600 °C
f) 1,2 % C bei 850 °C

a) Ferrit + Perlit
b) Ferrit + Austenit
c) Perlit
d) Austenit
e) Perlit + Zementit
f) Austenit + Zementit

4 Wo liegt die Grenze zwischen unter- und übereutektoiden Stählen?

Die Grenze zwischen unter- und übereutektoiden Stählen liegt bei 0,8 % C.

8.3 Glühverfahren

1 Welche Ziele werden mit den Glühverfahren angestrebt?

Mit den Glühverfahren können ungleiche Verteilungen von Legierungselementen, Kristallstrukturen oder innere Spannungen ausgeglichen werden.

2 Welche Gemeinsamkeiten haben die Glühverfahren?

Die Werkstücke werden auf Glühtemperatur erwärmt, eine Zeit lang auf dieser Temperatur gehalten und nachfolgend langsam abgekühlt.

3 Wodurch unterscheiden sich die unterschiedlichen Glühverfahren?

Sie unterscheiden sich vorrangig in Glühtemperatur, Glühdauer und Art der Abkühlung.

4 Benennen Sie die mit Ziffern markierten Glühverfahren.

①: Diffusionsglühen
②: Normalglühen
③: Weichglühen
④: Spannungsarm- und Rekristallisationsglühen

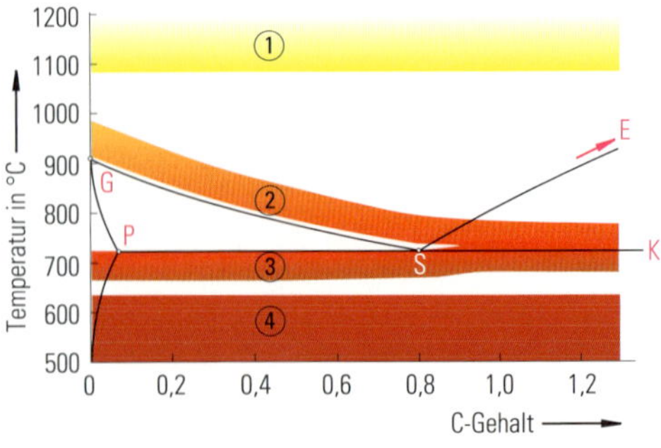

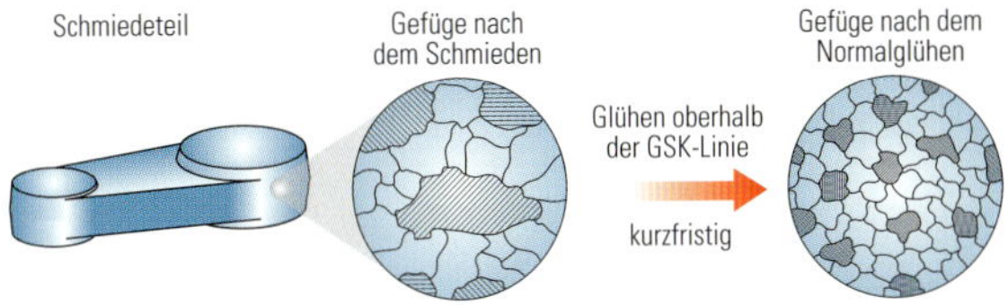

5 Was soll durch Normalglühen verändert werden und wie läuft der Vorgang ab?

Das Gefüge gegossener oder geschweißter Werkstücke ist oft uneinheitlich. Durch Normalglühen soll ein uneinheitliches Gefüge in ein feinkörniges Gefüge mit rundlichen Körnern umgewandelt werden. Dazu werden die Bauteile möglichst schnell auf ca. 40 °C über der G-S-K-Linie erwärmt, je nach Bauteildicke eine bestimmte Zeit lang auf der Glühtemperatur gehalten und an ruhender Luft abgekühlt.

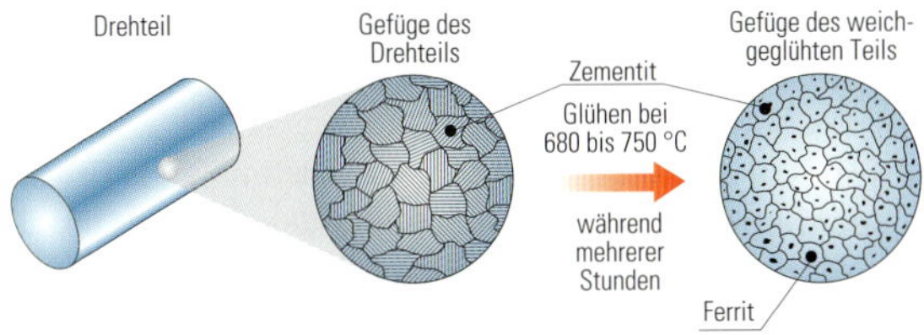

6 Was ist das Ziel des Weichglühens und wie geschieht es?

Durch Weichglühen soll ein möglichst weicher Gefügezustand erreicht werden. Dadurch werden z. B. nachfolgende Fertigungsverfahren, wie Zerspanen oder Umformen, erleichtert. Untereutektoide Stähle mit weniger als 0,8 % Kohlenstoff werden knapp unterhalb von 723 °C geglüht. Übereutektoide Stähle mit mehr als 0,8 % Kohlenstoff werden einem Pendelglühen um 723 °C unterzogen. Dabei wird die Temperatur mehrfach auf über 723 °C erhöht bzw. unter 723 °C abgesenkt.

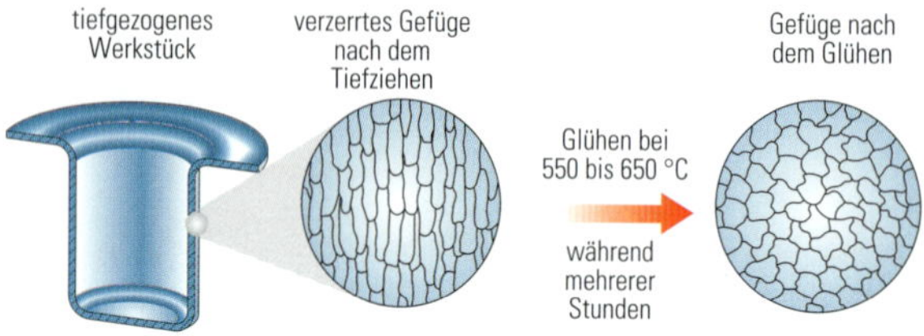

7 Wann ist ein Rekristallisationsglühen erforderlich, was wird damit erreicht und wie geschieht es?

Bei der Kaltumformung, wie z. B. beim Tiefziehen, erfolgt eine Kaltverfestigung des Gefüges. Dabei nimmt die Dehnung des Werkstoffs ab und er kann nicht mehr weiter verformt werden, ohne dass Risse entstehen. Das Werkstück muss rekristallisierend bzw. zwischengeglüht werden. Beim mehrstündigen Rekristallisationsglühen (550 °C bis 650 °C) wird das nach einer Kaltverformung stark beeinflusste Stahlgefüge neu gebildet und kann danach weiter umgeformt werden.

8 Aus welchen Gründen wird das Spannungsarmglühen erforderlich, was geschieht dabei im Gefüge und wie läuft der Vorgang ab?

Durch ungleichmäßiges Erwärmen oder Abkühlen, wie z. B. beim Schweißen, Drehen oder Härten, können Eigenspannungen im Werkstück entstehen. Auch beim Umformen ist dies möglich. Beim Spannungsarmglühen werden Eigenspannungen im Werkstück durch plastische Verformung beseitigt bzw. vermindert. Da die Festigkeit der Werkstoffe erhalten bleiben soll, darf die Gefügeart sich nicht ändern. Deshalb wird unterhalb der P-S-K-Linie (550 °C bis 650 °C) mehrere Stunden geglüht. Die Abkühlung erfolgt langsam, d. h. im Glühofen, um neue Spannungen zu vermeiden.

9 Was soll durch Diffusionsglühen erreicht werden und wie erfolgt es?

Beim Diffusionsglühen werden örtlich ungleiche Konzentrationen z. B. der Legierungselemente ausgeglichen, die beim schnellen Erstarren aus der Schmelze entstehen können. Das Diffusionsglühen von Stählen erfolgt bei sehr hohen Temperaturen (1100 °C bis 1300 °C) und häufig über lange Glühzeiten (bis zu 50 Stunden).

8.4 Härten und Anlassen

1 Nennen Sie zwei Ziele, die durch das Härten von Stahl erreicht werden sollen.

- Steigerung der Härte und Verschleißfestigkeit
- Steigerung von Streckgrenze und Zugfestigkeit

2 Definieren Sie den Begriff Härte.

Härte ist der Widerstand, den ein Körper dem Eindringen eines anderen entgegensetzt.

3 Beschreiben Sie den Ablauf beim Härten.

Beim Härten wird Stahl auf eine Temperatur oberhalb der G-S-K-Linie erwärmt, eine Zeit lang auf dieser Temperatur gehalten und nachfolgend rasch abgekühlt.

4 Welche Gitterstruktur hat der Stahl von 0,6 % C oberhalb der G-S-K-Linie, in welcher Form liegt dabei der Kohlenstoff vor und wie wird das Gefüge genannt?

Es ist ein kubisch-flächenzentriertes Gitter, in dem der Kohlenstoff eingelagert ist. Es wird Austenit genannt.

5 Was geschieht beim Abschrecken innerhalb des Gefüges und wie wird das Härtegefüge bezeichnet?

Bei 723 °C klappt das Gitter schlagartig von flächen- nach raumzentriert um. Dadurch ist es dem Kohlenstoff nicht möglich, Zementit Fe_3C zu bilden. Stattdessen wird Kohlenstoff im krz-Gitter eingeschlossen. Es bildet sich ein hartes, verspanntes Gefüge, das Martensit.

6 Welche Voraussetzung muss erfüllt sein, damit sich ein unlegierter Stahl härten lässt?

Unlegierte Stähle müssen mindestens einen Kohlenstoffgehalt über 0,2 % haben, damit sie durch Wärmebehandlung eine Härtesteigerung erhalten können.

7 Das Diagramm zeigt die kritische Abschreckgeschwindigkeit von unlegierten Stählen, bei denen eine Martensitbildung erfolgt.

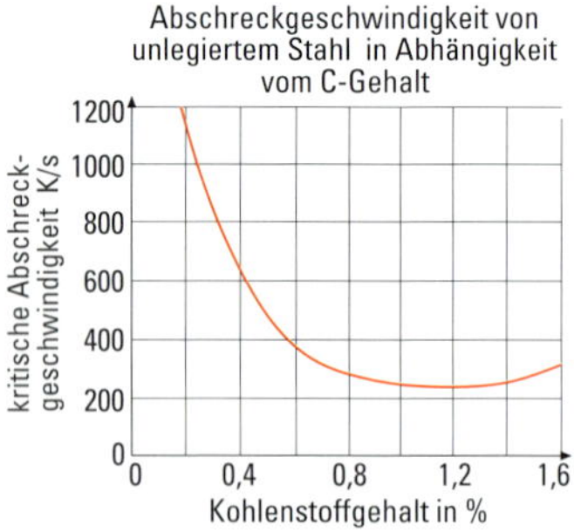

a) Wie groß ist die kritische Abschreckgeschwindigkeit für C60U?

b) Welchen Einfluss hat der C-Gehalt auf die kritische Abschreckgeschwindigkeit?

a) Die kritische Abschreckgeschwindigkeit für C60U beträgt ca. 400 Kelvin pro Sekunde.

b) Die kritische Abschreckgeschwindigkeit nimmt mit steigendem C-Gehalt ab.

8 Aus welchem Grunde wird der Stahl nach dem Härten angelassen.

Durch das Härten erfolgt nicht nur eine Steigerung der Härte und Festigkeit, sondern auch eine Zunahme der Sprödigkeit, die durch das Anlassen gemindert werden soll.

9 Wie erfolgt das Anlassen des Stahls?

Beim Anlassen wird der Stahl meist auf eine Temperatur zwischen 200 °C und 400 °C erwärmt, eine Zeitlang auf dieser Temperatur gehalten und dann langsam abgekühlt.

10 Beschreiben Sie, wie sich vier Eigenschaften des gehärteten Stahls durch Anlassen verändern.

Innere Spannungen werden abgebaut, Sprödigkeit, Festigkeit und Härte nehmen ab.

11 Bestimmen Sie für die folgenden Stähle die Härtetemperaturen, die Abschreckmittel und die Anlasstemperaturen.
a) C80U
b) 55NiCrMoV7
c) X100CrMoV5

a) Härtetemperatur: 790 °C
Abschreckmittel: Wasser
Anlasstemperatur: 180 °C
b) Härtetemperatur: 850 °C
Abschreckmittel: Öl
Anlasstemperatur: 500 °C
c) Härtetemperatur: 970 °C
Abschreckmittel: Luft
Anlasstemperatur: 180 °C

8.5 Vergüten

1 Welche Eigenschaften des Stahls sollen durch Vergüten erzielt werden?

Durch Vergüten soll der Stahl eine hohe Festigkeit bei ausreichender Dehnung und Zähigkeit erhalten.

2 Beschreiben Sie den Ablauf beim Vergüten eines Vergütungsstahles.

Vergüten ist Härten mit anschließendem Anlassen bei höheren Temperaturen zwischen 540 °C und 680 °C.

3 Bestimmen Sie für die folgenden Vergütungsstähle die Härtetemperaturen, die Abschreckmittel und die Anlasstemperaturen.
a) C45E
b) 42CrMo4

a) Härtetemperatur: 860 °C bis 920 °C
Abschreckmittel: Wasser oder Öl
Anlasstemperatur: 550 °C bis 660 °C
b) Härtetemperatur: 820 °C bis 920 °C
Abschreckmittel: Wasser oder Öl
Anlasstemperatur: 540 °C bis 680 °C

4 Die Anlasstemperaturen betragen für einen 34CrNiMo6 540 °C bis 660 °C. Welchen Einfluss haben die höheren Anlasstemperaturen gegenüber den niedrigen auf die Eigenschaften des Vergütungsstahls?

Bei den höheren Anlasstemperaturen sinken die Festigkeit und Härte, während die Dehnung und Zähigkeit zunehmen.

8.6 Oberflächenhärten

1 Welche Ziele werden mit dem Oberflächenhärten angestrebt?

Es wird eine harte, verschleißfeste Randzone bei gleichzeitig zähem Werkstückkern angestrebt. Dadurch wird der auftretende Verschleiß an der Oberfläche gering und das Innere des Bauteils ist weniger stoßempfindlich als ein durchgehärtetes Teil.

2 Beschreiben Sie das Prinzip des Flammhärtens. Geben Sie an, für welche Werkstoffe es geeignet ist und wovon die erzielte Randschichtdicke abhängt.

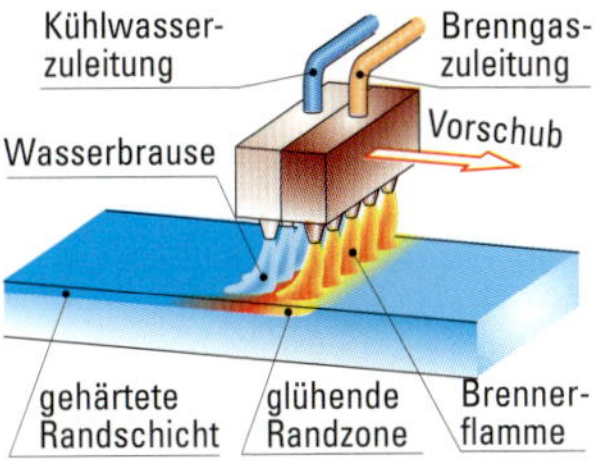

Beim Flammhärten wird die zu härtende Randschicht mit einem Brenner auf Härtetemperatur gebracht und nachfolgend abgeschreckt. Voraussetzung sind härtbare Stähle, die über einen entsprechend hohen C-Gehalt bzw. Legierungselemente verfügen. Die gehärtete Randschichtdicke hängt vorrangig von der Dicke der glühenden Randzone ab.

3 Wodurch erfolgt beim Induktionshärten das Aufheizen des Werkstücks und welche Faktoren bestimmen die gehärtete Randschichtdicke?

Beim Induktionshärten wird eine Spule von hochfrequentem Wechselstrom durchflossen. Dabei erwärmt sich das in der Spule befindliche Werkstück. Direkt nach der Erwärmung wird abgeschreckt. Je geringer die Vorschubgeschwindigkeit des Werkstücks und je niedriger die Stromfrequenz ist, desto dicker wird die gehärtete Randschicht.

5

4 Beschreiben Sie die Maßnahmen, wie Stähle ≤ 0,2 % Kohlenstoff randschichtgehärtet werden.

Stähle mit einem Kohlenstoffgehalt bis zu 0,2 % (Einsatzstähle) sind ohne weitere Vorbehandlung nicht härtbar. Beim Einsatzhärten muss die Randschicht mit Kohlenstoff angereichert werden, damit sie gehärtet werden kann. Dazu werden die Werkstücke im Einsatzofen mit Holzkohle, Grafit oder kohlenstoffreichem Gas in dem Austenitbereich geglüht. Dabei dringt der Kohlenstoff durch Diffusion in die Eisenkristalle ein. Ist ausreichend Kohlenstoff in der Randschicht vorhanden, kann das Werkstück abgeschreckt bzw. gehärtet werden.

5 Wie geschieht das Nitrierhärten und welchen Vorteil hat es gegenüber den anderen Randschichthärteverfahren?

Beim Nitrierhärten wird Stickstoff den Nitrierstählen mit den Legierungselementen Al, Cr, Mo und V zugeführt. Stickstoff diffundiert aus einer Gasatmosphäre oder Salzbadschmelze in die Werkstuckoberfläche ein und bildet mit den Legierungselementen chemische Verbindungen. Diese Verbindungen bewirken die Härtesteigerung. Da keine Gitterumwandlung stattfindet, ist der Härteverzug der Werkstücke sehr gering.

9 Gebundene Aufgaben zu Lernfeld 5

(Lösungen zu den gebundenen Aufgaben siehe Seite 341)

1 Der Zylinder Ø12x15 soll auf einer konventionellen Drehmaschine gefertigt werden. Welches Spannmittel setzen Sie ein?

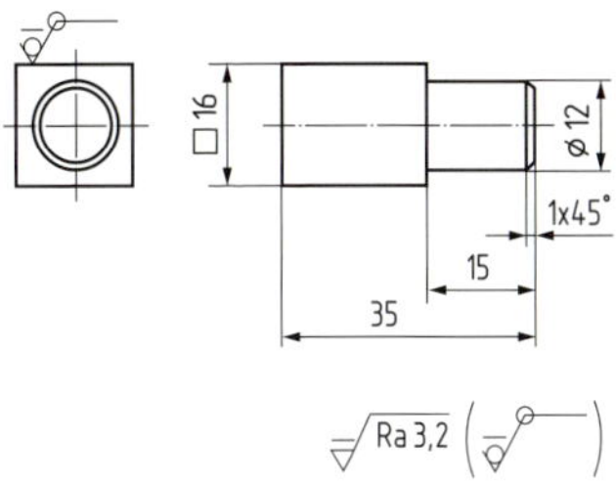

1: Dreibackenfutter
2: Lünette bzw. Setzstock
3: Spannzange mit zylindrischer Aufnahme
4: Vierbackenfutter
5: Spannhülse

2 Was ist die gemittelte Rautiefe R_z?

1: R_z ist ein Maß für die Welligkeit einer Oberfläche.
2: R_z ist der Abstand zwischen den Riefen einer Oberfläche.
3: R_z ist der Unterschied zwischen dem höchsten und tiefsten Punkt einer Oberfläche.
4: R_z ist der Unterschied zwischen der Istoberfläche und der idealen Oberfläche eines Körpers.
5: R_z ist das arithmetische Mittel aus den Einzelrautiefen von fünf aneinandergrenzender Einzelmessstrecken.

3 Welche theoretische Rautiefe R_{th} wird beim Drehen mit einem Schneidenradius von 0,8 mm und einem Vorschub von 0,2 mm erzielt?

1: 6,3 µm
2: 3,2 µm
3: 5 µm
4: 4,2 µm
5: 12,5 µm

4 Wo entsteht vorrangig der Kolkverschleiß?

1: an der Freifläche der Hauptschneide
2: an der Spanfläche der Hauptschneide
3: an der Freifläche der Nebenschneide
4: an der Spanfläche der Nebenschneide
5: hinter dem Spanformer

5 Welchen Fräser setzen Sie zur Fertigung des Langloches ein?

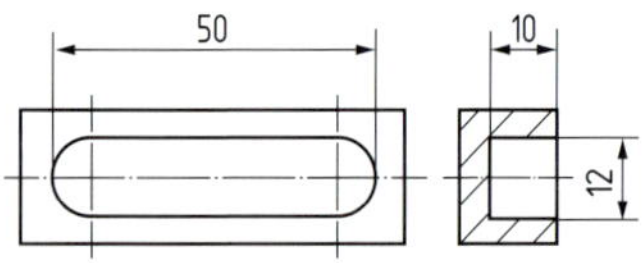

1: Walzenstirnfräser
2: Bohrnutenfräser
3: Walzenfräser
4: Scheibenfräser
5: Prismenfräser

6 Wie groß ist die Vorschubgeschwindigkeit beim Fräsen mit einer Umdrehungsfrequenz von 3200/min, einem Vorschub pro Zahn von 0,015 mm und einem Fräser mit 6 Schneiden?

1: 288 mm/min
2: 48 mm/min
3: 322 mm/min
4: 192 mm/min
5: 420 mm/min

7 **Wie groß ist die Hauptnutzungszeit um die Löcher im Stahldeckel zu bohren? Die Schnittgeschwindigkeit beträgt 25 m/min, der Vorschub 0,3 mm und der An- und Überlauf jeweils 2 mm.**

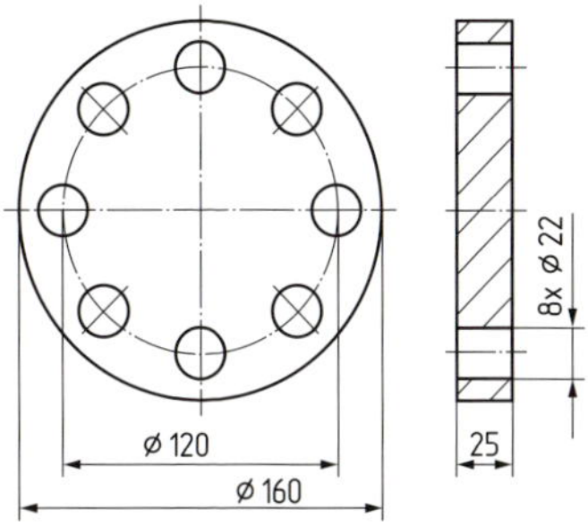

1: 2 min 8 s
2: 32 s
3: 2 min 37 s
4: 39 s
5: 1 min 58 s

8 **Ein Hohlzylinder mit Außendurchmesser 80 mm und Innendurchmesser 20 mm wird mit konstanter Schnittgeschwindigkeit von 220 m/min plangedreht. Wie groß ist die Hauptnutzungszeit für einen Schnitt bei einem Vorschub von 0,2 mm und einem An- und Überlaufweg von jeweils 2 mm?**

1: 14,6 s
2: 7,3 s
3: 11,7 s
4: 5,9 s
5: 8,5 s

5

9 Welches ist die richtige Aussage zum Drehen?

1: Durch Drehen können nur zylinderförmige Werkstücke hergestellt werden.
2: Durch Drehen können nur Werkstückaußendurchmesser gefertigt werden.
3: Drehen ist ein spanendes Fertigungsverfahren.
4: Drehen gehört zu der Fertigungshauptgruppe Umformen.
5: Drehen ist ein Fertigungsverfahren mit geometrisch unbestimmter Schneide.

10 Auf welche Eigenschaft bezieht sich die Härte einer Schleifscheibe?

1: Sie beschreibt die Härte des Schleifmittels.
2: Sie bezieht sich auf das Gefüge der Schleifscheibe.
3: Sie beschreibt die Körnung der Schleifscheibe.
4: Sie bezieht sich auf den Widerstand, den die Bindung dem Ausbrechen des Schleifkorns entgegensetzt.
5: Sie gibt an, dass die Schleifscheibe eine keramische Bindung besitzt.

11 Welches ist die richtige Aussage zum Schleifen?

1: Durch Schleifen können nur ebene Werkstückflächen hergestellt werden.
2: Es werden nur gehärtete Werkstücke geschliffen.
3: Beim Schleifen liegen nur positive Spanwinkel vor.
4: Schleifen gehört zu der Fertigungshauptgruppe Umformen.
5: Schleifen ist ein Fertigungsverfahren mit geometrisch unbestimmter Schneide.

12 Das Material für eine Baugruppe kostet 85€. Da der Betrieb 15 Baugruppen bestellt, erhält er einen Rabatt von 12%. Wie hoch sind die Kosten für die 15 Baugruppen?

1: 850€
2: 1428€
3: 867€
4: 1275€
5: 1122€

13 Welche Ziele werden beim Langhubhonen nicht erreicht?

1: hohe Oberflächenqualität
2: große Zeitspanvolumen
3: enge Formtoleranzen
4: Oberflächen mit gekreuzten Bearbeitungsriefen
5: kleine Maßtoleranzen

5

14 Welches Maß hat die Ausschussseite eines Grenzlehrdorns für das Maß 50H7?

1: 50,000 mm
2: 50,030 mm
3: 50,025 mm
4: 49,970 mm
5: 49,975 mm

15 Was sagt das Symbol ◎|Ø 0,01|A in dem Bild aus?

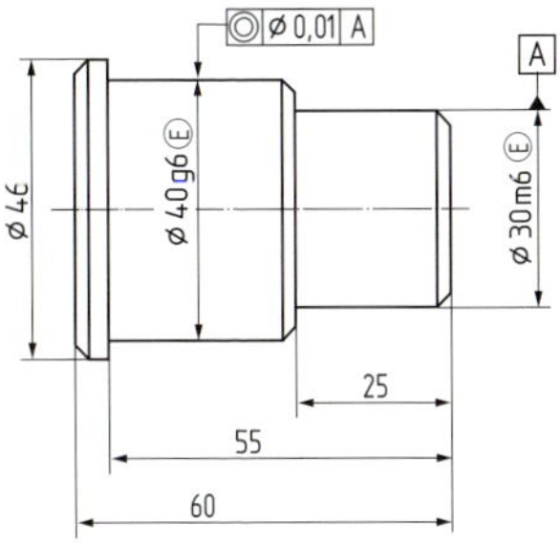

1: Die Mantelfläche des Zylinders Ø40g6 ist konzentrisch zu A.
2: Die Mantelfläche des Zylinders Ø40g6 ist koaxial zu A.
3: Die Achse des Zylinders Ø40g6 ist koaxial zu der Mantelfläche des Zylinders Ø30m6.
4: Die Achse des Zylinders Ø40g6 ist 0,01 mm konzentrisch zu der Achse des Zylinders Ø30m6.
5: Die Achse des Zylinders Ø40g6 muss innerhalb eines Zylinders von Ø0,01 mm liegen, dessen Mittellinie sich aus der Achse des Zylinders Ø30m6 ergibt.

16 Welches Gefüge hat ein C60 bei 800 °C?

1: Austenit
2: Ferrit
3: Zementit
4: Perlit
5: Ferrit und Perlit

17 Mit welchem Glühverfahren sollen neue Kristalle entstehen?

1: Weichglühen
2: Normalglühen
3: Spannungsarmglühen
4: Rekristallisationsglühen
5: Diffusionsglühen

18 Beschreiben Sie die Arbeitsschritte beim Härteprozess eines C80.

1: Spannungsarmglühen – Anlassen – Abschrecken
2: Normalglühen – Anlassen – Abschrecken
3: Aufheizen in den Austenitbereich – Halten der Temperatur – Abschrecken – Anlassen
4: Langsames Aufheizen in den Austenitbereich – Abschrecken – Anlassen
5: Aufheizen auf 700 °C – Halten der Temperatur – Abschrecken – Anlassen

19 Welche Ziele werden vorrangig durch das Vergüten eines Stahls angestrebt?

1: Steigerung von Härte und Zerspanbarkeit
2: Senkung von Warmfestigkeit und Dehnung
3: Steigerung der Festigkeit
4: Senkung des Elastizitätsmoduls
5: Steigerung der Warmfestigkeit

Lösungen zu den gebundenen-Aufgaben:

Aufgabe	Lösung	Aufgabe	Lösung
1	4	11	5
2	5	12	5
3	1	13	2
4	2	14	3
5	2	15	5
6	1	16	1
7	3	17	4
8	2	18	3
9	3	19	3
10	4		

1 Pneumatik

1 Steuerungen, die keinen selbstständigen Ablauf einzelner Prozessschritte ermöglichen, werden als Führungs- und Haltegliedsteuerungen bezeichnet. Sind in einer solchen Steuerung logische Verknüpfungen enthalten, werden sie als kombinatorische Verknüpfungssteuerungen bezeichnet. Geben Sie je ein Beispiel (Beschreibung mit Pneumatikplan) für eine solche Steuerung.

Eine kombinatorische Verknüpfungssteuerung kann beispielsweise das Spannen von Werkstücken ermöglichen, wenn dazu zwei Signalgeber (-SJ2, -SJ3) gleichzeitig betätigt werden müssen (a)). Eine reine Führungsteuerung liegt vor, wenn eine Hebevorrichtung durch Betätigen eines Signalglieds (-SJ2) ausfährt und bei Loslassen des Signalglieds wieder einfährt (b), siehe nächste Seite).

a)

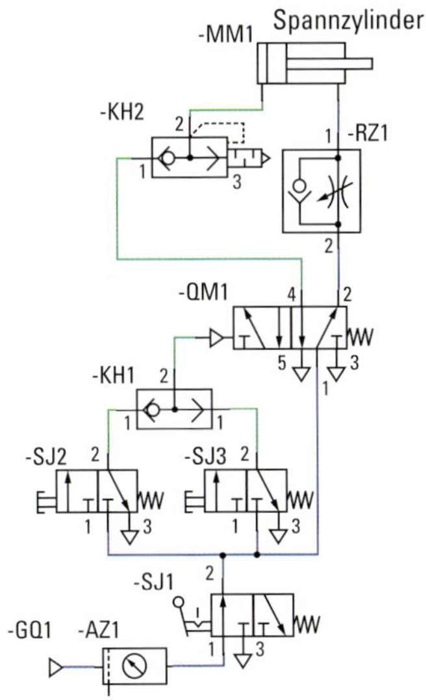

6

b)

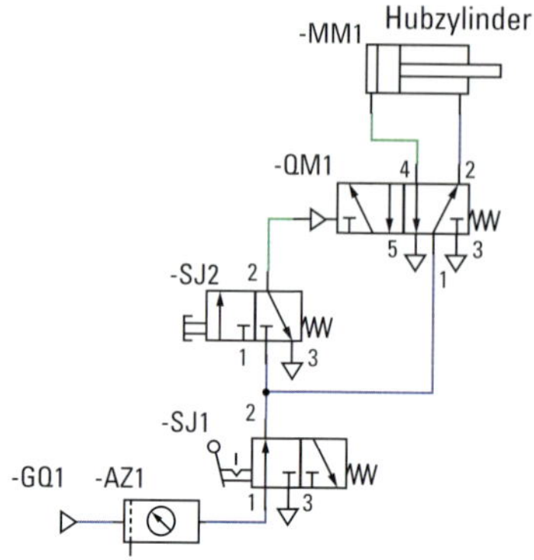

1.1 Zeitgeführte Ablaufsteuerungen

1 Wann wird eine pneumatische Steuerung als zeitgeführte Ablaufsteuerung bezeichnet?

Eine zeitgeführte Ablaufsteuerung liegt vor, wenn deren Weiterschaltbedingungen (Ablauf) nur von der Zeit abhängen. Zur Erzeugung der Weiterschaltbedingungen können z. B. Zeitglieder verwendet werden.

2 Aus welchen Komponenten besteht ein pneumatisches Zeitglied? Skizzieren Sie das Schaltzeichen.

Ein pneumatisches Zeitglied besteht aus einem Drosselrückschlagventil, einem 3/2-Wegeventil und einem Druckspeicher.

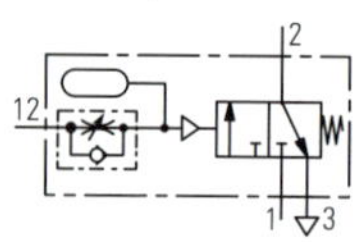

3 Durch welche Arten von Signalgebern können in pneumatischen Ablaufsteuerungen Weiterschaltbedingungen ausgelöst werden? Geben Sie zwei Beispiele mit dem jeweiligen Schaltzeichen.

a) Grenztaster als Kipprollenventil

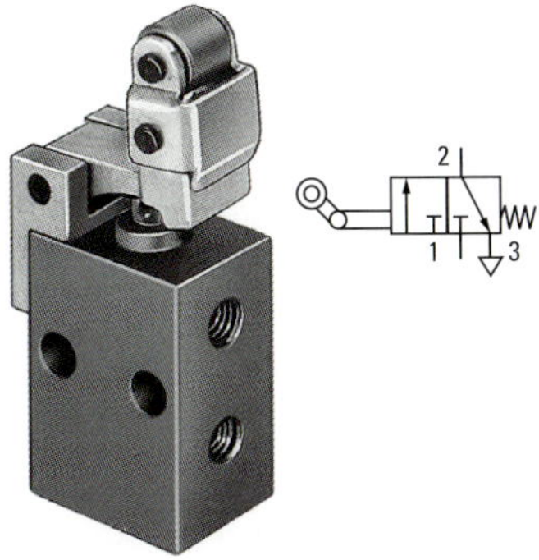

b) Rollenhebelventil

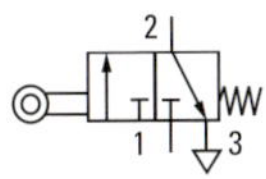

4 Worin besteht der Unterschied der in Aufgabe 3. gezeigten 3/2-Wegeventile?

Das Kipprollenventil schaltet nur, wenn es von einer der beiden Seiten durch einen Zylinder betätigt wird. Bei Überfahren in umgekehrter Richtung, klappt die Tastrolle um.
Ein Rollenhebelventil ändert hingegen seine Schaltstellung, egal von welcher Seite der Zylinder das Ventil betätigt.

5 Aus welchem Grund sind beide Ventile in der Praxis vorgesteuert? Skizzieren Sie das Schaltzeichen für ein vorgesteuertes 3/2-Rollenhebelventil in Ruhestellung geöffnet und geben Sie dessen Kennzeichnung nach DIN EN 81346-2 an.

Aufgrund der Vorsteuerung werden nur geringe Betätigungskräfte benötigt. Die Bewegung der Antriebsglieder wird so nicht beeinflusst.

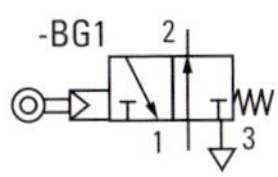

6 **Die abgebildete Klebepresse wird rein pneumatisch betrieben. Mithilfe dieser Klebevorrichtung sollen zwei Werkstücke verklebt werden. Nach Betätigung zweier Starttaster -SJ2 und -SJ3 fährt der doppelt wirkende Zylinder -MM1 aus. Erreicht der Zylinder die vordere Endlage, betätigt dieser die Rolle eines 3/2-Rollenhebelventils -BG1 und presst die Werkstücke 10 s lang aufeinander. Nach Ablauf dieser Zeit fährt der Zylinder selbsttätig ein. Erstellen Sie den pneumatischen Schaltplan für diese Steuerung.**

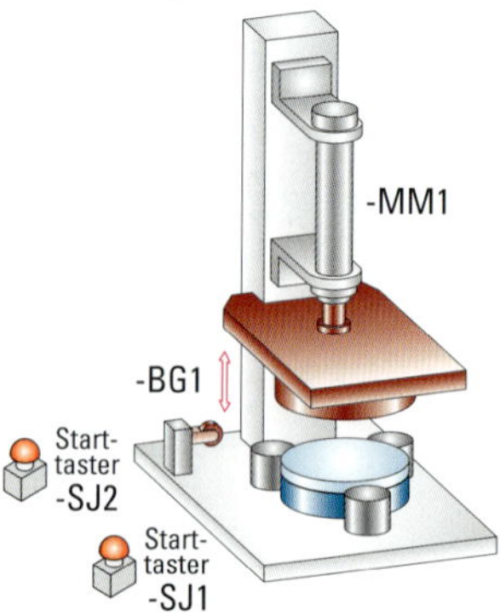

Klebezylinder

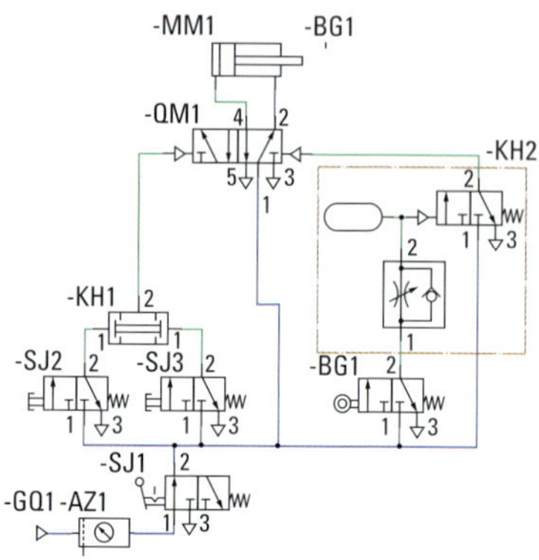

7 Wie erfolgt die Einstellung der Klebezeit von 10 Sekunden?

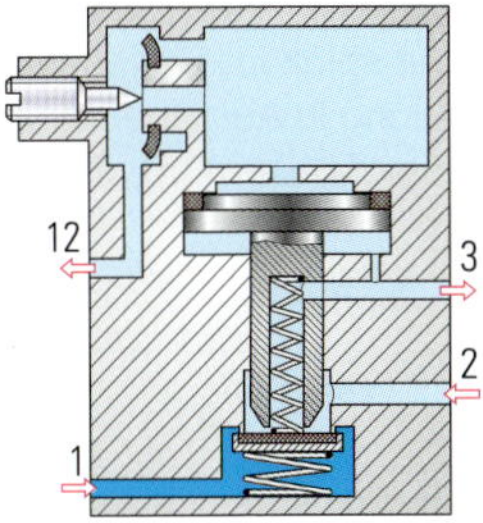

Zunächst wird die Drossel ① des Verzögerungsventils -KH2 auf Mittelstellung gedreht. Nun werden zwei Werkstücke zur Probe verklebt und die Klebezeit mit der Stoppuhr überprüft. Fährt der Zylinder -MM1 zu spät wieder ein, das heißt die Klebezeit ist zu lang, muss die Drossel ein Stück geöffnet werden. Der Vorgang wird so lange wiederholt, bis die Zeitvorgabe eingehalten wird. Anschließend sollte die Schraube der Drossel verplombt werden, um unbefugte Manipulationen zu vermeiden.

8 Handelt es sich bei dem Verzögerungsventil in Aufgabe 6. und 7. um eine Einschalt- oder Ausschaltverzögerung?

Es handelt sich um eine Einschaltverzögerung, da das 3/2-Wegeventil des Zeitglieds -KH2 in Ruhestellung geschlossen ist.

6

9 Welche Aufgabe hat das Rückschlagventil im Verzögerungsventil?

Das Rückschlagventil ermöglicht es der Luft, beim Abfallen des 3/2-Wegeventils ungehindert aus dem Zeitglied zu strömen.

1.2 Prozessgeführte Ablaufsteuerungen

1 Wie reagiert eine prozessabhängige Ablaufsteuerung im Vergleich zu einer zeitgeführten Ablaufsteuerung auf eine Störung?

Erreicht ein Zylinder einer prozessabhängigen Ablaufsteuerung seine vorderen Endlage nicht, bei der er einen Grenztaster zum Auslösen des nächsten Prozessschritts betätigen soll, bricht der Steuerungsablauf an dieser Stelle ab. Reine zeitgeführte Ablaufsteuerungen werden durch das Nichterreichen einer Kolbenendlage nicht unterbrochen.

2 Eine halbautomatische Vorrichtung presst Gewindeeinsätze aus Aluminium in Kunststoffteile ein. Die Kunststoffteile wurden zuvor durch Ultraschall plastifiziert, um das spanlose Einpressen zu ermöglichen. Erstellen Sie den Pneumatikplan für die Steuerung dieses Prozesses unter Verwendung der folgenden Bauteile.

Bauteil	Funktion
3/2-Wegeventil in Ruhestellung gesperrt	Starten des Montageprozesses
5/2-Wegeventil als Impulsventil	Stellglied für den Einpresszylinder
Drosselrückschlagventil	Ausfahrgeschwindigkeit des Einpresszylinders einstellbar
Doppelt wirkender Zylinder	Einpresszylinder
3/2-Rollenhebelventil in Ruhestellung gesperrt	leitet den Rückhub des Einpresszylinders ein
Schnellentlüftungsventil	schnelles Einfahren des Zylinders

Die Weiterschaltbedingung nach Einpressen des Gewindeeinsatzes ist durch die Position der Kolbenstange (Ausgefahren bis -BG1 betätigt wird) definiert. Die Zeit spielt im Gegensatz zur Problemstellung in Aufgabe 7. (zeitgeführte Ablaufsteuerung) also keine Rolle mehr.

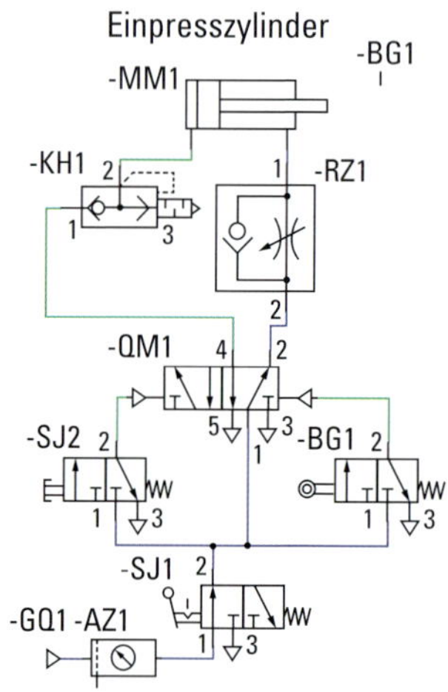

3 Welche Auswirkung würde das Verkanten des Gewindeeinsatzes beim Einpressen auf den Ablauf der Steuerung in Aufgabe 2 haben?

Der Zylinder würde stehenbleiben. Somit erreicht er nicht die vordere Endlage und betätigt nicht -BG1. Der Zylinder müsste von Hand zurückgeführt werden.

4 Wie kann das in Aufgabe 3 geschilderte Verhalten der Steuerung sinnvoll genutzt werden?

Dieses Verhalten von prozessgesteuerten Ablaufsteuerungen kann bei einer Fertigungsmaschine Teil eines Sicherheitskonzeptes sein.

5 Nennen Sie aus der betrieblichen Praxis Beispiele für Führungs-/Haltegliedsteuerungen, sowie für zeitabhängige und prozessabhängige Ablaufsteuerungen.

- Führungs-/Haltegliedsteuerungen: Spannvorrichtung, Hubvorrichtung, Fördereinrichtungen
- zeitabhängige Ablaufsteuerung: Klebevorrichtung, Torsteuerung, Lüftersteuerung, Rührwerksteuerungen
- prozessabhängige Ablaufsteuerung: alle automatisierten Steuerungen, wie Einpressvorrichtungen, Paketwendeeinrichtung

6

1.3 Planungsmöglichkeiten

1 Ablaufsteuerungen sind im Vergleich zu Führungs- oder Haltegliedsteuerungen meist komplexer. Sie haben oft zwei oder mehr Aktoren. Der Ablauf der Schrittkette ist nur gewährleistet, wenn keine unvorhersehbaren Störungen auftreten und bei der Planung der Anlage keine gravierenden Fehler gemacht wurden. Erstellen Sie eine Tabelle, die die Schritte mit jeweiligen Inhalten aufzeigt, die bei der Planung einer pneumatischen Ablaufsteuerung eingehalten werden.

Schritt 1	Festlegen der Antriebsglieder
Schritt 2	Analyse der Steuerungsaufgabe • Lageplan der Komponenten • Graphische Darstellung des Ablaufs
Schritt 3	Entwickeln der Steuerung • Geräteliste • pneumatischer Schaltplan
Schritt 4	Simulation des Schaltungsentwurfs

2 Zeigen Sie anhand einer Steuerung für einen Paketwender, wie durch eine systematische Vorgehensweise eine Planungsaufgabe einer prozessabhängigen Ablaufsteuerung gelöst werden kann. Erläutern Sie die jeweiligen Schritte kurz. Funktionsbeschreibung: In einer Transportanlage sollen Pakete um 180° gewendet werden. Der ausfahrende Zylinder -MM1 schwenkt ein Paket um 90°, das auf dem Rollengang ankommt. Es fällt dadurch auf die Schwenkgabel. Zylinder -MM2 fährt ein und schwenkt das Paket um weitere 90°. Das Paket wird auf dem Rollengang weitergeleitet. Anschließend fahren die beiden Zylinder wieder in ihre Ausgangsstellung. Dazu fährt zuerst Zylinder -MM1 ein und anschließend Zylinder -MM2 aus. Der Arbeitszyklus beginnt, wenn ein Handtaster gedrückt wird.

Schritt 1 - Festlegung der Antriebsglieder: Die Ein- und Ausfahrgeschwindigkeiten der Zylinder soll einstellbar sein, und beide Zylinder sollen eine Endlagendämpfung haben, da auch Pakete mit zerbrechlichem Inhalt gewendet werden.

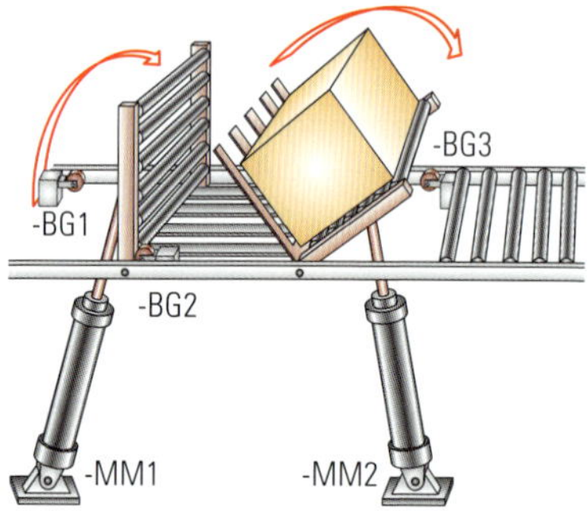

Schritt 2 – Graphische Darstellung des Ablaufs: Die Darstellung kann mittels Funktionsdiagrammen erfolgen. Zunächst wird dazu der Ablauf in Kurzform entweder in Tabellenform oder mit Symbolen dargestellt.

Schritt	Antrieb -MM1	Antrieb -MM2
1	fährt aus	
2		fährt ein
3	fährt ein	
4		fährt aus

-MM1+, -MM2-, -MM1-, -MM2+

(Dabei steht + für das Ausfahren eines Zylinders und – für das Einfahren)

Weg-Schritt-Diagramm[1]: Das Weg-Schritt-Diagramm beschreibt graphisch die Verfahrbewegungen der Antriebsglieder -MM1 und -MM2. Die Bezeichnung der Zustände ist 0 = eingefahren und 1 = ausgefahren. Die Zustandsänderungen der Zylinder werden durch Symbole für die betätigten Signalglieder -BG1, -BG2 und -BG3, durch Signallinien (und Signalverknüpfungen) gekennzeichnet.

[1] Die graphische Darstellung in Form von Funktionsdiagrammen (Weg-Schritt-, Weg-Zeit-, Zustandsdiagrammen) entspricht nicht der DIN EN 60848. Nach dieser werden Funktionsabläufe mit GRAFCET dargestellt. Zur besseren Verständlichkeit werden die Funktionsdiagramme dennoch erläutert.

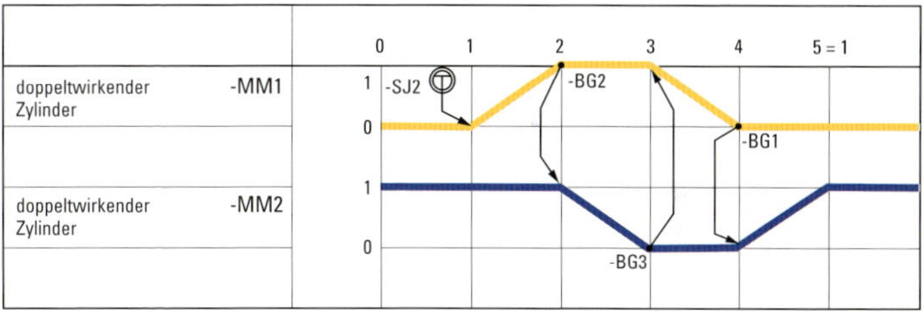

Schritt 3 – Entwicklung der Steuerung: Zum Ansteuern der beiden doppelt wirkenden Zylinder -MM1 und -MM2 werden als Stellglieder 5/2-Wegeventile (-QM1, -QM2) verwendet. Die Signaleingabe erfolgt durch vier 3/2-Wegeventile, in Ruhestellung gesperrt, da nur bei einer Betätigung ein Signal weitergegeben werden soll. Die Signaleingabe erfolgt einmal durch einen Taster (-SJ2) und dreimal durch einen Grenztaster mit Rolle (-BG1 bis -BG3).

Liegt kein Signal an, so werden diese durch eine Feder in ihre Ausgangsstellung zurückgestellt. Die Signale gelangen jeweils an einen Steueranschluss der Stellglieder. Aus diesem Grund werden 5/2-Wegeventile benötigt, die beidseitig durch Druckluft betätigt werden (Impulsventile).

Pneumatikplan Paketwender:

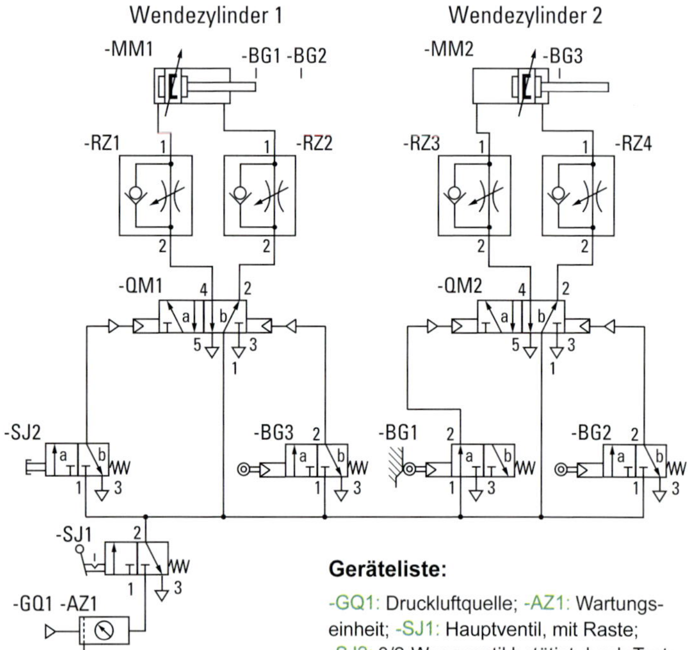

Geräteliste:

-GQ1: Druckluftquelle; -AZ1: Wartungseinheit; -SJ1: Hauptventil, mit Raste; -SJ2: 3/2-Wegeventil betätigt durch Taster, Rückstellung durch Feder, in Ruhestellung gesperrt; -BG3: 3/2-Wegeventil betätigt durch Rolle, Rückstellung durch Feder, in Ruhestellung gesperrt, vorgesteuert; -QM1: 5/2-Wegeventil, pneumatisch betätigt, vorgesteuert; -RZ1: Drosselrückschlagventil; -RZ2: Drosselrückschlagventil; -MM1: doppelt wirkender Zylinder mit Endlagendämpfung; -BG1: 3/2-Wegeventil betätigt durch Rolle, Rückstellung durch Feder, in Ruhestellung gesperrt, vorgesteuert; -BG2: 3/2-Wegeventil betätigt durch Rolle, Rückstellung durch Feder, in Ruhestellung gesperrt, vorgesteuert; -QM2: 5/2-Wegeventil, pneumatisch betätigt, vorgesteuert; -RZ3: Drosselrückschlagventil; -RZ4: Drosselrückschlagventil; -MM2: doppelt wirkender Zylinder mit Endlagendämpfung

3 Anstatt des Weg-Schritt-Diagramms in Schritt 2 der Planung der Steuerung für die Paketwendevorrichtung, hätte auch ein Zustandsdiagramm erstellt werden können. Erläutern Sie den Unterschied und erstellen Sie das zugehörige Zustandsdiagramm.

Zustandsdiagramme berücksichtigen zusätzlich die Schaltstellungen der Signal- und Stellglieder zu jedem einzelnen Schritt. Die Zustände können mit den Schaltstellungen der Ventile (*a / b*) oder auch in Worten (Ventil *offen – geschlossen*) bezeichnet werden. Es wird bei Zustandsdiagrammen davon ausgegangen, dass ein Wechsel der Schaltstellungen ohne zeitliche Verzögerung stattfindet. Dies ist jedoch praktisch nicht möglich.

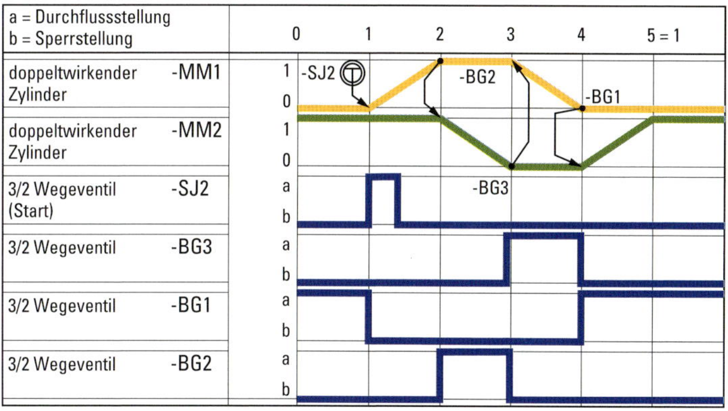

4 Welche Vorteile hat die Verwendung eines Zustandsdiagramms im Vergleich zu einem Weg-Schritt-Diagramm?

Ein Zustandsdiagramm enthält auch die Signalglieder und kann zusätzlich die Stellglieder enthalten. Dies erleichtert die Planung der Steuerungsaufgabe. Außerdem dient es der Dokumentation und ist daher sehr hilfreich bei der Fehlersuche und bei Instandhaltungsmaßnahmen.

5 Was passiert, wenn der Starttaster -SJ2 vom Maschinenführer dauerhaft gehalten wird?

Wird -SJ2 dauerhaft gedrückt, so endet der Ablauf der Steuerung bei Schritt 3, da -QM1 gleichzeitig ein Signal von -SJ2 und -BG3 erhält (siehe Pneumatikplan Aufgabe 2. und Zustandsdiagramm Aufgabe 3.). -QM1 kann nicht schalten, da das zuerst ankommende Signal aufgrund der Reibungskräfte im Ventil dominiert.

1.4 Verriegelung von Signalen

1 Wie kann verhindert werden, dass das dauerhafte Betätigen des Tasters -SJ2 zum Abbruch des Steuerungsablaufs bei Schritt 3 führt? Beschreiben Sie das dazu nötige Bauteil und dessen Funktion in der Steuerung.

Zur Lösung des Problems muss das Signal von -SJ2 verriegelt werden. Dazu ist ein Zweidruckventil -KH1 notwendig, das die Signale des Tasters -SJ2 und eines zusätzlichen Rolltasters -BG4 miteinander durch ein logisches UND verknüpft. Eine Signaleingabe durch den Taster zeigt nur dann Wirkung, wenn -SJ2 UND der Rolltaster -BG4 betätigt werden. -BG4 wird dann betätigt, wenn sich -MM2 in der Grundstellung, d. h. in der vorderen Endlage befindet. Für den weiteren Verlauf der Steuerung hat ein Signal von -SJ2 dann keine Auswirkungen mehr.

2 Wie kann ohne Verwendung eines Zweidruckventils eine UND-Verknüpfung der Signalglieder -SJ2 und -BG4 erfolgen?

Werden die beiden pneumatischen Komponenten in Reihe geschaltet, erfüllt dies denselben Zweck wie die logische Verknüpfung von -SJ2 und -BG4 mithilfe eines Zweidruckventils -KH1.

3 Bei automatisierten Steuerungen kann häufig zwischen verschiedenen Betriebsarten gewählt werden.
Ergänzen Sie die Schaltung der Paketwendevorrichtung um die Wahlmöglichkeit zwischen *Einzel*- und *Dauerbetrieb* und die Funktion der Verriegelung des Startsignals.

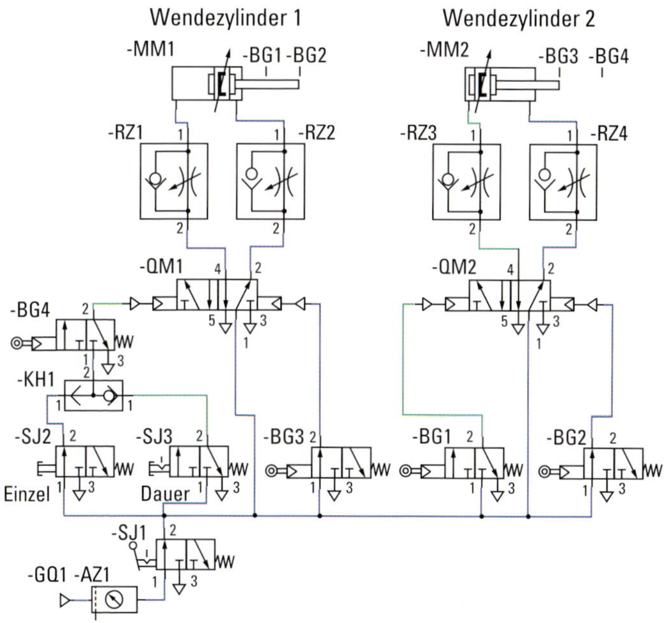

4 Nach den geltenden Schutzvorschriften[1] muss zum Schutz von Personen und Anlagen eine Stopp-Funktion den Ablauf einer Steuerung unterbrechen können. Zwischen welchen drei Stopp-Funktionen wird dabei unterschieden. Erläutern Sie kurz.

[1] DIN EN 60204-1 Sicherheit von Maschinen – Elektrische Ausrüstung von Maschinen

- Kategorie 0: Stillsetzen durch Unterbrechen der Energiezufuhr zu den Maschinen-Antriebselementen, d. h. ein ungesteuertes Stillsetzen
- Kategorie 1: Gesteuertes Stillsetzen der Anlage. Die Energiezufuhr zu den Maschinen-Antriebselementen wird dann unterbrochen, wenn Stillstand erreicht ist.
- Kategorie 2: Gesteuertes Stillsetzen der Anlage, bei der die Energiezufuhr zu den Maschinenantrieben erhalten bleibt.

5 Wie müssen NOT-AUS-Befehlsausrüstungen an Maschinen gekennzeichnet sein?

NOT-AUS-Befehls-Einrichtungen sind gekennzeichnet durch einen roten Stellteil vor einem gelben Hintergrund. Die Betätigung kann durch Pilztaster, Drahtseile, Leinen, Stangen, Griffe oder durch Fußschalter ohne Schutzhaube erfolgen.

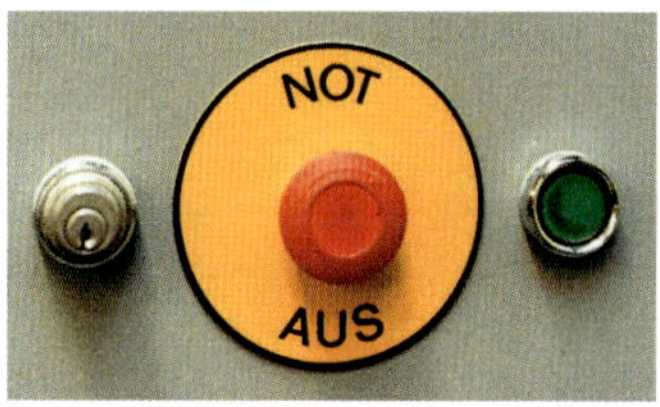

6 Die abgebildete Schaltung (siehe nächste Seite) zeigt die pneumatische Steuerung des Paketwenders ergänzt um zwei Stopp-Funktionen. Erläutern Sie, welche Bauteile für welche Art von Stopp-Funktion eingesetzt wurden.

-SJ4 wird als NOT-AUS-Befehlseinrichtung, also Stopp-Funktion der Kategorie 0 eingesetzt. Dabei wird die Energiezufuhr bei Betätigung von -SJ4 zu allen pneumatischen Komponenten der Steuerung unterbrochen. Das bedeutet, die Anlage wird ungesteuert stillgesetzt.
-SJ5 wird als Stopp-Funktion der Kategorie 2 eingesetzt. Bei Betätigung von -SJ5 bleibt die Energiezufuhr zu den Antriebsgliedern -MM1 und -MM2 erhalten und die Zufuhr zu den Steuerkomponenten wird unterbrochen. Über die Wechselventile -KH3 und -KH4 werden die Stellglieder -QM1 und -QM2 so geschalten, dass beide Antriebsglieder in Grundstellung fahren. Der Paketwender wird gesteuert stillgesetzt und lässt sich wieder starten, sobald -SJ5 gelöst wird.

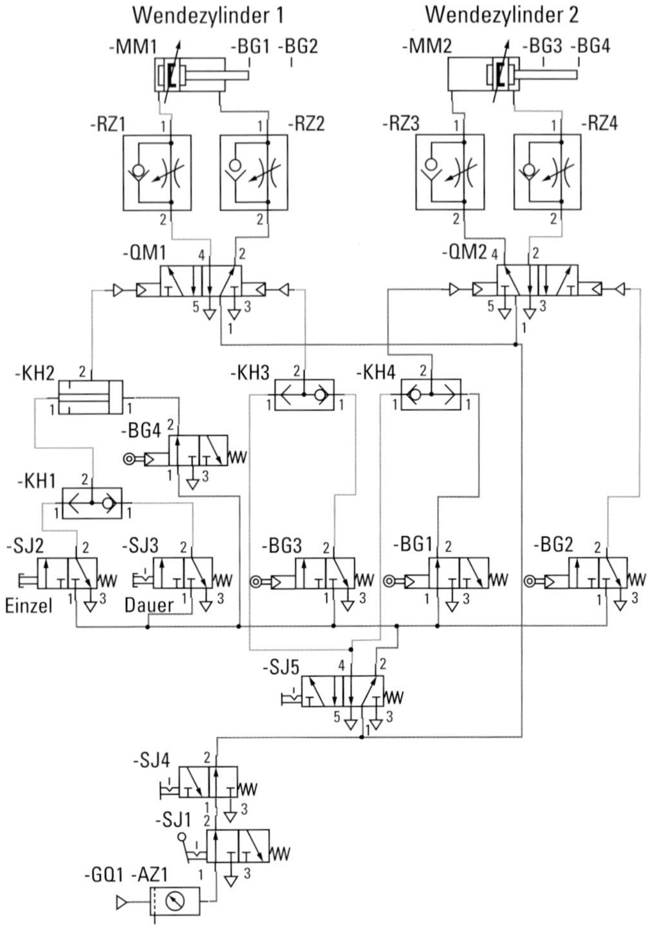
Wendezylinder 1
Wendezylinder 2
-MM1
-BG1
-BG2
-MM2
-BG3
-BG4
-RZ1
-RZ2
-RZ3
-RZ4
-QM1
-QM2
-KH2
-KH3
-KH4
-BG4
-KH1
-SJ2
-SJ3
-BG3
-BG1
-BG2
Einzel
Dauer
-SJ5
-SJ4
-SJ1
-GQ1 -AZ1

7 Aus welchem Grund ist die Stopp-Funktion der Kategorie 2 durch -SJ5 eine sinnvolle Ergänzung zur NOT-AUS-Befehlseinrichtung?

Oft ist ein gesteuertes Stillsetzen der Anlage (Kategorie 2) sinnvoll, da die Anlagen meist gekapselt sind. Sinnvoll ist die Kategorie 2 deshalb, weil die pneumatische Steuerung sich nicht mehr starten lässt, wenn noch kein Rolltaster betätigt ist, der den nächsten Schritt auslösen würde. Die Antriebsglieder -MM1 und -MM2 können beim Stopp der Anlage noch in eine vordefinierte Lage (Grundstellung) gefahren werden, aus der sich die Anlage wieder starten lässt.

8 Wie müssen zwei 3/2-Wegeventile mit Taster und Federrückstellung, in Ruhestellung gesperrt ergänzt werden, damit durch sie ein gewolltes Rücksetzen (Richten) der Anlage in Grundstellung bewirkt werden kann?

Die beiden 3/2-Wegeventile -SJ6 und -SJ7 müssen dazu in die Leitung zwischen Anschluss 4 des 5/2-Wegeventils -SJ5 und den jeweiligen linken Anschlüssen der Wechselventile -KH3 und -KH4 geschaltet werden.

6

9 Nennen Sie ein Beispiel, bei dem das Auslösen eines Stopps der Kategorie 0 neue gefährliche Situationen hervorrufen kann.

Bei allen Steuerungen, die zu Anlagen gehören, die Lasten anheben, kann ein Stopp der Kategorie 0 zu gefährlichen Situationen führen, da die Last bei Betätigung der Stopp-Funktion ungehindert abgesenkt wird.

1.5 Signalüberschneidung und Signalabschaltung

1 Eine Steuerung soll nach folgendem Funktionsablauf selbstständig ablaufen.

-MM1+, -MM2+, -MM2-, -MM1-

(Dabei steht + für das Ausfahren eines Zylinders und – für das Einfahren)

Der erste Entwurf des zugehörigen Pneumatikplans ergab nach Festlegung der Antriebsglieder die unten ersichtliche Lösung. Erstellen Sie das zugehörige Zustandsdiagramm und analysieren Sie damit den ersten Entwurf der Steuerung.

Es ergibt sich bei Schritt 1 eine Überschneidung (rote Linie) der Signale -SJ2 und -BG2. An -QM1 stehen gleichzeitig Signale an. Als Folge davon lässt sich der Ablauf mit -SJ2 nicht starten. Bei Schritt 3 kommt es zu einer Überschneidung (rote Linie) der Signale -BG1 und -BG3. An -QM2 liegen wieder gleichzeitig zwei Signale an. Diese Überschneidung verhindert das Einfahren des Zylinders -MM2. Aus diesem Grund müssen die Signale von -BG2 bei Schritt 1 und von -BG1 bei Schritt 3 abgeschaltet werden.

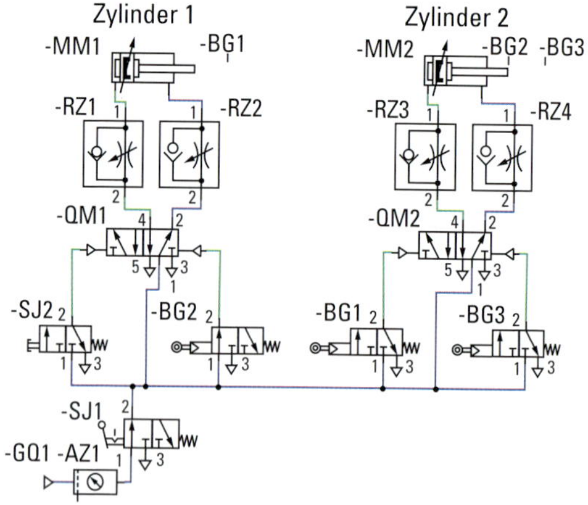

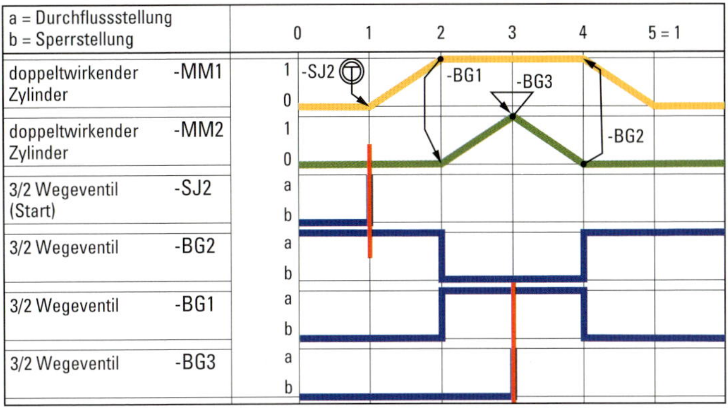

2 Nennen Sie drei Möglichkeiten, Signale abzuschalten.

Wenn sich Signale überschneiden, müssen einzelne Signale abgeschaltet werden. Dies kann erfolgen durch:

- Rolltaster mit Leerrückhub
- Verzögerungsventile (Signalverkürzung)
- ein Umschaltventil

3 Nennen Sie vier Punkte, die es bei der Verwendung eines Rollentasters mit Leerhub zu beachten gilt.

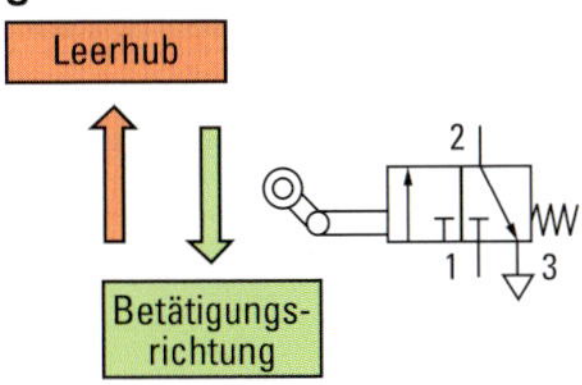

- Bei der Montage ist sicherzustellen, dass die Rolle entsprechend der Darstellung im Schaltplan (Pfeil) richtig eingebaut wird und in Pfeilrichtung ⇩ schaltet.
- Außerdem muss der Zylinder den Rolltaster vollständig überfahren. Nur so wird das Signal auch abgeschaltet und bei dem Leerhub ⇧ nicht wieder aktiviert.
- Diese Art der Signalabschaltung hat den Nachteil, dass Signale zur weiteren Verarbeitung nicht mehr zur Verfügung stehen.
- Darüber hinaus sind Steuerungen, bei denen Kipphebel verwendet werden, störungsanfällig.

4 **Skizzieren Sie, wie sich die Signalabschaltung mittels Rollentaster mit Leerhub für die Signalglieder -BG1 und -BG2 in Aufgabe 1. im Zustandsdiagramm darstellt.**

Lösung zu Aufgabe 4:

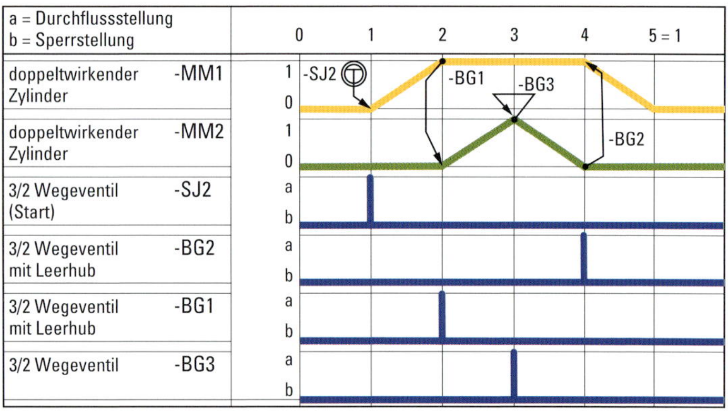

5 Eine weniger störanfällige Möglichkeit das Signal eines Signalgebers abzuschalten ist die Verwendung eines Verzögerungsventils. Wie wird das Verzögerungsventil noch genannt und wie wird es eingesetzt?

Verzögerungsventile werden auch *Signalverkürzer* genannt. Befindet sich die Steuerung in Aufgabe 1 in ihrer Ausgangsstellung, lässt sie sich bekanntlich nicht starten, da an -QM1 gleichzeitig die Signale -SJ2 und -BG2 anliegen. Das Signal -BG2 muss deshalb abgeschaltet bzw. verkürzt werden. Dies geschieht mit einer Ausschaltverzögerung (-KH1). Sobald der Druckspeicher von -KH1 gefüllt ist, schließt das 3/2 Wegeventil von -KH1 und schaltet das Signal von -BG2 ab. Daraufhin schaltet -QM1 und -MM1 fährt aus.

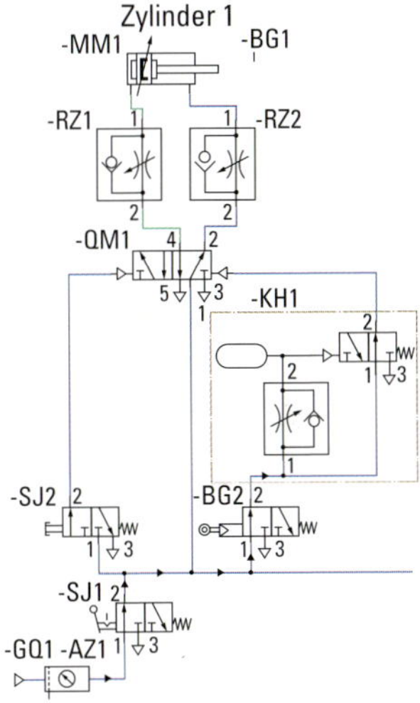

6

6 Beschreiben Sie das grundlegende Prinzip der Signalabschaltung mit einem Umschaltventil.

Als Umschalter wird ein 5/2-Impulsventil verwendet. Die Signalüberschneidung wird dadurch verhindert, dass das 5/2-Wegeventil zum richtigen Zeitpunkt zwischen zwei oder mehreren Strängen, an die die Signalglieder angeschlossen werden, umschaltet und diese belüftet bzw. entlüftet. Die Signalglieder, die am belüfteten Strang angeschlossen sind, können somit ihre Signale weiterleiten. Die restlichen nicht benötigten Eingabeglieder am unbelüfteten Strang sind deaktiviert.

1.6 Druckluftleitungen / Nomogramme

1 Die Dimensionierung einer Druckluftverteilung sollte gewissen Regeln folgen. Nennen Sie zwei dieser Richtlinien.

- Um bei einer Erweiterung der Druckluftverteilung eine größere Luftentnahme zu gewährleisten, sollte das Rohrsystem von vornherein großzügig dimensioniert sein.
- Ein Druckabfall von mehr als 0,1 bar beeinträchtigt die Wirtschaftlichkeit und Leistung der Anlage erheblich.

2 Wie sind Druckluftleitungen an ihrem Anfang und Ende sowie an Abzweigen, Wanddurchführungen, Armaturen und Verteilern farblich zu kennzeichnen?

Druckluftleitungen sind an ihrem Anfang und Ende sowie an Abzweigen, Wanddurchführungen, Armaturen und Verteilern sowohl farblich (signalgrau, RAL 7004) als auch durch eine entsprechende Beschriftung zu kennzeichnen. Die Druckluftleitung muss an der gesamten Leitungslange durch graue Farbringe oder durchgehende graue Lackierung gekennzeichnet werden.

3 Nennen Sie vier Faktoren, von denen der Rohrdurchmesser von Druckluftleitungen abhängt.

Der Rohrdurchmesser hängt ab:

- vom Luftverbrauch
- von der Länge der Leitung
- vom zulässigen Druckverlust
- vom benötigten Betriebsdruck p_e
- von der Anzahl der Drosselstellen (Rohrbögen, Durchgangsventile usw.)

4 Welche Aufgabe haben Nomogramme in der Technik und wie funktionieren sie?

In Nomogrammen, deutsch Netztafeln, werden mathematische Zusammenhänge grafisch dargestellt. Sind genügend viele Größen bekannt, können mit ihnen unbekannte Größen ermittelt werden. Beispiele: Rohrdurchmesser von Leitungen für verschiedene Fluide, Anzahl der Wicklungen von elektrischen Spulen oder Luftverbrauch von Zylindern.

5 Der Gesamtverbrauch in einem Betrieb liegt bei 18 m³/min (1080 m³/h). Die Rohrleitung wird 300 m lang, in ihr befinden sich 5 T-Stücke, 4 Normalkrümmer, 2 Durchgangsventile. Der zulässige Druckverlust liegt bei 0,1 bar, der Betriebsdruck p_e bei 8 bar. Bestimmen Sie zunächst den vorläufigen Rohrdurchmesser mithilfe des Nomogramms zur Bestimmung des Rohrdurchmessers.

Mithilfe eines Nomogramms wird ein vorläufiger Rohrdurchmesser bestimmt.
Dazu verbindet man Linie A (Rohrlänge 300 m) mit B (Volumenstrom 1080 m³/h) bis zur Linie C (Achse 1). Linie E (Betriebsdruck 8 bar) und G (Druckverlust 0,1 bar) schneiden Linie F (Achse 2). Die Schnittpunkte der Achsen 1 und 2 werden verbunden. Der Schnittpunkt bei D (lichte Rohrweite) gibt den vorläufigen Rohrdurchmesser an. Dieser beträgt 75 mm.

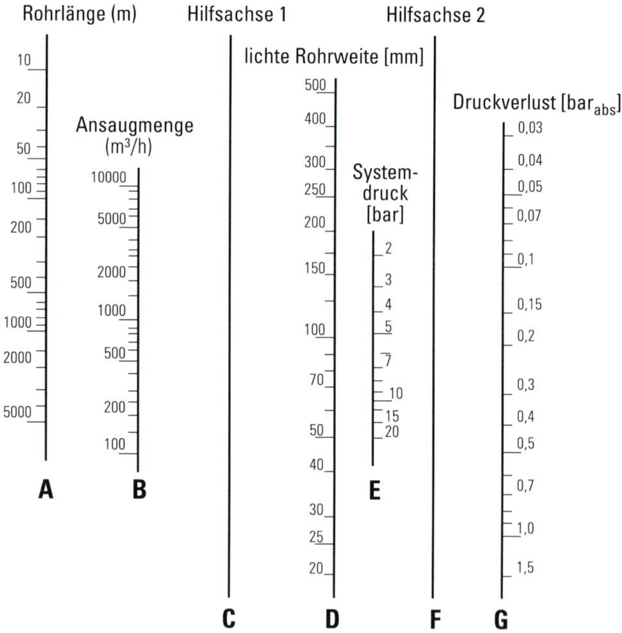

Lösung zu Aufgabe 5:

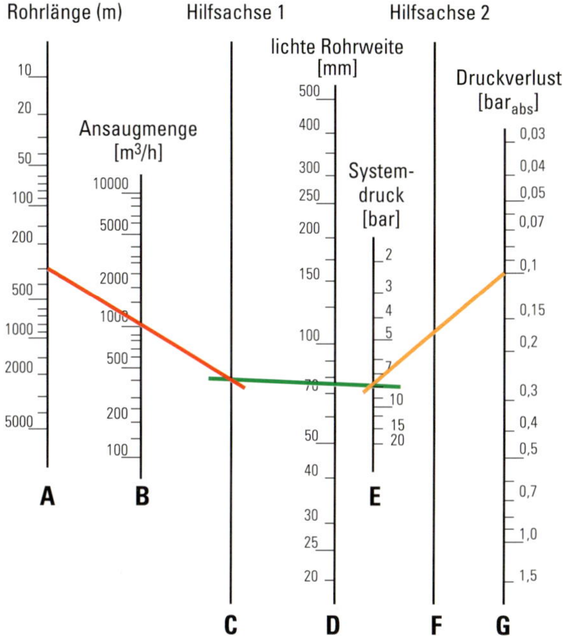

6

6 In Aufgabe 5 wurden die Drosselstellen bei der Bestimmung des vorläufigen Rohrdurchmessers noch nicht berücksichtigt. Diese werden als Ersatzlängen angegeben. Erläutern Sie, was damit gemeint ist.

Diese Ersatzlängen sind als Längen eines geraden Rohres zu verstehen, das denselben Widerstand darstellt wie die Drosselstellen. Sie werden mithilfe von Nomogrammen bestimmt.

7 Bestimmen Sie die Ersatzlängen für die in Aufgabe 4 genannten Drosselstellen mithilfe des Nomogramms (siehe nächste Seite).

Die Achse A gibt die entsprechenden Ersatzlängen der einzelnen Drosselstellen an. Fünf T-Stücke entsprechen einer Ersatzlänge von 5 x 8,5 m = 42,5 m, vier Normalkrümmer einer Länge von 4 x 0,85 m = 3,4 m. Zwei Durchgangsventile entsprechen einer Ersatzlänge von 2 x 26 m = 52 m. Durch Addieren ergibt sich eine Gesamtersatzlänge von 97,9 m.
Die Gesamtlänge l_{ges} beträgt dann 300 m + 97,9 m = 397,9 m.

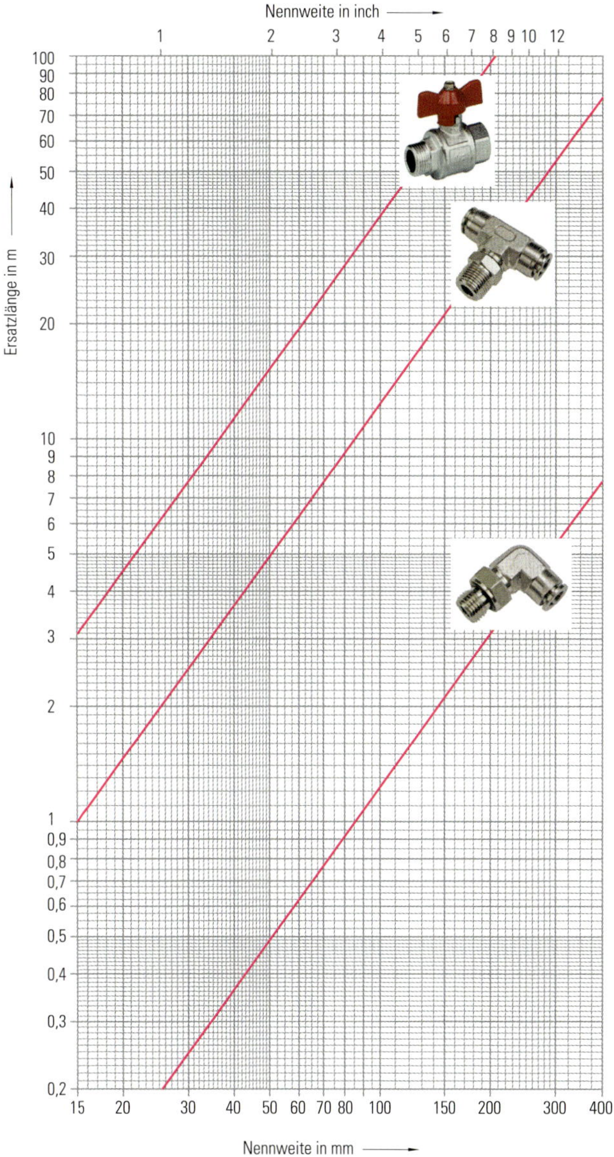
Nennweite in inch
1
2
3
4
5
6
7
8
9
10
12
Ersatzlänge in m
100
90
80
70
60
50
40
30
20
10
9
8
7
6
5
4
3
2
1
0,9
0,8
0,7
0,6
0,5
0,4
0,3
0,2
15
20
30
40
50
60
70
80
100
150
200
300
400
Nennweite in mm

Lösung zu Aufgabe 7:

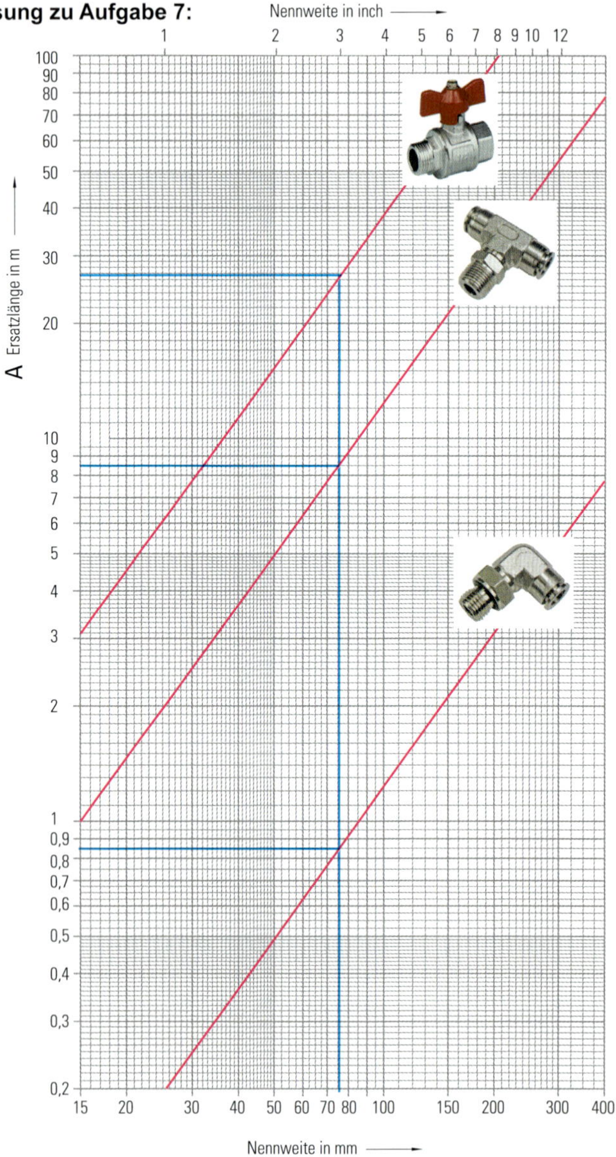

8 Das Bild zeigt zwei Entnahmestellen an einer Druckluftstichleitung. Beschreiben Sie, in welchem Fall die eine oder die andere Art der Entnahme fachgerecht ist.

①

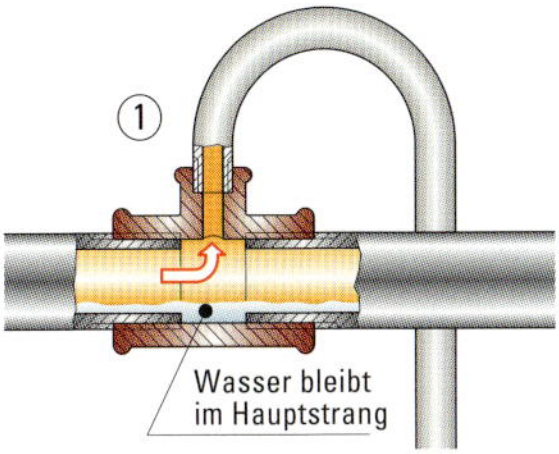

②

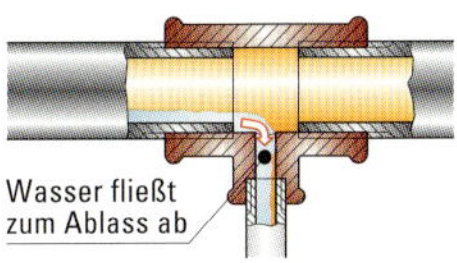

① Bei horizontalem Leitungsverlauf der Stichleitungen müssen sich die Entnahmestellen wegen des Kondenswassers an der Oberseite befinden.
② An der Unterseite der Leitungen sind spezielle Rohrleitungen zum Ablassen des Kondenswassers vorzusehen.

9 Wie ist das Kondenswasser aus Druckluftleitungen zu entsorgen?

Das Kondenswasser, das bei der Entnahme der Druckluft durch die Entspannung und Abkühlung der komprimierten Luft entsteht, enthält zahlreiche Verunreinigungen wie z. B. Öl oder Abrieb. Daher muss es fachgerecht entsorgt werden.

10 Wann werden Ringleitungen gegenüber Stichleitungen bei der Druckluftversorgung gewählt?

Ringleitungen werden bei einem starken Luftverbrauch gewählt, da hier die Luft aus zwei Richtungen nach strömen kann. So ist die Versorgung der angeschlossenen Verbraucher immer gewährleistet.

11 Welche Materialien kommen für die Hauptleitungen von Druckluftverteilungsnetzen zum Einsatz? Und wie werden die einzelnen Leitungsabschnitte miteinander verbunden?

Für die Hauptleitungen kommen Werkstoffe wie Kupfer, Messing, Edelstahl, verzinktes Stahlrohr oder Kunststoffrohre zum Einsatz. Das Verbinden erfolgt durch Löten, Pressen, Verschrauben oder Schweißen. Verzinkte Stahlrohre haben den Nachteil, dass die Verschraubungen nicht immer ganz dicht sind. Außerdem sind sie selbst mit verzinkter Oberfläche anfällig gegen Korrosion.

12 Welche Maßnahmen müssen bei der Installation und anschließenden Inbetriebnahme von Druckluftleitungen berücksichtigt werden?

- bei Rohr- und Schlauchinstallationen längere Leitungen nach der Installation spülen
- Rohr- und Schlauchverbindungen sorgfältig und übersichtlich installieren. Lose Schläuche bedeuten Unfallgefahr, Geräusche und Druckverluste.
- Vor der Inbetriebnahme sollten zunächst die Schläuche noch einmal auf festen Sitz geprüft werden.

13 Nennen Sie fünf wichtige Punkte und Tätigkeiten, die bei der Installation von pneumatischen Anlagen beachtet werden müssen.

- Bauteilbeschaffung laut Geräteliste mit Sichtkontrolle auf Verunreinigungen und Transportschäden
- Funktion der Bauteile prüfen
- bei der Montage der Bauteile in einer festen Reihenfolge vorgehen, z. B. Druckluftversorgung → Ventile → Zylinder
- Bauteile übersichtlich und fest verankern, damit sie sich im Betrieb nicht los rütteln. Bei der Montage auf Sauberkeit achten.
- bei der Montage der Zylinder auf freie Kolbenwege achten
- Grenztaster vorjustieren. Diese dürfen nicht frontal, sondern nur seitlich durch eine Schaltnocke angefahren werden.

14 Nennen Sie mindestens sechs wichtige Punkte und Tätigkeiten, die bei der Inbetriebnahme von pneumatischen Anlagen beachtet werden müssen.

- Die Steuerung soll bei der Inbetriebnahme mit einem geringeren Arbeitsdruck zum Schutz für Mensch und Material, z. B. bei Kollisionen, betrieben werden. Druck durch das Druckregelventil auf einen niedrigen Wert einstellen.
- die Steuerung in die Grundstellung bringen
- vor dem Belüften alle Drosselventile schließen
- beim Belüften auf unvorhergesehene Bewegungen achten
- Drosselventile langsam öffnen und Steuerung testen
- Bei mehreren Steuerketten sollten diese einzeln geprüft werden. Die Signalauslösung zum Übergang von einer Steuerkette zur nächsten muss immer durch ein Werkzeug, z. B. einen Schraubendreher, erfolgen.
- den Druck am Druckregelventil langsam auf den für die Anlage maximal zulässigen Betriebsdruck erhöhen
- Leckstellen beseitigen
- endgültiges Justieren der Grenztaster und Einstellen der Drosseln

15 Welche Unterlagen werden nach dem fehlerfreien Test der pneumatischen Anlage an den Anlagennutzer übergeben?

Nach einem fehlerfreien Test der Anlage erfolgt die Übergabe an den Anlagennutzer. Es werden Unterlagen, wie Konformitätserklärung[1], Schaltpläne, Funktions- und Weg-Schritt-Diagramme, Gerätelisten, Wartungs- und Inspektionspläne übergeben. Außerdem muss das Wartungs- und Bedienpersonal eingewiesen werden.

[1] Bestätigung darüber, welchen Normen und Vorschriften die Anlage entspricht

1.7 Luftverbrauch pneumatischer Bauteile

1 Aus welchem Grund ist es wichtig, den Luftverbrauch von Antriebsgliedern einer pneumatischen Anlage bestimmen zu können?

Der Luftverbrauch muss bestimmt werden, um eine Aussage über die benötigte Ansaugleistung des Verdichters machen zu können.

2 Von welchen Größen hängt das Ergebnis der Luftverbrauchsrechung ab?

Der Luftverbrauch hangt ab:
- von der Kolbenfläche
- vom Hub
- von der Hubzahl pro Minute
- vom Verdichtungsverhältnis

3 Erläutern Sie, welche beiden Möglichkeiten der Bestimmung des Luftverbrauchs eines doppelt wirkenden Zylinders Sie kennen.

Zum einen kann der Luftverbrauch eines doppelt wirkenden Zylinders über die folgende Gleichung berechnet werden:

$$\dot{V} \approx 2 \cdot A_{\text{Kreisfläche}} \cdot s \cdot n \cdot \frac{p_e + p_{amb}}{p_{amb}}$$

Zum anderen kann der Luftverbrauch mithilfe von Tabellen oder Nomogrammen bestimmt werden. Diese geben den Luftverbrauch in Abhängigkeit von Zylinderdurchmesser und Betriebsdruck an.

4 **Berechnen Sie zunächst überschlägig den täglichen (Arbeitstag mit 8 h) Luftverbrauch $\dot{V}$ eines doppelt wirkenden Pneumatikzylinders in Kubikmetern, mit einer Hublänge s = 40 cm, einem Kolbendurchmesser D = 40 mm und einem Kolbenstangendurchmesser d = 16 mm bei 200 Hüben in der Stunde und einem Systemdruck von p_e = 6 bar.**

$$\dot{V} \approx 2 \cdot A_{\text{Kreisfläche}} \cdot s \cdot n \cdot \frac{p_e + p_{amb}}{p_{amb}}$$

$$\dot{V} \approx 2 \cdot \frac{\pi \cdot (4\,\text{cm})^2}{4} \cdot 40\,\frac{\text{cm}}{\text{Hub}} \cdot 200\,\frac{\text{Hub}}{\text{h}} \cdot \frac{8\,\text{h}}{\text{Tag}} \cdot \frac{6\,\text{bar} + 1\,\text{bar}}{1\,\text{bar}} \cdot \frac{1\,\text{m}^3}{10^6\,\text{cm}^3}$$

$$\approx \underline{\underline{11{,}25\,\frac{\text{m}^3}{\text{Tag}}}}$$

5 **Ermitteln Sie die Kosten für die Menge an Druckluft aus Aufgabe 4 für einen Tag bei einem Preis von 0,21 €/m³.**

$$\text{Kosten} = \text{Verbrauch} \cdot \text{Preis}$$

$$= 11{,}25\,\frac{\text{m}^3}{\text{Tag}} \cdot 0{,}21\,\frac{€}{\text{m}^3}$$

$$= \underline{\underline{5{,}54\,\frac{€}{\text{Tag}}}}$$

6 **Wie groß ist die Ersparnis in Prozent, wenn der Rückhub des Zylinders mit einem Systemdruck $p_{e\,rück}$ = 3 bar und der Vorhub weiterhin mit $p_{e\,vor}$ = 6 bar erfolgt?**

$$\dot{V} = \dot{V}_{vor} + \dot{V}_{rück}$$

$$= A_{\text{Kreisfläche}} \cdot s \cdot n \cdot \frac{p_{e\,vor} + p_{amb}}{p_{amb}} + A_{\text{Kreisringfläche}} \cdot s \cdot n \cdot \frac{p_{e\,rück} + p_{amb}}{p_{amb}}$$

$$\dot{V} = \frac{\pi \cdot (4\,\text{cm})^2}{4} \cdot 40\,\frac{\text{cm}}{\text{Hub}} \cdot 200\,\frac{\text{Hub}}{\text{h}} \cdot \frac{8\,\text{h}}{\text{Tag}} \cdot \frac{6\,\text{bar} + 1\,\text{bar}}{1\,\text{bar}} \cdot \frac{1\,\text{m}^3}{10^6\,\text{cm}^3}$$
$$+ \frac{\pi \cdot (4^2\,\text{cm}^2 - 1{,}6\,\text{cm}^2)}{4} \cdot 40\,\frac{\text{cm}}{\text{Hub}} \cdot 200\,\frac{\text{Hub}}{\text{h}} \cdot \frac{8\,\text{h}}{\text{Tag}} \cdot \frac{3\,\text{bar} + 1\,\text{bar}}{1\,\text{bar}} \cdot \frac{1\,\text{m}^3}{10^6\,\text{cm}^3} = 8{,}33\,\frac{\text{m}^3}{\text{Tag}}$$

Ersparnis:

$$100\,\% - \frac{100\,\% \cdot 8{,}33\,\frac{\text{m}^3}{\text{Tag}}}{11{,}25\,\frac{\text{m}^3}{\text{Tag}}} = \underline{\underline{26\,\%}}$$

6

7 **Für eine Steuerung mit drei Zylindern soll der Luftverbrauch $\dot{V}_{gesamt}$ berechnet werden. Es kommen zwei doppelt wirkende und ein einfach wirkender Zylinder mit einem Kolbendurchmesser von D = 32 mm zum Einsatz. Die Kolbenstange hat einen Durchmesser von d = 12 mm. Der Hub beträgt s = 250 mm. Die Anlage wird mit einem Betriebsdruck von p_e = 6 bar betrieben. Die Hubzahl pro Zylinder betragt im Mittel 15 Hübe pro Minute. Ermitteln Sie den Luftverbrauch $\dot{V}_{gesamt}$ mithilfe des Tabellenbuchs.**

Der Luftverbrauch q_l in l/cm bei p_e = 6 bar bezogen auf 1 cm Hublänge beträgt pro Zylinder laut Tabellenbuch 0,056 l/cm auf der Kolbenseite und 0,049 l/cm auf der Stangenseite.

$$\dot{V}_{doppeltwirkend} = q_{l\ Kolbenseite} + q_{l\ Stangenseite} \cdot s \cdot n$$
$$= (0{,}056 \frac{l}{cm} + 0{,}049 \frac{l}{cm}) \cdot 25\,cm \cdot 15 \frac{1}{min}$$
$$= 39{,}4 \frac{l}{min}$$

$$\dot{V}_{einfachwirkend} = q_{l\ Kolbenseite} \cdot s \cdot n$$
$$= 0{,}056 \frac{l}{cm} \cdot 25\,cm \cdot 15 \frac{1}{min}$$
$$= 21 \frac{l}{min}$$

$$\dot{V}_{gesamt} = 2 \cdot \dot{V}_{doppeltwirkend} + \dot{V}_{einfachwirkend}$$
$$= 2 \cdot 39{,}4 \frac{l}{min} + 21 \frac{l}{min}$$
$$= \underline{\underline{99{,}8 \frac{l}{min}}}$$

8 **Für einen einfach wirkenden Zylinder mit einem Kolbendurchmesser von D = 25 mm steht ein Volumenstrom Q = 35 l/min zur Verfügung. Die Anlage wird mit p_e = 8 bar betrieben. Die Anzahl der Hube pro Minute beträgt ca. n = 30 1/min. Wie groß darf der Hub s des Zylinders höchstens sein? Überprüfen Sie Ihr Ergebnis mithilfe des Nomogramms zur Bestimmung des Luftverbrauchs (siehe nächste Seite).**

$$\dot{V} = Q = s \cdot n \cdot \frac{D^2 \cdot \pi}{4} \cdot \frac{p_{amb} + p_e}{p_{amb}} \Leftrightarrow$$

$$s = \frac{Q}{n} \cdot \frac{4}{D^2 \cdot \pi} \cdot \frac{p_{amb}}{p_{amb} + p_e}$$

$$s = \frac{35\,dm^3 \cdot min}{30\,min} \cdot \frac{4}{0{,}25\,dm^2 \cdot \pi} \cdot \frac{1\,bar}{1\,bar + 8\,bar}$$

$$s = 2{,}64\,dm = 264\,mm$$

Mit Nomogramm bei Kolbendurchmesser D = 25 mm und p_e = 8 bar ergibt sich durch Ablesen ein Luftverbrauch von $q = 0{,}04 \frac{l}{cm}$.

$$\dot{V} = q \cdot s \cdot n$$
$$= 0{,}04 \frac{l}{cm} \cdot 26{,}4\,cm \cdot 30 \frac{1}{min}$$
$$= \underline{\underline{31{,}7 \frac{l}{min}}}$$

Lösung zu Aufgabe 8:

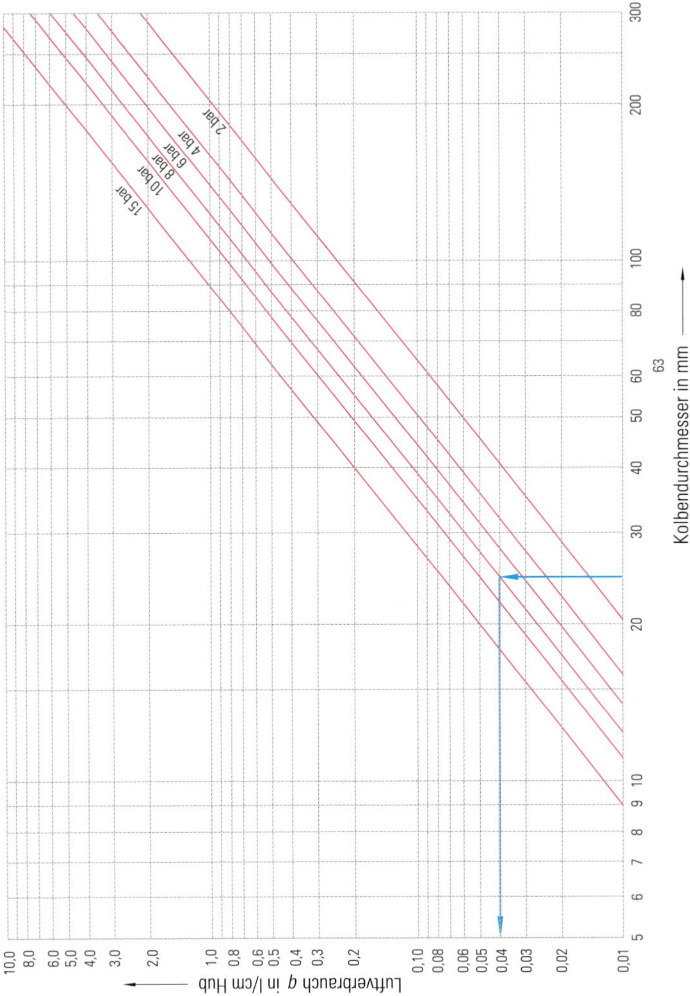

2 Elektropneumatik

2.1 Bauteile der Signaleingabe – Sensoren

1 In elektropneumatischen Steuerungen fungieren berührungslos arbeitende Sensoren als Signalgeber. Nennen Sie zwei Einsatzmöglichkeiten von Sensoren in elektropneumatischen Steuerungen.

Mit Sensoren werden hauptsächlich die Positionen der Pneumatikzylinder überwacht oder es erfolgt eine Materialabfrage oder Materialerkennung.

2 Nennen Sie zwei Vorteile, die berührungslose Sensoren gegenüber berührenden Sensoren haben.

Berühungslose Sensoren sind wartungsfrei, nahezu verschleißfrei, haben deshalb eine hohe Lebensdauer. Sie sind sehr betriebssicher und präzise.

3 Handelt es sich bei dem abgebildeten 3-Leiter-Sensors um einen positiv oder negativ schaltenden Sensor? Begründen Sie ihre Antwort.

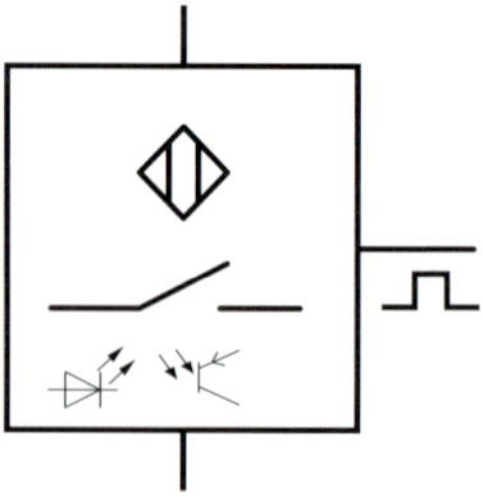

Ein positiv schaltender Sensor ist an einem Schließer im Schaltsymbol des Sensors zu erkennen. Er liefert an seinem Ausgang dann ein Signal, wenn sich ein entsprechender Gegenstand in seinem Umgebungsbereich befindet. Ein negativ schaltender Sensor, symbolisiert durch einen Öffner, reagiert umgekehrt. Er liefert dann ein Signal, wenn sich kein Gegenstand in seiner Nähe befindet.

4 Erläutern Sie, welches Potential bei Betätigung der Ausgang eines plusschaltenden Dreileitersensors erhält?

Dreileitersensoren unterscheidet man nach der Art der Beschaltung in plusschaltende Sensoren und in minusschaltende Sensoren. Bei plusschaltenden Sensoren wird der Pluspol auf die Last (Ausgang) geschaltet, bei minusschaltenden Sensoren der Minuspol (Masse).

5 Ersetzen Sie den in der Schaltung dargestellten Zweileitersensor -BG1 durch einen positiv schaltenden Dreileitersensor, der plusschaltend ist.

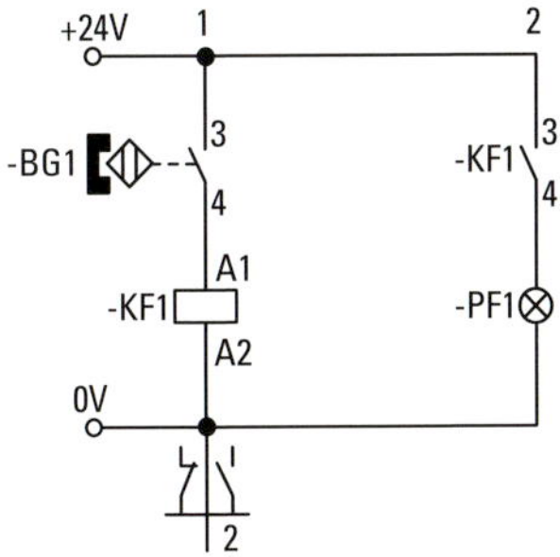

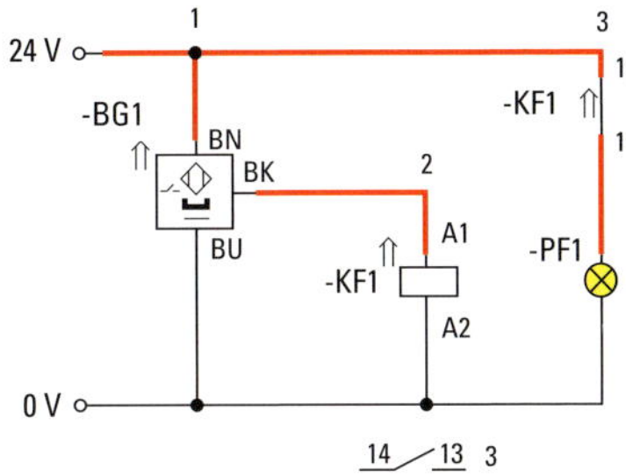

6 **Ordnen Sie die einzelnen Felder einander zu. Notieren Sie dazu die Lösung als Zahlenfolge.**

Wirkprinzip	Wirkweise	reagiert auf	Verwendung	Symbol
1 - induktiv	5 - Objekt im Feld des Kondensators ändert dessen Kapazität und so seine Stromaufnahme	9 - Magnetfelder	13 - direkt auf dem Zylindermantel	17 - 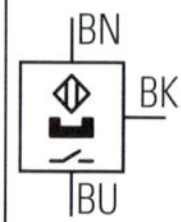
2 - kapazitiv	6 - Spule mit Fe-Kern erzeugt elektromagnetisches Wechselfeld, das durch metallische Objekte verändert wird	10 - verschieden lichtdurchlässige und nicht durchlässige Materialien	14 - Füllstände von Flüssigkeiten, Schüttgüter, Erfassung von nicht metallischen Werkstoffen	18 - 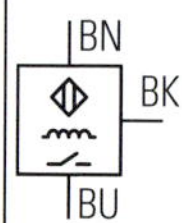
3 - optoelektrisch	7 - Ein Dauermagnet betätigt über zwei Kontaktfedern einen Näherungsschalter	11 - elektrisch leitfähige Materialien	15 - Lichtschranken aller Art	19 - 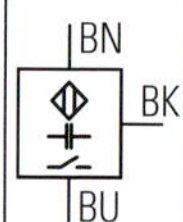
4 - magnetisch	8 - Durch Objekte hervorgerufene Helligkeitsänderung zwischen Sender und Empfänger führt zu Spannungsänderung im Sensor	12 - elektrisch leitende und nichtleitende feste und flüssige Stoffe	16 - Abfrage und Erfassung von Kolbenstangen, Kolben, Werkstückträgern, Objekten	20 - 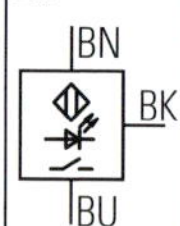

Lösung zu Aufgabe 6:

1, 6, 11, 18
2, 5, 12, 19
3, 8, 10, 20
4, 7, 9, 17

7 Nennen Sie für jeden der in Aufgabe 6 gezeigten Sensoren eine mögliche Störungsursache, die immer wieder zu Fehlfunktionen an Steuerungen führen.

- induktiver Sensor: ungewollte Annäherung metallischer Werkstoffe löst einen Schaltvorgang aus, wie z. B. Späne, die in der Fertigung entstehen.
- kapazitiver Sensor: Ist der Sensor zu empfindlich eingestellt, so kann ein Anstieg der Luftfeuchtigkeit zu Fehlschaltungen führen. Dies gilt ebenso für Kühlschmierstoffe, die in der Fertigung eingesetzt werden.
- optoelektrischer Sensor: Verschmutzungen wie Staub oder Kühlschmierstoffe können zu Störungen im Betrieb führen. Spane können ungewollte Schaltvorgange auslösen.
- magnetischer Sensor: Starke fremde Magnetfelder wie z. B. von Elektromotoren oder Transformatoren können zu Fehlschaltungen führen.

6

8 Welchen Sensor wählen Sie mithilfe des Tabellenbuchs für einen
a) induktiven Sensor mit einem gewünschten Schaltabstand von 12 mm?
b) kapazitiven Sensor mit einem Nennschaltabstand von 20 mm?

a) M30 x 1,5 mit maximaler Schaltfrequenz von 100 Hz
b) Sensordurchmesser 80 mm mit einer maximalen Schaltfrequenz von 10 Hz

9 Nennen Sie vier Punkte, auf die beim Einbau von Sensoren besonders geachtet werden muss.

- Sensoren müssen stabil eingebaut und gegebenfalls genau aufeinander ausgerichtet werden (z. B. bei Einweg-Lichtschranken).
- Fremdlichteinfall und gegenseitige Beeinflussung zweier Sensoren sind zu vermeiden.
- Maschinenteile dürfen nicht frontal auf den Sensor zufahren. Möglichst sollen sie seitlich am Sensor vorbeifahren.
- Die in den Datenblättern angegebenen Maße wie Einbautiefen, Abstände usw. müssen unbedingt eingehalten werden.
- Abdeckungen aus elektrisch leitenden Materialien schirmen induktive Sensoren vor störenden Magnetfeldern ab.

10 Nennen Sie drei Punkte, auf die bei der Inbetriebnahme von Sensoren besonders geachtet werden muss.

- Prüfung der Sensorart: Funktion durch unterschiedliche Materialien wie z. B. Holz, Metall, Kunststoff überprüfen; Störgrößen abschirmen
- Elektrische Prüfung: Polung, Höhe der und Versorgungsspannung und richtigen Anschluss der Signalleitung prüfen
- Mechanische Prüfung: Befestigung und fachgerechten Einbau der Sensoren überprüfen

11 Nach der Prüfung erfolgt für die eingebauten Sensoren deren Kalibrierung. Beschreiben Sie kurz für die in Aufgabe 6. aufgeführten Sensoren, was jeweils dabei zu tun ist.

Kalibrierung bedeutet Feinabstimmung. Alle Sensoren werden justiert und in ihrer endgültigen Lage fixiert. So müssen sich z. B. kapazitive und induktive Sensoren in der richtigen Entfernung vom Objekt befinden oder der Sender und Empfänger von Lichtschranken müssen genau ausgerichtet werden. Wenn nötig, kann bei kapazitiven Sensoren die Empfindlichkeit mit einer Stellschraube den Anforderungen angepasst werden. Magnetische Sensoren, die als Reedkontakt an Zylindern Kolbenpositionen abfragen, müssen auf dem Zylinderrohr an die geeignete Stelle verschoben und fixiert werden.

12 Wie erfolgt bei kapazitiven Sensoren die Anpassung an verschiedene Werkstoffe?

Bei kapazitiven Sensoren kann zur Anpassung an andere Werkstoffe die Empfindlichkeit und damit der Arbeitsschaltabstand mit einem Potentiometer eingestellt werden.

13 Wie kann bei Reedkontakten das Verschweißen der Kontakte verhindert werden?

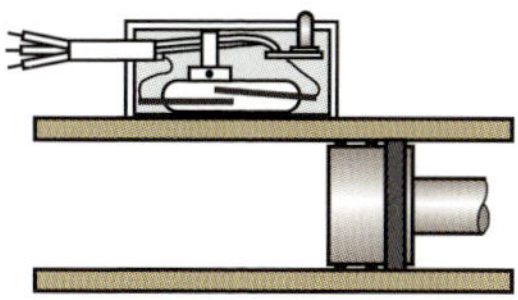

Es kann versucht werden, die Stromspitzen durch RC-Glieder zu unterdrücken oder bei Zweidrahtsensoren die Last zu reduzieren.

2.2 Wegeventile

1 Benennen und beschreiben Sie die Funktionsweise des abgebildeten Wegeventils im Schnitt.

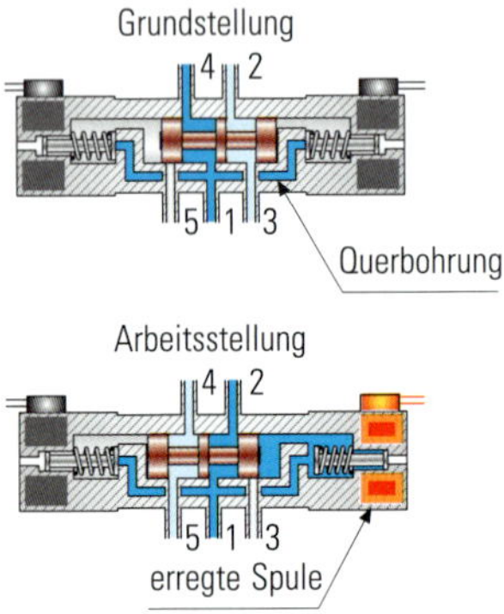

Benennung: Die Schnittdarstellungen zeigen ein vorgesteuertes elektropneumatisches 5/2-Wegeimpulsventil. Das Ventil ist vorgesteuert, da zum Steuern großer Durchflussmengen auch eine größere Baugröße der Ventile erforderlich ist und so zum Schalten höhere Kräfte benötigt werden. Grund dafür ist, dass die Größe der eingebauten Steuerkolben und die Reibung zwischen Steuerkolben und Gehäuse zunimmt.
Funktion: Bei der oberen Abbildung befindet sich das Ventil in Grundstellung. Der Druckanschluss 1 ist mit dem Arbeitsanschluss 4 verbunden. Wenn das Ventil umschalten soll, muss die rechte Spule erregt werden. Das entstehende Magnetfeld zieht den Eisenkern in die Spule hinein. Dabei öffnet sich die Querbohrung, die mit dem Druckanschluss verbunden ist. Die Druckluft gelangt zur rechten Stirnseite des Hauptsteuerkolbens und drückt diesen nach links. Die Luft kann nun vom Druckanschluss 1 zum Arbeitsanschluss 2 strömen.

2 Für welchen Zweck haben elektropneumatische Wegeventile oftmals eine Handhilfsbetätigung?

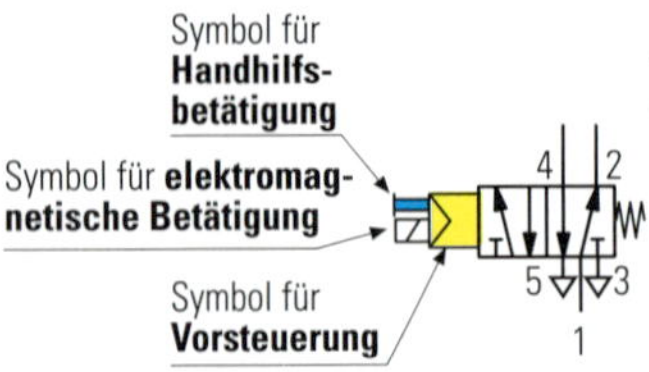

Magnetventile und vorgesteuerte Magnetventile oft eine Handhilfsbetätigung, mit der das Ventil trotz eines Stromausfalls geschaltet werden kann. Bei der Inbetriebnahme einer Anlage dient sie dazu, Wegeventile in die Grundstellung zu bringen.

3 Die abgebildete Schaltung dient zur Steuerung eines Spannzylinders. Der Spannzylinder lässt sich nicht mehr einfahren und -BP2 zeigt zu jeder Zeit 0 bar an. Beschreiben Sie die möglichen Fehlerursachen und deren Abhilfe. Die Druckluft- und elektrische Versorgung wurde bereits geprüft und sind fehlerfrei.

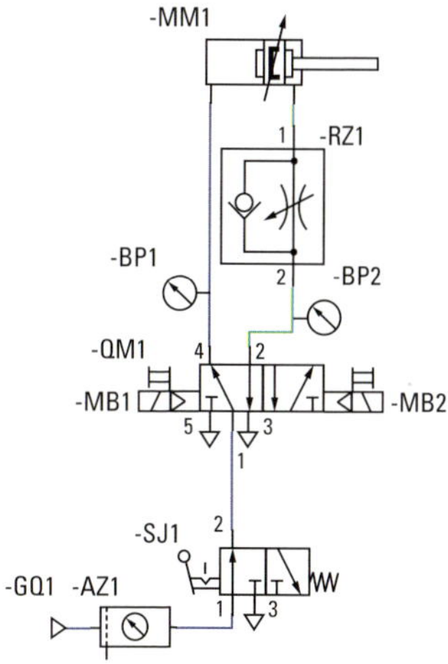

Zeigt -BP2 zu jeder Zeit 0 bar an, kann es sein, dass das Wegeventil -QM1 im Inneren undicht (Leckage) ist und so beim Schaltvorgang an Anschluss 2 kein Druck anliegt. In diesem Fall ist das Wegeventil auszutauschen. Führt die Betätigung der rechten Handhilfsbetätigung dazu, dass das Stellglied -QM 1 schaltet, sind entweder die elektrischen Anschlüsse des Wegeventils oder die Spule -MB2 im Ventil defekt. Zur Abhilfe sind die elektrischen Anschlüsse herzustellen oder Ventil gegebenenfalls auszutauschen.

2.3 Relaissteuerung

1 Welche Vorteile hat die Verwendung von elektrischen Relais in elektropneumatischen Steuerungen?

- Signale können vervielfacht werden, da die Relaisspule gleichzeitig mehrere Schließer, Öffner und Wechsler betätigen kann.
- Signale können verzögert werden.
- Signale können verknüpft werden.
- Der Steuerstromkreis kann vom Hauptstromkreis getrennt werden (Unfallverhütung), d. h. über die Signaleingabeglieder fließen keine großen Ströme.

2 Ein doppelt wirkender Zylinder -MM1 soll durch ein 5/2-Wegeventil -QM1 angesteuert werden, das einseitig elektrisch betätigt und durch eine Feder rückgestellt wird. Die Signaleingabe erfolgt durch einen Taster -SF2. Wie muss die Schaltung abgeändert werden, dass der Zylinder -MM1 auch nach dem Loslassen des Tasters in der vorderen Endlage verharrt und das Stellglied -QM1 erhalten bleibt? Skizzieren Sie die Schaltung.

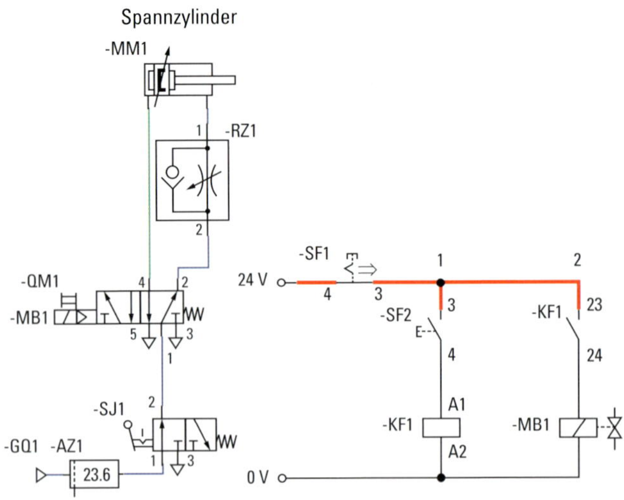

Um dies zu erreichen, ist es nötig, dass die Spule des Relais -KF1 auch dann stromdurchflossen ist, wenn -SF2 losgelassen wird. Um dies zu erreichen, wird parallel zu -SF2 im Strompfad 2 ein Schließer von -KF1 geschaltet. Dieser fungiert als Selbsthaltung für das Relais -KF1. Bei der Signaleingabe durch -SF2 ergibt sich aber so das Problem, dass der Zylinder -MM1 ausfährt, aber nicht mehr in die Grundstellung zurückkehren kann. Hierfür muss ein zweiter Taster -SF3, der als Öffner wirkt, in den Strompfad 1 des Relais -KF1 integriert werden. Dieser kann bei Betätigung die Stromzufuhr zur Spule -KF1 unterbrechen.

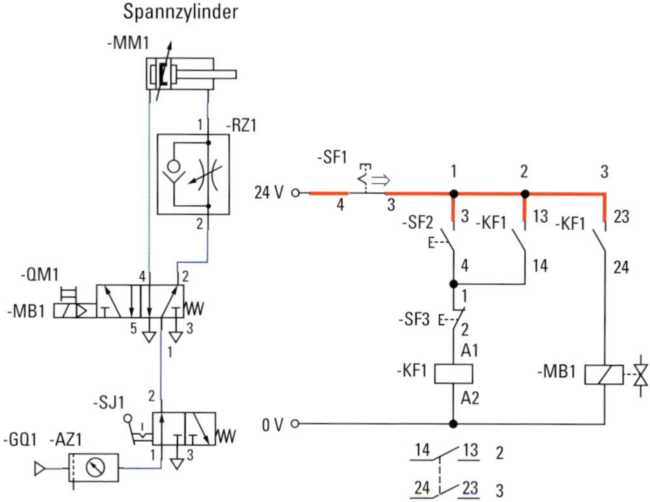

6

3 Erläutern Sie anhand der Schaltung mit Selbsthaltung in Aufgabe 2, welche Bedeutung der Begriff *dominierend Aus* in diesem Zusammenhang hat.

Die oben beschriebene Selbsthaltung wird durch einen Öffner -SF3, der vor dem Anschluss A1 des Relais -KF1 montiert ist, aufgehoben. Werden beide Signalglieder -SF2 und -SF3 gleichzeitig betätigt, bleibt das Relais dennoch stromlos. Die Funktionstabelle zeigt in diesem Fall die Zeile 1-1-0 (-SF2/-SF3/-KF1).

2.4 Planung, Installation und Inbetriebnahme prozessabhängiger Steuerungen

1 Der Zylinder -MM1 vereinzelt Kunststoffteile aus einem Fallmagazin.

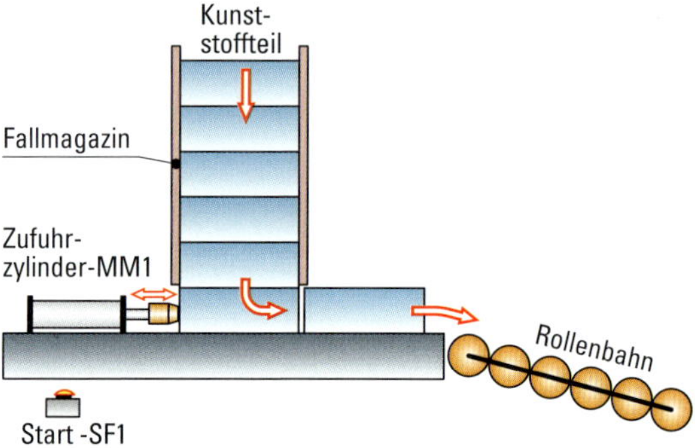

a) Die Steuerung soll einen NOT-AUS-Taster der Kategorie 0, eine Wahlmöglichkeit für *Dauerbetrieb Ein* und *Aus*, einen Taster für das Ausfahren des Zylinders (Richten), einen Taster für das Einfahren des Zylinders (Richten) und einen pneumatischen und elektrischen Hauptschalter besitzen.

b) Erstellen Sie ein Geräteliste und geben Sie die Kennzeichnung der Bauteile an.

c) **Die Endlagenschalter -BG1 und -BG2 sollen als Reedkontakte ausgeführt werden.**
d) **Erstellen Sie den Pneumatikplan und Stromlaufplan mit Kontakttabelle.**
e) **Erstellen Sie das Weg-Schritt-Diagramm und beschreiben Sie den Funktionsablauf für die Betriebsart *Einzelschrittbetrieb* mit GRAFCET.**
f) **Erstellen Sie den Klemmenbelegungsplan zum Stromlaufplan.**

Geräteliste			
Kennung	Bezeichnung	Kennung	Bezeichnung
	Spannungsquelle 0 V	-KF2	Relais
	Spannungsquelle 24 V	-KF2	Schließer
-MB1	Ventilmagnet	-KF2	Öffner
-QM1	3/2-Wegeventil	-KF3	Relais
-GQ1	Druckluftquelle	-KF3	Schließer
-AZ1	Wartungseinheit	-KF3	Schließer
-MM1	Zylinder doppeltwirkend	-KF3	Schließer
-BG1	Schließer	-KF4	Relais
-BG2	Schließer	-KF4	Schließer
-MB2	Ventilmagnet	-KF5	Relais
-MB3	Ventilmagnet	-KF5	Schließer
-QM2	5/2-Wegeventil	-PF1	Leuchtmelder
-RZ1	Drosselrückschlagventil	-PF2	Leuchtmelder
-RZ2	Drosselrückschlagventil	-SF1	Schalter (Schließer)
-KF1	Relais	-SF2	Schalter (Öffner)
-KF1	Schließer	-SF3	Taster (Schließer)
-KF1	Schließer	-SF4	Taster (Öffner)
-KF1	Schließer	-SF5	Taster (Schließer)
		-SF6	Taster (Schließer)

6

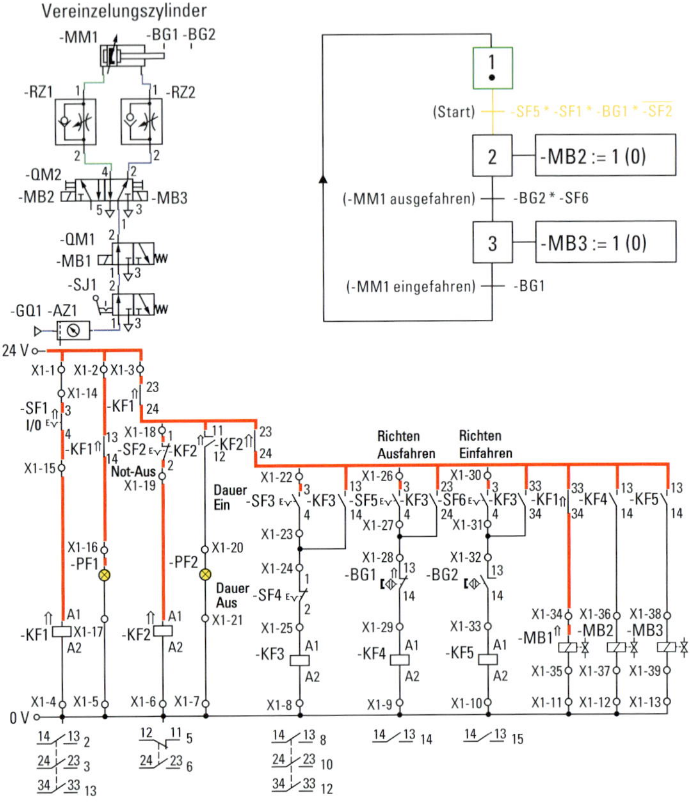
Vereinzelungszylinder
-MM1
-BG1 -BG2
-RZ1
-RZ2
-QM2
-MB2
-MB3
-QM1
-MB1
-SJ1
-GQ1 -AZ1
24 V
0 V
(Start)
-SF5 * -SF1 * -BG1 * -SF2
-MB2 := 1 (0)
(-MM1 ausgefahren)
-BG2 * -SF6
-MB3 := 1 (0)
(-MM1 eingefahren)
-BG1
-SF1
I/0
-KF1
-SF2
Not-Aus
-KF2
Dauer Ein
-SF3
-KF3
Richten Ausfahren
-SF5
Richten Einfahren
-SF6
-KF4
-KF5
-PF1
-PF2
Dauer Aus
-SF4
-BG1
-BG2
-MB1
-MB2
-MB3

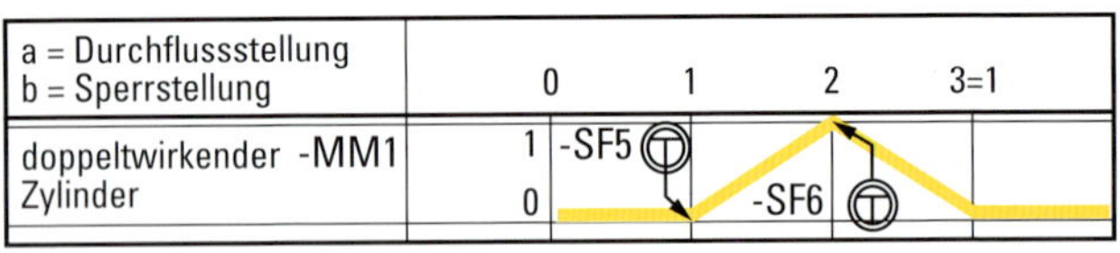
a = Durchflussstellung
b = Sperrstellung
0
1
2
3=1
doppeltwirkender -MM1 Zylinder
1
0
-SF5
-SF6

Maschine		Verbindungsbrücke	Klemmen-Nr. X1	Schaltschrank	
Ziel				Ziel	
Bauteilbezeichnung	Anschlussbezeichnung			Bauteilbezeichnung	Anschlussbezeichnung
	+24 V	⌽	1	X1	14
		⌽	2	-KF1	3
		⌽	3	-KF1	3
	0 V	⌽	4	-KF1	A2
		⌽	5	X1	17
		⌽	6	-KF2	A2
		⌽	7	X1	21
		⌽	8	-KF3	A2
		⌽	9	-KF4	A2
		⌽	10	-KF5	A2
		⌽	11	X1	35
		⌽	12	X1	37
		⌽	13	X1	37
-SF1	3	○	14	X1	1
-SF1	4	○	15	-KF1	A1
-PF1		○	16	-KF1	4
-PF2		○	17	X1	5
-SF2	1	○	18	-KF1	4
-SF2	2	○	19	-KF2	A1
-PF2		○	20	-KF2	2
-PF2		○	21	X1	7
-SF3	3	○	22	-KF2	4
-SF3	4	⌽	23	-KF3	4
-SF4	1	⌽	24		
-SF4	2	○	25	-KF3	A1
-SF5	3	○	26	-KF3	3
-SF5	4	⌽	27	-KF3	4
-BG1	3	⌽	28		
-BG1	4	○	29	-KF4	A1
-SF6	3	○	30	-KF3	3
-SF6	4	⌽	31	-KF3	4
-BG2	3	⌽	32		
-BG2	4	○	33	-KF5	A1
-MB1		○	34	-KF1	4
-MB1		○	35	X1	11
-MB2		○	36	-KF4	4
-MB2		○	37	X1	12
-MB3		○	38	-KF5	4
-MB3		○	39	X1	13

Klemmenbelegungsplan zu Aufgabe 1f

2 Nennen Sie drei Anforderungen an die Verdrahtung von elektropneumatischen Steuerungen.

- Die Verdrahtung muss einen kostengünstigen Aufbau ermöglichen (z. B. durch Verwendung von Komponenten mit reduzierter Anschlusszahl).
- einfache Fehlersuche durch übersichtliche, leicht nachvollziehbare und genau dokumentierte Verdrahtung (z. B. Klemmleisten)
- schnelle Reparatur durch einfachen Austausch von Komponenten z. B. durch Klemm- und Steckverbindungen

3 Unter welchen Bedingungen ist es sinnvoll, Klemmleisten bei der Installation von elektropneumatischen Steuerungen zu verwenden?

Meist sind diese Bauelemente räumlich voneinander getrennt und bei komplexeren Anlagen in einer größeren Anzahl vorhanden. Die Sensoren befinden sich bei den Antriebsgliedern, die Handtaster am Bedienpult der Anlage und die Relais sind meist in Schaltschränken untergebracht. Die Installation der Verdrahtung soll im Rahmen vertretbarer Kosten liegen und durch einen übersichtlichen Aufbau eine schnelle Fehlersuche und Instandsetzung ermöglichen. Diese Anforderungen werden durch die Verwendung von Klemmleisten erfüllt.

4 Wie erfolgt bei der Erstellung des Klemmenanschlussplans die Vergabe der Klemmennummern?

Die Klemmennummern werden in aufsteigender Reihenfolge vergeben. Zuerst werden die Klemmen in der Spannungsversorgung aller Strompfade nummeriert. Anschließend werden die Masseanschlüsse aller Strompfade nummeriert. Danach werden alle außerhalb des Schaltschranks angeordneten Bauelemente wie folgt nummeriert:

- in der Reihenfolge der Strompfade
- innerhalb eines Strompfades von oben nach unten
- bei Kontakten in der Reihenfolge der Funktionsziffern
- bei elektronischen Bauelementen in der Reihenfolge Anschluss Versorgungsspannung, Signalanschluss, Masseanschluss.

5 Wie erfolgt die Dokumentation der Verdrahtung bei Verwendung von Klemmleisten?

Die Dokumentation der Verdrahtung erfolgt im Klemmenanschlussplan.

3 Hydraulik

1 Bei der abgebildeten Spann- und Bohrvorrichtung sind direkt an den beiden Hydraulikzylindern entsperrbare Rückschlagventile montiert. Begründen Sie den Zweck dieser Ventile.

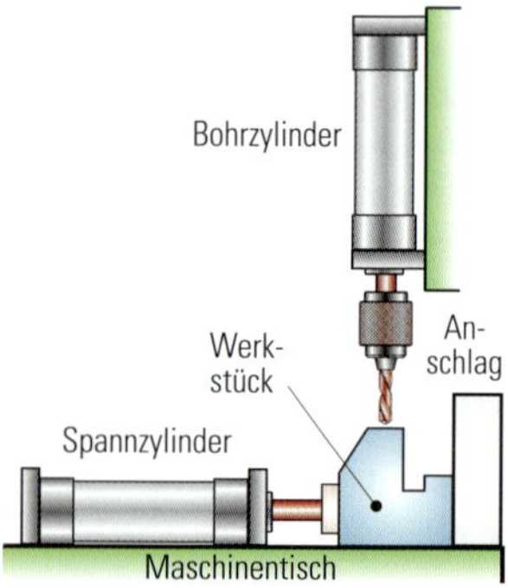

Die Verwendung von entsperrbaren Rückschlagventilen dient als Sicherheitsmaßnahme. Wenn die Energiezufuhr ausfällt oder unterbrochen wird, dann halten die Rückschlagventile den Druck im System aufrecht und das Werkstück bleibt fest eingespannt.

2 **Der Schaltplan zeigt die hydraulische Steuerung zum Spannen und Bohren von Werkstücken. Beschreiben Sie den Ablauf der Steuerung in Kurzform.**

-MM1+, -MM2+, -MM2-, -MM1-

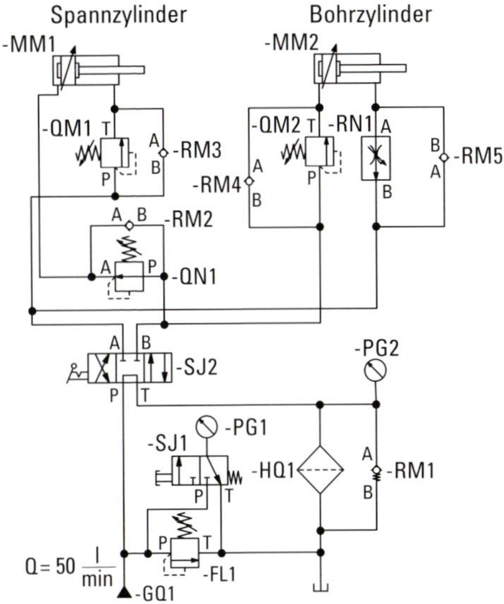

3 **Welche Aufgabe erfüllen die Ventile -RN1 und -RM5?**

Mit dem Drosselventil -RN1 wird die Vorschubgeschwindigkeit des Bohrzylinders eingestellt. Über das Rückschlagventil -RM5 erfolgt das Einfahren des Zylinders im Eilgang.

4 **Auf welchen Wert muss -QM1 eingestellt sein, um eine Spannkraft von 5 kN zu erzeugen, wenn der Zylinder einen Durchmesser d = 80 mm hat? Der Wirkungsgrad des Zylinders beträgt 0,85.**

Aus $F = p \cdot A \cdot \eta$ folgt $p = \frac{F}{\eta \cdot A}$

$$p = \frac{F \cdot 4}{\eta \cdot \pi \cdot d^2} = \frac{5000\,\text{N} \cdot 4}{0{,}85 \cdot \pi \cdot (8\,\text{cm})^2}$$

$$= 117{,}1\,\frac{\text{N}}{\text{cm}^2} = \underline{\underline{11{,}7\,\text{bar}}}$$

5 Wie hoch ist der Druck in der Anlage, wenn sich die Steuerung in der Grundstellung befindet (*Q* = 50 l/min)?

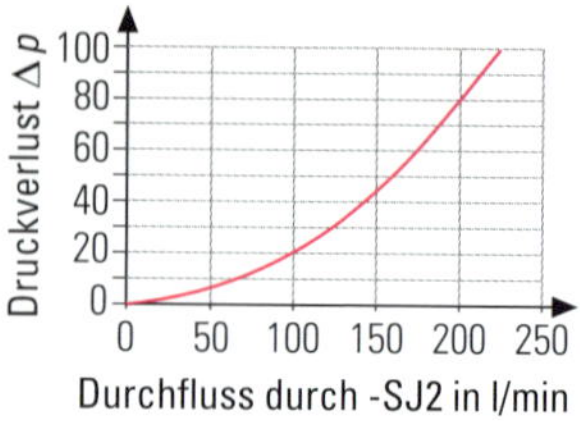

Aus dem Diagramm und dem Wert Q = 50 l/min aus dem Schaltplan ergibt sich ein Druck in der Grundstellung von 7 bar.

6 Welche Aufgabe hat das Ventil -SJ1?

Mit dem 2/2 Wegeventil -SJ1 kann bei Bedarf der Druck in der Anlage an -PG1 abgelesen werden.

7 Welche Aufgabe hat die hydraulische Baugruppe -HQ1?

-HQ1 ist ein Rücklauffilter, der das Hydrauliköl, das von den Zylindern in den Tank zurückläuft, reinigt.

8 Woran ist zu erkennen, dass -HQ1 verschmutzt ist?

Der Druck an -PG2 steigt.

9 Welches hydraulische Bauteil verhindert, dass der Druckanstieg durch einen verschmutzten Filter zu Schäden führt?

Setzt sich der Filter aufgrund starker Verschmutzung zu, steigt zunächst der Druck, ablesbar an -PG2, an. Um Schäden zu vermeiden, öffnet das Rückschlagventil -RM1 und der Filter wird umgangen.

10 Die Hydraulikpumpe -GQ1 ist eine Verdrängerpumpe. Nennen Sie fünf Kenngrößen, die bei der Auswahl einer solchen Pumpe eine Rolle spielen.

Verdrängungsvolumen pro Umdrehung, maximaler Betriebsdruck, Umdrehungsfrequenz im Betrieb, Volumenstrom, Gewicht der Pumpe

11 Worin besteht der Unterschied zwischen einer Konstant- und einer Verstellpumpe?

Konstantpumpen fördern einen konstanten Volumenstrom *Q*. Bei Verstellpumpen lässt sich der Volumenstrom verändern.

12 Hydraulikpumpen werden oftmals mit anderen Komponenten der Energieversorgung zusammen als Baugruppe als hydraulisches Antriebsaggregat montiert. Bennen Sie die einzelen Komponenten.

① Vorlauf
② Hydraulikpumpe
③ Filter im Vorlauf
④ Trennwand
⑤ Ölablassschraube
⑥ Revisionsöffnung
⑦ Füllstandkontrolle
⑧ Einfüllstutzen mit Entlüftung
⑨ Rücklauf

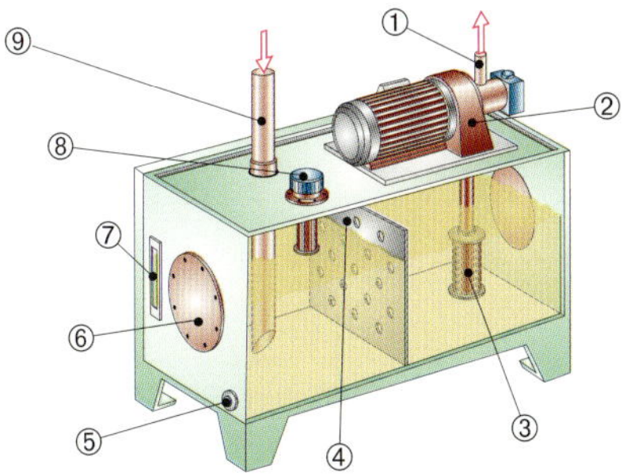

6

13 Begründen Sie, warum der absolute Druck an der Saugseite der Hydraulikpumpe nicht weniger als 0,7 bar betragen darf.

Bei starkem Unterdruck sinkt der Siedepunkt des Öls und es treten Gasblasen aus. Gelangen diese auf die Druckseite, so brechen sie aufgrund eines höheren Siedepunktes zusammen. Dies führt zu einer starken Volumenabnahme und evtl. zur Selbstentzündung des Öl/Luftgemisches (Dieseleffekt). Es können zudem Kavitationsschäden an der Pumpe und in den Leitungen entstehen, da winzige Werkstoffteilchen herausgerissen werden.

14 Beschreiben Sie anhand der Bilder, wie nach der Montage eines neuen Hydraulikzylinders die Anlage entlüftet wird.

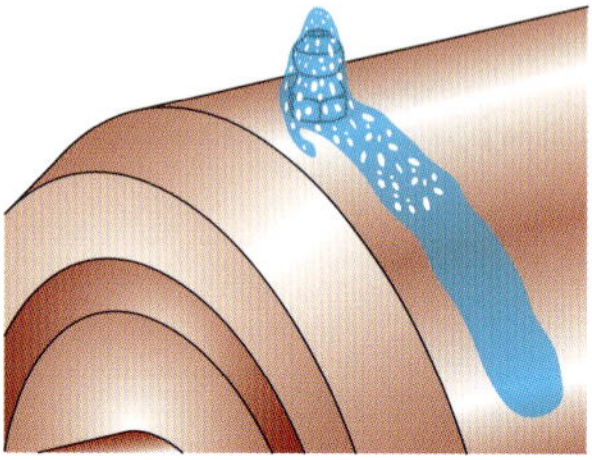

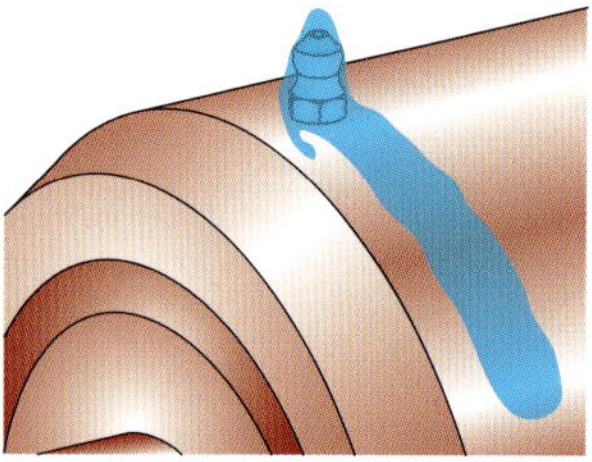

Die Entlüftungsschrauben am Hydraulikzylinder maximal eine halbe Umdrehung öffnen, bzw. die boden- und stangenseitige Verschraubung leicht lösen. Anschließend die Anlage mit Leerlaufdruck betreiben (Bild links). Die Entlüftungsschauben erst wieder druckdicht schließen, wenn das austretende Öl blasenfrei ist (Bild rechts). Anschließend wird das hydraulische System einige Male im Niederdruckbereich bewegt, um ein vollständiges luft- bzw. gasfreies Hydrauliksystem zu erzielen.

15 Wodurch wird der Wirkungsgrad eines hydraulischen Antriebs vornehmlich bestimmt?

Der Wirkungsgrad eines hydraulischen Antriebs wird zum Großteil durch die mechanische Reibung bestimmt und weniger durch volumetrische Verluste (Leck- und Kompressionsverluste).

4 Gebundene Aufgaben zu Lernfeld 6

(Lösungen zu den gebundenen Aufgaben siehe Seite 402)

1 Welche Aussage zu Signalüberschneidungen in steuerungstechnischen Einrichtungen ist richtig?

1: Signalüberschneidungen sind ohne Bedeutung für die Funktion der Steuerung.
2: Signalüberschneidungen bezeichnen die gleichzeitige Verarbeitung von Eingangssignalen.
3: Signalüberschneidungen sind unbedingt zu vermeiden, da der Steuerungsablauf nicht gewährleistet ist.
4: Signalüberschneidungen lassen sich nicht durch Verwendung von logischen Schaltelementen verhindern.
5: Signalabschaltungen lassen sich nur durch Rollentaster verhindern.

2 Wie werden Rollentaster mit Leerhub noch bezeichnet?

1: Signalabschalteinrichtung
2: Fehlerschalter
3: Signalüberschneider
4: Signallöscher
5: Signalverkürzer

3 Welche Art der Steuerung stellt der abgebildete Schaltplan dar?

1: Ablaufsteuerung
2: Haltegliedsteuerung
3: kombinatorische Führungsgliedsteuerung
4: elektropneumatische Steuerung
5: hydraulische Steuerung

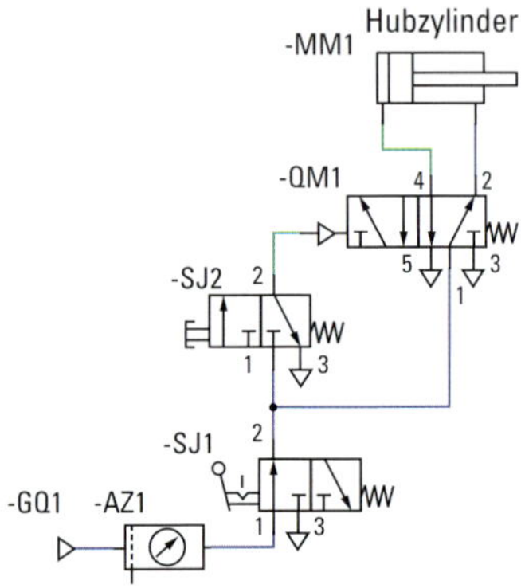

4 Auf welche Funktion weist das markierte Symbol des Rollentasters -BG1 hin?

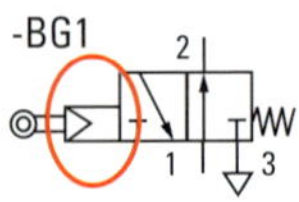

1: Das Ventil wird elektrisch angesteuert.
2: Das Ventil ist ein Impulsventil.
3: Das 3/2-Wegeventil verhindert Signalüberschneidungen.
4: Das 3/2-Wegeventil ist ein Rollenhebelventil mit Leerhub.
5: Das pneumatische 3/2-Wegeventil ist vorgesteuert.

5 Welche Auflistung zeigt die richtige Reihenfolge bei der Planung einer pneumatischen Ablaufsteuerung?

1: Rahmenbedingungen klären – Analyse der Schaltfunktionen – Entwicklung der Schaltung – Simulation der Schaltung
2: Analyse der Schaltfunktionen – Rahmenbedingungen klären – Entwicklung der Schaltung – Simulation der Schaltung
3: Simulation der Schaltung – Analyse der Schaltfunktionen – Entwicklung der Schaltung – Rahmenbedingungen klären
4: Rahmenbedingungen klären – Simulation der Schaltung – Analyse der Schaltfunktionen – Entwicklung der Schaltung
5: Entwicklung der Schaltung – Rahmenbedingungen klären – Analyse der Schaltfunktionen – Simulation der Schaltung

6 Welche Größen haben Einfluss auf den Luftverbrauch eines einfach wirkenden Zylinders?

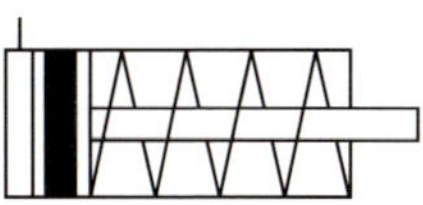

1: Kolbendurchmesser, Kolbenstangendurchmesser, Querschnitt der Druckluftleitung
2: Kolbendurchmesser, Anzahl der Hübe pro Zeiteinheit, Werkstoff der Kolbendichtung
3: Kolbendurchmesser, Kolbenstangendurchmesser, Anzahl der Hübe je Zeiteinheit, Anschlussleistung des Druckluftkompressors
4: Kolbendurchmesser, Kolbenstangendurchmesser, Anzahl der Hübe je Zeiteinheit, Umgebungsdruck, Systemdruck, Hublänge
5: Kolbendurchmesser, Federkonstante der Druckfeder

Lösungen zu den gebundenen Aufgaben:

1	3	**4**	5
2	5	**5**	1
3	2	**6**	4

Beispiel für eine Abschlussprüfung Teil 1 – Industriemechanikerinnen und Industriemechaniker

Teil A

Die Aufgaben 1 bis 23 beziehen sich auf die mechanische Baugruppe **„Spann- und Bohrvorrichtung“** mit steuerungstechnischen Funktionen. Die dazugehörigen Zeichnungen und Schaltpläne sind auf den Seiten 418 bis 428 dargestellt und können in Originalgröße über den Link auf Seite U2 bzw. über die QR-Codes als Zusatzmaterial heruntergeladen werden.
Es werden die Themen angesprochen, die zur Analyse, Planung, Fertigung, Prüfung, Inbetriebnahme und Überprüfung der Baugruppe zu beachten sind.
Von den 23 Aufgaben können 3 Aufgaben abgewählt werden, um die volle Punktzahl zu erreichen. Die 6 Aufgaben, die als **nicht abwählbar** gekennzeichnet sind, müssen beantwortet werden.

(Lösungen der Aufgaben Teil A siehe Seite 412)

Funktionsbeschreibung
Die Spann- und Bohrvorrichtung dient dazu, Werkstücke zu vereinzeln, zu spannen und anschließend zu bohren. Dazu werden die Bauteile auf die Zuführung (Pos. 8) gelegt. Der Rückhalter (Pos. 4) verhindert, dass Bauteile in die Aussparung des Schiebers (Pos. 3) fallen. Fährt der Pneumatikzylinder (Pos. 11) ein, fällt ein Bauteil in die Aussparung des Schiebers (Pos. 3). Fährt der Pneumatikzylinders -MM1 (siehe Pneumatikplan, Seite 426) aus, wird das Bauteil an das Gegenlager (Pos. 2) gedrückt und so gespannt. Anschließend fährt der Bohrzylinder -MM2 aus, durchbohrt das Werkstück und fährt nach Erreichen des vorderen Endlagenschalters wieder ein. Abschließend gibt der Spannzylinder das Werkstück wieder frei.

1 Bei der Montage des Gegenlagers (Pos. 3) auf der Grundplatte (Pos. 1) werden Zylinderschrauben M4 x 30 (Pos. 14) verwendet. Wie groß ist deren Streckgrenze?

1: 800 N/mm^2
2: 880 N/mm^2
3: 480 N/mm^2
4: 640 N/mm^2
5: 600 N/mm^2

2 Über welche Eigenschaft gibt bei den Bauteilen (Pos. 1 bis 6) die Angabe „JR“ Auskunft?

1: Zugfestigkeit
2: Streckgrenze
3: Kerbschlagzähigkeit
4: Härte
5: Wärmebehandlung

3 Welche Bedeutung hat bei den Bauteilen (Pos. 1 bis 6) die Angabe „S235“?

1: Baustahl für den Stahlbau mit R_e = 235 N/mm^2
2: Vergütungsstahl mit 2350 N/mm Zugfestigkeit
3: Baustahl für den Maschinenbau mit R_e = 235 N/mm^2
4: Einsatzstahl mit einer Härte von 235
5: Baustahl für den Stahlbau mit R_m = 235 N/mm^2

4 Zu welcher Werkstoffgruppe gehört der Werkstoff der Zuführung (Pos. 8)?

1: Baustähle
2: Vergütungsstähle
3: Werkzeugstähle
4: kaltgewalzte weiche Stähle
5: Einsatzstähle

5 Aus welchem Werkstoff besteht das Werkstück (Pos. 21)?

1: Aluminiumknetlegierung mit 0,75 % Magnesium
2: Aluminiumknetlegierung mit 3 % Magnesium ¼ hart
3: Magnesiumlegierung mit 3 % Aluminium
4: Aluminiumgusslegierung mit 22 % Dehnung
5: Magnesiumgusslegierung mit 2,2 % Dehnung

6 Welches ist die richtige Darstellung für den Schnitt C-C der Grundplatte (Pos. 1)?

nicht abwählbar!

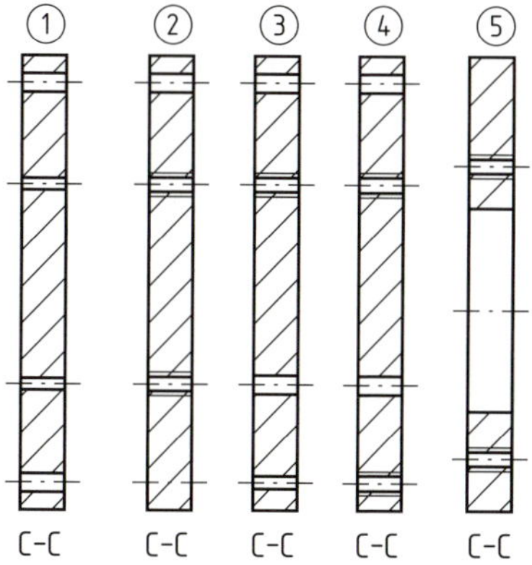

7 Die Breite der Nut im Gegenlager (Pos. 2) mit dem Nennmaß 8 ist toleriert. Bei welcher Antwort befindet sich das Maß im Toleranzbereich?

1: 8,0 mm
2: 8,05 mm
3: 7,9 mm
4: 8,25 mm
5: 8,15 mm

7

8 Bei dem Gegenlager (Pos. 2) und der Grundplatte (Pos. 1) sollen die mit Ø3,8 mm vorgebohrten Löcher mit einer Reibahle Ø4H7 mit einer Schnittgeschwindigkeit von 12 m/min gerieben werden. Welche Umdrehungsfrequenz ist einzustellen?

nicht abwählbar!

1: n = 956/min
2: n = 383/min
3: n = 300/min
4: n = 1042/min
5: n = 656/min

9 Die abgebildete Schraube (Pos. 13) darf bei der Montage der Führungsleiste (Pos. 6) mit einer Zugkraft von 4000 N beansprucht werden. Wie groß darf die Handkraft beim Anziehen mit einem Innensechskantschlüssel bei einem Wirkungsgrad von 0,7 maximal sein?

nicht abwählbar!

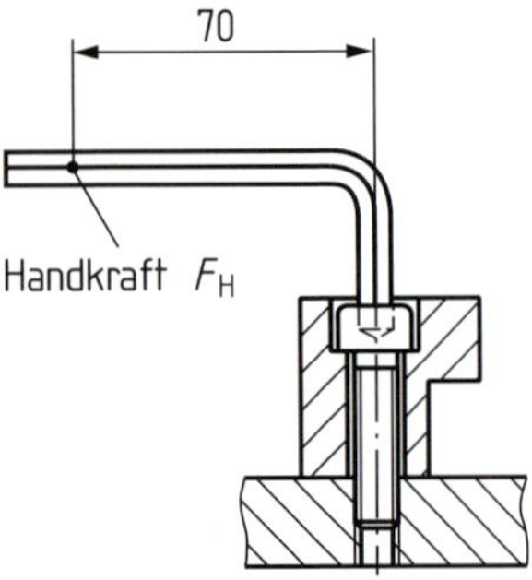

1: 13,0 N
2: 18,5 N
3: 12,8 N
4: 9,1 N
5: 6,4 N

10 Die Nut im Gegenlager (Pos. 2) soll vorgeschruppt werden. Welches Bild zeigt den geeignetsten Fräser?

①

②

③

④

⑤

11 Das Schlichten der Nut im Gegenlager (Pos. 2) soll mit einem Schaftfräser mit Ø8 mm und 4 Schneiden, einer Schnittgeschwindigkeit von 30 m/min und einem Vorschub pro Zahn von 0,04 mm erfolgen. Welche der angegebenen Vorschubgeschwindigkeiten ist zu wählen?

1: 240 mm/min
2: 220 mm/min
3: 190 mm/min
4: 170 mm/min
5: 150 mm/min

12 In welcher der aufgeführten Alternativen sind die Begriffe den Ziffern richtig zugeordnet?

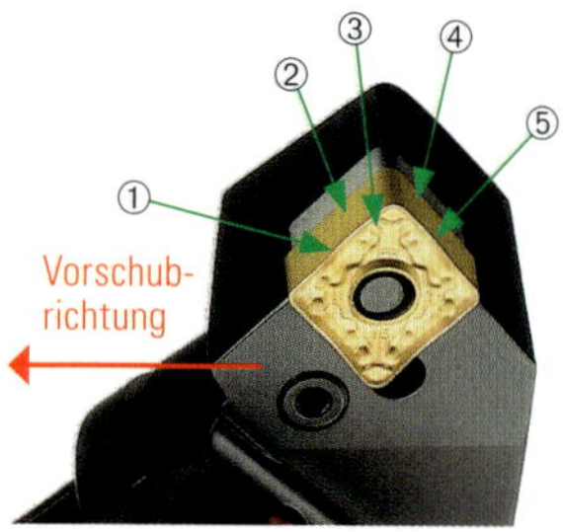

	①	②	③	④	⑤
1:	Nebenschneide	Nebenfreifläche	Hauptschneide	Hauptfreifläche	Spanfläche
2:	Hauptschneide	Spanfläche	Nebenschneide	Nebenfreifläche	Hauptfreifläche
3:	Spanfläche	Hauptfreifläche	Nebenschneide	Nebenfreifläche	Hauptschneide
4:	Hauptschneide	Hauptfreifläche	Spanfläche	Nebenfreifläche	Nebenschneide
5:	Hauptschneide	Hauptfreifläche	Nebenschneide	Spanfläche	Nebenfreifläche

13 Bei der Zeichnung für die Grundplatte (Pos. 1) befinden sich die nebenstehenden Symbole. Was sagen sie aus?

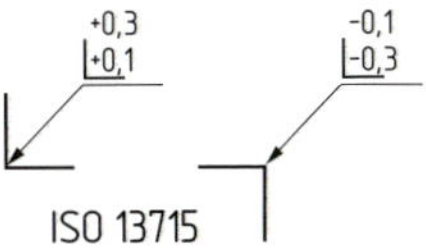

1: Alle Werkstückmaße haben Abmaße von –0,3 mm bis +0,3 mm.
2: Der arithmetische Mittenrauwert beträgt maximal +0,3 µm.
3: Der Grat an den Innenkanten darf bis maximal 0,3 mm betragen.
4: Der Abtragung an den Außenkanten soll zwischen +0,1 mm und +0,3 mm liegen, der Grat an den Innenkanten soll zwischen –0,1 mm und –0,3 mm liegen.
5: Der Abtragung an den Außenkanten soll zwischen –0,1 mm und –0,3 mm liegen, der Übergang an den Innenkanten soll zwischen +0,1 mm und +0,3 mm liegen.

14 Im Gegenlager (Pos. 2) wurden Bohrungen mit Ø4H7 gerieben. Welches Istmaß liegt innerhalb der Toleranz?

nicht abwählbar!

1: 3,995 mm
2: 3,998 mm
3: 4,006 mm
4: 4,014 mm
5: 4,022 mm

15 Die Bohrungen Ø4H7 in der Führungsleiste (Pos. 6) werden mit einem Grenzlehrdorn geprüft. Wie wird diese Tätigkeit bezeichnet?

1: direktes Messen
2: indirektes Messen
3: Lehren
4: Kalibrieren
5: Justieren

16 Welche Passungsart und welches Passungssystem liegen beim Fügen des Zylinderstifts (Pos. 20) mit der Zylinderbefestigung (Pos. 10) vor?

1. Spielpassung und Einheitswelle
2. Übermaßpassung und Einheitsbohrung
3. Übergangspassung und Einheitswelle
4. Spielpassung und Einheitsbohrung
5. Übergangspassung und Einheitsbohrung

17 Von welchen Faktoren ist der Mindestbiegeradius für die Zuführung (Pos. 8) abhängig?

1: von der Breite und Länge der Zuführung
2: von der Walzrichtung und Breite der Zuführung
3: nur von der Blechdicke der Zuführung
4: vom Werkstoff und der Blechdicke der Zuführung
5: von der Länge der neutralen Faser der Zuführung

18 Wie lang ist die Abwicklung der Zuführung, wenn deren Berechnung mithilfe der neutralen Faser erfolgt?

nicht abwählbar!

1: 62,5 mm
2: 58,5 mm
3: 54,0 mm
4: 57,5 mm
5: 56,5 mm

19 Der Ölwechsel des Kompressors der pneumatischen Steuerung der Spann- und Bohrvorrichtung soll nach Wartungsplan alle 1900 Betriebsstunden erfolgen. Nach welcher Zeit muss das Öl des Kompressors gewechselt werden, wenn er an 5 Tagen der Woche jeweils 8 Stunden in Betrieb ist?

1: nach 1 Monat und 2 Wochen
2: nach rund 12 Monaten
3: nach 12 Wochen
4: nach 2 Jahren
5: nach 4 Jahren und 7 Monaten

20 Welche der genannten Reihenfolgen stellt den richtigen Ablauf einer Rettungskette bei einem Arbeitsunfall dar?

1: Notruf, Sofortmaßnahme, Erste Hilfe
2: Notruf, Erste Hilfe, Sofortmaßnahme
3: Sofortmaßnahme, Erste Hilfe, Notruf
4: Sofortmaßnahme, Notruf, Erste Hilfe
5: Notruf, Erste Hilfe, Sofortmaßnahme

21 Aus welchem Grund werden der Spannzylinder -MM1 und der Bohrzylinder -MM2 mit einer Endlagendämpfung versehen?

1: Um die Ausfahrgeschwindigkeit der Zylinder einzustellen.
2: Um die Einfahrgeschwindigkeit der Zylinder einzustellen.
3: Um die Lebensdauer der Zylinder zu erhöhen.
4: Um die Grenztaster -BG1, -BG2 und -BG3 zu betätigen.
5: Um das Werkstück vor Beschädigung zu schützen.

22 Werden zur Vermeidung von Signalüberschneidungen Rollentaster mit Leerrückhub verwendet, müssen diese laut Pneumatikplan richtig montiert werden. Welche Bedeutung hat dabei der Pfeil an dem Grenztaster -BG2 für die Montage des Bauteils?

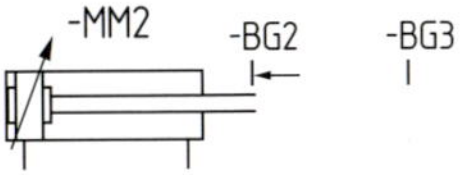

1: Der Pfeil hat keinerlei Bedeutung für die Montage.
2: Der Grenztaster -BG2 muss bei der Montage bis an den Zylinder herangeschoben werden.
3: -BG3 betätigt -BG2
4: Der Grenztaster muss so montiert werden, dass er in Pfeilrichtung schaltet und vollständig überfahren wird.
5: Der Grenztaster muss so montiert werden, dass er in Pfeilrichtung nicht betätigt wird.

23 Mit welcher maximalen Kraft *F* kann der Spannzylinder -MM1 der Vorrichtung den zu bearbeitenden Bolzen spannen, wenn der Wirkungsgrad des Zylinders 88 %, der Kolbendurchmesser *D* = 32 mm und der Betriebsdruck p_e = 6 bar ist?

nicht abwählbar!

1: 42,4 N
2: 4246 N
3: 100 N
4: 4,24 N
5: 424,6 N

Lösungen:

1	4
2	3
3	1
4	4
5	2
6	4
7	5
8	1
9	4
10	1
11	3
12	4
13	5
14	3
15	3
16	5
17	4
18	4
19	2
20	4
21	3
22	4
23	5

Teil B

Die mechanische Baugruppe **„Spann- und Bohrvorrichtung"** mit steuerungstechnischen Funktionen ist herzustellen. Die dazugehörigen Zeichnungen und Schaltpläne sind auf den Seiten 418 bis 428 dargestellt und können in Originalgröße über den Link auf Seite U2 bzw. über die QR-Codes als Zusatzmaterial heruntergeladen werden. Beantworten Sie die folgenden 8 Aufgaben.

1 Skizzieren Sie für das Gegenlager (Pos. 2) die Seitenansicht von rechts. Für die Bohrungen werden die verdeckten Kanten nicht gezeichnet, sondern nur deren Mittellinien.

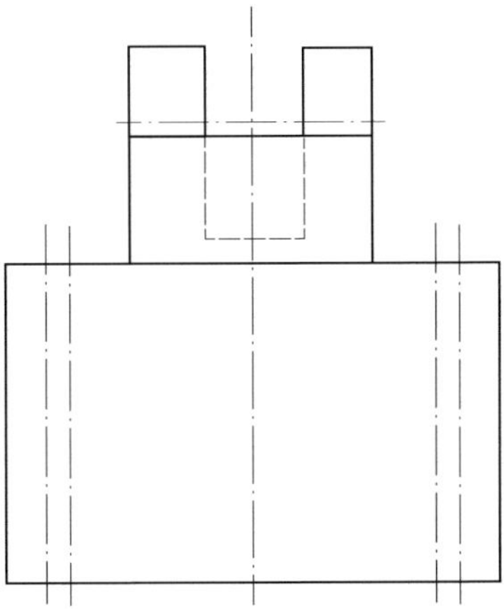

2 Bestimmen Sie die Gewichtskraft für die Führungsleiste (Pos. 6) (ρ = 7,85 g/cm³).

$V = V_1 - V_2 - 2V_3 - 2V_4 - 2V_5$

$V_1 = a \cdot b \cdot h$

$V_1 = 2\,\text{cm} \cdot 1\,\text{cm} \cdot 6{,}7\,\text{cm}$

$\underline{V_1 = 13{,}4\,\text{cm}^3}$

$V_2 = a \cdot b \cdot h$

$V_2 = 0{,}5\,\text{cm} \cdot 0{,}5\,\text{cm} \cdot 6{,}7\,\text{cm}$

$\underline{V_2 = 1{,}68\,\text{cm}^3}$

$V_3 = \frac{d^2 \cdot \pi \cdot h}{4}$

$V_3 = \frac{0{,}4^2\,\text{cm}^2 \cdot \pi \cdot 1\,\text{cm}}{4}$

$\underline{V_3 = 0{,}13\,\text{cm}^3}$

$V_4 = \frac{d^2 \cdot \pi \cdot h}{4}$

$V_4 = \frac{0{,}8^2\,\text{cm}^2 \cdot \pi \cdot 0{,}48\,\text{cm}}{4}$

$\underline{V_4 = 0{,}24\,\text{cm}^3}$

$V_5 = \frac{d^2 \cdot \pi \cdot h}{4}$

$V_5 = \frac{0{,}45^2\,\text{cm}^2 \cdot \pi \cdot 0{,}52\,\text{cm}}{4}$

$\underline{V_5 = 0{,}08\,\text{cm}^3}$

$V = 13{,}4\,\text{cm}^3 - 1{,}68\,\text{cm}^3 - 2 \cdot 0{,}13\,\text{cm}^3 - 2 \cdot 0{,}24\,\text{cm}^3 - 2 \cdot 0{,}08\,\text{cm}^3$

$\underline{V = 10{,}82\,\text{cm}^3}$

$F_G = V \cdot \rho \cdot g$

$F_G = \frac{10{,}82\,\text{cm}^3 \cdot 7{,}85\,\text{g} \cdot 9{,}81\,\text{m}}{\text{cm}^3 \cdot s^2}$

$\underline{\underline{F_G = 0{,}83\,\text{N}}}$

3 An dem Gegenlager (Pos. 2) sind Fräsarbeiten durchzuführen. Geben Sie 5 Faktoren an, die die Größe der Schnittgeschwindigkeit beeinflussen.

- Schneidstoff
- Werkstückwerkstoff
- Bearbeitungsbedingungen
- Schrupp- oder Schlichtbearbeitung
- Kühlschmierung
- Leistung der Werkzeugmaschine

4 Beschreiben Sie stichpunktartig die Montage des Gegenlagers auf der Grundplatte.

- Durchgangsbohrungen Ø4,5 für Zylinderschrauben nach Anriss und Körnung in Gegenlager (Pos. 2) bohren
- Senkungen Ø8 mm, 4,8 mm tief senken
- Bohrungen und Senkungen entgraten
- Kernlochbohrungen für M4 mit Ø3,3 mm nach Anriss und Körnung in Grundplatte (Pos. 1) bohren
- Bohrungen entgraten
- Gewindeschneiden von M4
- Gegenlager (Pos. 2) nach Anriss auf Grundplatte ausrichten und verschrauben
- Bohrungen Ø3,8 mm für Ø4H7 nach Anriss und Körnung durch Gegenlager und Grundplatte bohren
- Bohrungen entgraten
- Bohrungen Ø4H7 reiben
- Zylinderstifte (Pos. 16) einschlagen

5 Beim Betrieb der Spannvorrichtung kann es bei Nichtbeachtung der Arbeitssicherheit zu Unfällen kommen. Füllen Sie die fehlenden 9 Felder der Tabelle aus.

	Gruppe des Zeichens	Farbe	Bedeutung

Lösung zu Aufgabe 5:

	Gruppe des Zeichens	Farbe	Bedeutung
	Verbotszeichen	Rot	Berühren verboten
	Gebotszeichen	Blau	Augenschutz benutzen
	Warnzeichen	Gelb	Warnung vor Handverletzungen

6 Welche Arten von Kühlschmierstoff wählen Sie für die Fertigung der Bohrungen in den Werkstücken? Geben Sie ein konkretes Beispiel.

Die Werkstücke bestehen aus AlMn3 H22 (Aluminium-Magnesium-Legierung, rückgeglüht und kaltverfestigt). Für die Fertigung der Bohrungen wird entweder Schneidöl oder emulgierbarer Kühlschmierstoff verwendet. Beispiel: SCEMW2%

7 Die Steuerung der Spann- und Bohrvorrichtung wird auf eine elektropneumatische Steuerung umgestellt (vgl. Seite 394). Auf welchen Ebenen erfolgt die Verwendung von elektrischen Betriebsmitteln?

Bei elektropneumatischen Steuerungen werden elektrische Betriebsmittel auf der Ebene der Signal- und Steuerglieder verwendet. Auf der Ebene der Stellglieder erfolgt die Betätigung der pneumatischen Wegeventile ebenfalls elektrisch.

8 Erläutern Sie anhand des Stromlaufplans den Begriff der Selbsthaltung.

Ist der Hauptschalter -SF1 betätigt und wird der Starttaster -SF2 betätigt, bekommt Relais -KF1 Strom und zieht an. Dadurch schließen sich die Kontakte in Strompfad 2 und 3. Der Kontakt in Strompfad 5 öffnet sich (Öffner). Wird der Taster -SF2 nicht mehr betätigt, erhält das Relais weiterhin Strom über Strompfad 2 und behält seine Schaltstellung bei (Selbsthaltung). Erreicht der Zylinder -MM2 seine vordere Endlage, betätigt der den Öffner -BG4. Der Stromkreis in Strompfad 1 wird unterbrochen, die Selbsthaltung des Relais -KF1 wird aufgehoben.

Übersicht der zum Download bereitgestellten Zeichnungen

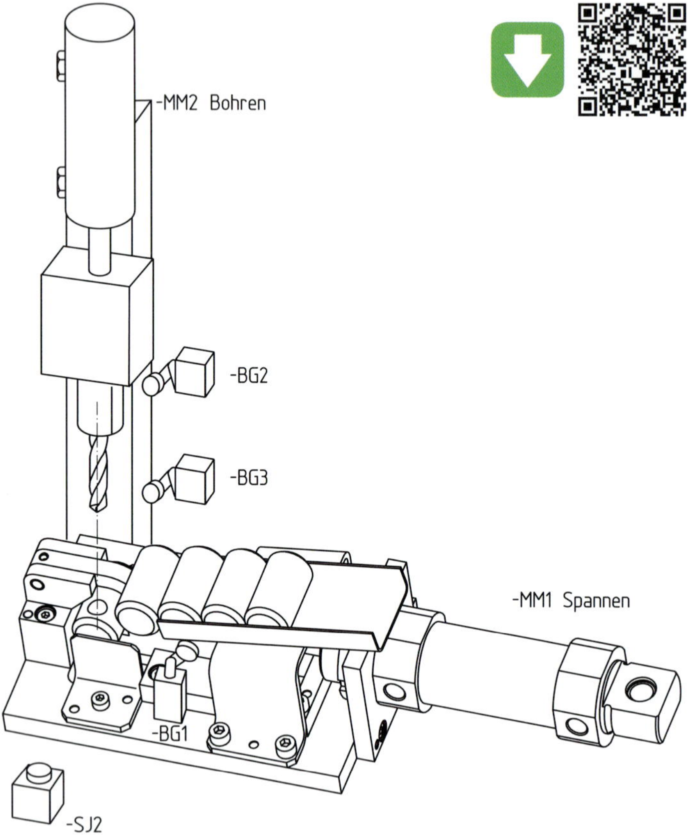

Technologieschema

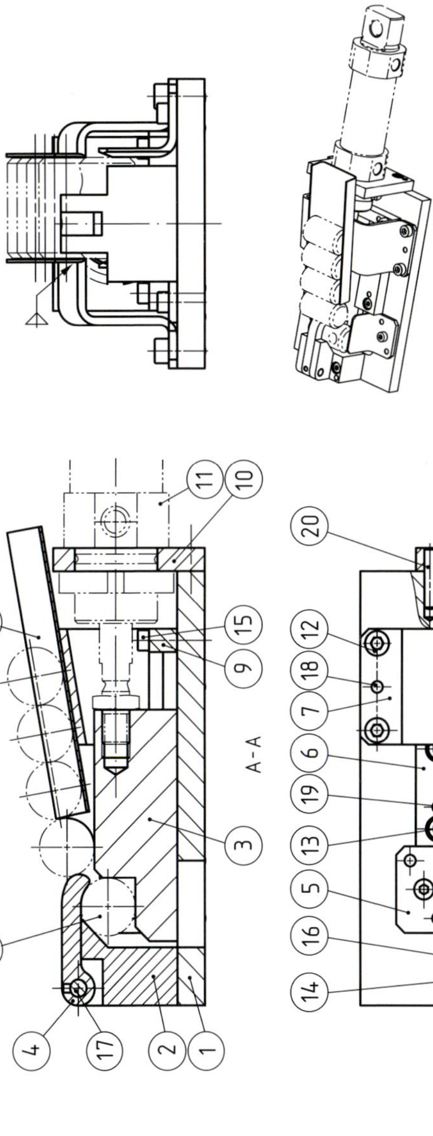

Spannvorrichtung

Stückliste Spannvorrichtung

Pos.-Nr.	Stück	Benennung	Normblatt	Werkstoff	Halbzeug
21	5	Werkstück		AlMn3 H22	Rd 20 x 38 EN 758-2
20	2	Zylinderstift 4m6 x 20	ISO 2338	St	
19	4	Zylinderstift 4m6 x 16	ISO 2338	St	
18	6	Zylinderstift 4m6 x 12	ISO 2338	St	
17	1	Zylinderstift 6m6 x 20	ISO 2338	St	
16	2	Zylinderstift 4m6 x 32	ISO 2338	St	
15	2	Zylinderschraube M4 x 16	ISO 4762	8.8	
14	2	Zylinderschraube M4 x 30	ISO 4762	8.8	
13	10	Zylinderschraube M4 x 12	ISO 4762	8.8	
12	4	Zylinderschraube M4 x 15	ISO 4762	8.8	
11	1	Pneumatikzylinder mit Befestigungselementen			
10	1	Zylinderbefestigung		S235 JRC+C	Fl 8 x 60 x 60 EN 10283
9	1	Schieberanschlag		S235 JRC+C	Fl 20 x 10 x 72 EN 10283
8	1	Zuführung		DC 01-A	Bl 1 x 60 x 100 EN 10132
7	1	Halterung		DC 01-A	Bl 3 x 60 x 180 EN 10131
6	2	Führungsleiste		S235 JRC+C	Fl 20 x 10 x 72 EN 10283
5	2	Anschlag		S235 JRC+C	Fl 30 x 5 x 55 EN 10282
4	1	Rückhalter		S235 JRC+C	Fl 8 x 16 x 50 EN 10281
3	1	Schieber		S235 JRC+C	Fl 30 x 30 x 85 EN 10280
2	1	Gegenlager		S235 JRC+C	Fl 40 x 30 x 47 EN 10279
1	1	Grundplatte		S235 JRC+C	Fl 100 x 10 x 155 EN 10278

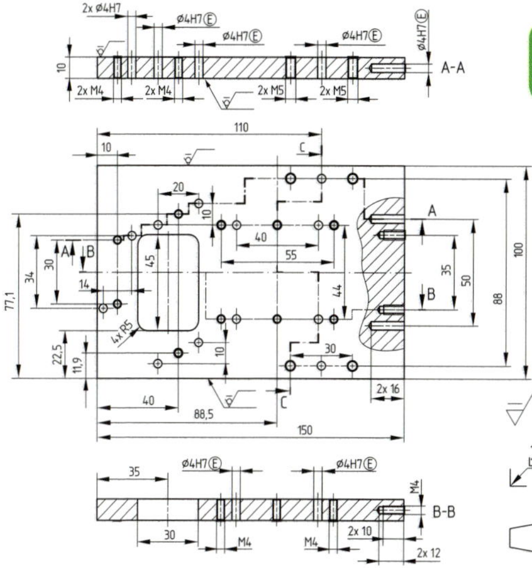

Rz 16

DIN ISO 13715

Winkelmaße DIN EN ISO 14405-3
Längenmaße DIN EN ISO 14405-1
Tolerierung DIN EN ISO 8015
Allgemeintoleranz DIN ISO 2768 mK
Oberflächen DIN EN ISO 21920-1

Grundplatte

7

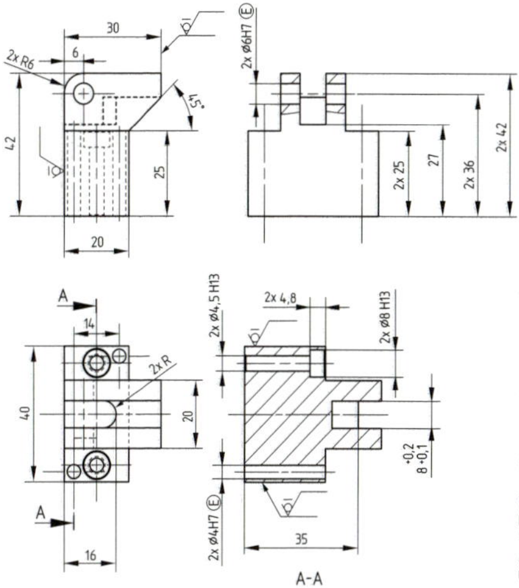

Rz 16

DIN ISO 13715

Winkelmaße DIN EN ISO 14405-3
Längenmaße DIN EN ISO 14405-1
Tolerierung DIN EN ISO 8015
Allgemeintoleranz DIN ISO 2768 mK
Oberflächen DIN EN ISO 21920-1

Gegenlager

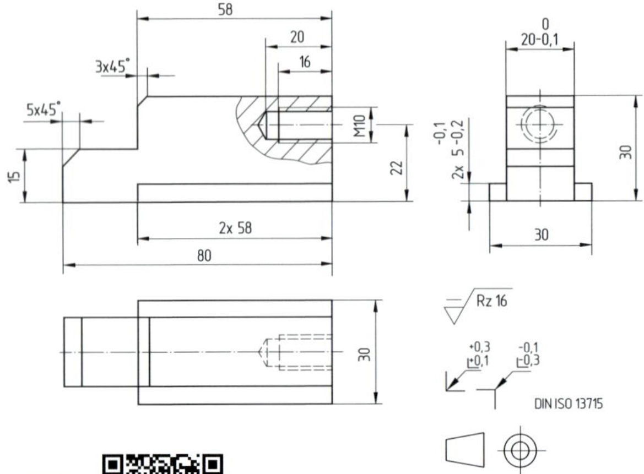

Winkelmaße DIN EN ISO 14405-3
Längenmaße DIN EN ISO 14405-1
Tolerierung DIN EN ISO 8015
Allgemeintoleranz DIN ISO 2768 mK
Oberflächen DIN EN ISO 21920-1

Schieber (3)

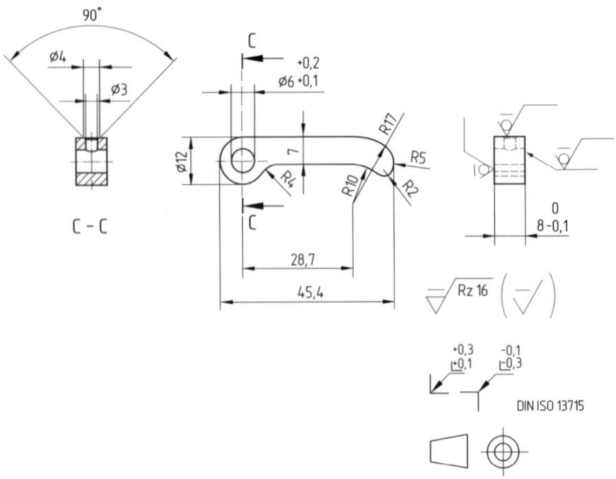

Winkelmaße DIN EN ISO 14405-3
Längenmaße DIN EN ISO 14405-1
Tolerierung DIN EN ISO 8015
Allgemeintoleranz DIN ISO 2768 mK
Oberflächen DIN EN ISO 21920-1

Rückhalter (4)

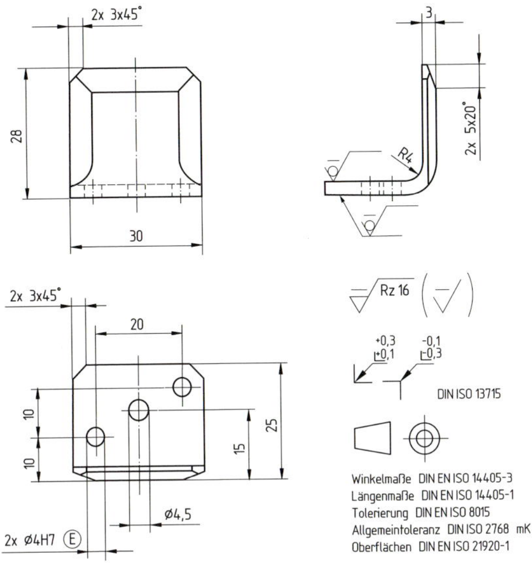

Anschlag (5)

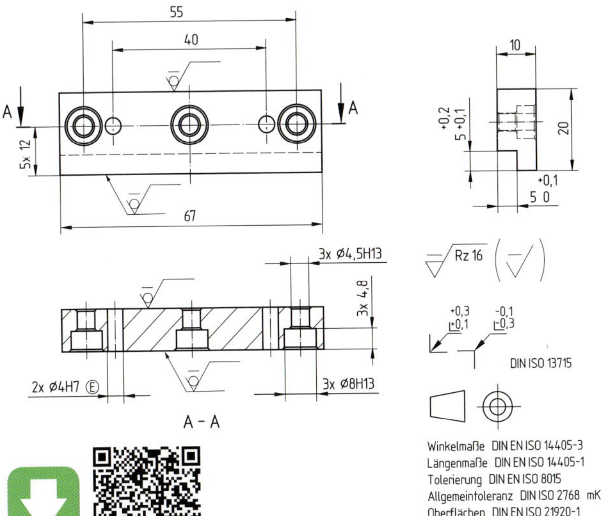

Führungsleiste (6)

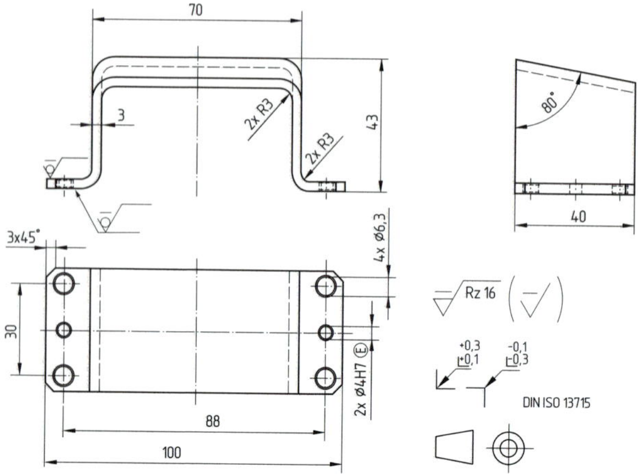

Winkelmaße DIN EN ISO 14405-3
Längenmaße DIN EN ISO 14405-1
Tolerierung DIN EN ISO 8015
Allgemeintoleranz DIN ISO 2768 mK
Oberflächen DIN EN ISO 21920-1

Halterung (7)

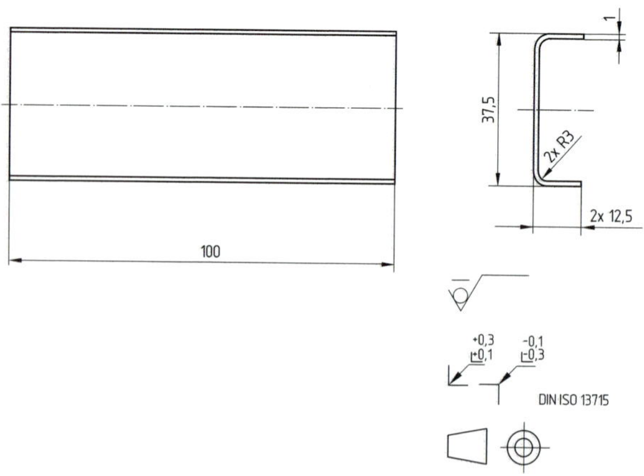

Winkelmaße DIN EN ISO 14405-3
Längenmaße DIN EN ISO 14405-1
Tolerierung DIN EN ISO 8015
Allgemeintoleranz DIN ISO 2768 mK
Oberflächen DIN EN ISO 21920-1

Zuführung (8)

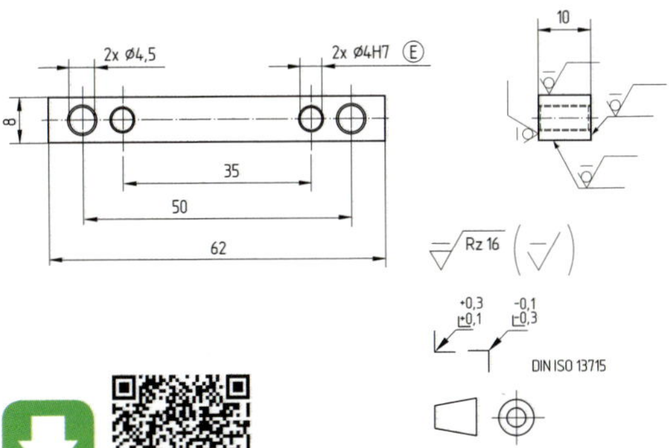

Winkelmaße DIN EN ISO 14405-3
Längenmaße DIN EN ISO 14405-1
Tolerierung DIN EN ISO 8015
Allgemeintoleranz DIN ISO 2768 mK
Oberflächen DIN EN ISO 21920-1

Schieberanschlag (9)

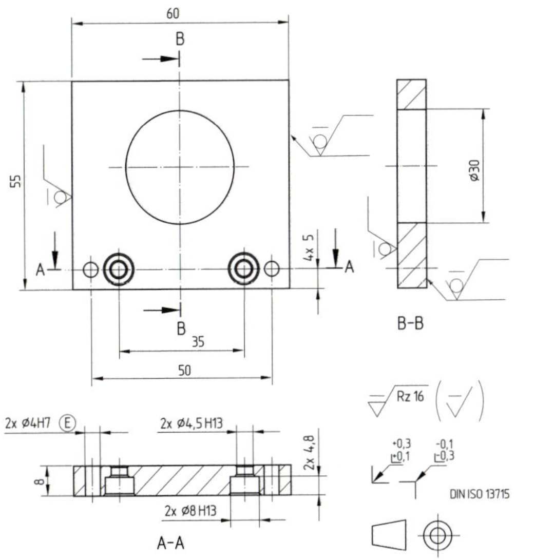

Winkelmaße DIN EN ISO 14405-3
Längenmaße DIN EN ISO 14405-1
Tolerierung DIN EN ISO 8015
Allgemeintoleranz DIN ISO 2768 mK
Oberflächen DIN EN ISO 21920-1

Zylinderbefestigung (10)

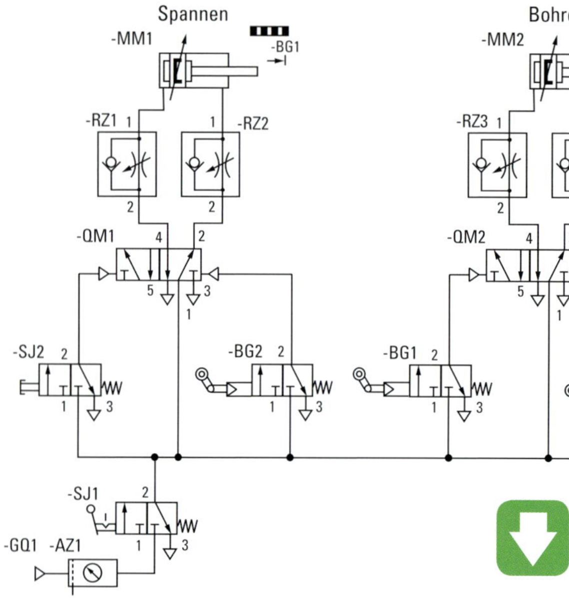

Pneumatikplan (manueller Betrieb)

Bezeichnung	Benennung
-GQ1	Druckluftquelle
-AZ1	Wartungseinheit
-SJ1	3/2-Wegeventil, hebelbetätigt mit Raste, federrückgestellt
-BG1, -BG2	3/2-Wegeventil, Rollentaster mit Leerrückhub, federrückgestellt
-BG3	3/2-Wegeventil, rollenbetätigt, federrückgestellt
-SJ2	3/2-Wegeventil, handbetätigt, federrückgestellt
-QM1, -QM2	5/2-Impulswegeventil, druckluftbetätigt
-RZ1, -RZ2, -RZ3, -RZ4	Drosselrückschlagventil
-MM1, -MM2	Doppeltwirkender Zylinder mit einstellbarer Endlagendämpfung, Dauermagnet

Geräteliste

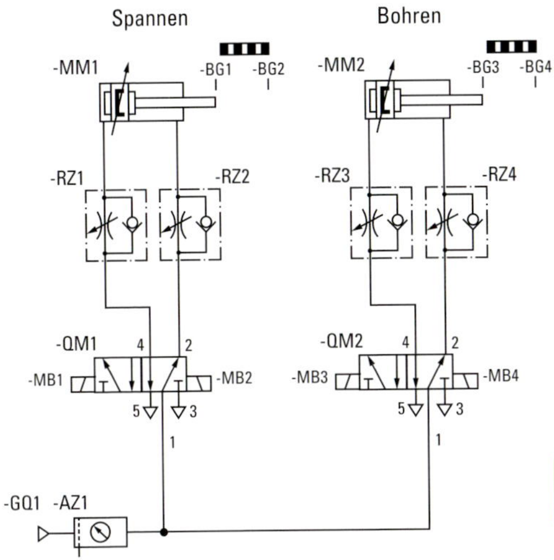

Pneumatikplan (elektropneumatisch)

Bezeichnung	Benennung
-GQ1	Druckluftquelle
-AZ1	Wartungseinheit
-QM1, -QM2	5/2-Impulswegeventil, beidseitig elektromagnetisch betätigt
-RZ1, -RZ2, -RZ3, -RZ4	Drosselrückschlagventil
-MM1, -MM2	Doppeltwirkender Zylinder mit einstellbarer Endlagendämpfung, Dauermagnet
-SF1	Hauptschalter mit Raste (Schließer)
-SJ2	Starttaster (Schließer)
-KF1	Relais
-BG1, -BG2, -BG3, -BG4	Magnetschalter für Endlagen

Geräteliste

7

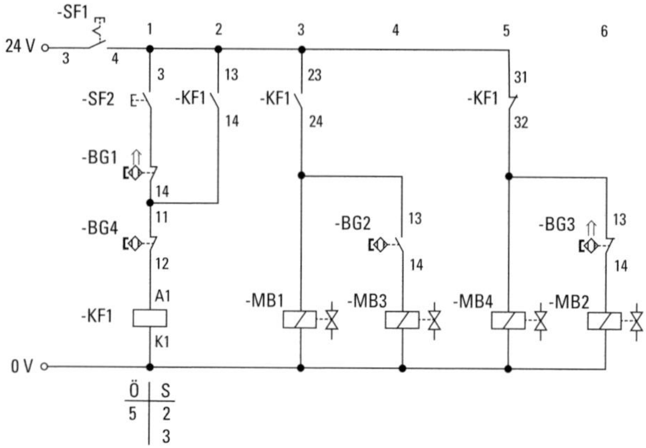

Stromlaufplan

Symbole

A

B

C

D

8

8

8

8

Bildquellen

Autoren und Verlag danken den genannten Firmen, Institutionen und Personen für die Überlassung von Vorlagen bzw. Abdruckgenehmigungen folgender Abbildungen:

ABB STRIEBEL & JOHN GmbH, Sasbach: S. 250.2 – **Hubert Aigner,** Landau: S. 362.1a-c; 392.1 – **Alzmetall GmbH & Co.,** Altenmarkt: S. 260.1 – **ANDREAS MAIER GmbH & Co. KG,** Fellbach: S. 141.2 – **Arnz FLOTT GmbH,** Remscheid: S. 234.1 – **Barth Schleiftechnik GmbH**, Augsburg: S. 407.3 – **BGS technic KG,** Wermelskirchen: S. 140.4 – **Bosch Rexroth AG,** Lohr am Main: S. 163.1b – **CeramTec GmbH Service Center Unternehmensentwicklung und Recht,** Plochingen: S. 271.1 – **CERATIZIT Austria GmbH,** A-Reutte: S. 269.2 – **EATON Industries GmbH,** Bonn: S. 203.1 – **©Festo SE & Co. KG,** alle Rechte vorbehalten, Esslingen: S. 174.1a; 177.1a; 178.2a; 345.1a+b – **Reiner Haffer,** Dautphetal: S. 66.1; 319.1a+b, 2 – **HAZET-WERK, Hermann Zerver GmbH & Co. KG,** Remscheid: S. 142.1 – **Hexagon Metrology GmbH,** Ingersheim: S. 24.2; 318.1 – **©Hoffmann SE,** 2021: S. 26.2; 68.1; 105.1, 2, 3; 106.1, 2, 3; 269.1; 309.2b+c – **Hommel Hercules Werkzeughandel GmbH & Co. KG,** Viernheim: S. 304.1a; 407.1+4 – **Robert Hönmann,** Ulm: S. 210.1a+c; 216.1; 219.1; 259.1 – **IMI Precision Engineering (Norgren GmbH),** Alpen: S. 163.1a; 174.1d; 176.2a+c; 177.1b; 183.1 – **JUDO Wasseraufbereitung GmbH,** Winnenden: S. 210.1b, 237.1c – **KÄFER MESSUHRENFABRIK GMBH & CO. KG,** Villingen-Schwenningen: S. 28.1 – **Wolfgang Kaiser:** S. 213.1a; 218.1; 236.1a; 255.1 – **Kemmler Präzisionswerkzeuge GmbH,** Mössingen: S. 309.2a – **KUNZMANN Maschinenbau GmbH,** Remchingen: S. 107.1 – **Landefeld Druckluft und Hydraulik GmbH,** Kassel: S. 86.1 – **LEBONDO GmbH,** Bautzen: S. 407.2 – **Lehren- und Meßgerätewerk Schmalkalden GmbH,** Schmalkalden: S. 67.1 – **Volker Lindner,** Recklinghausen: S. 227.1 – **Mahr GmbH,** Göttingen: S. 307.1, 2; 310.1; 316.1 – **Maschinenfabrik Berthold Hermle AG,** Gosheim www.hermle.de: S. 162.1 – **Rainer Möller,** Lübeck: S. 356.1 – **Gunter Offterdinger,** Niefern-Öschelbronn: S. 244.1 – **Pepperl+Fuchs GmbH,** Mannheim: S. 174.1c – **Siegfried Pietrass,** Eislingen: S. 237.1b – **PROXXON S.A.**, L-Wecker: S. 140.1, 2, 3 – **RB-Messwerkzeuge GmbH,** Albstadt: S. 309.1 – **RUKO GmbH PRÄZISIONSWERKZEUGE,** Holzgerlingen: S. 86.2 – **Sandvik Coromant:** S. 408.1 – **Sandvik Tooling Deutschland GmbH – Geschäftsbereich Sandvik Coromant,** Düsseldorf: S. 267.1a+b; 270.1, 2 – **SCHUNK GmbH & Co. KG,** Lauffen/Neckar: S. 292.1 – **Shutterstock Images LLC,** New York, USA: S. 140.5©Bernd Schmidt; 251.1©SEIN RYU; 261.1©Vasilyev Alexandr – **Siemens AG,** München: S. 164.1c – **stock.adobe.com:** S. 34.1a-c©natros; 70.1©Kadmy – **Sylvac Deutschland**, Schöneck-Kilianstädten: S. 25.1 – **Jochen Timm,** Hamburg: S. 223.1 – **Timmer GmbH,** Neuenkirchen, www.timmer-pneumatik.de: S. 369.1b-d; 370.1b-d – **UMETA GmbH & Co. KG,** Bielefeld: S. 220.1 – **Varvel S.p.A,** I-Valsamoggia (BO): S. 126.1; 127.1 – **Vischer & Bolli AG,** CH-Dübendorf: S. 407.5 – **WEILER Werkzeugmaschinen GmbH,** Emskirchen: S. 98.1 – **Harro Wolter:** S. 253.1, 2a